电网自动化运维专业模块化培训教材

变电站综合自动化

国网福建省电力有限公司◎编

中国电力出版社
CHINA ELECTRIC POWER PRESS

图书在版编目（CIP）数据

变电站综合自动化/国网福建省电力有限公司编. —北京：中国电力出版社，2023.11
（2024.8 重印）
电网自动化运维专业模块化培训教材
ISBN 978-7-5198-8314-0

Ⅰ. ①变…　Ⅱ. ①国…　Ⅲ. ①变电所－综合自动化系统－技术培训－教材　Ⅳ. ①TM63

中国国家版本馆 CIP 数据核字（2023）第 223805 号

出版发行：中国电力出版社
地　　址：北京市东城区北京站西街 19 号（邮政编码 100005）
网　　址：http://www.cepp.sgcc.com.cn
责任编辑：薛　红
责任校对：黄　蓓　常燕昆
装帧设计：张俊霞
责任印制：石　雷

印　　刷：北京天泽润科贸有限公司
版　　次：2023 年 11 月第一版
印　　次：2024 年 8 月北京第二次印刷
开　　本：787 毫米×1092 毫米　16 开本
印　　张：25.75
字　　数：510 千字
定　　价：110.00 元

编写人员名单

主　　编　吴锡波

副 主 编　周成龙　陈光勇　张思尧　陈　夕

参　　编　胡　龙　池新蔚　赖伟捷　林建森

　　　　　操瑞青　卓文兴

　　根据《中华人民共和国职业教育法》提出要发挥企业重要办学主体作用要求，推动企业深度参与职业教育，鼓励企业举办高质量职业教育、参与职业教育专业教材开发，将新技术、新工艺、新理念纳入职业学校教材。随着变电站数字化、智能化的发展，变电站综合自动化技术突显重要性，但本专业的教材较少或内容陈旧，本教材针对高等职业院校、中等职业学校相关专业学生，结合教学设备条件进行编制，从而提高学生职业技能和可持续发展能力。

　　本教材是电力类高职高专电力系统厂站自动化技术专业的一门理论性、实践性均很强的专业基础课程，是培养具有高素质综合职业能力，在生产、技术和管理一线工作的专门技能人才的必修课程。由福建电力职业技术学院牵头并组织编写，课程组到生产一线进行专家访谈，开展广泛调研，对变电站内综合自动化系统设备分类及功能进行总结，对当前变电站综合自动化系统主流设备进行介绍，并结合相关工种从业人员岗位及企业对厂站自动化专业人员所需技术知识与能力需求进行分析，与企业专家共同建设课程，提炼出既能满足知识、技能教学要求，又有利于实施融"教、学、做"为一体的工作任务，改变了传统的教学方式，使理论教学与实践相结合，激发学生学习的能动性，更好地掌握所需的知识和技能。在学习本教材前应掌握变电站相关一、二次设备的基础知识，使教育教学能够更加有效，学生更快更好的掌握相关专业知识。

　　本教材内容包括变电站综合自动化基础知识、变电站综合自动化系统各设备功能及运维、变电站综合自动化系统二次回路基础知识、变电站综合自动化系统网络及规约介绍、变电站后台监控及远动系统运维五个部分，共十八个模块。核心知识点包含了变电站综合自动化的概念、各子系统的基本功能，当前变电站综合自动化系统的结构模式及其特点；变电站综合自动化系统各设备功能原理及设备调试、配置及缺陷处理，各设备日常运维及异常处理；变电站遥信、遥测、遥控主要二次回路介绍及二次回路功能实现；变电站综合自动化系统网络结构及各种通信规约，智能变电站三层两网结构及各网络功能，各网络信号的传输机制及报文解析。本教材适用于应用型本科院校、高等职业院校、中等职业学校相关专业作为学生教材，及电力企业技术人员的参考书。

由于变电站数字化、智能化不断发展，变电站综合自动化技术与设备不断更新，限于编写人员水平，对书中内容编写不到位、内容疏漏或不合理之处在所难免，恳请读者批评指正。

编者

2023 年 10 月

电网自动化运维专业模块化培训教材

变电站综合自动化 ●●●●●●●●●●●●●●●●●●●●●●●●●●●●●●●● **目　录**

前言

第一部分 变电站综合自动化基础知识

模块一 变电站综合自动化系统概述

【模块描述】

本模块主要完成变电站综合自动化的整体认识，学习变电站综合自动化的概念以及基本特征。

【学习目标】

1. 了解变电站综合自动化的概念。

2. 了解变电站综合自动化系统的基本特征。

【正文】

一、变电站综合自动化系统的概念

变电站综合自动化系统是将变电站的二次设备（包括测控装置、继电保护装置、自动装置及远动装置等）经过功能组合和优化设计，利用计算机技术、通信技术、数据库信号处理技术等，实现对变电站自动监控，测量和协调，以及与调度通信等综合性的自动化功能。

二、变电站综合自动化系统的基本特征

变电站综合自动化的核心是自动监控系统，而综合自动化的纽带是监控系统的局域通信网络，它把微机保护、微机自动装置、微机远动装置综合在一起形成一个具有远方数据功能的自动监控系统。变电站综合自动化系统最明显的特征表现在以下几个方面。

1. **功能实现综合化**

变电站综合自动化技术是在微机技术、数据通信技术、自动化技术基础上发展起来的。它综合了变电站内除一次设备和交、直流电源以外的全部二次设备。微机保护和监控系统一起，综合了事件记录、故障录波、故障测距、小电流接地选线、低频减负荷、自动重合闸等自动装置功能。需要指出的是，综合自动化的"综合"并非指将变电站所要求的功能以"拼凑"的方式组合，对于微机保护及一些重要的自动装置（如备用电源自动投入）是接口功能

综合，是在保证其独立的基础上，通过远方自动监视与控制而实现的。例如对微机保护装置仍然要求保证其功能的独立性，但通过对保护状态及动作信息的监视及对保护整定值查询修改，保护的投退、录波远传、信号复归等远方控制来实现其对外接口功能的综合。这种综合的监控方式，既保证了保护和一些重要自动装置的独立性和可靠性，又把保护和自动装置的自动化性能提高到一个更高的水平。

2. 系统构成模块化

保护、控制、测量装置的数字化，利于把各功能模块通过通信网络连接起来，便于接口功能模块的扩充及信息的共享。另外，模块化的构成，方便变电站实现综合自动化系统模块的组态，以适应工程的集中式、分布分散式和分布式结构集中式组屏等方式。

3. 操作监视屏幕化

变电站实现综合自动化后，操作人员只需面对彩色屏幕显示器，通过计算机上的监控软件，即可监视全变电站的实时运行情况和对各开关设备进行操作控制。变电站的监视、操作、光字牌报警、实时主接线画面均在计算机的监控系统上实现；断路器的跳、合闸操作使用鼠标、键盘即可完成。

4. 通信局域网络化、光缆化

计算机局域网络技术和光纤通信技术在综合自动化系统中得到普遍应用。因此，系统具有较高的抗电磁干扰的能力，能够实现高速数据传送，满足实时性要求，组态灵活，易于扩展。

5. 运行管理智能化

智能化不仅表现在常规的自动化功能上，如自动报警、自动报表、电压无功自动调节、小电流接地选线、事故判别与处理等方面，还表现在能够在线自诊断，并不断将诊断的结果送往远方的主控端。综合自动化系统不仅监测一次设备，还每时每刻检测自身是否有故障，无需靠维护人员去检查、发现，这就充分体现了其智能性。

6. 测量显示数字化

变电站早期采用指针式仪表作为测量仪器，其准确度低、读数不方便。微机监控系统的使用，彻底改变了老旧的测量手段，常规指针式仪表全被显示器上的数字显示代替，直观、明了，提高了测量精度和管理的科学性。

【练习题】

1. 什么是变电站综合自动化系统？

2. 变电站综合自动化系统有哪些特点？

模块二　变电站综合自动化系统的功能

【模块描述】

本模块主要学习变电站综合自动化系统中各子系统的基本功能，帮助进一步加深对变电站综合自动化系统的认识。

【学习目标】

1.熟悉变电站综合自动化系统的基本功能。

2.了解变电站综合自动化系统的作用。

【正文】

一般来说，变电站综合自动化的内容应包括变电站电气量的采集和电气设备（如断路器等）的状态监视、控制和调节，实现变电站正常运行的监视和操作，保证变电站的正常运行和安全。当发生事故时，由继电保护装置和故障录波等完成瞬态电气量的采集、监视和控制，并迅速切除故障，完成事故后的恢复操作。从长远来看，还应包括高压电气设备本身的监视信息（如断路器、变压器、避雷器等的绝缘和状态监视等），并将变电站所采集的信息传送给调度中心，必要时送给变电运维、检修中心等，以便为电气设备监视和制定检修计划提供原始数据。

一、数据采集功能

变电站自动化系统应具备对全变电站设备的运行参数进行采集、测量和对其运行状态进行监视、记录的功能；当变电站的主要设备或输、配电线路发生故障时，能及时记录故障信息。变电站的数据包含模拟量、开关量、事件顺序记录等。

1．模拟量信息

变电站需要采集的模拟量信息主要有：

（1）各电压等级各段母线的线电压及相电压；

（2）线路电流和有功功率、无功功率、功率因数、线路电压；

（3）主变压器（简称主变）的各侧电流、有功功率和无功功率、功率因数；

（4）无功补偿设备的电流、无功功率；

（5）馈线的电流、有功功率和无功功率；

（6）母联（母分）断路器电流、有功功率、无功功率；

（7）直流系统母线电压、正负对地电压等；

（8）所用变低压侧电压（含线电压、相电压）；

（9）变压器油温、绕组温度；

（10）汇控柜内温湿度等。

将以上模拟量信息通过模拟量输入通道转换成数字量，由微机进行识别和分析处理，最后所有参数均可在智能设备的装置面板上或监控主机上随时进行查询。

2. 开关量信息

变电站需要采集的开关量信息主要有：

（1）变电站全站事故总信号；

（2）主变、线路、母联、母分等断路器位置信号；

（3）隔离开关、接地刀闸位置信号；

（4）变压器中心点接地刀闸位置信号；

（5）有载调压变压器分接头位置信号；

（6）保护动作信号；

（7）运行告警信号；

（8）设备状态告知信号等。

为防止干扰，二次回路遥信开入经光耦内外电气隔离输入至采集装置，实现对开关量的采集。

3. 事件顺序记录

变电站的事件顺序记录主要有：

（1）断路器跳、合闸顺序记录；

（2）保护动作顺序记录；

（3）自动装置动作情况记录。

事件顺序不仅需记录所发生事件的性质及状态，还需记录事件发生的时刻，并能精确到毫秒级。

在变电站中，数据采集的途径是微机保护测量综合装置，这类装置除了具有保护功能外，还集成了测量和监控功能。它采用面向对象的设计原则，除了对被保护对象起保护作用外，还可将保护对象的有关信息传送给监控机，并执行监控或调度下达的命令。

实现变电站综合自动化，关键的第一步就是对数据进行采集和分类，只有准确地采集到现场足够的实时数据，才能对设备状态进行正确判断，以便采取相应的措施，保证变电站和电力系统的安全。

二、数据处理、控制功能

基于对变电站大量数据的采集，需要对数据类型进行分类。只有对采集到的大量数据进行合理的分类和加工处理，存放于相应的数据库中，便于搜索和提取，才能为电力系统的稳定运行进行及时的监控。

根据数据的用途特征，大致可分为以下几类：

（1）实时数据。实时数据存储于实时数据库，便于实时显示和上送主站系统。实时信息包含电流、电压、有功功率、无功功率等模拟量，断路器位置等开关量，事件顺序记录，继电保护动作信息、报警信息及其他控制信息等。

（2）历史数据。实时数据库中模拟量、电能量及一些计算量可选定存储周期成为历史记录，历史数据是其他高级应用的重要数据来源，遥测报表、历史趋势曲线等所需的数据均来自历史数据。

（3）统计数据。数据统计一般包含：断路器动作次数；主变有载分接头调节次数；每日有功、无功的最大值和最小值及对应的时间点；控制操作和修改定值记录等。

（4）图形数据。图形界面是监控系统人机交互的重要途径。图形界面是将图形技术、数据库技术与电力系统网络模型通过面向对象技术而集成的，图形界面上的元件与现场一次设备相对应。

图形数据包括图形基本信息、图形静态数据、图形动态数据、图元库信息等。

（5）高级应用信息数据。高级应用信息数据包括网络拓扑结构等。网络拓扑是根据变电站的实时遥测数据确定电气连接状态，为状态估计、潮流等高级应用提供网络结构图、负荷、潮流分析等数据信息。

监控系统在运行过程，对采集的电压、电流等量进行不断地越限监视，如有越限立即发出告警信号，同时记录和显示越限时间和越限值，并能上送告警信息。此外，还应监视各保护及自动装置的工作是否正常，包括保护装置是否失电，自检结果是否有异常信息、通信是否中断和控制回路是否异常等，同时将监视结果上送调度主站。

变电站自动化系统还应具备对变电站主要设备进行自动控制或远方操作控制的功能，能够利用先进的通信技术及时与上级调度或控制中心通信并执行调度下达的命令。具体体现在以下方面：

（1）无论是有人值班变电站还是无人值班变电站，操作人员到现场都可以通过监控后台机显示的可视化图形，对断路器和隔离开关（如果允许电动操作的话）进行分、合闸操作控制。

（2）应该具备接收和执行本监控系统操作员工作站、调度中心或集控站下发的操作命令的功能。

（3）断路器操作应有闭锁功能。操作闭锁包括以下内容：

1）断路器操作时，应闭锁重合闸。

2）当地进行操作和远方控制操作，要互相闭锁，保证只有一处操作，以免互相干扰。

3）无论当地操作或远方操作，都应有防误操作的闭锁措施，即接收操作命令后，必须接收到正确的返校信息，才能执行下一步操作。

（4）为防止计算机系统故障时无法操作受控设备，设计时应保留人工直接跳、合闸和操作其他设备的手段。

（5）顺序控制功能。在国家电网有限公司制定的智能变电站技术导则中，要求变电站要具备顺序控制功能；强调变电站的操作应满足无人值班及区域监控中心站管理模式的要求；应具备自动生成不同主接线和不同运行方式下典型操作流程的功能。

（6）无功补偿设备控制功能。变电站的操作控制除了对断路器进行分、合闸操作外，比较经常的操作是为保证电压质量和无功功率交换合理，需要调节变压器分接开关的位置和对无功补偿设备（电容器、电抗器或其他补偿设备）的投、切的控制。对变压器分接开关的调节和对无功补偿设备的控制同样也可接受调度的遥控操作命令。

为方便数据处理及控制，监控系统本身具备人机联系功能，即操作人员可通过显示器、鼠标、键盘，进行与监控系统的信息交互。监控系统的日常运维主要通过人机交互进行，从而确保监控系统可视化信息的正确性及遥控功能可以正常使用。主要维护的对象有图形组态信息和数据库组态信息，数据库组态主要对装置的测点描述、遥测系数、间隔信息等进行维护，图形组态主要对接线图上间隔名称进行维护，常见相关工作有间隔更名、遥信点变更、间隔扩建等。

三、继电保护功能

在变电站综合自动化系统中，继电保护应包括全变电站主要设备和输电线路的全套保护，具体包括：①高压、超高压、特高压输电线路的主保护和后备保护；②主变压器的主保护和后备保护；③无功补偿电容器组的保护；④母线保护；⑤配电线路的保护；⑥站用变压器保护等。

微机保护是综合自动化系统的关键环节，它的功能和可靠性如何，在很大程度上影响了整个系统的性能，因此设计时必须给予足够的重视。微机保护系统的各保护单元，除了具有独立、完整的保护功能外，必须满足以下要求，也即必须具备以下性能和附加功能：

（1）满足保护装置快速性、选择性、灵敏性和可靠性的要求，它的工作不受监控系统和其他子系统的影响。

（2）具有故障记录功能。当被保护对象发生事故时，能自动记录保护动作前后有关的故障信息，包括短路电流、故障发生时间和保护出口时间等，以利于分析故障。

（3）具有与统一时钟对时功能，以便准确记录发生故障和保护动作的时间。

（4）存储多种保护整定值。

（5）当地显示与多处观察和授权修改保护整定值。对保护整定值的检查与修改要直观、方便、可靠。除了在各保护单元上要能显示和修改保护定值外，考虑到无人值班的需要，通过当地的监控系统和远方调度端，应能观察和修改保护定值。同时为了加强对定值的管理，避免差错，修改定值要有校对密码措施，以及记录最后一个修改定值者的密码。

（6）通信功能。变电站自动化系统中的微机保护系统，应该改变常规保护装置不能与外界通信的缺陷。各保护单元必须设有通信接口，便于组网，使各保护单元可与监控系统通信。

（7）故障自诊断、自闭锁和自恢复功能。每个保护单元应有完善的故障自诊断功能，发现内部有故障能自动报警，并能指明故障部位，以利于查找故障和缩短维修时间。

四、自动控制智能装置的功能

变电站综合自动化系统必须具有保证安全、可靠供电和提高电能质量的自动控制功能。为此，典型的变电站综合自动化系统都配置了相应的自动控制装置，变电站的自动控制功能主要有电压和无功控制、备用电源自投、低频减负荷、系统接地保护。

（1）电压、无功综合控制。变电站电压、无功综合控制是利用有载调压变压器和母线无功补偿电容器及电抗器进行局部的电压及无功补偿的自动调节，使负荷侧母线电压偏差在规定范围以内。在调度中心直接控制时，变压器的分接头开关调整和电容器组的投切直接接受远方控制，当调度中心给定电压曲线或无功曲线的情况下，则由变电站综合自动化系统就地进行控制。

（2）低频减负荷控制。当电力系统因事故导致功率缺额而引起系统频率下降时，低频减载装置应能及时自动断开一部分负荷，防止频率进一步降低，以保证电力系统稳定运行和重要负荷（用户）的正常工作。当系统频率恢复到正常值之后，被切除的负荷可逐步远方（或就地）手动恢复，或可选择延时分级自动恢复。

（3）备用电源自投控制。当工作电源因故障不能供电时，自动装置应能迅速将备用电源自动投入使用或将用户切换到备用电源上去。典型的备投有进线备用电源自投、母联备用电源自投、备用变压器自投等。

（4）小电流接地选线控制。小电流接地系统中发生单相接地时，接地保护应能正确地选出接地线路（或母线）及接地相，并予以报警。

五、远动及数据通信功能

变电站综合自动化系统是由各种智能设备组成的，需要将变电站各个单一功能的单元自控装置组合起来，即使监控机与各智能设备或各智能设备之间建立起数据通信或互操作。同时，先进的自动化系统应该能替代 RTU（Remote Terminal Unit，远程终端单元）的全部功能，也应与调度主站具有强大的通信功能。

因此，综合自动化系统的通信功能包括系统内部的现场级间的通信和自动化系统与上级调度的通信两部分。

1. 综合自动化系统的现场级通信

综合自动化系统的现场级通信，主要解决自动化系统内部各智能设备与监控主机和各智能设备间的数据通信和信息交换问题，它们的通信范围是变电站内部。对于集中组屏的综合自动化系统来说，实际是在主控室内部；对于分散安装的自动化系统而言，其通信范围扩大至主控室与子系统的安装地。综合自动化系统现场级的通信方式有并行通信、串行通信、现场总线和局域网络等多种方式。

2. 自动化系统与上级调度通信

综合自动化系统必须兼有 RTU 的全部功能，应该能够将所采集的模拟量和开关状态信息，以及事件顺序记录等远传至调度端；同时应能接收调度端下达的各种操作、控制、修改定值等命令，完成全部遥信、遥测、遥控功能。通信规约必须符合部颁和国标的规定。

3. 传输规约和传输网络的标准化

随着现代电网结构日趋复杂，电网容量不断扩大，实时信息传送量成倍增多，对调度自动化系统和厂、站自动化系统的数据通信提出了更高的要求，变电站自动化系统的传输规约和传输网络的标准化，是实现可靠快速通信的保证。

变电站自动化系统的智能电子设备 IED 在实现基本功能之外，还应具备互操作性、可扩展性和高可靠性等性能。互操作性，即同一厂家或不同厂家的多个 IED 要具有交换信息并使用这些信息进行协同操作的能力。设备的互操作性可以最大限度地保护用户原来的系统扩展，同时要求通信接口标准化，系统具有开放性、高可靠性。系统应具有冗余结构，特别是作为系统数据通道的通信系统和人机界面的监控主站，应具有互相独立的冗余配置。在故障情况下，冗余的通信系统和监控主站应该可以在系统不停止工作的情况下进行热切换，以保证系统执行相应的保护和自动控制任务。

因此国际电工委员会 IEC 在充分考虑上述变电站自动化系统的功能和要求，特别是互操作性要求的基础上，制定了变电站内通信网络与系统的通信标准体系 IEC 61850 标准。目前 IEC 61850 标准是基于网络通信平台的变电站自动化系统唯一的国际标准，它不仅规范保护、测控装置的模型和通信接口，而且还定义了数字式电流、电压互感器、智能式开关等一次设备的模型和通信接口，为不同厂商的 IED 实现互操作和系统无缝集成提供了途径。

六、自诊断、自恢复和自动切换功能

自诊断功能是指对变电站综合自动化监控系统的硬件、软件（包括前置机、主机、各种智能模件、通道、网络总线、电源等）故障的自动诊断，并给出自诊断信息供维护人员及时检修和更换。

在监控系统中设有自恢复功能。当由于某种原因导致系统停机时，能自动产生自恢复信号，将对外围接口重新初始化，保留历史数据，实现无扰动的软、硬件自恢复，保障系统的正常可靠运行。

自动切换指的是双机系统中，当其中一台主机故障时，所有工作自动切换到另一台主机，在切换过程中所有数据不能丢失。

【练习题】

变电站综合自动化系统有些什么功能？

模块三 变电站综合自动化系统的结构模式

【模块描述】

本模块主要学习当前变电站综合自动化系统的结构模式及其特点，并通过对分层分布式自动化系统的组屏及安装方式的学习进一步加深理解。

【学习目标】

1. 能够陈述变电站综合自动化系统结构形式。
2. 掌握分层分布式结构模式的特点。
3. 熟悉变电站综合自动化系统中的组屏及安装方式。

【正文】

自 1987 年我国自行设计、制造的第一个变电站综合自动化系统投运以来，变电站综合自动化技术已得到了突飞猛进的发展，其结构体系也在不断地完善。由早期的集中式发展为目前的分层分布式，分层分布式的系统模式是现阶段变电站综合自动化系统主要的结构形式。在分层分布式结构中，按照继电保护与测量、控制装置安装的位置不同，可分为集中组屏、分散安装、分散安装与集中组屏相结合等几种类型。同时，结构形式正向完全分散式发展。

一、分层分布式结构模式的基本概念

分层分布式自动化系统的功能在逻辑上可分为过程层、间隔层和站控层三层结构。分布式自动化系统的分布主要体现在"功能的分布化"上，即对智能电子设备的设计理念由以前在集中式自动化系统中的面向厂、站转变为面向对象，即面向一次设备的一个间隔（一回线

路、一组电容器组、一台变压器等）。

自动化系统中的间隔层设备，有继电保护、测量、控制、电能计量等。以最为重要的保护装置为例，每台微机保护装置的功能配置和软、硬件结构上都采用面向间隔的原则，即一台保护装置只负责一个间隔的保护。

分层分布式系统集中组屏的结构模式，实质是把面向间隔设计的变电站层和间隔层的智能电子设备，按功能组装成多个屏（柜），如主变保护屏、主变测控屏、线路保护屏等。分层分布式变电站综合自动化系统结构图如图 1-3-1 所示。

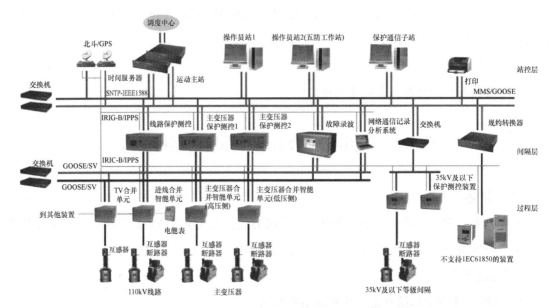

图 1-3-1 分层分布式变电站综合自动化系统结构图

二、分层分布式结构特点

分层分布式结构的变电站综合自动化系统的结构特点主要表现在以下几个方面。

1. 分层式结构

按照国际电工委员会（IEC）推荐的标准，在分层分布式结构的变电站控制系统中，整个变电站的一、二次设备被划分为三层，即过程层、间隔层和站控层。图 1-3-1 所示为分层分布式变电站综合自动化系统结构图，图中简要列出各层的主要设备。图中每一层分别完成分配的功能，且彼此间利用网络通信技术进行数据信息交换。

（1）过程层。过程层是变电站自动化系统中一、二次设备结合的关键点，其主要包含变电站站内的一次设备，如变压器、断路器、隔离开关、电流互感器、电压互感器等一次设备及其所属的智能组件和智能单元，包含合并单元、智能终端等，此类设备是变电站综合自动化系统的监控对象。

过程层的主要功能可分为以下三大类。

1）实时运行电气量的采集：主要是电流、电压、相位的检测；

2）设备运行状态监测：状态参数检测的设备主要有变压器、断路器、隔离开关、母线、直流系统等，在线检测的内容主要有温度、压力、密度、绝缘及工作状态等数据；

3）控制命令的执行：包含变压器分接头调节控制。电容器组投切控制、断路器、隔离开关合分控制，直流电源充放电控制等。

（2）间隔层。间隔层智能电子装置（IED）由各间隔的控制、保护或监测单元组成。主要设备包括保护装置、测控、稳控装置、故障录波、网络通信记录分析系统等。间隔层各 IED 利用电流互感器、电压互感器、变送器、继电器等设备感知过程层设备的运行信息，从而实现对过程层进行监视、控制和保护，并与站控层进行信息交互，实现三遥功能（遥测、遥信、遥控）。

间隔层设备应具备以下主要功能：

1）汇总各间隔过程层的实时数据信息；

2）实施对一次设备保护控制功能；

3）完成各间隔操作及闭锁功能；

4）完成同期功能的判别及其他控制功能；

5）执行数据具有优先级别的承上启下的通信传输功能，同时高速完成与过程层及站控层的网络通信功能。

（3）站控层。站控层主要设备包括监控主机、操作员站、五防主机、远动通信装置、保护故障信息子站、对时系统等。其主要功能是实现面向全站设备的监视、控制、告警及信息交互，完成数据采集及监控控制、操作闭锁及电能量采集、保护信息管理等相关功能，同时经由远动通信装置完成与调度主站的信息交互，从而实现对变电站端的远程监控功能。

站控层应完成以下主要任务：

1）通过两级高速网络汇总全站的实时数据信息，不断刷新实时数据库，并定时将数据转存于历史数据库；

2）按既定规约将有关数据信息上送调度主站；

3）接收调度端有关控制命令并下发到间隔层、过程层执行；

4）具有在线可编程的全站操作闭锁控制功能和站内监控、人机交互功能；

5）对间隔层、过程层各设备的状态监测、在线维护、在线组态、在线修改参数和变电站故障自动分析功能等；

6）同步对时功能。

2. 分布式结构

分布式的结构是指变电站综合自动化系统的构成在资源逻辑或拓扑结构上的分布，主要强调从系统结构的角度来研究和处理功能上的分布问题。

由于间隔层的各 IED 是以微处理器为核心的计算机装置，站控层各设备也是由计算机装置组成的，它们之间通过网络相连，构成了一个分布式的计算机系统。在这种结构的计算机系统中，各计算机既可以独立工作，分别完成分配给自己的各种任务，又可以彼此之间相互协调合作，在通信协调的基础上实现系统的全局管理。在分层分布式结构的变电站综合自动化系统中，间隔层和站控层共同构成分布式计算机系统，间隔层各 IED 与站控层的各计算机分别完成各自的任务，并且共同协调合作完成对全变电站的监视、控制等任务。

分布式模式一般按功能设计，采用主从 CPU 系统工作方式，多 CPU 系统提高了处理并行多发事件的能力，提高了综合自动化系统的可靠性。系统采用按功能划分的分布式多 CPU 系统。处于间隔层的功能单元，按被保护对象和保护功能的不同，可划分为主变差动保护、主变后备保护、线路保护等，这些功能单元分别安于各个保护柜及测控屏上。由于各保护单元采样面向对象的设计原则，具有软件相对简单、调试维护方便、组态灵活，系统整体可靠性高等特点。

3. 面向间隔的结构

分层分布式结构的变电站综合自动化系统的面向间隔的结构特点主要表现在间隔层设备的设置是面向电气间隔的，即对应于一次系统的每一个电气间隔，分别布置有一个或多个智能电子装置来实现对该间隔的测量、控制、保护及其他任务。

按间隔配置的继电保护相对独立，利于提高保护的可靠性，在分层分布式自动化系统中，每个继电保护单元是面向每个间隔设计的，每个保护单元都具有独立的电源。保护单元的测量、逻辑判断和保护启动及出口都由保护装置独立实现，不依赖通信网络。保护装置的保护配置、保护定值的查看和修改，可以在各保护单元独立实现，也可通过通信网络由监控主机或调度主站实现。由于各功能软、硬件采用独立结构，任一单元故障，只影响局部功能，不影响全局，因而可靠性高。

相较于早期的集中式结构的变电站综合自动化系统而言，采用分层分布式系统的主要优点如下：

（1）每台计算机只完成分配给它的部分功能，如果一台计算机发生故障，只影响局部，因而整个系统有更高的可靠性。

（2）由于间隔层各 IED 硬件结构和软件都相似，对不同主接线或规模不同的变电站，软、硬件都不需另行设计，便于批量生产和推广，且组态灵活。

（3）便于扩展。当变电站规模扩大时，只需增加扩展部分的 IED，修改站控层部分设置即可。

（4）便于实现间隔层设备的就地布置，节省了大量的二次电缆。

（5）调试及维护方便。由于变电站综合自动化系统中的各种复杂功能均是微型计算机利用不同的软件来实现的，一般只要用几个简单的操作就可以检验系统的硬件是否完好。

三、分层分布式自动化系统的组屏及安装方式

组屏及安装方式是指将间隔层各 IED 及站控层各计算机以及通信设备进行组屏和安装的形式。一般情况下，在分层分布式变电站综合自动化系统中，站控层的各主要设备都布置在主控室内；间隔层中的电能计量单元和根据变电站需要而选配的备用电源自动投入装置、故障录波装置等公共单元均分别组合为独立的一面屏柜或与其他设备组屏，也安装在主控室内；间隔层中的各 IED 通常根据变电站的实际情况安装在不同的地方。

按照间隔层中 IED 的安装位置，变电站综合自动化系统有以下三种不同的组屏及安装方式。

1. 集中式的组屏及安装方式

集中式的组屏和安装方式是将间隔层中各保护测控装置机箱根据其功能分别组装为变压器保护测控屏、各电压等级线路保护测控屏（包括 10kV 出线）等多个屏柜，把这些屏都集中安装在变电站的主控室内。

集中式的组屏及安装方式的优点是便于设计、安装、调试和管理，可靠性较高。不足之处是需要的控制电缆较多，增加了电缆的投资。这是因为反映变电站内一次设备运行状况的参数都需要通过电缆送到主控室内各个屏上的保护测控装置机箱，而保护测控装置发出的控制命令也需要通过电缆送到各间隔断路器的操作机构处。

2. 分散与集中相结合的组屏及安装方式

这种安装方式是将配电线路的保护测控装置机箱分散安装在所对应的开关柜上，而将高压线路的保护测控装置、变压器的保护测控装置，均采用集中组屏安装在主控室内。它有如下特点：

（1）10～35kV 馈线保护测控装置采用分散式安装，即就地安装在 10～35kV 配电室内各对应的开关柜上，而各保护测控装置与主控室内的变电站层设备之间通过单条或双条通信电缆（如光缆或双绞线等）交换信息，这样就节约了大量的二次电缆。

（2）高压线路保护和变压器保护、测控装置以及其他自动装置，如备用电源自投入装置和电压、无功综合控制装置等，都采用集中组屏结构，即将各装置分类集中安装在控制室内的线路保护屏（如 110kV 线路保护屏、220kV 保护屏等）、变压器保护屏等上面，使这些重要

的保护装置处于比较好的工作环境下，对可靠性较为有利。

3. 全分散式组屏及安装方式

这种安装方式将间隔层中所有间隔的保护测控装置，包括低压配电线路、高压线路和变压器等间隔的保护测控装置均分散安装在开关柜上或距离一次设备较近的保护小间内，各装置只通过通信电缆（如光缆或双绞线等）与主控室内的变电站层设备之间交换信息。这种安装方式的优点如下：

（1）由于各保护测控装置安装在一次设备附近，不需要将大量的二次电缆引入主控室，因此大大简化了变电站二次设备之间的互连线，同时节省了大量连接电缆。

（2）由于主控室内不需要大量的电缆引接，也不需要安装许许多多的保护屏、控制屏等，因此极大地简化了变电站二次部分的配置，大大缩小了控制室的面积。

（3）减少了施工和设备安装工程量。由于安装在开关柜的保护和测控单元等间隔层设备在开关柜出厂前已由厂家安装和调试完毕，再加上铺设电缆的数量大大减少，因此可有效缩短现场施工、安装和调试的工期。

但是使用分散式组屏及安装方式，由于变电站各间隔层保护测控装置及其他自动化装置安装在距离一次设备很近的地方，且可能在户外，因此需解决它们在恶劣环境下（如高温或低温、潮湿、强电磁场干扰、有害气体、灰尘、震动等）长期可靠运行问题和常规控制、测量与信号的兼容性问题等，对变电站综合自动化系统的硬件设备、通信技术等要求较高。

【练习题】

1. 现阶段变电站综合自动化系统的结构模式是什么样的？

2. 分层分布式自动化系统的不同组屏方式各有何优缺点？

第二部分　变电站综合自动化系统各设备功能及运维

模块一　变电站远动装置功能介绍

【模块描述】

本模块共分为两个方面。第一方面主要完成远动机的基本原理、规约和四遥介绍，第二方面主要完成 CSC-1321 站控级通信装置层次结构和各类模块介绍，并对配置工具使用和工程配置方法进行讲解。

【学习目标】

1. 了解远动装置的功能。

2. 熟悉 CSC-1321 站控级通信装置配置软件。

【正文】

一、远动机概述

1. 基本原理

电力系统的发电组基础设施、变电站的数量分布以及输电线路结构变得愈加复杂，其运行时就需要掌握更多的安全性知识，需要对其可靠性做出必要的保障，为了获得更多经济性、安全性的电能质量，电力调控中心需要准确而及时地掌握电力系统的运行状况，因而就会采取一定的信息监测措施，以便对电力系统运行中的数据、参数、主电机工作状况以及断路器的投入状况等进行操作和调节，而适用于调控中心和变电站相距较远的远动技术——电力系统远动装置就能够解决这一难题，它可以及时掌握调控中心、发电厂以及变电站之间的系统信息，来完成远动操控。它将各个厂站的运行工况（包括开关状态、设备的运行参数等）转换成便于传输的信号形式，加上保护措施以防止传输过程中的外界干扰，经过调制后，由专门的信息通道传送到调控中心。在调控中心的中心站经过反调制，还原为原来对应于厂站工况的一些信号再显示出来，供给调度人员监控之用。调度人员的一些控制命令也可以通过类似过程传送到远方厂站，驱动被控对象。这一过程实际上涉及遥测、遥信、遥调、遥控，所以，远动技术是四遥的结合。

2. 远动规约

由于电力生产的特点，发电厂、变电站和调控中心之间的信息交换只能经过通道实现。信息传送只能是串行方式。因此，要使发送出去的信息到对方后，能够识别、接收和处理，就要对传送的信息的格式作严格的规定，这就是远动规约的一个内容。这些规定包括传送的方式是同步传送还是异步传送，帧同步字，抗干扰的措施，位同步方式，帧结构，信息传输过程。

远动规约的另一方面内容，是规定实现数据收集、监视、控制的信息传输的具体步骤。例如，将信息按其重要性程度和更新周期，分成不同类别或不同循环周期传送；确定实现遥信变位传送、实现遥控返送校核以提高遥控的可靠性的方式，实现发（耗）电量的冻结、传送，实现系统对时、实现全部数据或某个数据的收集，以及远方站远动设备本身的状态监视的方式等。

远动规约的制定，有助于各个制造厂制造的远方终端设备可以接入同一个安全监控系统。尤其在调度端（主站端）采用微型机或小型机作为安全监控系统的前置机的情况下，更需要统一规约，使不同型号的设备能接入同一个安全监控系统。它还有助于制造设备的工厂提高工艺质量，提高设备的可靠性，从而提高整个安全监控系统的可靠性。

远动规约分为循环式远动规约和问答式远动规约。在中国这两种规约并存。

循环式规约：规约中的帧结构具有帧同步字、控制字、帧类别和信息字。其中帧同步字用作一帧的开头，要求帧同步字具有较好的自相关特性，以便对方比较容易捕捉，检出帧同步。还要求帧同步具有较小的假同步概率，防止假同步发生。控制字是指明帧的类别，共有多少字节，以及发送信息的源地址、目的地址等。

循环式规约要求循环往复不停顿地传送信息。传送信息的内容在受到干扰而拒收以后，在下一帧还可以传送，丢失的信息还可以得到补救，保护性措施可以降低要求，也可以适用于单工或双工通道，但不能用于半双工通道。可以采用位同步和波形的积分检出等提高通道传输质量的措施。此种通信规约传输信息的有效率较低。

问答式规约：其主要特点是以主站端为主，主站端向远方站询问召唤某一类别信息，远方站即将此种类别信息作回答。主站端正确接受此类别信息后，才开始下一轮新的询问，否则还继续向远方站询问召唤此类信息。

问答式规约为了减少传输的信息量，采用变位传送遥信、死区变化传送遥测量等压缩传送信息的方法。

问答式远动规约的另一个特点是通道结构可以简化，在一个通信链路上，可以连接好几个远方站，这样可以使通道投资减少，提高通道的备用性。问答式远动可以适用双工、半双工通道。

对远动规约要求传输的信息有相应抗干扰措施，一般对于遥信、遥测的抗干扰编码的信号距离为 4 位，残余差错率小于等于 10%～14%。

3. 遥测

将远方站的各种测量值传送到主站端。遥测的主要技术指标是模拟转换器的准确度、分辨率、温度稳定性。一般要求准确度在±0.1%～±0.5%；分辨率为 10 或 12±1 位。数字量的字长则根据被测对象的要求而定。遥测量一般有模拟量、数字量、脉冲计数量和其他测量值。

（1）模拟量：电气设备的各种参量，诸如电压、电流、功率等。它们经过各种变送器的转换变成统一规格的直流电压（0～5V，0～±5V，0～±10V）或直流电流（0～1mA，0～10mA，4～10mA）输入到远动设备，经过多路转换开关，输入到模数转换器，转换成 10 位或 12 位（包括符号位）的数值，传送到主站端。

（2）数字量：主要是水位计、数字或频率计、功角转换器、电能累加器和变压器分接头位置所反映的水位、系统频率、电气量的功率角，发（耗）电量以及变压器分接头位置等。这些量经过相应的变送器或直接以并行数字状态输入到远动设备的并行接口部件。输入的格式可能是若干组并行的二进制、BCD 码、格雷码形式。

（3）脉冲计数量：脉冲电能表以脉冲串的形式向远动设备输入，由远动设备进行累加。根据调度端（主站端）的冻结和传送命令，向主站端传送。传送的间隔周期可能是 15min、1h、8h 或 24h。累计器的字长可以是 6 位 BCD 码，和电能表的字长一样；或者是 8 位二进制字长。后一种情况要求传送的时间间隔短，在两次传送的时间内累加器不会溢出。

（4）其他测量值：诸如变压器油温，SF_6 组合电器气体压力、密度，热工量的温度、压力，水电厂闸门的开度等水工信息，雨量、气温等一些非电量。

4. 遥信

将远方站内电工设备的状态以信号的两种状态即 0、1（或断开、闭合）传送主站端（调度端）。遥信反映的内容主要有断路器和隔离开关的位置，继电保护的动作状态，报警信号，自动控制的投、切，发电厂、变电站的事故信号，电工设备参数的越限信号，以及远方站远动设备的状态、自诊断信号等。

遥信的传送有变位传送和循环传送两种，以变位传送为优。为避免发生信号丢失，在远动设备初投入运行时，需将全部内容向主站端传送，使主站端安全监控系统内的数据库的内容和模拟盘的信号状态准确反映系统内运行设备的状态。在平时定期传送全部信号。

对遥信的主要技术要求是在遥信变位以后应在 1s 内传送到主站，并要求防止遥信误动作，即遥信编码的信号距离应当大于或等于 4，以防止外界干扰的作用。在电工设备输入的接口部件处应加滤波和其他技术措施，防止接点抖动后引起误反映。滤波时间常数应小于等于 10ms。由于遥信的接口部件和主要高压电工设备的接点联系，距离较远，易受强电感应，接口处应有光电隔离或经过继电器隔离。

远动设备的遥信编码一般以数据字节的一位反映一个开关接点的状态。但是国际电工委员会（IEC）TC-57 专委会的标准规定，一般断路器等设备的开合状态，应以两位来反映一个开关接点的状态，即以 01、10 来反映，而 00、11 为错误状态，只有事故告警信号才用一位数据位来反映一个信号的状态。

5. 遥调

由主站端向远方站发送调节命令，远方站经过校验后转换成适合于被控对象的数据形式，驱动被调对象。

发送的调节命令可以采取返送校核，也可以不采取返送校核，远方站接受遥调命令后直接执行。

遥调命令有两种形式：①设定值形式。由主站端向远方站发送控制被控对象的一个数值，远方站接受后或者以数字形式直接输出，或者经数/模转换器将数字量转换成被控对象所需要的模拟量形式输出。②升降命令形式。将主站端发送过来的升/降调节命令，转换成升/降的步进信号，用以调节发电机的出力或者变压器的分接头的位置以及水电厂的闸门。

实现遥调可以采取局部反馈调节的方式，即主站端定时发送调节命令后，由被调对象的自动调节设备来完成调节过程；也可以采用大反馈调节方式，即将被调节对象的信息反馈到主站端来进行反馈平衡，决定是否继续发送调节命令。一般采取前一种形式较多。

6. 遥控

调控中心（主站端）远距离控制发电厂、变电站需要调节控制的对象。被控对象为发电厂、变电站电气设备的合闸和跳闸、投入和切除。遥控涉及到电工设备动作，要求遥控动作准确无误，一般采用选择-返送校验-执行的过程。

选择的要求：在调度员发送命令时，首先应该校核该被控制站和被控制的设备在正常运行，系统或变电站没有发生事故和警报，所发出的命令符合被控设备的状态。在主站端校验正确后，方能向远方站发送命令。

返送校验：命令被送到远方站以后，经过差错控制的校核，确认命令没有受到干扰。远方站收到命令后，应先检查输出执行电路没有接点处于闭合状态；然后将正确接收的命令输出，同时将输出命令的状态反编码送到主站端；在主站端将接收到的返送校核码进行比较。

执行：在返送校核无误后，将结果显示给调度人员，并向远方站发送执行命令。此时由执行命令将输出执行电路的电源合上，驱动执行电路操作对象动作。被控制的对象动作后，过一定时间还要检查有关电路是否有接点粘上，并将动作结果告知主站，过一定时间将电路电源自动切除。只有这样严格的技术措施，才能保证遥控的正确无误。对于电力系统，遥控的技术指标是执行的正确动作率为100%。

二、CSC-1321 站控级通信装置

1. 概述

软件采用分层模块化结构，应用层和硬件驱动分开，使得主 CPU 插件、以太网插件、串口插件、现场总线插件都能使用相同的软件程序，仅仅是将针对硬件的驱动配置成不同种类就可以支持同样的应用在不同类型插件上的使用。其层次结构和各类模块的相互关系如图 2-1-1 所示。

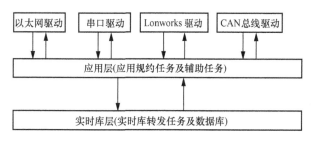

图 2-1-1　CSC-1321 软件框架

程序基本结构分成三层：实时库层、应用层和硬件驱动层。实时库层是所有信息的枢纽，承担着信息转发和存储的作用。应用层是真正对信息进行分析处理的部分，承担着上、下行的传递作用。硬件驱动层直接面向硬件，以不同的驱动任务分别实现对不同的通信通道的收发驱动，将信息与应用层直接进行交互，使应用层完全不必关心实际的通信介质种类。

实时库层的必要功能是信息转发，因为所有的应用规约任务彼此之间都是相互独立的，不进行直接的通信，完全依靠实时库层进行信息转发来互相沟通。在主 CPU 插件和其他扩展的通信插件（以太网插件、串口插件、现场总线插件等）中的实时库层还是有所差异的。在扩展插件中的实时库层只要实现转发功能即可，而在主 CPU 插件中的实时库层，不仅要完成转发功能，还要存储整个装置的所有数据，包括实时数据和部分历史录波和保护事件等。

应用层的最主要部分是应用规约，用于进行信息的转换与传递。为了配合应用规约的需要，在应用层还有一些辅助的任务，用于实现信息在插件上和插件间的存储、存取和转发等。

配套工具名称为 CSC-1320 维护工具。该工具软件为跨平台设计，可运行于 Windows、UNIX 等操作系统，用于对 CSC-1321 装置的各种应用情况进行配置、维护。根据功能，工具

分为配置和调试两个主要模块。如图 2-1-2 所示，"工程"菜单提供工程配置的基本操作，内容说明如下：

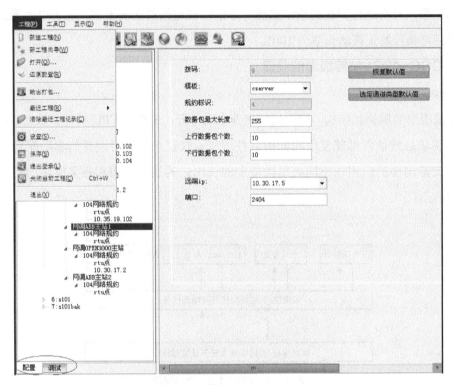

图 2-1-2　CSC-1320 维护工具主界面

"新建工程""新建工程向导""打开""保存""关闭当前工程"用来新建、打开、保存及关闭工程配置，"还原配置"可以从维护工具的最终输出文件中恢复工程配置。"输出打包"是将工程配置、所使用的模板和工具需要的相关信息共同组成数据包，准备下传到装置。"最近工程"给出了最近打开的工程配置文件路径，"清除最近工程记录"将清除最近打开的工程配置文件路径记录。"设置"用来对工作路径、运行文件路径、打包输出路径等路径及自动保存提示等功能的设置。

"工具"菜单中的内容说明如下：

"召唤装置配置"可以从 CSC-1321 装置中召唤并恢复工程配置，"下装配置到装置"将打包输出的最终配置文件传输到 CSC-1321 装置，"获取 log 文件"可以获取 CSC-1321 装置的日志文件。"召唤配置工具"将调用召唤配置程序 ZJGetDevCfg.exe，该程序可以召唤接入装置的配置，并生成与配置工具兼容的接入装置模板文件。"模板库"将进入模板的编辑功能，"重载模板描述"可以在模板描述修改后对其进行重新加载，"刷新模板"可以在修改接入装置模板后对工程中对应模板的装置进行刷新，"常用设备模板"维护了常用的接入装置模板。

"整理临时文件"可以在维护工具出现异常时，对临时文件进行整理，消除临时文件错误。

2. 模板管理

模板管理针对 CSC-1321 所需要的格式，支持对模板格式进行定义，并支持按照定义的格式建立所需模板，如图 2-1-3 所示。

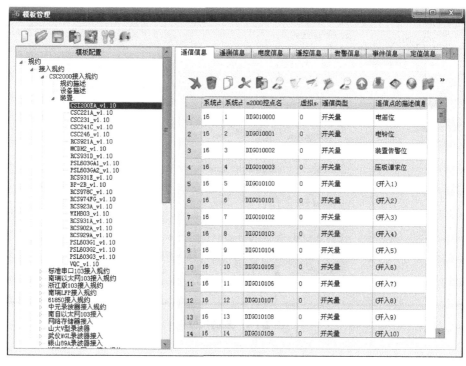

图 2-1-3　装置模板

CSC-1321 模板包括两个方面：一是确定规约参数格式（为规约定义运行所需参数）和该规约下装置模板的格式，二是为接入规约建立的装置模板。

将任何一个接入规约展开，如图 2-1-4 所示，有三个部分，其中"规约描述"用于定义本规约的一些固有特性，"设备描述"用于定义本规约接入的装置模板的格式，这两项都属于对模板格式的初始定义，由研发人员在研发阶段结束时完成。而"装置"下则保存按照"设备描述"建立的若干装置模板，这些模板都是在工程应用中根据实际情况建立的，由工程人员完成。将任何一个转出或远动规约展开，就会看到只有"规约描述"和"设备描述"两个部分，这两个部分的含义与接入规约相同。

其他工程建立的模板，需要导入到工具的模板管理模块中才能使用。在某规约下的"装置"处点右键，在菜单中选择"导入装置"，根据提示选择一个或多个已经存在的.dat 格式装置模板。为提高兼容性，维护工具软件提供了对其他一些系统的模板数据的导入功能，以减少工程制作的工作量。目前维护工具可实现对四方公司的综合自动化监控系统、CSM300E 装置、四方故障信息工控机子站等系统的模板数据导入。

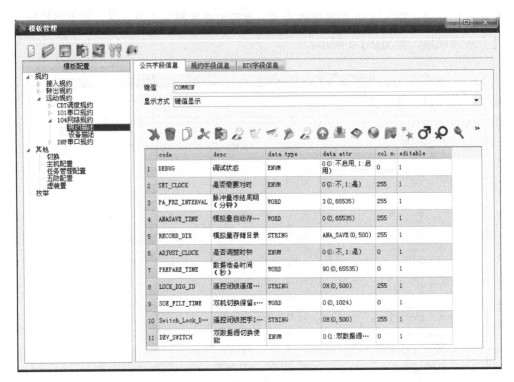

图 2-1-4　规约模板

3．工程配置

配置工具的最终目的是生成运行需要的配置文件。生成配置文件一般有两种方式：新建配置、在近似的配置基础上修改生成新配置。

在 CSC-1321 的通信信息中，接入部分是转出和远动的基础，因此无论是新建配置还是修改配置，都要从接入部分开始进行。

（1）新建配置：打开维护工具，在"工程"菜单中选择"新建工程"，或者直接点击左上方"新建工程"按键，都可以新建一个工程。另外，还可以使用"工程"菜单中的"新建工程向导"，或者直接点击左上方"新建工程向导"按键，从一个简单的向导流程开始配置。

新建工程后，就会出现如图 2-1-5 所示页面，系统首先对 CSC-1321 装置主 CPU 插件属性进行配置，包括选择插件类型、镜像类型和填写插件描述。界面中的插件位置及装置级联序号是自动生成的，不允许更改。

右键点击"设备配置"进行增加所有插件，如图 2-1-6 所示，对所有插件属性进行配置，最初插件下并没有通道或规约相关的内容。

图 2-1-5 新工程初始界面

图 2-1-6 插件定义

在主 CPU 下，与其他以太网插件有所不同，有一些特别的东西需要配置，也就是树图中显示的"启动""主备切换""任务""五防"，如图 2-1-7 所示。

"启动"表示的是一些公共服务是否启用，包括两个配置的标签页，第一页为主 CPU 配置信息，包括内部 FTP 传送、电子盘管理、液晶驱动、双机切换、五防功能。第二页为 MMI 基本配置，一般取默认值不改动。

图 2-1-7　主 CPU 插件配置

"主备切换"是对双机应用方式进行配置,如果在"启动"中启用了双机切换,就需要对这个部分进行配置。其中,"系统信息"中"缺省为主"配置本机是否缺省作为主机、"存储模式"配置是否使用网络存储、"是否调试"配置是否输出调试信息;"网络信息"中配置与双机中另外一台装置通信的信息;"同步信息"中选择双机间需要对哪些信息进行同步。所有的选择都是 1 表示"是"、0 表示"否"。

"任务"中对内部管理任务的功能进行配置。其中"管理任务参数信息"可根据需要修改,"MGR 配置信息"配置遥控闭锁的点,只有配置了主站间遥控闭锁功能使能才需要配置。

(2)添加通道。对于负责规约通信的插件,可以进行通道添加。右键点击该插件节点,选择"增加通道"子菜单,将增加对应的通道。

选中通道节点,可以看到,在添加规约前,通道的各种属性参数都处于不可编辑状态,这是因为通道的各种参数属性与规约类型密切相关,通道的绝大部分参数只有在规约确定的情况下才能确定。如图 2-1-8 所示,在添加规约(如 CSC2000 接入规约)后,选择通道节点 m2000,在中间的属性窗口中可以对通道的属性参数进行编辑,如模板、数据包最大长度,IP 等。

(3)添加规约。在增加了通道后,单击通道,右侧的模板管理窗口中出现工具支持的所有规约列表,可以选择要使用的规约,按照右侧列表直接选择需要使用的规约(如 CSC2000 接入规约)即可,如图 2-1-9 所示。

在要选择的规约上双击,规约就会自动进入左侧树图当前的通道下。点击规约,出现按照模板管理中装置描述（接入类规约）或规约描述（远动和转出类规约）显示的界面，对规约属性进行配置。

图 2-1-8 通道定义

图 2-1-9 规约配置

转出类规约：对于一个转出类规约的配置，包括配置规约属性和为转出规约选择装置。

规约属性只需按照界面显示内容进行配置即可。

在出现规约配置界面的同时，还会在右侧的模板窗口中列出当前支持的所有装置模板（如图 2-1-9 所示），从中双击要接入的装置即可将装置添加到规约中，也可以选择要接入的装置点击右键菜单来实现批量添加。选择装置后在规约下该装置是以模板名称显示的，可通过右键菜单的"重命名"，根据需要更改装置的名称，也可以选择规约的右键菜单"修改装置属性"对装置名称、规约地址等进行批量修改。

点击某个接入装置，可以查看接入装置的信息，如图 2-1-10 所示。

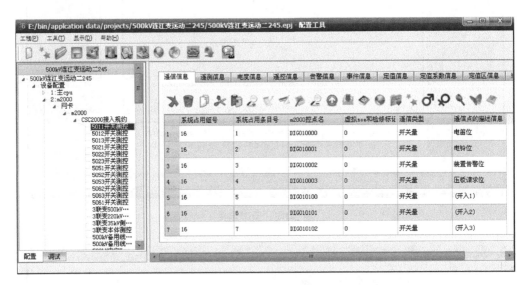

图 2-1-10　接入规约配置

远动类规约：对于一个远动类规约的配置，包括配置规约属性和为远动规约选点。规约属性只需按照界面显示内容进行配置即可，如图 2-1-11 所示。

在出现规约配置界面的同时，还会在右侧的模板窗口中列出当前已经接入的装置名称，并在其下方列出装置的点表。可从中选择需要的各类信息点，选择后的点就被加入远动规约的点表，选择完点表后，还需对其进行远动规约相关的属性配置，例如遥测点的死区值和转换系数等，如图 2-1-12 所示。

注意，各种远动规约的点号规则各不相同，在配置时远动规约的点号需要单独输入。同时，有些应用情况需要配置多个 RTU，而某个点属于哪个 RTU 也无法自动判断，因此在此情况下 RTU 号也是需要人工修改的。

全部配置完成后，点击窗口左上方的"保存"按钮，工程就被保存起来。使用菜单"工程"中的"输出打包"可生成配置文件，并打包输出可供装置使用的文件结构，即可进行下装操作了。

图 2-1-11 远动规约配置

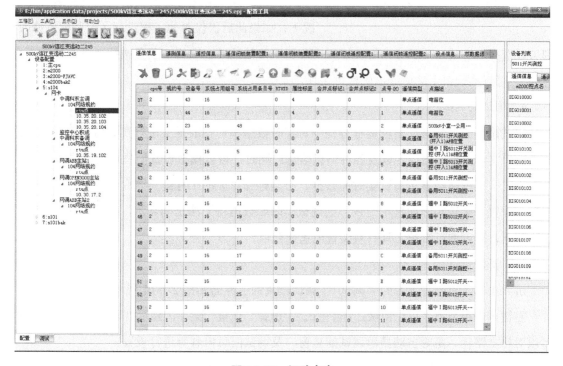

图 2-1-12 远动点表

（4）修改配置。通过修改生成配置是更为简单的一种配置生成方法，在同一地区多个工程应用时比较常用。其前提条件是已经具备一个与目标配置相近的工程配置。

在主界面的"工程"菜单中选择"打开"，或者使用"打开"快捷按键，通过浏览找到作为修改基础的工程所在路径，打开工程名.epj，就可以看到配置全貌的树图，可根据需要进行修改。一般来说，作为修改基础的配置应该和需要的配置比较接近，修改的部分相对较少。

需要注意：配置的原则应该是先配接入部分，再配转出或者远动部分，否则可能会导致转出或者远动部分配置不完整。在修改时也应按照此顺序进行。

所有修改确定后，就可以保存或者输出了。

（5）配置传输。配置工具所生成的配置，需要传输到装置才能实际应用。如果要在装置已经有的配置基础上修改，则需要先将装置中的配置传输到工具所在的计算机。这些情况下就需要使用配置传输的功能，即菜单"工具"中的"召唤装置配置"和"下装配置到装置"。

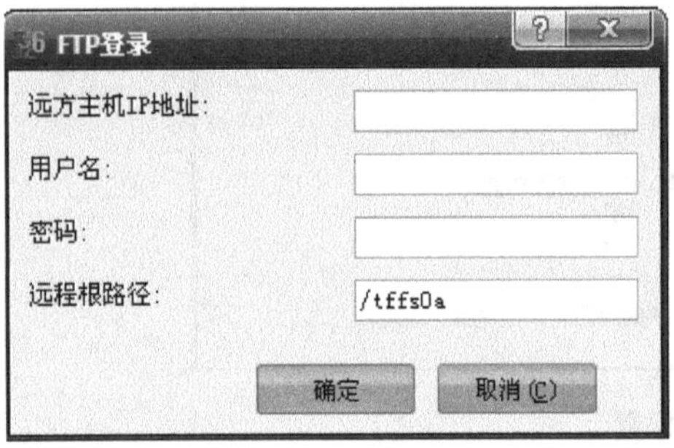

无论哪个方向的传输，都需要输入远方装置的连接 IP 地址、用户名和密码，如图 2-1-13 所示。

配置工具从 V2.40 版以后支持差异部分下装。即在已经成功用配置工具下装完整配置到装置的情况下，如果此后仅仅对此工程进行了一些配置修改，则可以选择只下装修改部分内容，以提高配置下装的速度。选择工具条按钮"下装修改部分文件"，可以实现仅下装修改过的配置文件。

图 2-1-13　FTP 登录界面

4. 验证及调试

调试模块的功能是在装置运行过程中对实时数据和传输的报文进行实时监视，包括对外通信的报文、内部通信内容以及各种调试信息。同时，可以模拟设置信息点的数值。

为了按工程结构显示调试实时库数据，必须打开对应的工程配置才允许调试。如果打开的工程配置与装置实际配置不一致，则调试实时库数据将无法正确显示。如果没有该装置的工程配置，可以通过维护工具召唤装置配置来获取。

（1）开始调试。

进入工具，点击左下方的"调试"，调试模块的主界面如图 2-1-14 所示。

右键点击根节点"正在调试：1 台主机"，选择"设置"菜单，显示"调试设置"对话框，可以对报文路径、是否自动显示调试信息窗口及调试信息内容等进行设置。

选择"开始调试"，工具自动进行各插件和实时库信息的召唤。在右边的窗口的下方可以看到维护工具与 CSC-1321 装置的所有通信报文，右边窗口的上方提供了报文操作的按钮或选项，用来控制报文的显示方式，如报文过滤、清除、停止显示、刷新时间设置等，如图 2-1-15 所示。

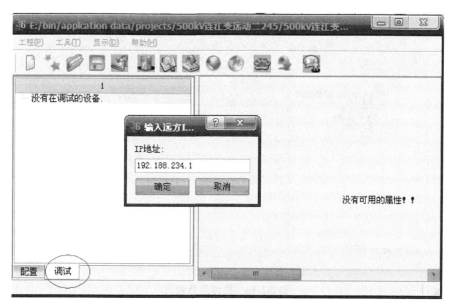

图 2-1-14 调试主界面

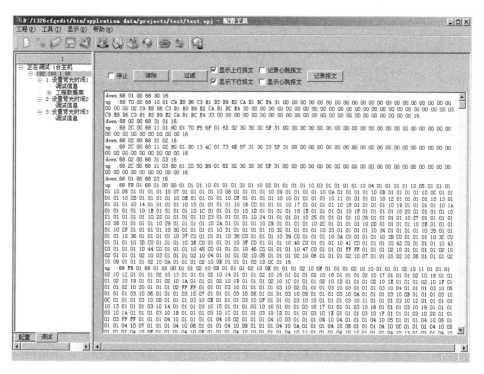

图 2-1-15 调试报文查看

（2）任务信息查看。

在某插件处点击，可以在右边窗口中看到插件上当前运行的任务列表，如图 2-1-16 和图 2-1-17 所示。

图 2-1-16 插件信息查看

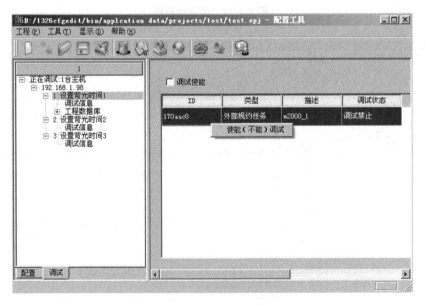

图 2-1-17 使能任务的调试

各任务默认的调试状态都是"禁止调试"。在某任务处点击右键，可以选择切换调试使能和禁止的状态。注意窗口中的复选框是插件调试的总使能，只有在此使能选中情况下，各任务的使能才会起作用，如图 2-1-18 所示。

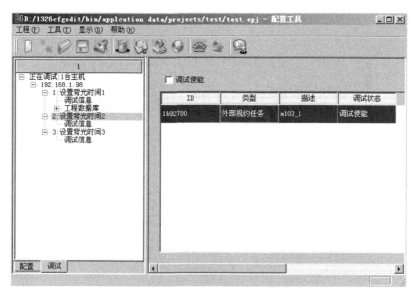

图 2-1-18 使能后的状态

设置成使能后，可以在左侧点击"调试信息"查看相关任务的调试信息。调试信息显示界面分三部分，左侧保持不变，右侧上方是本插件所有任务列表，支持同时查看一个或多个任务的调试信息，前提是这些任务都已经设置成调试使能状态。右侧下方就是具体调试信息的显示窗。调试窗口中，支持按原始报文信息、报文简报、详细解析等方式进行查看，如图2-1-19 和图 2-1-20 所示。

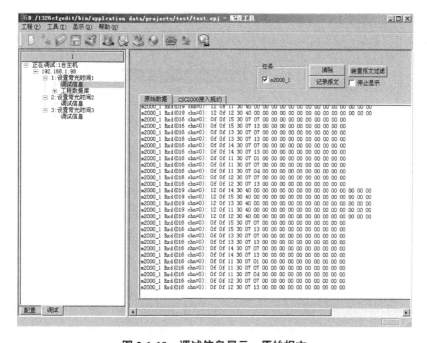

图 2-1-19 调试信息显示：原始报文

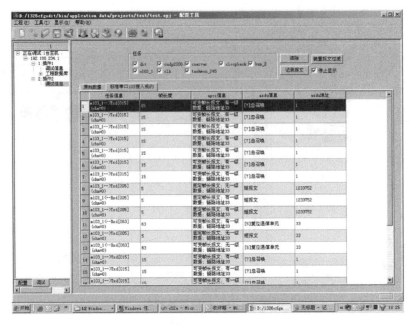

图 2-1-20　调试信息显示：解析报文

（3）查看调试实时库。

在主 CPU 下面的工程实时库中，按工程结构列出了调试实时库数据信息，可以按接入、转出、远动等方式查看调试实时库数据。在接入装置、转出装置或远动规约下，实时库中的数据分成"模拟量""数字量"和"脉冲量"，选择这三个节点，可以查看对应的实时库数据，如图 2-1-21 所示。

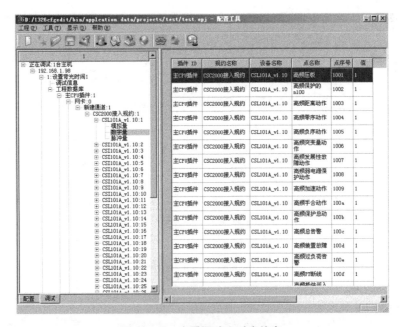

图 2-1-21　查看调试实时库信息

实时库信息会自动刷新，如果需要强行进行刷新，可以在 IP 地址处点击右键，选择菜单中的"召唤 CPU 信息"和"召唤实时数据库"。此外，如果调试实时库中发生遥信变位或者遥测越限，还会出现变位或越限提示，如图 2-1-22 所示。

	主机	时间	信息
1	192.168.1.130	2008- 3-13 16: 0:20 314	主CPU插件:1 CSC2000接入规约:1 CSI101A_v1.10:1 IA 从100变为110
2	192.168.1.130	2008- 3-13 16: 0:20 314	主CPU插件:1 CSC2000接入规约:1 CSI101A_v1.10:1 IB 从100变为110
3	192.168.1.130	2008- 3-13 16: 0:19 473	主CPU插件:1 CSC2000接入规约:1 CSI101A_v1.10:1 IA 从80变为90
4	192.168.1.130	2008- 3-13 16: 0:19 473	主CPU插件:1 CSC2000接入规约:1 CSI101A_v1.10:1 IB 从80变为90
5	192.168.1.130	2008- 3-13 16: 0:10 910	主CPU插件:1 CSC2000接入规约:1 CSI101A_v1.10:1 失灵启动元件投入 从1变为2
6	192.168.1.130	2008- 3-13 15:51:57 341	主CPU插件:1 CSC2000接入规约:1 CSI101A_v1.10:1 失灵启动元件投入 从0变为1
7	192.168.1.130	2008- 3-13 15:51: 1 909	主CPU插件:1 CSC2000接入规约:1 CSI101A_v1.10:3 装置通信中断 从2变为1
8	192.168.1.130	2008- 3-13 15:51: 1 959	主CPU插件:1 CSC2000接入规约:1 CSI101A_v1.10:4 装置通信中断 从2变为1
9	192.168.1.130	2008- 3-13 15:51: 2 29	主CPU插件:1 CSC2000接入规约:1 CSI101A_v1.10:5 装置通信中断 从2变为1
10	192.168.1.130	2008- 3-13 15:51: 2 99	主CPU插件:1 CSC2000接入规约:1 CSI101A_v1.10:6 装置通信中断 从2变为1
11	192.168.1.130	2008- 3-13 15:51: 2 159	主CPU插件:1 CSC2000接入规约:1 CSI101A_v1.10:1 装置通信中断 从2变为1
12	192.168.1.130	2008- 3-13 15:51: 2 229	主CPU插件:1 CSC2000接入规约:1 CSI101A_v1.10:2 装置通信中断 从2变为1

图 2-1-22　变位或越限提示

实时库中的数据支持人工修改值，以方便调试对点。在某信息点处点击右键，选择"修改值"，进入修改数据值的界面。工具支持同时选中多个信息点统一修改，在界面上使用">>"和"<<"选择其他点修改值，如图 2-1-23 所示。

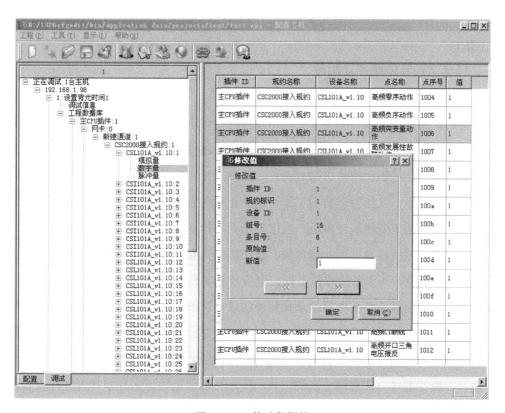

图 2-1-23　修改数据值

【练习题】

1. 远动技术四遥分别是什么？

2. 远动规约有哪几种类型？

3. 为达到遥控动作准确无误，遥控过程通常采取哪种模式？

4. CSC-1321 远动系统生成配置文件通常有哪几种方式？

5. 简述 CSC-1321 远动系统配置文件制作原则。

模块二　变电站后台监控系统各功能介绍

【模块描述】

本模块一共分为两个方面。第一方面主要介绍后台监控系统概述及构成；第二方面主要介绍变电站后台监控系统主要功能，其中包括数据采集功能、数据分类和处理、操作与控制功能、人机联系功能等四个部分。

【学习目标】

1. 了解后台监控系统概述及构成。

2. 掌握变电站后台监控系统主要功能。

【正文】

一、后台监控系统概述及构成

1. 后台监控系统概述

变电站后台监控系统承担着整个变电站设备的协调运行和管理工作，以及历史数据的处理和全站的人机对话相关工作。根据国内外目前变电站综合自动化技术的发展形势，其具有的功能主要有保护、控制、信号、事故记录、故障录波、测量、直流和五防功能，同时各个部分要能够独立运行，又能智能协同工作，避免出现装置的重复配置，还要方便日常管理和维护。所以，高性能工业控制计算机一般成为后台主控计算机的首选，承担整个变电站系统监控工作，对变电站所有设备的运行参数、状态数据进行实时采集和处理，对异常数据进行分析，根据需要召测和下发故障录波、保护定值等相关数据。

变电站后台监控系统是变电站自动化系统的核心环节，实现变电站设备的数据采集与监控（supervisory control and data acquisition，SCADA）的全部功能。监控后台系统是基于工作站、商业工控机或个人计算机的变电站综合自动化监控后台系统，它是变电站综合自动化系统的集成、人机交互接口和最终实现的工具。变电站后台监控作为变电站内运行设备和运行人员的接口，为工作人员提供了友好的人机界面，可以在线显示采集和处理实时数据，并可对全站的断路器和隔离开关等进行分合操作。监控软件能实现对变电站的遥信、遥测和遥控等操作,与下位机实现通信,并能解析下位机上传的数据信息。监控软件主要实现数据解析、通信管理、在线监视和操作、报表实现、事故报警与打印等功能。变电站监控后台与间隔层保护测控装置的通信一般采用 IEC 61850 规约、103 规约、modbus 规约。

2. 后台监控系统基本构成

(1)监控主机。监控主机实现变电站的 SCADA 功能,通过读取间隔层装置的实时数据、运行实时数据库,来实现对站内一、二次设备的运行状态监视、操作与控制等功能,一般监控主机采用双台冗余配置。监控主机软件可分为基础平台和应用软件两大部分,基础平台提供应用管理、进程管理、权限控制、日志管理、打印管理等支撑和服务,应用软件则实现前置通信、图形界面、告警、控制、防误闭锁、数据计算和分析、历史数据查询、报表等应用和功能。对于 220kV 及以下电压等级的变电站,监控主机往往还兼有数据服务器和操作员工作站的功能。

(2)操作系统。早期(2010 年前)中小型变电站或系统外电站,大多采用 Windows 操作系统。优点是经济性较高、操作性易懂、易重装,缺点是配置较多、安全性较差、容易中病毒、稳定性较差、长时间运行容易死机。

中期(2010~2021 年)中大型变电站,大多采用 Linux 操作系统。优点是安全性、稳定性、高效性好,操作桌面简洁,每个厂家桌面都能打开终端输入对应开启监控代码、不容易卡死。缺点是经济性较差,要求服务器配置较高,服务器重装麻烦。

2021 年以后,中大型变电站,已经采用国产 Linux 操作系统,代表系统为凝思系统、麒麟系统。电力行业的特殊性决定了它对 IT 系统的稳定性和安全性有非常高的要求。电力行业曾经出现过因国外品牌的交换机存在技术"后门"而导致的安全隐患。

出于安全的考虑,无论是国家电网有限公司,还是南方电网公司,采用由国产服务器硬件平台和 Linux 操作系统组成的基础架构平台已经十分普遍。通常情况下,电力行业的用户会首先考虑采用国产的操作系统,主要的基础是 Linux 操作系统,并在此基础上做一些安全方面的重大改进。国家电网有限公司经常会组织相关的服务器厂商、操作系统厂商以及应用软件厂商进行产品的兼容性测试,以确保服务器与操作系统间不会有兼容性等问题。优点是重点突出安全,国产自主可控。

(3)操作员工作站。操作员工作站是运行人员对全站设备进行安全监视与执行控制操作的人机接口,主要完成报警处理、电气设备控制、各种画面报表、记录、曲线和文件的显示、日期和时钟的设定、保护定值及事件显示等。500kV 以上电压等级的智能变电站,在有人值班时常会配置独立的操作员工作站作为值班员运行的主要人机界面。操作员工作站可与监控主机合并，也可根据安全性要求采用双重化配置。

现在中大型变电站，基本不会有综合应用服务器与工程师工作站。220kV 及以下电压等级大部分都只需要 2 台监控后台即可实现综合应用和工程师功能，500kV 只需要 2 台监控后台和操作员站。

二、主要功能介绍

变电站后台监控系统的主要功能主要包含数据采集、数据分类及处理、安全监控、操作与控制、人机联系、运行记录等。其中数据采集功能包含模拟量、开关量和事件顺序记录 SOE、COS 三部分，数据分类和处理包含实时数据、历史数据、高级应用信息数据、告警窗功能四部分，操作与控制功能包含遥控、遥调、智能站一键顺控功能、保护装置录波调取、定值调阅、定值远方修改、定值区切换等，人机联系的主要内容显示画面与数据、相关参数的设置修改、人工控制操作。

1. 数据采集功能

变电站后台监控系统需采集的数据包含三部分内容，分别为模拟量、开关量、事件顺序记录。

（1）模拟量信息。模拟量采集数据可分为直流采样和交流采样两种方式。其中变压器油温及温湿度信息等此类遥测信息变化相对比较缓慢，通常采用直流采样方式。直流采样时将被采集的遥测信息经变送器转换，最终输出为直流 0～5V 电压或 4～20mA 电流，再接入测控装置。测控装置上设置被采集信息的量程、数据类型，将采集到的直流量还原成现场实际的温湿度信息，变送器的准确度等级不应低于 0.5 级。

站内一次电流、一次电压进行采集时通常采用交流采集方式，将 TV、TA 二次电流、电压经采样板上小电流互感器、小电压互感器，转换成弱电经采样保持器后再输入 A/D 转换器，最终转换成数字量。交流采样实时性好，且能较好反映原来的电压、电流波形，测量准确性高。目前遥测有整型和浮点型两种方式，遥测参数设置根据遥测数据类型有所差异。对于支持浮点上送的测控装置，上送的数据已经还原为一次值，后台监控及远动通信装置则不再需要设置系数。

变电站后台监控系统需采集的模拟量数据有以下 10 部分：

1）各电压等级各段母线的线电压及相电压；

2）线路电流和有功功率、无功功率、功率因数、线路电压；

3）主变的各侧电流、有功功率和无功功率、功率因数；

4）无功补偿设备的电流、无功功率；

5）馈线的电流、有功功率和无功功率；

6）母联（母分）断路器电流、有功功率、无功功率；

7）直流系统母线电压、正负对地电压等；

8）所用变低压侧电压（含线电压、相电压）；

9）变压器油温、绕组温度；

10）汇控柜内温湿度等。

（2）开关量信息。现场设备的状态以信号的两种状态即 0、1（或断开、闭合）传送后台机，反映的内容主要有断路器和隔离开关的位置，继电保护的动作状态，报警信号，自动控制的投、切，变电站的事故信号，电工设备参数的越限信号，以及其他设备的状态、自诊断信号等。

遥信的传送有变位突发传送和循环传送两种，以变位传送为优。对遥信的主要技术要求是在遥信变位以后实时传送到后台机，并要求防止遥信误动作，变电站监控系统需采集测控装置的硬接点信号、保护装置的软报文信号以及后台合成信号，比如直流系统和消弧线圈信号等。

变电站后台监控系统需采集的开关量数据有以下 8 部分：

1）变电站全站事故总信号；

2）主变、线路、母联、母分等断路器位置信号；

3）隔离开关、接地刀闸位置信号；

4）变压器中心点接地刀闸位置信号；

5）有载调压变压器分接头位置信号；

6）保护动作信号；

7）运行告警信号；

8）设备状态告知信号等。

为防止干扰，二次回路遥信开入经光耦内外电气隔离输入至测控装置，实现对开关量的采集。对于断路器位置信息需采用中断输入方式或快速扫描方式，以保证变位的采样分辨率在 2ms 内。对于隔离开关位置和分接头位置等开关信号，则不必采样中断输入方式，一般采样定时扫描方式读入。遥信定时扫查在实时时钟中断服务程序中进行，每 1ms 执行扫描一次，当有遥信变位，则更新遥信数据区，按规定插入传送遥信信息。同时，记录遥信变位时间，以便完成事件顺序记录信息的发送。

遥信开入的采集在实际运行过程中可能会产生不对应的遥信变位信号，从而给运行人员的监控带来误导。因此，需对测控的遥信开入防抖时间进行设置，遥信变位时限需超过防抖延时才判别为有效变位；对于 220kV 系统，一般遥信开入防抖为 20ms，因事故总信号采用合后串断路器分位的方式，两个接点存在时间上交错，因此事故总遥信防抖设置为 100ms，避免开关分合过程无法事故总信号。

（3）事件顺序记录 SOE、COS。SOE 信号是在装置动作后信号加上时标上送的，COS 是不加时标直接往监控系统后台送，后台收到后加上后台主机的时标。事件顺序不仅需记录所发生事件的性质及状态，还需记录事件发生的时刻，应精确到毫秒级。

2. 数据分类和处理

上文介绍了变电站后台监控系统采集的模拟量、开关量、事件顺序记录等数据量，仅模拟量就包含各电压等级各段母线的线电压及相电压等 10 部分内容，可见采集的数据量非常庞大，基于这些采集的数据量繁多，为了更高效的使用这些数据，需要对数据类型进行分类处理：

（1）实时数据。实时数据存储于实时数据库，便于人机界面实时显示和上送主站系统。实时信息包含电流、电压、有功功率、无功功率等模拟量，断路器位置等开关量，事件顺序记录，继电保护动作信息、报警信息及其他控制信息等。

事件顺序记录 SOE，包括断路器跳合闸记录、保护动作顺序记录。微机保护或监控系统必须有足够的存储空间，能存放足够数量或足够长时间段的事件顺序记录信息，确保当后台监控系统或远方集中控制主站通信中断时，不丢失事件信息。事件顺序记录应记录事件发生的时间，时间需精确至毫秒级。

故障记录就是记录继电保护动作前后与故障有关的电流量和母线电压，即故障录波。微机保护具有故障记录功能，该保护单元的保护启动同时，便启动故障记录，这样可以直接记录发生事故的线路或设备在事故前后的短路电流和相关的母线电压的变化过程，现场保信子站会自动召唤装置录波文件，主站通过国网保信 103 规约召唤保信管理机小录波。现在主流后台厂家的新监控系统软件大都支持从后台直接召唤装置录波并打开分析。

（2）历史数据。实时数据库中模拟量、电能量及一些计算量可选定存储周期成为历史记录，历史数据是其他高级应用的重要数据来源，遥测报表、历史趋势曲线等所需的数据均来自历史数据。变电站后台监控系统可以将其所监测和统计的各种信息永久的保存下来，这些信息包括各个断路器或开关状态发生改变的具体时间、各种电量参数的数值、报警故障的类别、操作人员代码和操作时间等信息。保存的这些信息将成为日后分析变电站系统的运行状况最可靠的资料。

（3）高级应用信息数据。高级应用信息数据包括网络拓扑结构等。网络拓扑是根据变电站的实时遥测数据确定电气连接状态，为状态估计、潮流等高级应用提供网络结构图、负荷、潮流分析等数据信息。

（4）告警窗功能。监控系统在运行过程，对采集的电压、电流等进行越限监视，并能报送告警信息。此外，还应监视各保护装置运行状态是否正常，控制回路是否异常等，并将监视异常结果进行窗口推送。如果设备由于过载而跳闸，或者继电保护装置等动作故障，或者出现设备变位、状态异常等，监控主机会发出相应的报警提示，操作人员根据报警信息进行告警确认等及时有效的处理，使系统能够正常工作。

3. 操作与控制功能

（1）遥控。变电站后台监控系统监控具备断路器分合、隔离开关分合、软压板投退、信号复归等遥控功能，通过后台机下发命令后控制对应的接点闭合或断开，以实现对变电站内断路器、隔离开关、接地开关等设备的分闸及合闸操作、装置的远方复归、变压器档位调节、装置自身软压板远方操作等。

遥控要求动作准确无误，一般采用选择—返送校验—执行的过程。遥控操作应有防误校验功能，在执行遥控操作时，应接收到正确的返校信息，才能进行下一步操作。校核包括操作对象校核、操作性质校核和命令执行校核，以确保操作的正确性。下面以断路器为例来介绍遥控的操作步骤。

1）选择的要求。首先监控后台向测控装置发送遥控命令。遥控命令包括遥控操作性质（分/合）和遥控对象号。在操作人员发送命令时，首先应该校核该被控制的设备在正常运行，所发出的命令符合被控设备的状态。在后台机处校验正确后，方能向被控制设备发送命令。

2）返送校验。测控装置收到遥控命令后未马上执行，而是先驱动返校继电器，并根据继电器动作判断遥控性质和对象是否正确，测控装置将判断结果返送给后台校核。

3）执行。监控后台在规定时间内，如果判断收到的遥控返校报文与后台发的遥控命令完全一致，就发送遥控执行命令。规定时间内，测控装置收到遥控执行命令后，遥控接点闭合。如果二次回路与开关操作机构正确连接，则完成遥控操作。

遥控应同时具备闭锁功能，遥控操作应与就地操作相互闭锁，确保只有一处操作，避免互相干扰，从而有效防止具有闭锁回路开关误操作现象的出现。操作人员在后台机处下达操作命令时需使用授权的账户及输入正确口令，下达的操作命令才能够被执行。

操作闭锁应包括以下内容：①操作出口具有跳、合闭锁功能；②根据实时信息，自动实现断路器、刀闸操作闭锁功能；③适应一次设备现场维修操作、"五防"操作闭锁系统，五防功能为：防止带负荷拉、合刀闸，防止误入带电间隔，防止误分、合断路器，防止带电挂接地线，防止带地线合刀闸；④只有输入正确的操作口令和监护口令才有权进行操作控制。

遥控开关合闸方式可以选择"检同期""检无压"或"不检"。如果在系统配置工具中启用了"遥控校验调度编号",并为遥控对象设置了"调度编号",用户需要正确输入调度编号才可遥控。遥控信息显示当前控制操作的失败或成功提示信息。校验成功后,如果在系统配置工具中启用了监护功能,则会要求输入监护人口令。操作人和监护人不可为同一人,当权限校验通过后,开始进行遥控选择操作。遥控选择成功后,"遥控选择"按钮会跳转为"遥控执行",点击此按钮,会进行遥控执行操作。

(2)智能站一键顺控功能。一键顺控是实现后台对一次设备的快速倒闸操作,不仅提高了操作效率,而且减少或杜绝因为人为因素导致的误操作,提高变电站的操作可靠性及安全运行水平。顺控的操作应能自动生成不同的运行方式下的典型操作票。当设备出现紧急缺陷时,具备急停功能。应配备直观的图形图像界面,可以实现在站内和远端的可视化操作。

顺控的制作方式为后台监控厂家根据运维提供的顺控操作票(里面包含一次设备的顺控态,以及各个顺控态之间的操作项),经后台厂家制作且运维验收合格方可使用。

变电站及集控站一键顺控功能架构主要由一键顺控主机、智能防误主机、数据通信网关机组成。变电站操作人员使用一键顺控主机调用一键顺控操作票,经智能防误主机和一键顺控主机防误双校核后,将操作指令通过间隔层设备下发至现场一二次设备,完成各项操作任务,实现变电站端一键顺控操作。

相较于单一操作控制,一键顺控主要有以下三项优点:

1)一键顺控不需要运行人员现场编写操作票,不需要进行图板模拟,不需要常规变电站操作前的五防检验(一键顺控采用操作过程中校验),节省了操作的准备时间;

2)采用模块化的操作票,只需在编制一键顺控操作票时加强操作票审查和现场实际操作传动试验,就能够保证操作票内容的完善性、正确性,避免了由于操作人员技术素质高低和对设备认识情况不同对运行操作安全性和正确性的影响,避免了操作人员现场编制操作票时可能产生的误操作;

3)采用监控后台顺序控制,由计算机按照程序自动执行操作票的遥控操作和状态检查,不会出现操作漏项、缺项,操作速度快、效率高,节省了操作时间,降低了操作人员的劳动强度,也提高了变电站操作的自动化水平。如果将一键顺控与设备状态可视化系统紧密结合,进一步完善设备状态检查功能,就可以使远方操作成为可能,在一定程度上节约了人力资源,解决了运行人员不足的问题。

需要注意的是,虽然变电站监控后台具备顺控功能,但当前变电站综合自动化后台机使用较少,使用率不高,目前主要是调度主站端使用该功能。

(3)遥调。由后台机向各设备发送调节命令,经过校验后转换成适合于被控对象的数据形式，驱动被调对象。发送的调节命令可以采取返送校核，也可以不采取返送校核，遥调对象接受遥调命令后直接执行。

遥调命令有两种形式：

1）设定值形式。由后台机向被控对象发送一个数值，或者经数/模转换器将数字量转换成被控对象所需要的模拟量形式输出。

2）升降命令形式。将后台机发送的升/降调节命令，转换成升/降的步进信号，用以调节消弧线圈的档位或者变压器的分接头的位置。

实现遥调可以采取局部反馈调节的方式，即后台机定时发送调节命令后，由被调对象的自动调节设备来完成调节过程。也可以采用大反馈调节方式，即将被调节对象的信息反馈到后台机来进行反馈平衡，决定是否继续发送调节命令，一般采取前一种形式较多。系统内的变电站监控系统需遥调主变的档位，系统外变电站有风机的遥调有功以及 SVG 的无功。

（4）保护装置录波调取功能。为方便运行检修人员的使用，变电站监控后台系统配置保护装置录波调取功能。保护装置录波功能在实际运行中发生故障，对故障分析起关键性作用。保护装置正常运行，保护装置录波不会实时录波，保护装置内有设定电气量或开关量作为判据的启动门槛，启动门槛相对低于保护装置整定值，当相关电气量以及开关量（包括采样品质）发生变化时，达到预设值的启动门槛，保护装置启动，进入故障计算，达到故障定值时间，保护装置出口。为了保证保护装置录波的范围大于实际动作，所以当保护装置启动时，保护装置即开始录波。即使保护装置启动，经逻辑运算后保护未动作，也会生成相应波形，存在于保护装置中，并主动上送当地监控后台。由于当前形势下，网络安全要求日益严峻，保护发生故障时，使用笔记本直接对保护装置进行录波手续繁杂，后台自带的录波调取功能便捷性更显突出。运行检修人员可以根据保护装置启动或故障的时间，找到对应波形进行分析，快速定位故障原因，为尽快恢复供电提供支撑。同时保护装置录波和站内独立使用不同绕组回路的故障录波相互配合，两者相互鉴证，还能够有效排除二次回路故障的可能性。保护装置录波是保证电网合理安全运行的重要手段。

（5）定值调阅、定值远方修改、定值区切换功能。监控后台还提供保护装置定值调阅、保护装置定值区查看、保护装置定值修改以及保护装置定值区切换的功能。此功能方便运行检修人员修改以及核对保护定值、切换定值区等，尤其是在装置定值（例如主变保护）较多的情况下，通过监控后台调取定值，使界面显示的内容更加清晰明了，相较于在装置上按键翻页更加便捷。同时监控后台的修改定值功能在修改定值或切换定值区以后，能够第一时间查看后台告警窗口，查看保护装置是否处于异常告警状态，如果处于告警状态，在后台也能够第一时间掌握具体的报警信息。

（6）其他功能。变电站后台监控系统除了单一操作控制、一键顺控功能外，还有告警确认、人工置数、挂牌、牌设置、摘牌、曲线查看、限值查看与修改等功能。

1）告警确认。对当前对象的告警信息进行确认。

2）人工置数。对当前对象进行人工置数，通过权限校验后，将弹出人工置数对话框，当对象为开关刀闸、遥信类前景时，在设置值中选择"人工分"或者"人工合"，点击"确定"按钮完成人工置数。当对象为遥测、遥脉、档位类前景时，如果输入数值与当前对象类型不符，则提示输入正确数值。

3）取消人工置数。通过权限校验后，可取消当前对象的人工置数。

4）挂牌。当前对象为设备前景时，可以对当前对象进行挂牌。每个对象可挂多张牌，牌会在对象旁边自动排列。挂完牌可以对牌进行相关设置，包括设定牌的宽度、设定牌的高度、设定牌的原始比例、设定牌的颜色、设定牌的牌号、设定牌的注释、其他功能设置，也可为同类牌添加编号。当鼠标移动到牌上时显示注释，供操作人对此牌进行说明。在挂牌或修改牌后开始计时，此时间过后，牌自动摘掉。

5）摘牌。既可以摘除部分牌，也可以摘除所有牌。在挂牌界面，用删除按钮删除需要摘除的牌。通过相关权限校验后，将取消当前对象的所有牌。

6）曲线查看。当前对象为数值类前景时，点击属性对话框的"曲线查看"按钮，可以查看当前对象的历史和实时曲线。

7）限值查看与修改。当前对象为数值类前景时，如果此对象关联了限值，点击属性对话框的"查看限值"按钮，可以在线查看与修改对当前对象对应的限值。点击"编辑"按钮后，可以在线修改限值。

4. 人机联系功能

人机联系即操作人员通过显示器、鼠标、键盘，进行与监控系统的信息交互。监控系统的日常运维主要通过人机交互进行，从而确保监控系统可视化信息的正确性及遥控功能可以正常使用。

人机联系的主要内容是：

（1）显示画面与数据。时间日期、单线图的状态、潮流信息、报警画面与提示信息、事件顺序记录、事故记录、趋势记录、装置工况状态、保护整定值、控制系统的配置（包括退出运行的装置以及信号流程图表）、值班记录、控制系统的设定值等。

（2）相关参数的设置、修改。密码设置及更改、保护定值的修改、报警界限、告警设置与退出等。

（3）人工控制操作。断路器及隔离开关操作、变压器分接头位置控制、软压板操作、智能站保护装置的投入或退出、智能站设备运行或检修的设置、信号复归等。

对于无人值班站，应保留一定的人机联系功能，以保证变电站现场检修或就地需求。例如能通过液晶或小屏幕，显示站内各种数据和状态量，操作出口回路具有人工就地紧急控制设施，变压器分接头应备有就地人工调节手段等。

下面以南瑞继保公司 PCS9700 监控后台系统为例，介绍相关人机联系功能。

（1）遥信数据查看与操作。遥信数据的实时状态可以通过人机界面的各类图形以及光字牌体现，如图 2-2-1 所示为某站的主接线图，点击各光敏点可以进入间隔分图内查看该间隔的重要遥信状态（下列界面中显示粉色以及白色信号，实际为笔记本未与装置通信现实的异常状态，实际运行中不应出现此状态）。

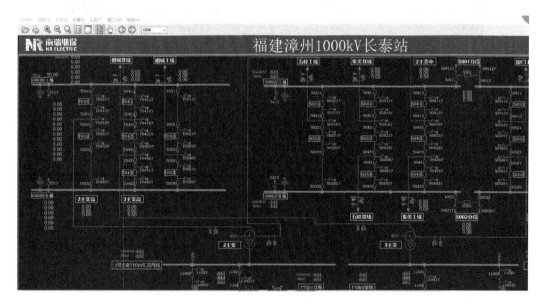

图 2-2-1　主接线图

图 2-2-2 展现了一条线路的测控分图，可以看出体现了重要遥信量（开关刀闸位置信息、把手、通信状态以及重要硬接点等信息），将鼠标移至图形或者光字牌上，可以获取该图形所关联遥信的信息状态，如该遥信所属哪个间隔、报警确认状态、是否带电等信息。

如图 2-2-3 所示，鼠标放在图元上单击打开显示属性窗口，可以对设备以及信号进行"人工置数""告警确认""遥控"和"挂牌摘牌"这些操作。

各操作具体功能如下：

1）人工置数：可以将开关位置人为的更改为分位或合位，此时开关不在根据实际的开入判断位置。应用于测控故障、开入光耦损坏等情况。

2）告警确认：针对信号进行确认，确认后信号不再闪烁，不再触发音响。

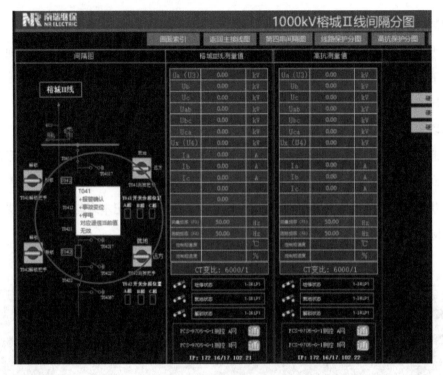

图 2-2-2 测控分图

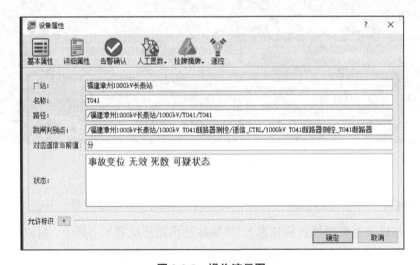

图 2-2-3 操作演示图

3）挂牌摘牌：满足电网的最新要求，同时在监控后台做安全措施，更安全可靠。

4）遥控：实现对一侧设备、二次设备的实时操作。

（2）遥测数据查看与操作。遥测数据和遥信数据查看方式一致，主接线图上会展示每个间隔的重要遥测信息如 A 相电流、有功无功以及功率因数，间隔分图内遥测信息包括全各相电流电压、线电压、零流零压频率、有功无功以及功率因数。遥测同样支持人工置数的功能，用于测控装置短时间退出情况下的监盘。尤其需要注意状态中的死数这一提示（如图 2-2-4 所示），表示在后台设置的时间里，遥测没有刷新，正常情况下，不应出现此问题。

（3）遥控数据查看与操作。首先需要注意的是，主接线图禁止进行遥控操作，遥控操作需要进入分图进行，避免控错间隔的情况发生。以下分别介绍开关刀闸的遥控、软压板遥控、档位调节。

1）开关刀闸的遥控。国内大多数厂站都配置有五防闭锁系统，所以在遥控开始前要先在五防机上模拟开票，开票成功后转为执行票给监控系统中相应的开关刀闸遥控解锁。接下来介绍监控系统中的遥控操作步骤，在开关刀闸设备上点击鼠标左键，

图 2-2-4　告警确认图

在弹出的设备属性对话框中选择"遥控"图标进行遥控；也可以用鼠标的右键快捷方式直接选择该对象遥控。操作方法如图 2-2-5 所示：

在遥控对话框中，先输入调度编号，再点击"遥控选择"并且输入有权限的操作人和监护人密码，如图 2-2-6 所示。这里需要注意的是，是否需要监护人可以设置，监护节点也可以设置，遥控的操作人和监护人不能是同一个人。

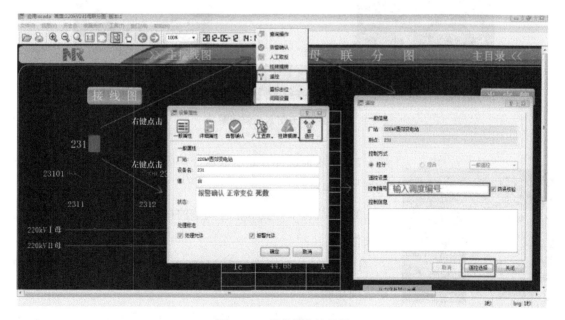

图 2-2-5　开关操作演示图

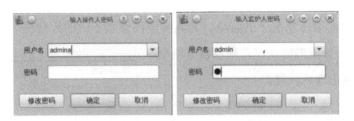

图 2-2-6　用户名密码输入演示图

如果正确的话，会在控制信息中显示"遥控选择成功"。选择成功后，"遥控选择"按钮位置会变成"遥控执行"按钮，点击执行。有时监控系统和五防系统通信故障，导致监控系统不能收到五防机发来的遥控解锁信号，后续的遥控操作无法完成，在厂家到现场处理前又必须进行遥控操作，就可以使用五防紧急解锁功能。操作方法同正常的遥控操作，只是在遥控操作对话框中去掉"五防校验"即可，如图 2-2-7 所示。需要注意的是，紧急解锁需经过相关流程审批，不得随意使用。

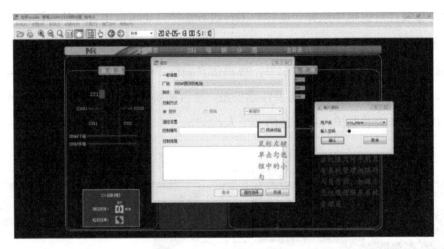

图 2-2-7　五防紧急解锁图

图 2-2-8　保护管理功能入口

2）软压板遥控。软压板遥控一般不经五防，其他操作过程同开关刀闸遥控。

3）档位调节。找到档位调节的按钮，操作步骤和软压板遥控类似。

（4）保护装置录波查看。如图 2-2-8 所示，在控制台打开保护管理功能。

在界面左侧选择到想要调取录波的装置展开，选择到"RCD录波"，工具栏上选择到"录波波形"，并且设置好想要检索的时间范围。点击右侧"召唤列表",在后台成功召唤到装置的波形列表后,根据时间信息选择具体的波形点击"召唤波形",召唤成功后使用"波形管理"中的"波形分析"便可以查看装置对应时间的故障录波,操作方法如图 2-2-9 所示。

图 2-2-9　查看故障录波操作方法图

可以检索当前后台数据库中保存的波形,如图 2-2-10 所示,从保护装置中召唤波形列表、召唤波形文件,可以对波形进行管理,包括波形分析及显示头文件。

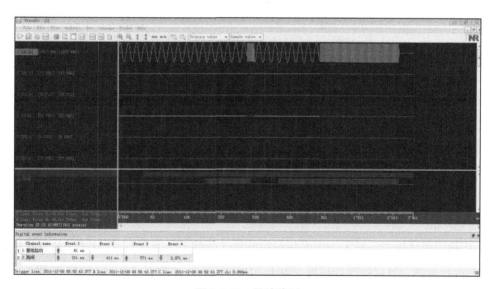

图 2-2-10　录波波形

(5)保护定值调取以及修改。

1)保护定值上装。同样是在保护管理界面,可以查看保护装置的保护参数、运行定值、保护测量、保护状态、软压板的信息。首先选择要浏览的装置,然后选择要浏览的组类型,再选择是上装数据还是刷新数据。(上装:只读值;刷新:既读值也读对象名称。因此在第一次浏览时请先点击刷新把组内数据对象名称读出来,以后再次浏览点上装即可)如图 2-2-11 和图 2-2-12 所示。

图 2-2-11 保护定值上装图 1

图 2-2-12 保护定值上装图 2

2）切换定值区操作。对于 103 通信规约装置（简称 103 装置），可以切换运行定值区号，可以修改运行定值，可以投退软压板。对于 61850 通信规约装置（简称 61850 装置），可以切换运行区定值区号及编辑区定值区号，只允许修改编辑区定值。单击定值区号边的"修改"按钮，弹出切换区号对话框。输入区号后点击"确定"，则将当前保护装置定值区号切换为输入的区号，如图 2-2-13 所示。

图 2-2-13 切换定值区操作图

3）修改定值操作。对于 103 装置，通过运行定值界面修改定值，对于 61850 装置，通过编辑定值修改。

如图 2-2-14 所示，编辑定值分为以下三步，首先选择要编辑定值的装置，然后点击"编辑定值"工具按钮，接着设置操作命令。

保护信息界面上、下分为命令视图以及显示视图。命令视图中显示包括当前窗口名称和当前定值区号。包含 6 个按钮："管理""修改""上装""下装""刷新""打印"。如选择类型不是定值，则不显示定值区号，无"管理""修改"按钮。管理按钮的功能包括定值导出、导入及比对，修改按钮功能为切换当前定值区号，上装按钮功能为召唤当前保护信息的实际值，下装按钮功能为修改定值、投退软压板，刷新按钮的功能是召唤当前保护信息的包括描述、量程、量纲、精度、实际值等所有属性，打印按钮能将当前保护信息输出到打印机。对于 61850 装置保护参数、运行及编辑区定值可支持刷新，保护测量及保护状态只支持上装。

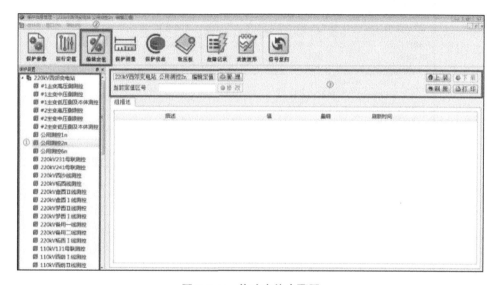

图 2-2-14　修改定值步骤图

点击"上装""下装""刷新""修改"等按钮会弹出等待框。当命令完成、失败或超时后等待框消失，并显示命令结果。若在命令过程中关闭等待框，则认为取消该条命令。

显示视图中按组分页显示当前保护信息。显示内容包括描述、值、量纲、刷新时间。根据选择类型不同，如保护状态、软压板等保护信息没有量纲。对于待修改的定值、定值区号、软压板，必须已经刷新过。如该条目无实际值或量程，则不允许修改。

如图 2-2-15 所示，在显示视图中双击需要修改的定值的实际值列，弹出编辑框，同时弹出量程标签，包括最小值、最大值、步长。输入待下装的数值，点击编辑框以外的区域以确认。若输入值超出范围，则会弹出提示框，并要求重新输入。

	描述	值	量纲	刷新时间
1	过流负序电压闭锁定值	51		2010-05-05 14:13:36
2	过流低压闭锁定值	10.000 -- 100.000 步长:1.000		0-05-05 14:13:36

图 2-2-15　修改定值操作图

49

（6）数据组态工具使用。如图 2-2-16 所示，在控制台进入数据库组态工具：

图 2-2-16　数据库组态入口

进入后界面如图 2-2-17 所示：主要注意左上角小锁的标致，需要使用管理员用户以及密码解锁后，才可以对数据库组态进行编辑，将厂站展开后可以看到本站的二次设备，一次设备配置中为画面上显示的一次设备，一般除非改扩建以外不需要修改。

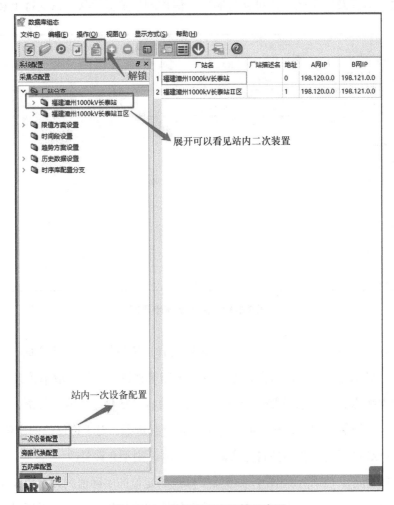

图 2-2-17　数据库组态编辑示意图

如果需要修改某个遥信名称，则直接修改描述名那一列即可，如图 2-2-18 所示，查看某一个装置遥信，一般主要看以下几点。

对于遥测，主要查看系数以及偏移量这两列，在 103 通信的老站以及温湿度数据显示上此处经常使用，同时还应注意允许标记，如图 2-2-19 所示。

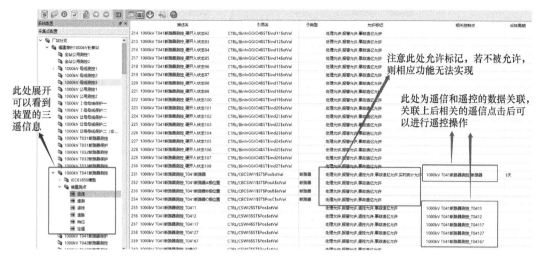

此处展开可以看到装置的三遥信息

注意此处允许标记，若不被允许，则相应功能无法实现

此处为遥信和遥控的数据关联，关联上后相关的遥信点击后可以进行遥控操作

图 2-2-18　修改遥信名称示意图

老站需要此处设置系数

偏移量，用于温湿度测量

同样注意允许标记

子类型	单位	系数	校正值	残差	死区	允许标记
电压	千伏	1	0	0	0	处理允许,报警允许,遥调允许,事故追忆允许
电压	千伏	1	0	0	0	处理允许,报警允许,遥调允许,事故追忆允许
电压	千伏	1	0	0	0	处理允许,报警允许,遥调允许,事故追忆允许
电压	千伏	1	0	0	0	处理允许,报警允许,遥调允许,事故追忆允许
电压	千伏	1	0	0	0	处理允许,报警允许,遥调允许,事故追忆允许
		1	0	0	0	处理允许,报警允许,遥调允许,事故追忆允许
电压		1	0	0	0	处理允许,报警允许,遥调允许,事故追忆允许,突变
		1	0	0	0	处理允许,报警允许,遥调允许,事故追忆允许
电压	千伏	1	0	0	0	处理允许,报警允许,遥调允许,事故追忆允许,突变
		1	0	0	0	处理允许,报警允许,遥调允许,事故追忆允许
A相电流	安	1	0	0	0	处理允许,报警允许,遥调允许,事故追忆允许
		1	0	0	0	处理允许,报警允许,遥调允许,事故追忆允许
B相电流	安	1	0	0	0	处理允许,报警允许,遥调允许,事故追忆允许
		1	0	0	0	处理允许,报警允许,遥调允许,事故追忆允许
C相电流	安	1	0	0	0	处理允许,报警允许,遥调允许,事故追忆允许
		1	0	0	0	处理允许,报警允许,遥调允许,事故追忆允许
A相电流	安	1	0	0	0	处理允许,报警允许,遥调允许,事故追忆允许
		1	0	0	0	处理允许,报警允许,遥调允许,事故追忆允许
B相电流	安	1	0	0	0	处理允许,报警允许,遥调允许,事故追忆允许
		1	0	0	0	处理允许,报警允许,遥调允许,事故追忆允许
C相电流	安	1	0	0	0	处理允许,报警允许,遥调允许,事故追忆允许
		1	0	0	0	处理允许,报警允许,遥调允许,事故追忆允许
电压	千伏	1	0	0	0	处理允许,报警允许,遥调允许,事故追忆允许,突变
电压	千伏	1	0	0	0	处理允许,报警允许,遥调允许,事故追忆允许
电压	千伏	1	0	0	0	处理允许,报警允许,遥调允许,事故追忆允许,突变
		1		0	0	

图 2-2-19　遥测设置示意图

如图 2-2-20 所示，对于遥控，主要关注点是调度编号是否正确。有时候由于编号修改，画面上的编号修改了，此处编号未修改，遥控时候会导致编号无法验证，从而导致无法遥控的情况发生，同时此处还可以检查遥控和遥信的关联关系是否正确。

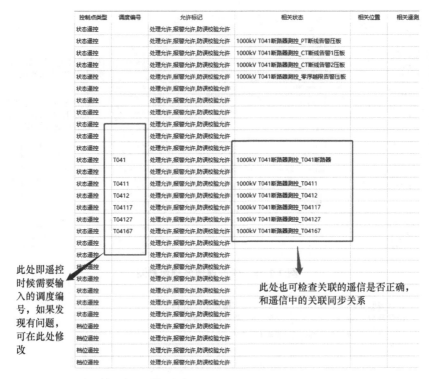

图 2-2-20 遥测设置示意图

遥信、遥控、遥测修改名称方法一样，不再做赘述。

下面针对一次设备配置讲解如何修改一次设备和遥信开入的关联，此点在实际运维中有较大概率使用到。操作方法如图 2-2-21 和图 2-2-22 所示。

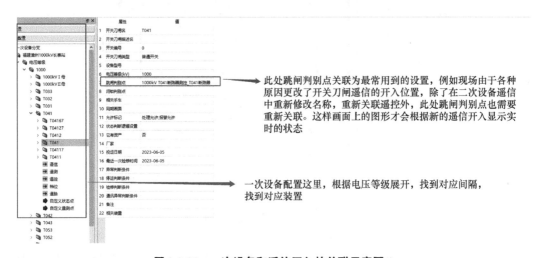

图 2-2-21 一次设备和遥信开入的关联示意图 1

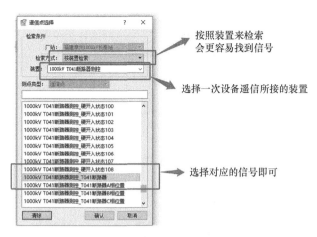

图 2-2-22 一次设备和遥信开入的关联示意图 2

五防转发库查看：如图 2-2-23 所示，此处用于和五防通信，实际运维中主要用来和五防确认点号是否存在问题，以及在一次设备开入变化时对五防转发库进行小的修改。

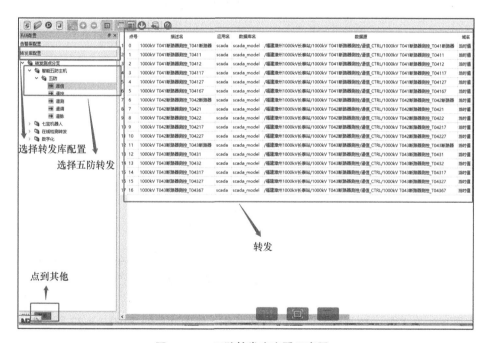

图 2-2-23 五防转发库查看示意图 1

图 2-2-24 中间部分即为后台和五防主机通信进行位置传输以及遥控解锁的点号以及名称。点击数据源可以重新选择新的上送点，同时点击左上角加号，也可以在之后新增转发的信号。

完成数据库组态的修改后，记得发布数据库组态，如图 2-2-25 所示。现场多台主机的情况下，同步正常时，只需一台进行修改，其他主机自动同步。但是禁止多台主机同时维护数据库组态。

图 2-2-24　五防转发库查看示意图 2

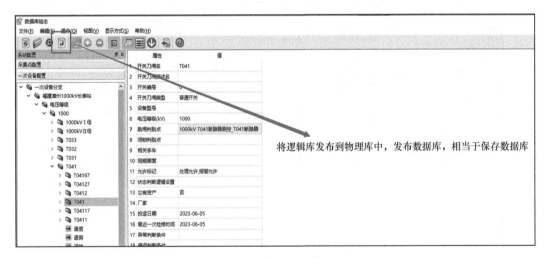

图 2-2-25　五防转发库查看示意图 3

（7）图形组态工具。控制台打开画面编辑工具，如图 2-2-26 和图 2-2-27 所示。

图 2-2-26　画面编辑入口

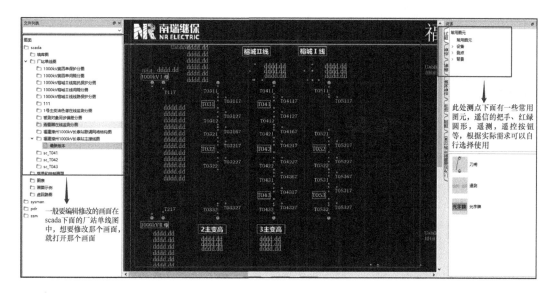

图 2-2-27　画面编辑示意图

下面针对运维中常用一些操作进行讲解。

1）遥信修改关联：在画面上找到遥信类型的图元，双击进行数据源选择，如图 2-2-28 所示。

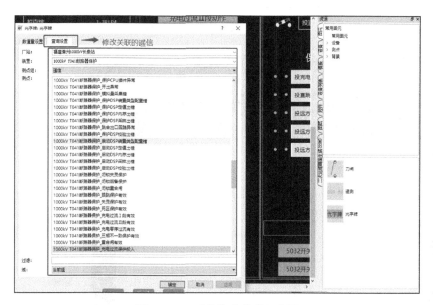

图 2-2-28　遥信修改关联示意图

2）遥测修改关联：操作方法同遥信，如图 2-2-29 所示。

3）遥控信号的修改：双击遥控点的图元（需要手动在画面编辑关联的遥控一般要么是档位控制，要么是遥控复归），以遥控复归为例，如图 2-2-30 所示。

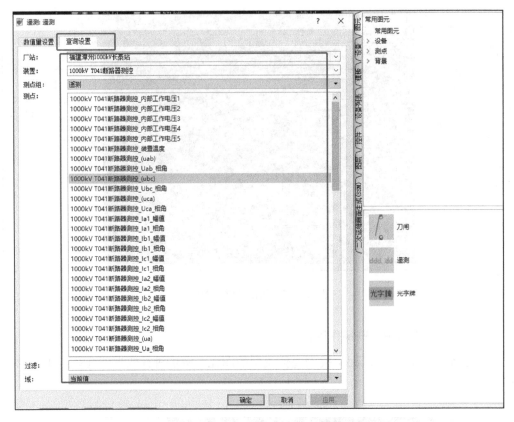

图 2-2-29　遥测修改关联示意图

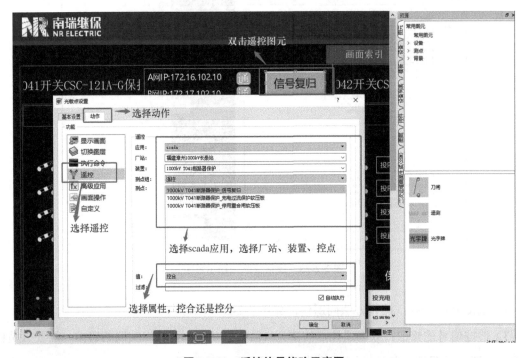

图 2-2-30　遥控信号修改示意图

4）画面跳转点关联：操作方法如图 2-2-31 所示。

图 2-2-31　画面跳转点关联示意图

5）画面名称、大小修改：在画面空白处（黑色，无图元处）右键，选择画面属性，如图 2-2-32 和图 2-2-33 所示。

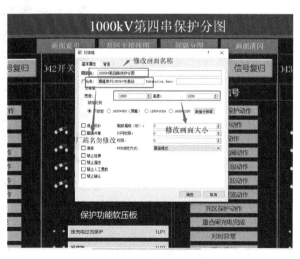

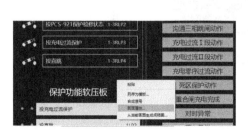

图 2-2-32　画面修改图 1　　　　　　　图 2-2-33　画面修改图 2

6）画面上文字修改：如图 2-2-34 所示。

图 2-2-34 文字修改图

如图 2-2-35 所示修改完成后，保存发布画面，同样的多台主机自动同步。

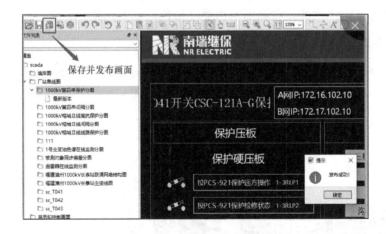

图 2-2-35 保存发布画面图

【练习题】

1. 变电站后台监控系统有哪些主要功能？

2. 变电站后台监控电脑操作系统有哪些？各自的优缺点是什么？

3. 变电站后台监控系统采集的数据分为哪几类？

模块三　变电站时钟同步装置功能介绍及运维

【模块描述】

本模块主要学习时钟同步相关的基本概念、时钟同步装置的输出信号及对时原理、时钟同步系统的基本组成、时钟同步监测工作、时钟同步装置菜单及参数设置介绍、时钟同步装置的调试及时钟同步装置的常见异常处理。

【学习目标】

1. 了解变电站内时钟同步装置的原理。

2. 掌握变电站内时钟同步的网络结构。

3. 掌握时钟同步的规程规定、注意事项及常见故障的分析处理方法。

【正文】

一、时钟同步相关的基本概念

（一）几种常用的时间概念

1. 原子时（international atomic time，TAI）

原子时是一种精确至纳秒级的计时方式。1967 年的第 13 届国际度量衡会议上通过了一项决议，将铯-133 原子基态的两个超精细能级间在零磁场下跃迁辐射 9，192，631，770 周所持续的时间定义为一秒。原子时通过精确定义秒为基础确定准确时间，它是一种连续性时标，从 1958 年 1 月 1 日 0 时 0 分 0 秒开始起，以日、时、分、秒计算。

2. 世界时（universal time，UT）

世界时以本初子午线的平子夜起算的平太阳时，又称格林尼治平时或格林尼治时间。规定太阳每天经过位于英国伦敦郊区的皇家格林尼治天文台的时间为中午 12 点。通过地球的自转和公转来计算时间。但由于地球公转的轨道是椭圆形的，在公转时的运动速度不均匀，地球每天的自转是有些不规则的，而且正在缓慢减速，这就造成每日的时间长短不一致。每年格林尼治天文台会发调时信息，在不需要精确到秒的情况下，UT 时间可用于作为时间标准。在 1884～1972 年，世界时一直是世界时间的标准。

3. 协调世界时（universal time coordinated，UTC）

协调世界时，以世界时作为时间初始基准，以原子时作为时间单元基础的标准时间。UTC 是现在全球通用的时间标准，全球各地都同意将各自的时间进行同步协调。UTC 时间是经过平均太阳时（以格林尼治标准时间为准）、地轴运动修正后的新时标以及以秒为单位的国际原子时所综合精算而成。

59

4. 闰秒（leap second）

闰秒指协调世界时时刻与世界时时刻之差保持在±0.9s 之内，必要时用阶跃 1 整秒的方式来调整。这个 1 整秒，称为闰秒。当闰秒发生时，时钟同步装置应正常响应闰秒，且不应发生时间跳变等异常行为。闰秒处理方式如下：

1）正闰秒处理方式：→57s→58s→59s→60s→00s→01s→02s→；

2）负闰秒处理方式：→57s→58s→00s→01s→02s→；

3）闰秒处理应在北京时间 1 月 1 日 7 时 59 分、7 月 1 日 7 时 59 分两个时间内完成调整。

（二）时钟同步系统的一些概念

1. 主时钟（master clock）

主时钟，指能同时接收至少两种外部时间基准信号（其中一种应为无线时间基准信号），具有内部时间基准（晶振或原子频标），按照要求的时间准确度向外输出时间同步信号和时间信息的装置。

2. 从时钟（slave clock）

从时钟，能同时接收主时钟通过有线传输方式发送的至少两路时间同步信号，具有内部时间基准（晶振或原子频标），按照要求的时间准确度向外输出时间同步信号和时间信息的装置。在变电站内，从时钟一般也称为主时钟扩展装置或时钟扩展装置。

3. 北斗卫星导航系统（beidou navigation satellite system，BDS）

由中国研制建设和管理的卫星导航系统。为用户提供实时的三维位置、速度和时间信息。北斗导航系统是我国自主研制的提供卫星导航定位信息的区域导航系统，具有授时、定位、通信三大功能。时钟同步系统就是应用了北斗导航系统的授时功能。"北斗"卫星为构建我国完全自主可控的时频保障平台奠定了坚实的基础。北斗卫星具有高精度授时特性（采用同步卫星发射，地面铯、氢原子钟组成时间基准），为我国高精度时频应用提供了广阔的前景。

4. 全球定位系统（global positioning system，GPS）

由美国研制建设和管理的一种全球卫星导航系统，为全球用户提供实时的三维位置、速度和时间信息。

GPS 全球定位系统由 24 颗卫星和 GPS 地面通信站构成。美国从 20 世纪 70 年代开始，历时 20 年于 1994 年全面建成，具有实时导航、定位与授时的卫星导航与定位系统。GPS 全球定位系统保证在地球表面任何无遮盖的地方都能同时收到三颗以上的卫星信号，具有准确定位、精密授时的特点。

5. 时钟同步装置内部守时

时钟同步装置所接的所有外部时间基准全部失效时，装置进入守时保持状态，时间同步装置应能保持一定的时间准确度，持续输出时间同步信号和时间信息。

时钟同步装置依赖内部振荡器实现守时功能，可选择恒温振荡器（OCXO）或是铷原子振荡器。在装置接有外部时钟时，利用外部时间基准对内部振荡器进行控制和驯服。系统输出的 1PPS 信号由内部频率源分频得到，并与外部时间基准输出的 1PPS 信号的长期平均值进行同步，从而建立高准确度和稳定度的装置内部时钟，克服了由于外部时间基准源秒脉冲信号跳变所带来的影响。

装置从上电开机到达标称守时精度所需要的时间称为预热时间。预热时间不应超过 2h，在守时 12h 状态下的时间准确度应优于 1μs/h。

二、时钟同步装置的输出信号及对时原理

（一）脉冲输出

脉冲输出是变电站内时钟装置常用的一种输出方式，最常用的有秒脉冲（1 pulse per second，1PPS）和分脉冲（1 pulse per minute，1PPM）两种。秒脉冲每秒包含一个脉冲上升沿。当负载装置收到秒脉冲信号时，标定该时刻为整秒时刻，通俗理解就是将毫秒位直接跳跃成零。秒脉冲的对时精度可达到纳秒级别，并且没有累积误差。类似的，分脉冲每一分钟含有一个脉冲上升沿，当负载装置接收到分脉冲上升沿时，标定该时刻为整分时刻，秒位直接跳变成零。脉冲信号另还有 1PPH 脉冲和 1PPD 脉冲，但在实际工程中不常用。单纯使用脉冲信号作为对时信号时，必须预先设置好正确的时间基准。如采用秒脉冲对时的场景，人为地将设备的时间中的年、月、日、小时、分钟等任何位设置错误，装置在接收到秒脉冲时，仅对当前设备的毫秒位进行跃变成零的操作，并不会对上述错误位进行修正。某 WY695 时钟同步装置的脉冲校时接口原理图如图 2-3-1 所示。

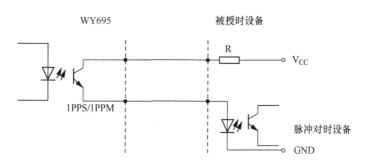

图 2-3-1　脉冲校时接口原理图

（二）串行口时间报文

串行口时间报文又称软对时方式，它以变电站内的站控层网络作为对时信号的物理链路和逻辑链路，将监控时钟的时钟基准信息以数据帧的形式向各个接收装置发送。发送的时钟信息报文包括年、月、年、分、秒、毫秒等内容。报文也可包括用户指定的其他特殊内容，如接受 GPS 卫星数，告警信号灯等信息。报文格式可为 ASCII 码或者 BCD 码或用户定制格式。间隔层装置接收到报文后通过解析报文帧获取携带的时间信息，以此为基准来校正自己的时间，使自身时间与监控时钟同步。串行口又分为 RS-232 接口和 RS-485 接口方式。串口对时报文每秒输出 1 帧，帧头为#，其完整的报文格式如表 2-3-1 所示。

表 2-3-1　　　　　　　　　　　脉冲校时接口原理图

字节序号	含义	内容	取值范围
1	帧头	<#>	'#'
2	状态标志 1	用下列 4 个 bit 合成的 16 进制数对应的 ASCII 码值： Bit3：保留=0； Bit2：保留=0； Bit1：闰秒预告（LSP）：在闰秒来临前 59s 置 1，在闰秒到来后的 00s 置 0； Bit0：闰秒标志（LS）：0：正闰秒，1：负闰秒	'0'~'9' 'A'~'F'
3	状态标志 2	用下列 4 个 bit 合成的 16 进制数对应的 ASCII 码值： Bit3：夏令时预告（DSP）：在夏令时切换前 59s 置 1； Bit2：夏令时标志（DST）：在夏令时期间置 1； Bit1：半小时时区偏移：0：不增加，1：时间偏移值额外增加 0.5hr； Bit0：时区偏移值符号位：0：＋，1：－	'0'~'9' 'A'~'F'
4	状态标志 3	用下列 4 个 bit 合成的 16 进制数对应的 ASCII 码值： Bits3-0：时区偏移值（hr）：串口报文时间与 UTC 时间的差值，报文时间减时间偏移（带符号）等于 UTC 时间（时间偏移在夏时制期间会发生变化）	'0'~'9' 'A'~'F'
5	状态标志 4	用下列 4 个 bit 合成的 16 进制数对应的 ASCII 码值： Bits03-00：时间质量： 0x0：正常工作状态，时钟同步正常 0x1：时钟同步异常，时间准确度优于 1ns 0x2：时钟同步异常，时间准确度优于 10ns 0x3：时钟同步异常，时间准确度优于 100ns 0x4：时钟同步异常，时间准确度优于 1μs 0x5：时钟同步异常，时间准确度优于 10μs 0x6：时钟同步异常，时间准确度优于 100μs 0x7：时钟同步异常，时间准确度优于 1ms 0x8：时钟同步异常，时间准确度优于 10ms 0x9：时钟同步异常，时间准确度优于 100ms 0xA：时钟同步异常，时间准确度优于 1s 0xB：时钟同步异常，时间准确度优于 10s 0xF：时钟严重故障，时间信息不可信	'0'~'9' 'A'~'F'
6	年千位	ASCII 码值	'2'
7	年百位	ASCII 码值	'0'
8	年十位	ASCII 码值	'0'~'9'

续表

字节序号	含义	内容	取值范围
9	年个位	ASCII 码值	'0'～'9'
10	月十位	ASCII 码值	'0'～'1'
11	月个位	ASCII 码值	'0'～'9'
12	日十位	ASCII 码值	'0'～'3'
13	日个位	ASCII 码值	'0'～'9'
14	时十位	ASCII 码值	'0'～'2'
15	时个位	ASCII 码值	'0'～'9'
16	分十位	ASCII 码值	'0'～'5'
17	分个位	ASCII 码值	'0'～'9'
18	秒十位	ASCII 码值	'0'～'6'
19	秒个位	ASCII 码值	'0'～'9'
20	校验字节高位	从"状态标志 1"直到"秒个位"逐字节异或的结果（即：异或校验），将校验字节的十六进制数高位和低位分别使用 ASCII 码值表示	'0'～'9'
21	校验字节低位		'A'～'F'
22	结束标志	CR	0DH
23	结束标志	LF	0AH

（三）串口 + 秒脉冲对时

实际上在变电站工程现场应用中，大量使用的是串口 + 秒脉冲对时的方式，串行口时间报文负责对时间中的年、月、日、小时、分钟、秒甚至毫秒等位进行授时，而通过秒脉冲对毫秒级及以下的时间进行校准，从而解决了串口对时方式精度不足的问题以及秒脉冲方式需要手动设置时间的问题，在变电站内工程应用中取得较好的对时效果。为了保证串口对时报文和秒脉冲能正常配合，要求秒脉冲信号的上升沿与串口报文信号的帧头（#）对齐，两者的时间偏差不超过 1μs，串口与脉冲输出时间关系如图 2-3-2 所示。

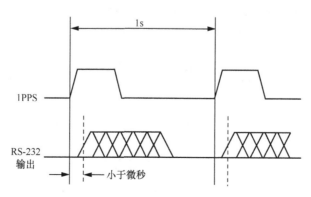

图 2-3-2　串口与脉冲输出的时间关系

（四）IRIG-B 编码对时

IRIG 时间编码序列最早是由美国国防部下属的靶场仪器组（IRIG）提出，其被普遍应用于时间信息传输系统。该时码序列分为 G、A、B、E、H、D 共六种编码格式，其中应用最广泛的是 IRIG-B 格式，工程应用中简称 B 码。

IRIG-B（简称 B 码）是专为时钟串行传输同步而制定的国际标准，它采用脉宽编码调制方式，每秒发送一帧对时报文，该帧报文中含有秒、分、时、当前日期及年份的时钟信息。IRIG-B 对时方式融合了脉冲对时和串口对时的优点，是一种直接在同一帧报文里集成了串行报文及脉冲上升沿的一种对时模式，具有较高的对时精度（微秒级）。

B 码可分成交流 B 码（AC 码）和直流 B 码（DC 码）。交流 B 码用于传输距离较远，同步精度 10～20μs 的应用场景；直流 B 码用于传输距离较近，同步精度可达几十纳秒量级的应用场景。

B 码的时帧周期是 1s，即每秒发出 1 帧完整的报文。每帧报文包含 100 码元，每个码元周期为 10ms，即 B 码的码元速率为 100PPS，每秒发 100 个码元。B 码包括三种码元：P 码、1 码、0 码。直流 B 码根据高低电平的分布区分码元，如图 2-3-3 所示。

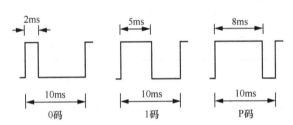

图 2-3-3　串口与脉冲输出的时间关系

每个码元平均占用 10ms 时间，这 10ms 电平组成中，其高电平和低电平所占的时间是不同的。

0 码元：2ms 高电平，8ms 低电平，即其脉冲宽度是 2ms；

1 码元：5ms 高电平，5ms 低电平，即其脉冲宽度是 5ms；

P 码元：8ms 高电平，2ms 低电平，即其脉冲宽度是 8ms。

交流 B 码码元和直流 B 码类似，其通过交流有效值的高和低来类比直流的高低电平。

表 2-3-2 展示了 IRIG-B 码报文格式，对每帧 B 码的 100 个码元表示含义做了说明。

表 2-3-2　　　　　　　　　　　　　　IRIG-B 码报文格式

码元序号	定义	说明
0	"Pr"：时间同步标志	基准码元
1～48	BCDTOY	时间信息
49	"P"：位置分隔符	位置分隔符#5
50～53	年个位，BCD 码，低位在前	年个位
54	"0"	保留，置 0

码元序号	定义	说明
55～58	年十位，BCD 码，低位在前	年十位
59	"P"：位置分隔符	位置分隔符#6
60	闰秒预告（LSP）	在闰秒来临前 59s 置 1，在闰秒来临后的 00s 置 0
61	闰秒预告（LS）	0：正闰秒，1：负闰秒
62	夏时制预告（DSP）	在夏时制切换前 59s 置 1
63	夏时制标志（DST）	在夏时制期间置 1
64	时间偏移符号位	0：+，1：-
65～68	时间偏移（h），二进制，低位在前	IRIG-B 与 UTC 时间的差值，IRIG-B 时间减时间偏移（带符号）等于 UTC 时间（时间偏移在夏时制期间会发生变化）
69	"P"：位置分隔符	位置分隔符#7
70	时间偏移（0.5h）	0：不增加时间偏移量 1：时间偏移量额外增加 0.5h
71～74	时间质量，二进制，低位在前	具体定义参见标准
75	校验位	从"秒"至"时间质量"按位进行奇校验的结果
76	"0"	保留，置 0
77～78	"0"	保留，置 0
79	"P"：位置分隔符	位置分隔符#8
80～88 90～97	一天中的秒数（SBS），二进制，低位在前	一天中的秒数，从当天零时零分零秒开始，与 BCD 码格式的时间保持一致
89	"P"：位置分隔符	位置分隔符#9
98	"0"	保留，置 0
99	"P"：位置分隔符	位置分隔符#10

结合图 2-3-4 一帧 B 码时间的示意图，对 B 码报文进行直观的了解。

识别一帧 B 码报文，先找到连续两个 P 码，其中第二个 P 码元的脉冲前沿是准秒参考点，定义其为 Pr，即连续两个 P 码中的第二个 P 码定义了秒脉冲的脉冲上升沿。

每 10 个码元有一个位置码元，因此一帧 B 码对时报文中共有 10 个位置码，分别定义为 P1，P2，…，P9，P0。

B 码时间格式的时序为秒—分—时—天，所占信息位为秒 7 位、分 7 位、时 6 位、天 10 位，其位置在 P0～P5 之间。若从"Pr"开始对码元进行编号，分别定义为第 0，1，2，…，99 码元。"秒"信息位于第 1，2，3，4，6，7，8 码元，"分"信息位于第 10，11，12，13，15，16，17 码元，"时"信息位于第 20，21，22，23，25，26 码元，"天"信息位于第 30，31，32，33，35，36，37，38，40，41 码元。天、时、分、秒用 BCD 码表示，从低位到高位，个位在前，十位在后，个位和十位间有一个脉冲宽度为 2ms 的索引标志码元。

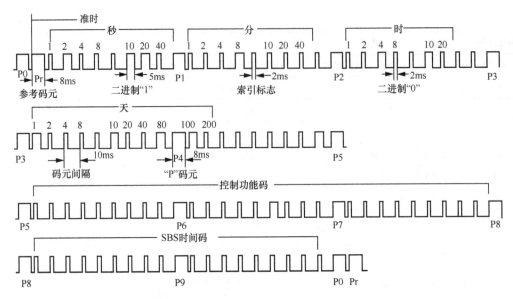

图 2-3-4　IRIG-B 码表示时间示意图

（五）NTP/SNTP 对时

网络时间协议（network time protocol，NTP）是用来使计算机时间同步化的一种协议，它可以使计算机对其服务器或时钟源（如石英钟，GPS 等）做同步化，它可以提供高精准度的时间校正（LAN 上与标准间差小于 1ms，WAN 上几十毫秒）。

NTP 主要通过交换时间服务器和客户端的时间戳，重点是计算出客户端相对于服务器的时延和偏差，从而通过计算补偿实现时间的同步。图 2-3-5 展示了 NTP 报文对时实现原理。

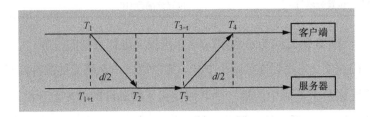

图 2-3-5　NTP 发送报文实现对时原理

下面以一个实际的例子说明 NTP 工作的原理。

路由设备 A 简称 Router A 和路由设备 B 简称 Router B 通过 IP 网络互联，Router A 和 Router B 都有自己独立的系统时钟，现在因某种应用需求，需要通过 NTP 实现 Router A 和 Router B 系统时钟的自动同步。为了方便大家理解，我们作如下的条件假设：

（1）系统时钟同步前，Router A 的时钟为 11：00：00 am，Router B 的时钟为 12：00：00 am；

（2）Router B 被指定为 NTP 时间服务器，Router A 让自己的系统时钟与 Router B 的系统时钟同步；

（3）NTP 报文在 Router A 与 Router B 之间的单向传输所消耗的时间为 1s。

此时系统同步时钟的过程如图 2-3-6 所示：

Router A 发送一个 NTP 报文给 Router B，此时该报文包含有它离开 Router A 的时间戳，该时间戳为 11：00：00 am（T_1）；

当 Router A 的 NTP 报文到达 Router B 时，Router B 加上自己的时间戳，系统时钟变为 12：00：01 am（T_2）；

当此 NTP 报文离开 Router B 时，Router B 再加上自己的时间戳，系统时钟变为 12：00：02 am（T_3）；

当 Route A 接收到 Router B 的响应报文时，Router A 的本地时间变为 11：00：03 am（T_4）。

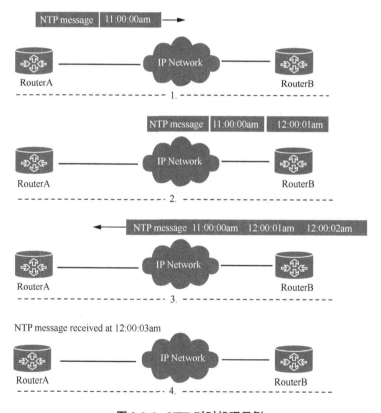

图 2-3-6 NTP 对时机理示例

由此，可计算 Router A 的两个重要参数：

NTP 报文的往返时延：delay=$(T_4 - T_1) - (T_3 - T_2)$=2s；

Router A 相对设备 Router B 的时间差：offset=$[(T_2 - T_1)+(T_3 - T_4)]/2$=1h。

Router A 可根据 NTP 报文的往返时延以及这些信息来设定自己的时钟，并让自己的时钟与 Router B 同步。

设备可使用多种 NTP 工作模式，NTP 主要有以下几种工作模式：

（1）客户端/服务器模式：客户端时钟可同步到服务器，但是服务器时钟不可同步到客户端，适用于一台时间服务器接收上层服务器的时间信息，并提供时间信息给下层的用户，如图 2-3-7 所示。

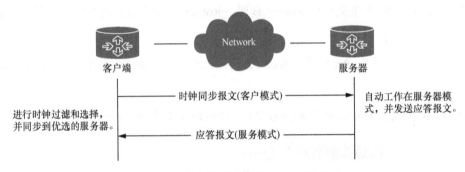

图 2-3-7　客户端/服务器的 NTP 工作模式

（2）对等体模式：主动对等体和被动对等体可以互相同步。如果双方的时钟都已经同步，则以层数小的时钟为准，如图 2-3-8 所示。

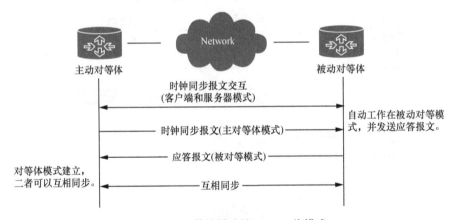

图 2-3-8　对等体模式的 NTP 工作模式

（3）广播模式：在广播模式中，服务器端周期性地向广播地址 255.255.255.255 发送时钟同步报文，客户端侦听来自服务器的广播报文。组播模式和广播模式类似，如图 2-3-9 所示。

总之，用户可根据实际需要，选择 NTP 工作模式。在不确定时钟服务器或对等体 IP 地址信息，且网络中需要同步的设备很多的情况下，可以通过广播或组播方式实现时钟同步；采用服务器和对等体模式时，设备可从指定的服务器或对等体设备获得时钟同步，只有较高的可靠性。

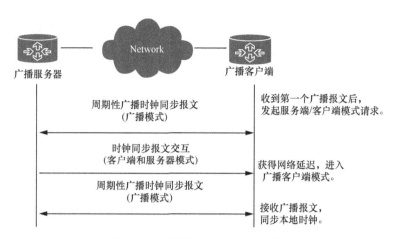

图 2-3-9　广播模式的 NTP 工作模式

　　简单网络时间协议（simple network time protocol，SNTP）主要对 NTP 协议涉及有关访问安全、服务器自动迁移部分进行了缩减。SNTP 协议采用客户/服务器工作方式，服务器通过接收 GPS 信号或自带的原子钟作为系统的时间基准，客户机通过定期访问服务器提供的时间服务获得准确的时间信息，并调整自己的系统时钟，达到网络时间同步的目的。客户和服务器通信采用 UDP 协议，端口为 123，最高精度只能达到毫秒级。

（六）IEEE 1588（PTP）

　　IEEE 1588 标准被称为"网络测量和控制系统的精密时钟同步协议标准"（precision time protocol，PTP）。PTP 定义了一个过程，允许多个空间分布的实时时钟通过"兼容包 package-compatible"网络（通常是以太网）进行同步，能达到微秒级同步精度。

　　IEEE 1588 最初由美国 Agilent 实验室提出，PTP 对时系统可以应用于任何组播网络中。它是通过一个同步信号周期性对网络中所有节点的时钟进行校正同步，并使以太网的分布式系统实现精确时间同步。

　　PTP 系统在结构上将整个网络内的时钟分为两种，普通时钟（ordinary clock，OC）和边界时钟（boundary clock，BC），在功能或通信关系上可以理解为对应主时钟和从时钟。只有一个 PTP 通信端口的时钟是普通时钟，也即只有一个主时钟，它作为对时源端，是分布式系统内的所有设备的时间基准。有一个以上 PTP 通信端口的时钟是边界时钟，边界时钟可以是交换机、路由器或智能设备，每个 PTP 端口提供独立的 PTP 通信。任何时钟都能作为主时钟和从时钟，PTP 系统保证从时钟与主时钟时间同步。系统中的源时钟也被称为根时钟（grandmaster clock，GC）。

　　PTP 精密主时钟目前的常用的版本是 IEEE 1588—2008，PTP V2，主要应用于本地化、网络化的系统，内部组件组成相对稳定。PTP 协议能够通过最佳主时钟算法建立主从时钟结构，之后使用 UDP 通信协议，使每个从时钟通过与主时钟交换同步报文而与主时钟达到同步。通过延时响应机制（delay request-response mechanism）实现，如图 2-3-10 所示。

PTP 报文在对时服务中包含以下几种报文：

◆ sync 同步报文

◆ Follow_up 跟随报文

◆ delay_req 延迟请求报文

◆ delay_resp 延迟请求响应报文

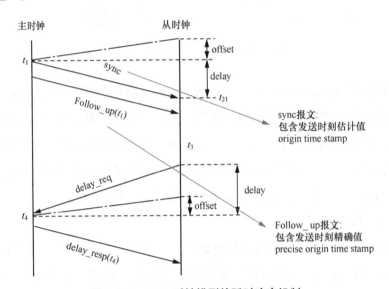

图 2-3-10　PTP 时钟模型的延时响应机制

延迟响应同步机制的报文收发流程：

（1）主时钟周期性的发出 sync 报文，并记录下 sync 报文离开主时钟的精确发送时间 t_1；

（2）主时钟将精确发送时间 t_1 封装到 Follow_up 报文中，发送给从时钟；

（3）从时钟记录 sync 报文到达从时钟的精确到达时间 t_2；

（4）从时钟发出 delay_req 报文并且记录下精确发送时间 t_3；

（5）主时钟记录下 delay_req 报文到达主时钟的精确到达时间 t_4；

（6）主时钟发出携带精确时间戳信息 t_4 的 delay_resp 报文给从时钟。

这样从时钟处就得到了 t_1、t_2、t_3、t_4 四个精确报文收发时间。

时钟偏差和网络延时的计算：时钟偏差 offset，这个值代表主、从时钟之间存在时间偏差，假设主时钟和从时钟同时取同一个时刻，如当时钟分别走到 0 时 0 分 0 秒时刻，主时钟对应的绝对时刻是 t_1，而从时钟在途中的虚线位置达到这个绝对时间，则偏离值就是图 2-3-10 主、从时钟之间虚线连接时刻（也就是两台时钟认为的同一个时间点的连线）。

网络延时 delay，代表报文在网络中传输带来的延时。

$$delay = \frac{(t_2 - t_1) + (t_4 - t_3)}{2}$$

$$offset = \frac{(t_2 - t_1) - (t_4 - t_3)}{2}$$

从时钟可以通过计算得到的时间偏差 offset 对本地时间进行修正。

三、时钟同步系统的基本组成

（一）主从式时钟同步系统和主备式时钟同步系统

时钟同步系统通常可以分为主从式时间同步系统和主备式时间同步系统。

1. 主从式时间同步系统

主从式时间同步系统由一台主时钟、多台从时钟组成，变电站内主时钟一般通过使用天线接收北斗卫星及 GPS 卫星授时信号，主时钟和从时钟间通过光纤 B 码连接，以变电站内某 PCS-9785 型号时钟同步装置为例，其系统结构及接线方式如图 2-3-11 所示。

主时钟时钟源的获取方式有天基授时和地基授时等模式。天基授时一般采用接收卫星信号作为时钟源的方式，地基授时采用通信系统的频率信号作为时钟源。变电站内的时间同步装置时钟源应采用以天基授时为主，地基授时为辅的模式，一般采用天基授时的方式，即使用专用

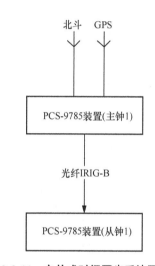

图 2-3-11 主从式时间同步系统原理图

的天线接收卫星信号作为时钟源。天基授时以北斗卫星导航系统（BDS）为主，全球定位系统（GPS）为辅的单向方式。主时钟和从时钟装置均可输出信号，为变电站内的各设备提供授时服务。

主从模式仅配置一台主时钟装置，当主时钟装置异常时，变电站内的全部设备均会受到影响，该模式对时间可靠性要求高的变电站不适用。

2. 主备式时间同步系统

主备式时间同步系统由两台主时钟、多台从时钟组成，两台主时钟间通过光纤 B 码互连，主时钟和从时钟间通过光纤 B 码连接，其中一台主时钟在正常工作中处于备用状态，当处于正常运行状态的主时钟异常时，备用主时钟切换至工作态。该模式可应用于对时间同步性要求较高的变电站。同样以某 PCS-9785 型号时钟同步装置为例系统结构及接线方式如图 2-3-12 所示。

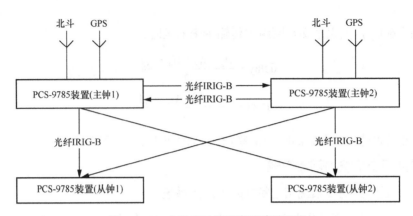

图 2-3-12 主备式时间同步系统原理图

3. 某 500kV 变电站应用实例

某 500kV 变电站采用主备式时间同步系统时的设备配置模式，如图 2-3-13 所示。该变电站二次设备室（继保室）设有 500kV 第一小室、500kV 第二小室、220kV 小室、35kV 小室、主控室等。本例配置方案为：

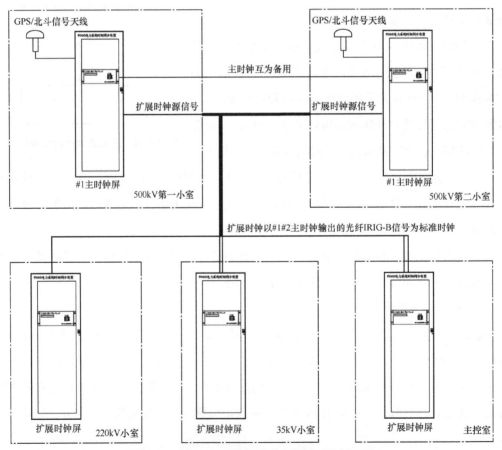

图 2-3-13 某 500kV 变电站时钟同步系统配置实例

（1）两台主时钟安排在 500kV 第一小室和 500kV 第二小室，两台主时钟均配有天基授时，且相互间通过光纤联系，输入输出的光纤交叉连接，构成互为备用关系。

（2）由于不同小室之间的连接需要跨越一次设备区，如采用主时钟直接对其他小室的设备进行授时，在电缆、串口线等通信线上会带来环境中大量的电磁干扰，引起对时失效。因此各小室内需配置独立的时钟扩展装置。时钟扩展装置通过光纤与主时钟连接，每个扩展时钟均分别独立取#1 主时钟和#2 主时钟的光纤输出 IRIG-B 信号，确保单台主时钟异常切换时，扩展时钟能正常工作于站内的在运主时钟。光纤传输模式可有效规避站内大量的电磁干扰。扩展时钟装置仅对同一小室内的设备进行授时。

（二）时间同步装置的基本组成、硬件介绍

1. 时间同步装置的命名规则

时间同步装置的命名主要由装置型号和基础软件版本信息两部分组成，其描述方法如图 2-3-14 所示。装置面板上（非液晶）应至少显示图中①、②部分的信息。

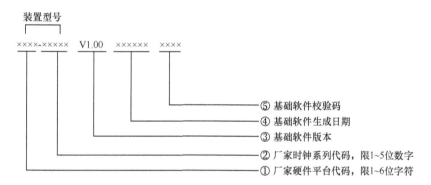

图 2-3-14　时间同步装置命名规则

2. 时间同步装置的面板布局介绍

时间同步装置面板布局可分为 4 块区域：LED 区域、交互区域、型号区域、铭牌标识区域。LED 区域包括 LED 灯及文字名称，应具备至少 10 路 LED 标准定义指示灯。交互区域包括液晶及键盘，或者是触摸屏。型号区域包括装置型号。铭牌标识包括装置铭牌，应注明生产厂家、装置型号、电源电压、出厂编号和出厂日期。任何区域内容应限定在该区域内，不能超出该区域尺寸。面板布置要求如图 2-3-15 所示。

当交互区域采用实体按键时，各按键的印字及功能要求如表 2-3-3 所示。

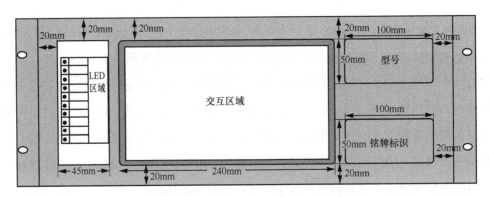

图 2-3-15 时间同步装置面板布置的示意图

表 2-3-3   按 键 功 能 定 义

序号	按键名称	按键印字	按键功能
1	向上键	▲	光标往上移动
2	向下键	▼	光标往下移动
3	向左键	◄	光标往左移动
4	向右键	►	光标往右移动
5	加键	+	数字加 1 操作
6	减键	-	数字减 1 操作
7	确认键	确认	确认执行操作
8	取消键	取消	取消操作（从主画面进入菜单）

主时钟	当前基准：北斗 8
18:21:59	
2015年07月12日	

图 2-3-16 时钟同步装置液晶显示画面示意图

液晶显示面板至少应显示年月日时分秒、时间基准、卫星颗数（或有线质量位）、主从模式等运行信息，如图 2-3-16 所示。

装置 LED 标准定义指示灯应包含运行、故障、告警、同步、秒脉冲、北斗、GPS、IRIG-B1、IRIG-B2、状态监测等指示灯。面板指示灯的内容及定义如表 2-3-4 所示。

表 2-3-4   面板指示灯内容及定义表

指示灯名称	逻辑	定义	指示灯颜色
运行	常亮	装置工作正常	绿色
	灭	装置工作异常	
故障	常亮	装置存在故障，不可恢复或严重影响装置正常运行	红色
	灭	无故障	
告警	常亮	装置存在异常，但可自行恢复或不影响装置正常运行	黄色
	灭	无告警	

续表

指示灯名称	逻辑	定义	指示灯颜色
同步	常亮	装置与至少一路外基准源保持同步	绿色
	灭	装置未同步	
秒脉冲	闪烁	秒脉冲节拍	绿色
	灭	无脉冲输出	
北斗	常亮	北斗正常	绿色
	灭	北斗异常或未用	
GPS	常亮	GPS 正常	绿色
	灭	GPS 异常或未用	
IRIG-B1	常亮	IRIG-B1 正常	绿色
	灭	异常或未用	
IRIG-B2	常亮	IRIG-B2 正常	绿色
	灭	IRIG-B2 异常或未用	
状态监测	常亮	本装置时间同步状态监测正在工作	绿色
	灭	本装置时间同步状态监测不在工作	

（三）时间同步装置的组成

时间同步装置主要由接收单元、时钟单元、输出单元和监测单元组成。

1. 接收单元

主时钟的接收单元由天线、馈线、北斗接收模块、GPS 接收模块等组成。接收单元接收无线或有线时间基准信号作为外部时间基准。

天线部分由天线头、同轴电缆、连接接头等部分组成，天线头呈蘑菇状，工程应用中俗称蘑菇头。天线馈线越长，信号衰减越严重，所以超过 60m 的馈线通常要分段，段与段之间经电缆放大器连接，这样才能达到好的接收效果。天线头要安装在室外，头朝上，并保证有尽可能大的视场。天线原则上沿天线头向上应能看到 360° 的天空，如图 2-3-17 所示。天线的馈线是低损耗的同轴电缆，对信号的传输起着关键的作用，为防止鼠咬、腐蚀等因素的破坏，应尽可能采用穿管的方式走线。由于天线安装在户外，因此需要使用避雷器以防止雷击对装置造成损坏。避雷器要安装在天线与装置的天线接口之间，而且要直接单独接地，如图 2-3-18 所示。

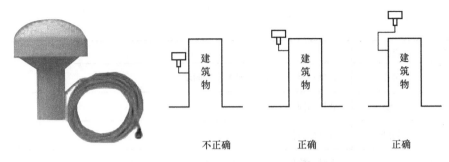

图 2-3-17　装置天线及天线安装位置要求

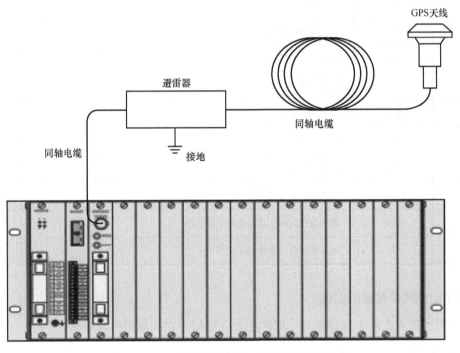

图 2-3-18　天线、同轴电缆、防雷器等连接安装

2. 时钟单元

时钟单元根据多时源状态判决和选择机制选择最优的外部时间基准信号作同步源，将时钟牵引入跟踪锁定状态，并补偿传输延时。若接收单元失去外部时间基准信号，则时钟进入守时保持状态，时间同步装置仍能保持一定的时间准确度，并输出时间同步信号和时间信息。外部时间基准信号恢复后，时钟单元自动结束守时保持状态，并被外部时间基准信号牵引入跟踪锁定状态。

主时钟具备多源选择的能力，旨在根据外部独立时源的信号状态及钟差从外部独立时源中选择出最为准确可靠的时钟源，参与判断的典型时源包括本地时钟、北斗时源、GPS 时源、地面有线、热备信号。多时钟源选择流程示意图如图 2-3-19 所示。

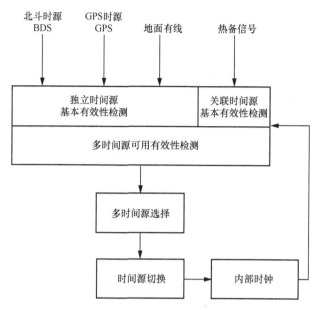

图 2-3-19 多时钟源选择流程示意图

主时钟外部独立时间源信号优先级应可设，默认优先级为：BDS>GPS>地面有线。参与多源选择逻辑判断的时钟源信号应为有效信号，依据时间源提供的状态标志对其状态进行有效性判断，非有效的逻辑都置为无效，不允许存在不定态。各个时源自身状态判断为正常的，才可参与到下一个步骤的运算。

主时钟开机初始化及守时恢复多源选择需综合判断天基信号及有线信号的工作状态，根据优先级设置条件，对时钟源进行综合选择。时钟差测量表示范围应覆盖年、月、日、时、分、秒、毫秒、微秒、纳秒，此时因为装置刚刚获取外部基准时钟信号，不需要考虑装置内部时钟信息，根据表 2-3-5 的逻辑进行选择。

表 2-3-5 主时钟开机初始化及守时恢复多源选择逻辑表

BDS 信号	GPS 信号	有线时间基准信号	BDS 信号与 GPS 信号的时间差	BDS 信号与有线时间基准信号的时间差	GPS 信号与有线时间基准信号的时间差	基准信号选择
有效	有效	有效	小于 5μs	无要求	无要求	选择 BDS 信号
			大于 5μs	小于 5μs	无要求	选择 BDS 信号
			大于 5μs	大于 5μs	小于 5μs	选择 GPS 信号
			大于 5μs	大于 5μs	大于 5μs	连续进行不少于 20min 的有效性判断后，若保持当前条件不变则选择 BDS 信号
有效	有效	无效	小于 5μs	—	—	选择 BDS 信号
			大于 5μs	—	—	连续进行不少于 20min 的有效性判断后，若保持当前条件不变则选择 BDS 信号

BDS 信号	GPS 信号	有线时间基准信号	BDS 信号与 GPS 信号的时间差	BDS 信号与有线时间基准信号的时间差	GPS 信号与有线时间基准信号的时间差	基准信号选择
有效	无效	有效	—	小于 5μs	—	选择 BDS 信号
有效	无效	有效	—	大于 5μs	—	连续进行不少于 20min 的有效性判断后，若保持当前条件不变则选择 BDS 信号
无效	有效	有效	—	—	小于 5μs	选择 GPS 信号
			—	—	大于 5μs	连续进行不少于 20min 的有效性判断后，若保持当前条件不变则选择 GPS 信号
有效	无效	无效	—	—	—	连续进行不少于 20min 的有效性判断后，若保持当前条件不变则选择 BDS 信号
无效	有效	无效	—	—	—	连续进行不少于 20min 的有效性判断后，若保持当前条件不变则选择 GPS 信号
无效	无效	有效	—	—	—	连续进行不少于 20min 的有效性判断后，若保持当前条件不变则选择有线时间基准信号
无效	无效	无效	—	—	—	保持初始化状态或守时

注　连续进行不少于 20min 的有效性判断内，满足表中其他条件时，按照所满足条件的逻辑选择出基准时源。

主时钟在正常运行状态下也需要对多源进行选择，因此装置内部时钟也在同步运转，在进行源的选择时，需结合装置内部时钟及其他时钟源，综合考虑各个时钟源（包含装置内部时钟）两两比较的时间偏差，对时钟源进行选择，时钟差测量表示范围应覆盖年、月、日、时、分、秒、毫秒、微秒、纳秒。具体选择逻辑如表 2-3-6 所示。

表 2-3-6　　　　　　　　　　　正常运行状态下主时钟多源选择逻辑表

有效独立外部时源路数	时源钟差区间分布比例（每 5μs 为一个区间）	热备信号	基准信号选择
3	4:0	无要求	从数量为 4 的区间中按照优先级选出基准信号
	3:1	无要求	从数量为 3 的区间中按照优先级选出基准信号
	2:2	无要求	选择 BDS 信号
	2:1:1	无要求	从数量为 2 的区间中按照优先级选出基准信号
	1:1:1:1	无要求	连续进行不少于 20min 的有效性判断后，选择 BDS 信号
2	3:0	无要求	从数量为 3 的区间中按照优先级选出基准信号
	2:1	无要求	从数量为 2 的区间中按照优先级选出基准信号
	1:1:1	无要求	连续进行不少于 20min 的有效性判断后，按照优先级选出基准信号

续表

有效独立外部时源路数	时源钟差区间分布比例（每 5μs 为一个区间）	热备信号	基准信号选择
1	2:0	无要求	从数量为 2 的区间中按照优先级选出基准信号
	1:1	无要求	连续进行不少于 20min 的有效性判断后，按照优先级选出基准信号
0	—	有效	选择热备信号作为基准信号
	—	无效	无选择结果，进入守时

注 1. 本地时源计入时源总数。

2. 阈值区间为 ±5μs，即两两间钟差的差值都（与关系）小于±5μs 的时源，则认为这些时源在一个区间内。

3. 选择热备信号为基准信号时，本地时钟输出时间信号的时间质量码应在热备信号的时间源质量码基础上增加。

从时钟装置也涉及到时钟选择的问题，但从时钟因为没有天基信号，主要考虑主时钟输入信号与备时钟信号的选择，其中主时钟信号优先级高于备时钟信号，具体选择逻辑如表 2-3-7 所示。

表 2-3-7 从时钟时钟源选择逻辑表

主时钟信号	备时钟信号	初始化或守时状态基准信号选择	运行状态基准信号选择
有效	有效	选择主时钟信号作为基准信号	选择主时钟信号作为基准信号
有效	无效	选择主时钟信号作为基准信号	选择主时钟信号作为基准信号
无效	有效	选择备时钟信号作为基准信号	选择备时钟信号作为基准信号
无效	无效	无法完成初始化	保持守时状态

时源切换，当选出的基准信号非当前运行的信号时，就涉及到时源切换的调整。在正常工作阶段或从守时恢复锁定或时源切换时，不能采用直接瞬间跳变的方式跟踪，而是应该采取逐步微调的方式，装置的时间值应逐渐逼近要调整的值，输出时间值的调整过程也应均匀平滑，滑动步进 0.2μs/s（切换后正常跟踪需要的微调量可小于该值），调整过程中相应的时间质量位应同步逐级收敛。而在装置上电等初始化阶段，因在锁定信号前禁止时间信号输出，无需考虑装置内时钟的值，可快速跟踪选定的时源后立刻切换至对应时钟并同步时间后输出时间信号。

3. 输出单元

输出单元负责将装置内部的基本时间频率信息转换成各种时间编码，如 1PPS/1PPM/1PPH/1PPD、IRIG-B 编码、串行编码、SNTP/NTP、IEEE 1588 协议等，再通过各种电气接口将上述编码输出到各个被对时装置，输出的电气接口包括 TTL、空接点、RS485/422、RS232、光纤、IRIG-B（DC）、IRIG-B（AC）、以太网口。

（四）时钟同步装置的板卡介绍

时间同步装置的硬件一般采用模块化、标准化、插件式结构，各个板卡易于维护和更换。以某 PCS-9785 时间同步装置为例介绍时间同步装置的硬件。其液晶面板及装置背板布置图如图 2-3-20 和图 2-3-21 所示。

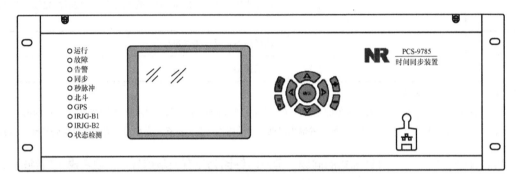

图 2-3-20　PCS-9785 时间同步装置液晶面板

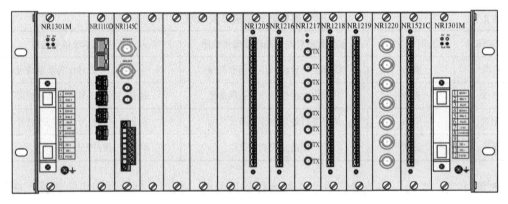

图 2-3-21　PCS-9785 时间同步装置后背板（主时钟）

时钟同步装置一般含有电源插件、CPU 插件、授时插件、输出插件等。

1. 电源插件

电源插件负责为时钟同步装置提供电源，电源插件的输入一般采用直流 220V 或 110V 的输入电压，可输出 24、5V 等电压用于装置内部运行。电源板上会配置装置告警及装置失电闭锁的开出接点，用于装置非正常运行时的告警功能。

2. CPU 插件

CPU 插件是时钟同步装置的核心，由高性能的嵌入式处理器、FLASH、SRAM、SDRAM、以太网控制器及其他外设组成。实现对整个装置的管理、SNTP/NTP、人机界面、通信等功能。

3. 授时插件

授时插件接收和处理卫星授时模块的时间信息、外部输入的 IRIG-B 码，转换成秒脉冲

（1PPS）、分脉冲（1PPM）、时脉冲（1PPH）、天脉冲（1PPD）、IRIG-B 时间码和时间报文等同步时间信号，并把这些信号通过内部总线送给 CPU 插件和其他扩展输出插件。对主时钟装置，授时插件一般会提供北斗授时模块、GPS 授时模块以及 IRIG-B 输入模块。而对于从时钟装置（时钟扩展装置），可以仅提供 IRIG-B 输入模块。

4. 输出插件

时钟同步装置作为变电站内的各设备的授时源，需要兼容站内各设备的对时需求。目前变电站内输出插件输出信号类型主要包含：B 类串行时间交换码（inter-range instrumentation group-B，IRIG-B）；秒脉冲；分脉冲；对时报文。

输出插件包含光信号输出和电信号输出两类，两者均可输出 IRIG-B、1PPS、1PPM 或对时报文。光纤端口采用多模光纤，ST 型接头，每个端口可以根据需要设置为常有光、常无光工作方式。电信号输出插件可以区分成有源输出和无源空接点输出类型，以满足不同设备的需求。通常，对时信号还需要进行正、负脉冲有效性的设置，对于 IRIG-B 或对时报文采用正脉冲方式，而对于 1PPS、1PPM 采用负脉冲方式。

四、时钟同步监测工作

（一）时间同步监测的原理

时间同步装置中应采用独立的时间同步监测模块，用于监测时间同步装置及被授时设备的时间同步状态。

通常会采用轮询方式监测被授时设备对时偏差。同步装置按照设置的轮询周期（默认为 1h）定期轮询被监测设备的对时偏差。对变电站内间隔层设备及过程层设备，其轮询采用的报文方式不同，间隔层设备可以通过 NTP 方式实现对时间同步装置及被授时设备对时偏差的监测，过程层设备通过 GOOSE 方式实现对时间同步装置及被授时设备对时偏差的监测。时间同步装置应具备对时偏差监测告警门限设置及调整功能，默认告警门限值为 10ms，且应配置足够的网口和光口，以确保监测对象全量接入的接口需求。

变电站内的对时监测均采用客户端（管理端）和服务器（被监测端）的问答方式实现对时偏差的计算。它的原理和前文中讲述的 NTP 报文、PTP 报文等对时方式对从时钟进行修正的原理是一致的。为了提高对时偏差的精度，变电站中采用时钟装置作为监测的管理端，监测从时钟和其他被授时设备，对时偏差精度为毫秒级别，具体过程如下：

（1）T_1 为客户端（管理端）发送"监测时钟请求"的时标；

（2）T_2 为被服务器（被监测端）收到"监测时钟请求"的时标；

（3）T_3 为被监测端返回"监测时钟请求的结果"的时标；

（4）T_4 为管理端收到"监测时钟请求的结果"的时标；

（5）t 为管理端时钟超前被监测装置内部时钟的钟差（正为相对超前，负代表相对滞后）；

（6）$t = [(T_4 - T_3) + (T_1 - T_2)]/2$。

（二）时间同步监测的技术要求

主、备时钟监测功能互为备用，两者同时接入到站控层网络中。正常运行时，主时钟作为授时源为站内设备提供时间同步信号，备时钟的监测模块负责对站内被授时设备进行时间同步监测，并对监测的结果进行统一分析处理、存储及告警自动上送等。当备时钟的监测模块发生故障时，主时钟的监测模块启动，由主时钟负责站内被授时设备时间同步监测。

对于间隔层设备的监测，备时钟监测模块从时钟通过网口接入到间隔层网络，采用 NTP 轮询方式定期轮询各间隔层的被授时设备的对时偏差。如轮询时对时偏差符合时间精度要求，则不做处理。当轮询到某装置一次监测值越限时，应以每次 1s 的周期立刻连续补充监测 5 次。对连续 5 次的监测结果进行数据分析，去掉极值后取其平均值作为此次监测的结果，若平均值越限则判定为监测对象对时异常，产生越限告警信息。

对于过程层设备的监测，备时钟监测模块从时钟采用光口连接到过程层网络，采用 GOOSE 协议进行对时偏差的监测，实现时间同步管理。工作原理同对间隔层设备监测的工作方式一致。

五、时钟同步装置菜单及参数设置介绍

（一）菜单配置

时钟同步装置的菜单至少应包含装置状态、参数设置、日志查询、出厂信息等模块。PCS-9785 型号的时钟同步装置其菜单树如图 2-3-22 所示。在参数设置部分对设备的参数进行修改，菜单内容修改后应进行密码确认，密码为 0001。

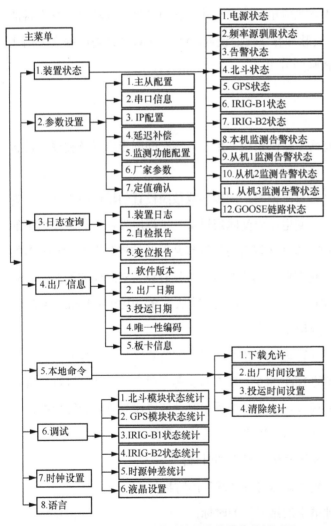

图 2-3-22 PCS-9785 型号时钟同步装置菜单树形图

其中部分菜单的参数定义在技术规范中有对应要求。装置状态和参数设置菜单部分的内容如表 2-3-8 和表 2-3-9 所示。

表 2-3-8 装置状态部分菜单包含的内容及含义说明

一级菜单	应包含的内容	含义	参数值	
装置状态	电源状态	当前每路电源的工作状态	正常/异常	
	频率源驯服状态	当前装置频率源驯服状态	驯服/未驯服	
	告警状态	当前装置告警状态	当前触发告警的原因	
	北斗状态	当前北斗时源各项状态 当前 GPS 时源各项状态	同步状态	同步/失步
			天线状态	正常/异常
			模块状态	正常/异常
			卫星颗数	实时值，无符号整数，单位颗
			通道差值	实时差值，有符号整数，单位 ns
	GPS 状态		同步状态	同步/失步
			天线状态	正常/异常
			模块状态	正常/异常
			卫星颗数	实时值，无符号整数，单位颗
			通道差值	实时差值，有符号整数，单位 ns
	IRIG-B1 状态	当前第一路 IRIG-B 码输入各项状态	同步状态	同步/失步
			质量位	实时值，无符号整数
			通道差值	实时差值，有符号整数，单位 ns
	IRIG-B2 状态	当前第二路 IRIG-B 码输入各项状态	同步状态	同步/失步
			质量位	实时值，无符号整数
			通道差值	实时差值，有符号整数，单位 ns

表 2-3-9 参数设置部分菜单包含的内容及含义说明

一级菜单	应包含的内容	含义	参数值	
参数设置	主从配置	进行装置运行模式配置	主钟/从钟	
	串口信息	进行串口报文输出方式配置	串口报文类型	
			串口报文波特率	4800/9600
			串口报文校验方式	无/奇/偶
	IP 配置	进行 3 层网口配置	IP 地址 子网掩码 网关	
	延迟补偿	进行各路输入时源延迟补偿配置	输入补偿	单位 ns

日志查询菜单要求能够正确显示至少最近 200 条的日志内容，每条日志内容应包括日志产生时间及触发事件。

出厂信息菜单，至少应包含：

（1）出厂信息菜单应提供的最少信息量，包括：出厂日期、软件版本、投运日期；

（2）软件版本应能够正确显示装置型号及基础软件版本信息；

（3）出厂日期及投运日期仅可设置一次，首次设置宜直接调用装置当前时间。

（二）定值及参数设置

以 PCS-9785 型号时钟同步装置为例，说明定值的含义。

1. 主从配置定值

定值名称：主从配置，定值范围：主钟、从钟，默认值：主钟。

通过该定值可以将装置设置成主时钟、从时钟（扩展时钟），调试时需要根据授时插件的配置来修改此定值。授时插件配置为带天线接入板，且实际连接了北斗和 GPS 天线的，需要将此定值整定为"主钟"，此时装置为主时钟；授时插件配置为无接收天线而仅有 IRIG-B 接收口时，需要将此定值整定为"从钟"，此时装置为从时钟（扩展时钟）。

2. 串口信息定值

串口信息定值定义了发送报文的类型和格式等，主要包含 3 个定值，串口信息定值的整定范围及含义如表 2-3-10 所示。

表 2-3-10　　　　　　　　串口信息定值整定范围及含义

序号	定值名称	定值范围	默认值	备注
1	串口报文类型	M12　DLT	DLT	用于整定发送的串口报文的格式类型
2	串口报文波特率	4800　9600	9600	用于整定发送串口报文的波特率
3	串口报文校验方式	无　奇　偶	偶	用于整定串口发送的数据格式的校验方式

3. 通信参数定值

通信参数配置本对时装置的 IP 地址、子网掩码及是否启用该 IP 地址等定义，主要包含以下内容：

（1）A 网（B、C 网或 D 网）等 IP 地址信息，采用 IPV4 的地址形式，默认地址有 198.120.0.20。

（2）A 网（B、C 网或 D 网）等子网掩码信息，默认设置值为 255.255.255.0。

（3）A 网（B、C 网或 D 网）使能，用于确认该网口是否使用。

4. 延迟补偿

按照输入的时钟源情况设置，可分别设置如北斗输入延迟补偿、GPS 输入延迟补偿、IRIG-B1 输入延迟补偿、IRIG-B2 输入延迟补偿，补偿可设置范围为 0～100ms，设置精度可达 1ns。默认设置值为 0ns。

5. 监测功能参数

监测功能的启动和停止设置，默认值为启用。

6. 其他参数

（1）NTP 功能相关参数，包含 NTP 监测轮询周期、监测告警门槛、主站 NTP 监测网口、主站 NTP 监测时延补偿、NTP 单播使能、NTP 广播使能、NTP 过滤使能、NTP 广播周期。

（2）GOOSE 监测功能参数：GOOSE 监测轮询周期、GOOSE 监测告警门槛。

（3）时钟源相关设置：IRIG-B1 接收方式、IRIG-B2 接收方式、IRIG-B1 输入奇偶校验方式、IRIG-B2 输入奇偶校验方式、IRIG-B 输出校验方式、北斗模块使能、GPS 模块使能、北斗模块失步告警使能、北斗模块天线告警使能、GPS 模块失步告警使能、GPS 模块天线告警使能、卫星授时源优先级、地面有线 IRIG-B 信号输入使能。

（4）输出相关设置：天脉冲输出使能、天脉冲输出时刻（h）、天脉冲输出时刻（min）、输出脉冲宽度、PTP 端口使能、PTP 端口协议、PTP 端口主钟 ID、PTP 端口域序列号。

六、时钟同步装置的调试

1. 装置外观及接线检查

（1）屏体固定良好，无明显变形及损坏现象，各部件安装端正牢固。

（2）装置固定良好，无明显变形及损坏现象，各部件安装端正牢固。

（3）各插件插、拔灵活，各插件和插座之间定位良好，插入深度合适。

（4）电缆的连接与图纸相符，施工工艺良好，压接可靠，导线绝缘无裸露现象，屏内布线整齐美观，屏间光纤、网络线应加防护套管等防护措施。

（5）切换开关、按钮、键盘等应操作灵活、手感良好、液晶显示屏清晰完好。

（6）各插件上的元器件的外观质量、焊接质量应良好，所有芯片应插紧，型号正确，芯片放置位置正确。

（7）插件印刷电路板是否有损伤或变形，连线是否良好；各插件上变换器、继电器应固定良好，没有松动。

（8）所有单元、导线接头、光纤、网络线、电缆及其接头、信号指示等应有正确的标示，标示的字迹清晰。

（9）检查装置内、外部是否清洁无积尘，各部件应清洁良好。

（10）屏柜、装置及所有二次回路接地（含电缆屏蔽接地）符合要求。

（11）装置跳线检查。在设备投运前，需仔细检查各插件上跳线，确保它们在正确的位置，输出的信号类型与实际负载需求一致。

2. 装置绝缘检查

进行直流电源回路端子对地、各输出回路端子对地及出口回路接地之间、信号回路端子对地的绝缘电阻测量。

按照装置说明书的要求拔出相关插件；对时钟同步装置内部线的绝缘电阻测量要求采用 500V 绝缘电阻表，各回路对地绝缘电阻应大于 10MΩ，每进行一项绝缘试验后，须将试验回路对地放电。

3. 装置工作电源检查

按照规范要求，时钟同步装置的直流电源电压为 110V 或 220V，允许偏差为-20%～+15%。试验检查时将直流电源由零缓慢升至 80%额定电源值，装置应能正常启动。在 80%直流电源额定电压下拉合三次直流工作电源，逆变电源可靠启动，时钟同步装置无异常输出，不误发信号。

4. 装置上电检查

（1）通电自检。在装置上电前，测量直流电源电压在规定的工作电压范围内。装置通电后，装置运行灯亮，液晶显示清晰正常、文字清楚。

（2）软件版本检查。装置正确上电后，操作键盘进入菜单中的装置信息部分查看版本信息，检查软件版本应为通过相应检测机构检测通过的，具备入网资质的版本。

（3）定值整定及其失电告警功能检查。定值能正常修改和整定。定值整定好后，通过断、合逆变电源的方法，检验在直流失电 1min 后，整定值不发生变化。

5. 装置输出检查

检查装置各通道输出是否与设置相一致。

七、时钟同步装置的常见异常处理

时钟同步装置自检出现异常时，装置液晶的 LED 告警灯会亮，此时观察装置告警信息，大致可以分为以下几类故障。

1. 装置电源异常告警

装置报电源总告警，且同时报装置电源 1 告警或装置电源 2 告警，说明时钟同步装置中的双电源其中一个异常，根据对应的报文检查电源 1 或电源 2 是否正常上电。测量装置背板端子处直流电源电压，如该电压不符合工作电压要求，确认为外部电源异常；如该电压符合电源输入要求，则确认为相应的装置电源板件等异常。具体检查建议如表 2-3-11 所示。

表 2-3-11　　　　　　　时钟同步装置电源告警情况异常现象及检查建议

序号	自检报警元件	指示灯			信号含义	处理建议
		运行	故障	告警		
1	装置电源总告警	×	●	●	双电源其中一个异常	检查电源是否正常上电
2	装置电源 1 告警	×	●	●	装置电源 1 异常	检查电源 1 是否正常上电
3	装置电源 2 告警	×	●	●	装置电源 2 异常	检查电源 2 是否正常上电

2. 接收单元外部异常

外部输入基准授时信号接收异常，天线头、馈线等部分异常，此时时钟同步装置自检报警信号包括北斗模块失步告警、GPS 模块失步告警、IRIG-B1 输入无效告警、IRIG-B2 输入无效告警、北斗模块天线告警，此时检查的重点为外部输入的时钟源情况，包括天基输入相关的天线头、连接馈线、防雷盒等以及上一级授时源输出的光 B 码是否正常等。信号代表含义及检查建议如表 2-3-12 所示。

表 2-3-12　　　　　　　时钟同步装置接收单元外部异常现象及检查建议

序号	自检报警元件	指示灯			信号含义	处理建议
		运行	故障	告警		
1	北斗模块失步告警	×	○	●	北斗卫星跟踪异常	检查北斗天线安装位置
2	GPS 模块失步告警	×	○	●	GPS 卫星跟踪异常	检查 GPS 天线安装位置
3	IRIG-B1 输入无效告警	×	○	●	IRIG-B1 无输入、品质无效（含品质比本地时钟低）	检查外部信号输入
4	IRIG-B2 输入无效告警	×	○	●	IRIG-B2 无输入、品质无效（含品质比本地时钟低）	检查外部信号输入
5	北斗模块天线告警	×	●	●	北斗天线异常	检查北斗天线连接状态
6	GPS 模块天线告警	×	●	●	GPS 天线异常	检查 GPS 天线连接状态
7	装置初始化告警	×	○	●	装置未完成初始化，装置无输出	装置长时间无法初始化，需要检查外部时间输入源
8	IRIG-B1 闰秒预告异常告警	×	○	●	IRIG-B1 时间异常	检查对侧时钟源
9	IRIG-B1 奇偶校验出错	×	○	●	IRIG-B1 奇偶校验出错	检查对侧时钟源
10	IRIG-B1 与本地钟差跳变告警	×	○	●	IRIG-B1 时间异常	检查对侧时钟源
11	IRIG-B1 输入时间跳变告警	×	○	●	IRIG-B1 时间异常	检查对侧时钟源
12	IRIG-B2 闰秒预告异常告警	×	○	●	IRIG-B2 时间异常	检查对侧时钟源
13	IRIG-B2 奇偶校验出错	×	○	●	IRIG-B2 奇偶校验出错	检查对侧时钟源
14	IRIG-B2 与本地钟差跳变告警	×	○	●	IRIG-B2 时间异常	检查对侧时钟源
15	IRIG-B2 输入时间跳变告警	×	○	●	IRIG-B2 时间异常	检查对侧时钟源
16	守时超过24h告警	×	●	●	守时超过24h	检查外部时间源
17	上电超过30min未初始化告警	×	●	●	超过30min未初始化	检查外部时间源

3. 时钟同步装置接收插件或 CPU 处理插件异常类

除了授时源本身存在异常外，时钟同步装置的接收插件或 CPU 处理插件异常也会造成时钟同步装置的异常告警，时钟装置的异常自检信号包括：外时钟源接收模块状态告警、外时钟源与本地时钟差跳变告警、闰秒预告异常告警、外时钟源模块报文异常等信号，初步可以排除外接天线或外接光纤输入异常，重点检查装置本身插件的可能异常，具体情况如表 2-3-13 所示。

表 2-3-13　　时钟同步装置疑似接收插件或 CPU 处理插件类异常现象及检查建议

序号	自检报警元件	指示灯			信号含义	处理建议
		运行	故障	告警		
1	北斗模块状态告警	✕	●	●	北斗模块通信异常	检查装置授时插件或 CPU 插件
2	GPS 模块状态告警	✕	●	●	GPS 模块通信异常	检查装置授时插件或 CPU 插件
3	北斗与本地钟差跳变告警	✕	○	●	北斗模块时间异常	检查装置授时插件或 CPU 插件
4	北斗模块时间跳变告警	✕	○	●	北斗模块时间异常	检查装置授时插件或 CPU 插件
5	北斗闰秒预告异常告警	✕	○	●	北斗模块时间异常	检查装置授时插件或 CPU 插件
6	GPS 与本地钟差跳变告警	✕	○	●	GPS 模块时间异常	检查装置授时插件或 CPU 插件
7	GPS 模块时间跳变告警	✕	○	●	GPS 模块时间异常	检查装置授时插件或 CPU 插件
8	GPS 闰秒预告异常告警	✕	○	●	GPS 模块时间异常	检查装置授时插件或 CPU 插件
9	IRIG-B 发送出错	✕	●	●	授时插件异常	检查装置授时插件或 CPU 插件
10	北斗模块初次设置告警	✕	●	●	北斗模块异常	检查装置授时插件或 CPU 插件
11	GPS 模块初次设置告警	✕	●	●	GPS 模块异常	检查装置授时插件或 CPU 插件
12	北斗模块脉冲异常告警	✕	●	●	北斗模块异常	检查装置授时插件或 CPU 插件
13	GPS 模块脉冲异常告警	✕	●	●	GPS 模块异常	检查装置授时插件或 CPU 插件
14	北斗模块报文异常告警	✕	●	●	北斗模块异常	检查装置授时插件或 CPU 插件
15	GPS 模块报文异常告警	✕	●	●	GPS 模块异常	检查装置授时插件或 CPU 插件

4. 变电站内间隔层或过程层设备对时异常

变电站内部分间隔层或过程层设备报对时异常时，可以综合异常现象进行综合判断。

现象一：多个间隔层设备或多个过程层设备对时异常，且异常设备经检查均以同一台时钟同步装置为授时源，甚至全部连接至同一块时钟输出插件，此时重点检查时钟同步装置，可能是时钟同步装置输出插件或 CPU 插件异常。另外如果多个故障设备属于采用串口线手拉手连接方式，此时也需要重点检查相关通信通道。

现象二：单台间隔层设备报对时异常信号。此现象比较经常出现在间隔层设备新安装调试时。此时重点检查间隔层设备的对时设置，如装置设置的对时方式与所接入时钟同步装置的输出是否是同类型，检查装置需求的时钟源应提供有源输出信号还是无源输出的空接点信号。

现象三：单台间隔层设备未报任何异常信号，但时间走时与正常时间偏差很大。此类型故障在老旧变电站中可能会出现，经常也是因为时钟源输出信号与接收设备设置不一致引起。

如接收装置设置为秒脉冲，而时钟源提供分脉冲，此时无法满足对时精度要求。

现象四：过程层设备报对时异常。变电站过程层设备均要求采用光 B 码对时方式，其报文格式及要求统一，重点检查对时装置光口板输出是否有报文、输出光功率、光纤回路上的光衰以及过程层设备的对时信号输入插件。

【练习题】

1. 对时钟同步要求较高的变电站采用主从配置模式还是主备配置模式？其时间同步系统应如何配置？

2. 变电站内时钟同步装置常用输出信号有哪些类型？（至少说明 4 种）

3. 根据下列 B 码波形，解释 P0Pr 到 P6，并计算出对时的时间。

P0Pr　　　　P1　　　　P2　　　　P3　　　　P4　　　　P5　　　　P6

模块四　变电站交换机功能介绍及运维

【模块描述】

本模块一共分为四个方面。第一方面主要介绍交换机工作概述，其中包括交换机工作原理、交换机特点、交换机种类、交换机工作模式、交换机体系结构五个部分；第二方面主要介绍电力工业交换机技术规范；第三方面主要介绍交换机的配置与应用；第四方面主要介绍交换机常见缺陷处理。

【学习目标】

1. 了解交换机的概念及功能

2. 熟悉交换机的架构及组播技术

3. 熟悉交换机的测试技术与方法

4. 掌握交换机的配置与应用

5. 掌握分析处理变电站交换机的各种故障

【正文】

一、交换机概述

1. 交换机的工作原理

交换机是局域网信息交互的枢纽设备，将局域网分成若干个网段，然后用网桥将网段连接起来。本质是将冲突域变小，从而增大局域网的吞吐量。交换机可以说是这种思想的进一步发展，将局域网的冲突进一步变小。交换机的每一个端口都可以视为一个冲突域。交换机的工作方式类似程控交换机，是在获准信息传输的一方建立一条实际线路，当传输完成后，此线路即被取消，置为空闲状态，允许另外的信息交换。它的工作原理是通过内部交换矩阵机构将输入端送来的信息包送到输出端。当一个数据进入输入端时，它的 MAC 层会被读取，并且被传送到与那个地址相连的端口上。若该端口处于忙碌状态，则将数据包放到一个队列中，该队列实际上是位于输入端的缓冲存储器，数据包在那里等待，直到目的输出端可以使用。在所有类别的网络互连设备中，局域网交换机不但外观设计和功能不一样，其端口价格相差也很大。造成交换机价格差距较大的原因是其所提供的服务和应用不同。高档交换机必须能够处理大量信息流及连接大量设备。它们通常包含网络层路由服务以及 MAC 层交换服务。低档交换机价格便宜，因为它们主要用于设备少的环境，因此复杂性低，存储量小。交换机是网络的第 2 层设备，它只需通过网址第 2 层地址——MAC 地址，便可判断一个以太网帧该怎么处理和送到什么地方，而路由器则是第 3 层设备，需识别网络的第 3 层地址，以决定一个数据包该如何重新包装以及送到哪里。因为网络的第 2 层地址在每一个网络设备出厂时就已固定，而且大部分局域网技术都规定 MAC 地址在数据包的前端，所以交换机可迅速识别数据包从哪里来，到哪里去，而在瞬间就可把数据包从一个网段送到另一个网段。更重要的是，这个过程是以硬件实现为主。交换机判断一个数据包到哪里所需的时间称为延迟。一般来说，定义交换机是"在信息源端口和目的端口之间实现低延迟、低开销的网络设备"。在给端口提供数据时，可能会出现交换机端口十分繁忙的现象。为了不丢失数据，交换机都带有缓冲区，在处理数据之前先保存它。交换机生产厂商认为信息缓冲的最佳位置是在输入端口。使用者以应用程序读取数据的速度向交换机输入数据，交换机在缓冲区中读取它。当有能力向目的端口传送时，交换机就从缓冲区提取下一个数据。但利用缓冲区并非在任何时候都合适，如果该缓冲区中信息集结，就会出现延迟。

2. 交换机的特点

电力系统常规变电站和智能变电站由于传递信息的模式不同，在网络结构也存在明显差异，主要体现在智能变电站在过程层使用了 SV/GOOSE 组网，并采用了发布/订阅模式简化了数据结构，在传输层面，仅依靠数据链路层就能完成数据交换，大大提高了数据处理效率；但由于 SV 数据流量大，比较占用交换机资源，这需要人为设置进行流量控制，一般采用 SCD 配置和交换机配置相结合，现场也可以根据实际情况采取不同的流量控制方案。过程层交换机为光口，主要接入过程层设备及间隔层设备，需要配置端口虚拟局域网（virtual local area network，VLAN）参数或静态组播参数，实现流量控制与转发。

对于站控层，常规变电站与智能变电站差异不大。对于间隔层，如果设备采用同一通信规约，则可直接采用以太网方式接入站控层交换机，无需先通过保护管理机进行规约转换，且多采用 A、B 双网冗余配置。智能变电站过程层网络与站控层网络是两个完全独立的局域网。站控层交换机多为电口，并配置少量光口用于接入来自开关室、继保小室等传输距离较远的交换机级联，一般不设置流量控制，但需要按照网络安全要求，进行安全加固措施，支持 SNMP 协议与网安管理装置通信，并上送告警信息。

3. 交换机的种类

静态交换机只提供基本功能，可能多个端口分组集中到同一网段中，使得组中任一个端口都可被路由到同组的其他端口，将组中的所有成员都连接到一个简单的集线器上，也可以达到同样的效果，成本低，可靠性高。

动态交换机在每次传输时都要标明站点的端口地址，这样，每指定传给一个站点的包都只被接到相应的端口上，而不影响其他端口的带宽。如果一个工作站改变了地点，交换机可以动态地将包的发送做相应的设置。

4. 交换机的工作模式

交换机的工作模式决定了它转发信息包的速度，即交换机的延迟。交换机延迟是指交换机在一个端口接收信息包的时间到在另一个端口发送这个信息包的时间差。一方面，我们希望延迟尽可能小，另一方面，也希望交换机可对转发的信息包进行检验，以保证信息传输的可靠性。要检验，就需要时间，这和希望延迟尽可能小是矛盾的。因此，常常要根据具体情况选择交换机的工作模式。交换机的工作模式一共有 3 种。

（1）直通方式。直接通过交换口进行信息转发，不对包的质量进行检验。直通交换非常快，而且延迟小。它的交换方式是在读到传输包的目标地址后即刻将其余部分一律剪切过去，而不检查包的完整性。这种交换方式会在以太网中带来一些问题。因为以太网以侦听冲突碰撞为基础，一旦两个工作站同时发送数据，撞上了就同时成为坏包，如果这个坏包传到了交换机上，而交换机又把它发送到另一个网上，如此下去，网络的数据传输则是不可靠的。

（2）只检验包前端 64 个字节。以太包的大小从 64 字节到 1500 字节不等。但由网上统计结果可知，9%以上的坏包都小于 64 字节，如经查出某一个包小于 64 字节处有错，可立即将该包丢掉，要求重发。这样虽然有一定数量的坏包漏查，但网上的速度并没有降低。

（3）存储转发方式。这种方式要求将一个包完整地在某一个交换口的输入缓冲区内进行检验，检验无错后，再传到输出口发出。此方式可靠性很高，但信息包通过交换机的延迟时间长，速度慢。这种模式的另一个优点是它可以支持异种网互连。在直通方式中，由于网络类型、地址不一样，数据包根本发不出去，所以只能采用存储转发方式。

5. 交换机的体系结构

众多交换机中一个不同之处在于交换体系结构。有 3 种常见的交换机体系结构：纵横式、共享存储器和高速总线。

纵横式交换机的输入/输出端口可以看做是几条在一些交点上交汇的街道。信息流量少时，数据在转发前不必存储，这称为"直接"传输。然而，当交点处繁忙时，纵横式交换机要求每个端口的输入缓冲器存储数据，这种情况称为"阻塞"。虽然它价格低廉，但结构过于简单，无法有效地把低速接口转换成高速接口。

共享存储器交换机把输入/输出缓冲器合并，使之变为一个全局缓冲池。交换机首先把输出的数据放在存储器中，然后发送出去。这种方式称为"存储—转发"。

高速总线交换机把专用集成电路（ASIC）连到一条高速数据总线上，在总线连接端口处，数据被转换成适合在总线上传输的标准格式后，由总线把它送至目的地。由于总线可以同时处理每个端口的全部传输，没有数据路径瓶颈问题，因此常被称为是一种"无阻塞"的交换机。

交换机的内部结构决定了一个端口的数量，不同产品其内部结构的设计可能不同，对发送频率也就产生了相应的影响。在结构上要考虑的两点是缓冲和地址解析。

（1）缓冲。交换机可以有 3 种途径为包提供缓冲：一是包到达时在输入端缓冲；二是包即将发送时在输出端缓冲；三是在输入端和输出端之间的通路上缓冲。当必须将包发送给多个端口时，输入缓冲系统可能产生不必要的延迟。例如，在输入队列中，向"忙"端口发送包，会阻碍排在后面的向"空闲"端口发送报文的包。另一方面，当多个端口都试图往同一个端口发送包时，输出缓冲系统也可能引起延迟。例如，另一端口发送大量的数据时占据了一个端口的输出缓冲器，该端口可能会拒绝从某一端口发送来的少量数据。通路缓冲避免了以上两种限制，是最有效的一种缓冲方法。支持通路缓冲的交换机在每对端口之间都建立了一种独立的缓冲器。在这种体系结构中，每个缓冲器仅存储从固定端口发送来的，并要传送到另一固定端口去的包。这就消除了输入阻塞的问题，而且可使每个端口都有相同的机会访问其他所有的端口。

（2）地址解析。性能优良的交换机必须可以以非常高的速度对 MAC 地址进行解码以支持快速的包过滤、包传输和流控制。交换机应能在 1ns 以内完成地址匹配。换言之，交换机应能有效地管理站点的"老化"和"认识"功能，从而保证地址解析的能力不会损害交换机的基本功能——传送数据包。交换机应周期性地唤醒不活动时间超过预定时间限制的站点地址，这个功能是非常重要的。通常，预定的不活动时间为几分钟。这项功能可以增加在某一个时刻与交换机连接的活动站点的数量。当一个包被传输给一个临时从地址表中删除的站点时，对于交换机来说，这一功能也具有同样的重要性，对交换性能和整个网络的吞吐量具有不可忽视的影响。最后，交换机还必须能将包正确地广播到所有未知地址的端口，而不仅仅是上连。

二、电力工业交换机技术规范

1. 定义

电力工业以太网交换机：应用于电力工业环境，在数据链路层以 MAC 地址寻址来完成帧转发、帧过滤的工业级二层以太网交换机。

存储转发：当整个帧已完全接收，再进行冗余码校验、过滤和转发处理的一种转发方式。

吞吐量：设备在不丢帧情况下所能达到的最大传输速率。

存储转发时延：从输入帧的最后一个比特到达输入端口开始，至在输出端口上检测到输出帧的第一个比特为止的时间间隔。

背靠背帧：设备在最小帧间隔情况下，一次能够转发的最多的长度固定的数据帧数。

虚拟局域网：一种通过将局域网内的设备逻辑地划分成多个网段（子集）从而实现虚拟工作组的技术。

机架插槽数：机架式交换机所能安插的最大模块数。

最大可堆叠数：一个堆叠单元中所能堆叠的最大交换机数目，此参数说明了一个堆叠单元中所能提供的最大端口密度。

100Mbit/s 以太网端口数：一台交换机所能支持的 100Mbit/s 以太网端口数量。

1000Mbit/s 以太网端口数：一台交换机所能支持的 1000Mbit/s 以太网端口数量。

支持的网络类型：交换机可以支持的网络类型，如支持以太网、快速以太网、千兆以太网、ATM、令牌环及 FDDI 等。一台交换机所支持的网络类型越多，其可用性、可扩展性越强。

最大 ATM 端口数：一台交换机所能支持的最大异步传输模式端口数量。

最大 SONET 端口数：一台交换机所能支持的最大高速同步端口数量。

缓冲区大小：包缓冲区大小，是一种队列结构，被交换机用来协调不同网络设备之间的速度匹配问题。缓冲区大小要适度，过大的缓冲空间会影响正常通信状态下数据包的转发速度，并增加设备的成本，而过小的缓冲空间在发生拥塞时又容易丢包出错。

最大 MAC 地址表大小：连接到局域网上的每个端口或设备都需要一个 MAC 地址，其他设备要用到此地址来定位特定的端口及更新路由表和数据结构。MAC 地址有 6 字节长，由 IEEE 来分配，又叫物理地址。一个设备的 MAC 地址表大小反映了连接到该设备能支持的最大节点数。

最大电源数：一般地，核心设备都提供有冗余电源供应，在一个电源失效后，其他电源仍可以继续供电，不影响设备的正常运转。

互联网成组管理协议（IGMP）：IP 主机用来向相邻的多目路由器报告其多目组的成员。

多目路由器是向所连接本地网络发送 IGMP 询问报文的路由器。多目组的主机成员通过发送它所属的那个多目组的 IGMP 报文来响应一个询问。多目传送路由器负责把多目数据报文从一个多目组转发到所有其他拥有这个组的成员的网络。

VLAN：将局域网上的一组设备配置成好像在同一线路上进行通信，而实际上它们处于不同的网段。一个 VLAN 是一个独立的广播域，可有效地防止广播风暴。划分 VLAN 方式有基于端口、MAC 地址、第 3 层协议、子网等。

端口镜像：将某个端口的发送/接收帧复制一份，转发给指定的端口，以便网管人员可以对被监控口的数据帧进行分析、评估。

冗余：交换机的一种可靠性，即不允许设备有单点故障。

2．缩略语

表 2-4-1 中的缩略语适用于本书。

表 2-4-1　　　　　　　　　　　　　　缩　略　语

缩写	全称	中文释义
CRC	cyclic redundancy code	循环冗余校验端到端
E2E	end to end	端到端
GARP	generic attribute registration protocol	通用属性注册协议
GMRP	garp multicast registration protocol	GARP 组播注册协议
GOOSE	generic object oriented substation event	面向通用对象的变电站事件
GSSE	generic substation status event	通用变电站状态事件
MAC	media access control	介质访问控制点对点
P2P	peer to peer	点对点
PTP	precision time protocol	精密时间协议
QoS	quality of service	服务质量
SNMP	simple network manage protocol	简单网络管理协议
SV	sampled value	采样值
VID	virtual lan identifier	虚拟局域网标识
VLAN	virtual local area network	符虚拟局域网

3．要求

（1）供电。直流电压：220、110、48、24V，允许偏差-20%～+20%。交流电压：220V，允许偏差-20%～+20%，频率 50Hz。电源告警输出：当电源断电或故障时应能够提供硬接点输出。

（2）气候环境。温度要求分为三级：Ⅰ级：-25～+55℃；Ⅱ级：-40～+70℃；Ⅲ级：特定。环境温度中Ⅱ级适用于安装户外的交换机或用于高可靠性传输要求的交换机，如传输跳闸信号、智能变电站中 GOOSE 报文传输等。相对湿度 10%～95%。大气压力 70～106kPa。

（3）以太网接口。

1）电接口。应支持 100/1000BASE-T 接口，符合 IEEE 802.3—2008 的规定，电接口应配有屏蔽层。

2）光接口。100BASE-FX 接口的指标如表 2-4-2 所示。GE 接口可以是 1000BASE-LX、1000BASE-SX、1000BASE-ZX 接口中的一种或多种，具体指标如表 2-4-3～表 2-4-5 要求。

表 2-4-2　　　　　　　　　　　　100BASE-FX 接口参数

接口类型	参数	要求	单位
发送	波长范围	1270～1380	nm
	光功率（最大）	-14.0	dBm
	光功率（最小）	-20.0	dBm
接受	波长范围	1270～1380	nm
	光功率（最大）	-14.0	dBm
	接受灵敏度	-31.0	dBm
	强制接受灵敏度	-25.0	dBm

表 2-4-3　　　　　　　　　　　　1000BASE-SX 接口参数

接口类型	参数	要求		单位
		62.5μsMMF	50μsMMF	
发送	波长范围	770～860		nm
	光功率（最大）	0.0		dBm
	光功率（最小）	-9.5		dBm
接受	波长范围	770～860		nm
	光功率（最大）	0.0		dBm
	接受灵敏度	-17.0		dBm
	强制接受灵敏度	-12.5	-13.5	dBm

表 2-4-4　　　　　　　　　　　　1000BASE-LX 接口参数

接口类型	参数	要求			单位
		62.5μsMMF	50μsMMF	10μsSMF	
发送	波长范围	1270～1355			nm
	光功率（最大）	-3.0			dBm
	光功率（最小）	-11.5	-11.5	-11.0	dBm

续表

接口类型	参数	要求			单位
		62.5μsMMF	50μsMMF	10μsSMF	
接受	波长范围	1270～1355			nm
	光功率（最大）	−3.0			dBm
	接受灵敏度	−19.0			dBm
	强制接受灵敏度	−14.4			dBm

表 2-4-5　　　　　　　　　　　　　1000BASE-ZX 接口参数

接口类型	参数	要求	单位
		10μsSMF	
发送	波长范围	1530～1570	nm
	光功率（最大）	5.0	dBm
	光功率（最小）	0.0	dBm
接受	波长范围	1530～1570	nm
	光功率（最大）	−3.0	dBm
	接受灵敏度	−23.0	dBm

（4）功能。

1）数据帧转发：交换机应支持电力相关协议数据的转发功能。

2）数据帧过滤：交换机应实现基于 MAC 地址的数据帧过滤功能。

3）组网协议：可按照电力系统的需求进行组网，组网协议应采用国际标准协议。

4）多链路聚合：物理上多条单独的链路作为一条独立逻辑链路使用以获得更高带宽，链路聚合时不应丢失数据。

5）网络管理：交换机应支持 SNMPv2 的网络管理能力。网络管理功能包含网络拓扑发现、交换机工作状态识别、异常告警信息及日志上传等。为便于调试、配置，交换机应支持 Web 页面配置，配置范围应涵盖本标准规定所有内容。交换机应具有自诊断功能，并能以报文方式输出装置本身的自检信息。

6）通信安全：交换机应具有以下安全功能：

a. 应支持基于 MAC 的捆绑功能；

b. 应支持用户权限管理，至少支持管理员权限和普通用户权限，普通用户不能修改设置；

c. 提供密码管理，密码不少于 8 位，为字母、数字或特殊字符组合而成；

d. 提供日志查阅功能，可以对交换机登录、修改设置等进行查阅；

e. 应支持对非法数据报文的过滤功能，如 CRC 校验错误、MAC 源地址错误等；

f. 应具有抵御恶性攻击能力。

（5）性能。

1）整机吞吐量：交换机吞吐量应等于端口速率×端口数量。

2）端口转发速率：在满负荷下，被测交换机可以正确转发帧的速率，转发速率应等于端口速率。

3）地址缓存能力：每个端口、模块、设备能够缓存的不同 MAC 地址的数量。交换机 MAC 地址缓存能力不应低于 4096 个，MAC 地址老化时间可以配置，默认设置 300s。

4）地址学习速率：交换机可以学习新的 MAC 地址的速率。交换机地址学习速率应大于 1000 个/s。

5）存储转发时延：从输入帧的最后一个比特到达输入端口开始到输出端口上检测到输出帧的第一个比特为止的时间间隔。交换机平均时延应小于 10μs，用于采样值传输交换机最大延时与最小延时之差应小于 10μs。

6）时延抖动：时延抖动指相邻两帧时延的变化最大值。交换机时延抖动应小于 1μs。

7）帧丢失率：帧丢失率是在端口达到预定要求的转发速率的情况下帧丢失的比率。交换机帧丢失率应为 0。

8）背靠背帧：背靠背帧是指以最小的帧间隔传输而不丢帧的测试。背靠背值就是被测试交换机在无帧丢失的情况下，最大能处理的突发帧个数。

9）队头阻塞：队头阻塞是指输入端口试图向某一拥塞端口发送数据帧而导致该输入端口上目的地为不拥塞端口的帧的丢失或附加时延。不堵塞端口帧丢失为 0。

10）网络风暴抑制：由于网络拓扑设计和连接问题，导致广播、组播或未知单播在网络中大量复制，传播数据帧，使通信网络性能下降，造成网络瘫痪。交换机应支持广播风暴抑制、组播风暴抑制和未知单播风暴抑制功能，默认设置广播风暴抑制功能开启。网络风暴实际抑制值不应超过抑制设定值的 110%。

11）虚拟局域网 VLAN：将局域网内的交换机逻辑地而不是物理地划分成多个网段从而实现虚拟工作组。交换机应支持 IEEE 802.1Q 定义的 VLAN 标准，至少应支持 4096 个 VLAN，应支持根据端口划分 VLAN 方式，应支持在转发的帧中插入标记头，删除标记头，修改标记头，支持 VLAN Trunk 功能。

12）优先级 QoS：交换机应支持 IEEE 802.1p 流量优先级控制标准，提供流量优先级和动态组播过滤服务，应至少支持 4 个优先级队列，具有绝对优先级功能，应能够确保关键应用和时间要求高的信息流优先进行传输。不应使带有序列标签的数据如：SV、GOOSE 等报文产生乱序现象。默认设置绝对优先级功能开启。电力行业业务报文优先级如表 2-4-6 所示。

表 2-4-6　　　　　　　　　　　　电力部分业务报文优先级

服务	缺省 Priority
GOOSE	4
GSE	1
SV	4

13）环网恢复时间：环网恢复就是在环形网络中将两点之间存在的多条路径划分为通信路径和备份路径，数据的转发在通信路径上进行，而备份路径只用于链路的侦听，一旦发现通信路径失效，自动将通信切换到备份路径上。环网恢复时间通过每个交换机不超过 50ms。

14）镜像：

a. 单端口镜像：单端口镜像指镜像端口只复制（监视）一个端口数据。镜像数据速率不大于端口转发速率时，不应出现帧丢失、乱序、复制现象。

b. 多端口镜像：多端口镜像指镜像端口同时复制（监视）几个端口数据。镜像数据速率不大于端口转发速率时，不应出现帧丢失，乱序、复制现象。智能变电站用交换机应支持多端口镜像功能。

c. 组播：交换机应支持 GMRP 二层静态和动态 MAC 地址的配置组播功能，至少支持 256 个组播组。

d. 时间同步：宜支持 PTP 精确网络同步时钟对时协议，时间同步精度小于 200ns。对于支持 PTP 功能的交换机，网络中的任何报文均不应对时间精度产生影响，包括网络负荷、路径延时、丢帧预乱序、帧复制、CRC 错误及伪造攻击报文等。

（6）功率消耗。为有利于交换机长时间可靠运行。交换机功耗不应过高，满载时整机功耗宜不大于（10+1×电接口数量+2×光接口数量）瓦。

（7）绝缘性能。绝缘试验应在交换机可以运行但未通电情况下进行。在 500V 电压试验下，其绝缘电阻应大于 20MΩ，且经过绝缘试验后，交换机应能正常工作。

（8）可靠性。

1）双电源热备份：交换机宜实现双电源热备份功能。

2）配置文件备份：交换机可以将自身配置参数以文件形式进行备份，在交换机遇故障或损坏需要更换时，将备份文件复制至更换交换机即可完成配置替换。

（9）结构。

1）出线方式：交换机可以根据用户要求采用前出线或后出线方式，机柜安装宜采用后出线方式。

2）指示灯：交换机应在前后面板设置指示灯，前面板应具有电源指示灯、告警指示灯和以太网接口状态指示灯，后面板应具有以太网接口状态指示灯。

3）电源接线方式：应采用端子式接线方式。

4）机箱尺寸：机柜安装的交换机采用 19″机箱，高度采用 1U（机柜高度单位）的整数倍，深度可以视具体情况而定；其他应用环境交换机暂不做规定。

5）接地：交换机应具有接地端子及对应的标识。

6）散热方式：交换机应采用自然散热、无风扇方式设计。

7）外壳防护：户内使用的交换机应满足外壳防护等级 IP30 要求，户外使用的交换机应满足外壳防护等级 IP54 要求。

4．测试方法

（1）测试条件。

1）测试环境：①环境温度：15～35℃。②相对湿度：45%～75%。③大气压力：86～106kPa。

2）仪器仪表：使用仪表精度和功能应符合相应测试项目要求。

3）被测对象：在测试过程中应保持被测交换机完整性，不应拆除或增加组件。

（2）以太网光接口测试。

1）光功率测试方法如下：

a．按图 2-4-1 进行光功率测试；

b．将光功率计设置到相应波长档位；

c．流量发生器在交换机任意输入端口发送广播报文；

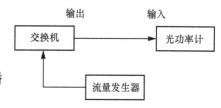

d．把光功率计接到光口输出端进行测量。

图 2-4-1　光功率测试图

2）接收灵敏度测试方法如下：

a．按图 2-4-2 进行光口接收灵敏度测试；

b．将光功率计设置到相应波长档位；

c．调整光衰减器，使交换机处于丢帧和正常通信的临界状态；

d．在 A 点处断开，接上光功率计测量光功率，记录光功率计读数，读数即为交换机接收灵敏度。

3）工作波长测试方法如下：

a．按图 2-4-3 进行工作波长测试；

b．将光谱仪量测范围设置适当波长档位；

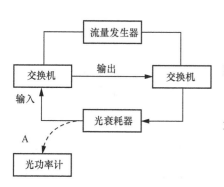

图 2-4-2　光口接收灵敏度测试图

c．把交换机光输出端口与光谱仪连接；

d．测试工作波长。

4）谱宽测试方法如下：

a．按图 2-4-4 进行谱宽测试；

b．将光谱仪量测范围设置适当波长档位；

c．把交换机光输出端口与光谱仪连接；

d．利用光谱仪谱宽测试功能测出谱宽。

图 2-4-3 工作波长测试图　　　　　　图 2-4-4 谱宽测试图

5）性能测试。

a．整机吞吐量测试方法如下：

a）测试帧长度分别为 64、65、128、256、512、1024、1280、1518 字节，测试时间为 60s。

b）将交换机所有端口与测试仪相连接，如图 2-4-5 所示。

c）配置流量发生器吞吐量模式为 mesh 方式。

d）选择测试吞吐量。

b．存储转发速率测试方法如下：

a）测试帧长度分别为 64、65、128、256、512、1024、1280、1518 字节，测试时间为 60s。

b）将交换机任意两个端口与测试仪相连接，如图 2-4-6 所示。

c）两个端口同时以最大负荷互相发送数据。

d）记录不同帧长在不丢帧的情况下的最大转发速率。

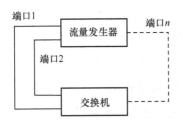 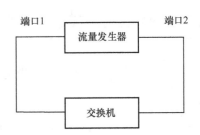

图 2-4-5 整机吞吐量测试图　　　　　　图 2-4-6 转发速率测试图

c. 地址缓存能力测试方法如下：

a）测试帧长为 64 字节。

b）将交换机三个端口与测试仪连接，分别为端口 1（测试端口）、端口 2（学习端口）、端口 3（监视端口），如图 2-4-7 所示。

c）配置流量发生器，由端口 1 向端口 2 发送带有不同 MAC 地址的数据帧，端口 2 接收数据帧。

d）增大端口 1 向端口 2 发送带有不同 MAC 地址的数据帧数，直到端口 3 接收到数据帧。

e）使端口 3 刚好收不到数据帧时，端口 1 发送的数据帧数即为地址缓存能力。

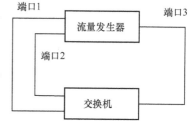

图 2-4-7 地址缓存能力测试图

d. 地址学习速率测试方法如下：

a）学习的地址数目等于地址缓存能力，测试帧长为 64 字节。

b）将交换机三个端口与测试仪连接，分别为端口 1（测试端口）、端口 2（学习端口）、端口（监视端口），如图 2-4-7 所示。

c）配置流量发生器由端口 1 以一定速率向端口 2 发送带有不同 MAC 地址的数据帧，端口 2 接收数据帧。

d）增大端口 1 向端口 2 发送数据帧的速率，直到端口 3 接收到数据帧。

e）使端口 3 刚好收不到数据帧时，端口 1 发送的数据帧的速率即为地址学习速率。

e. 存储转发时延测试方法如下：

a）测试帧长度分别为 64、65、128、256、512、1024、1280、1518 字节，测试时间为 60s，测试按轻载 10%和重载 95%分别测试。.

b）将交换机任意两个端口与测试仪相接，如图 2-4-6 所示。

c）两个端口同时以相应负荷互相发送数据。

d）记录不同帧长的转发时延，记录时延应包含最大时延、最小时延和平均时延。

f. 时延抖动测试方法如下：

a）测试帧长度分别为 64、65、128、256、512、1024、1280、1518 字节，测试时间为 60s，测试负载 100%。

b）将交换机任意两个端口与测试仪相连接，如图 2-4-6 所示。

c）两个端口同时以 100%负载互相发送数据。

d）记录不同帧长的时延抖动，记录时延应包含最大时延抖动、最小时延抖动和平均时延抖动。

g．帧丢失测试方法如下：

a）测试帧长度分别为 64、65、128、256、512、1024、1280、1518 字节，测试时间为 120s，负载等于端口存储转发速率。

b）将交换机任意两个端口与测试仪相连接，如图 2-4-6 所示。

c）两个端口同时以端口存储转发速率互相发送数据。

d）记录不同帧长时的帧丢失率。

h．背靠背帧测试方法如下：

a）测试帧长度分别为 64、65、128、256、512、1024、1280、1518 字节，测试时间为 2s，重复次数为 50 次。

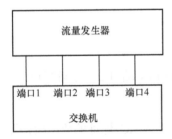

图 2-4-8 队头阻塞测试图

b）将交换机任意两个端口与测试仪相连接，如图 2-4-6 所示。

c）两个端口同时以最大负荷互相发送数据。

d）记录测试以上背靠背帧数。

i．队头阻塞测试方法如下：

a）测试帧长度分别为 64 字节，测试时间 30s。

b）利用流量发生器使端口 1 与端口 2 满负载双向发送数据帧，端口 3 分别 50%的负载流量向端口 2 和端口 4 发送数据帧，如图 2-4-8 所示。

c）记录端口 3 向端口 4 发送数据帧丢失率及存储转发时延。

j．网络风暴抑制测试方法如下：

a）测试帧长设为随机帧长，端口负载为满负载，测试时间 30s。

b）交换机分别开启广播风暴抑制、组播风暴抑制和未知单播风暴抑制功能。

c）端口 1 向端口 2 发送 3 条数据流，分别为 Stream1（广播帧）、Stream2（广播帧）、Stream3（IPv4 帧），端口 2 向端口 1 发送 2 条数据流，分别为 Stream1（组播帧）、Stream2（未知单播帧），见图 2-4-6。

d）记录不同数据流的帧丢失率，判断网络风暴抑制功能是否设置成功。

e）根据帧丢失率，计算网络风暴抑制比偏差。

k．虚拟局域网 VLAN 测试方法如下：

a）测试帧长度为 64 字节，测试时间为 30s，端口负载设置为 100%。

b）任意选取 4 个端口与测试仪相连接，如图 2-4-9 所示。

c）在测试仪端口 4 上构造 9 个数据流。数据流 1：无 VID 标识 IPv4 报文；数据流 2：VID 为 1 的 IPv4 报文；数据流 3：VID 为数值 A（A 可为 2～4096 任意值）IPv4 报文；数据流 4：VID 为数值 B（B 可为 2～4096 任意值）IPv4 报文；数据流 5：无 VID 标识 GOOSE 报文；数据流 6：VID 为 1 的 GOOSE 报文；数据流 7：VID 为数值 A（A 可为 2～4096 任意值）GOOSE 报文；数据流 8：VID 为数值 B（B 可为 2～4096 任意值）GOOSE 报文；数据流 9：广播报文，无 VID 标识。

d）根据数据流设置将交换机 4 个端口设置成不同 VLAN。

e）端口 4 向端口 1、端口 2、端口 3 以一定负荷发送数据。

f）记录不同数据流的帧丢失率，判断 VLAN 是否划分成功。

g）同上，见图 2-4-9，将交换机端口 4 设置成 TRUNK 接口。

h）在测试仪端口 1、端口 2、端口 3 上构造以上 9 个数据流。

i）端口 1、端口 2、端口 3 向端口 4 以一定负荷发送数据。

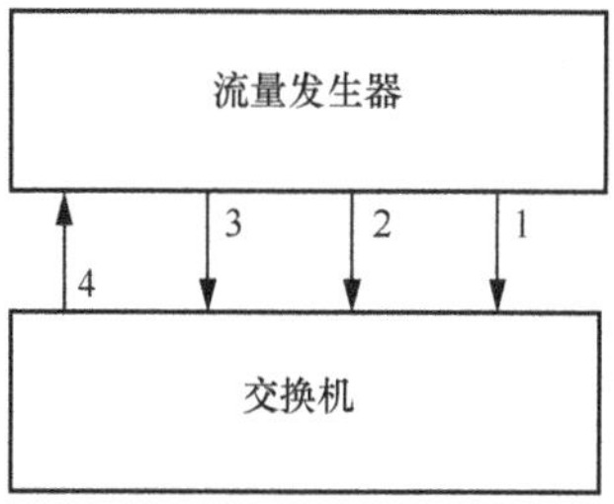

图 2-4-9　虚拟局域网 VLAN 测试图

j）记录不同数据流的帧丢失率，判断 VLAN TRUNK 是否成功。

l. 优先级队列测试方法如下：

a）测试帧长度为 64 字节，测试时间为 30s，端口负载设置为 100%。

b）从交换机任意选取 3 个端口与测试仪相连接，分别定为端口 1、端口 2 和端口 3，如图 2-4-7 所示。

c）在端口 1 和端口 2 分别构造 4 个不同优先级的数据流。

d）端口 1 和端口 2 同时以最大负荷向端口 3 发送数据。

e）记录不同数据流的帧丢失率，判断优先级是否设置成功。

m. 环网恢复时间测试方法如下：

a）测试帧长度为 64 字节，测试时间为 30s。

b）将 4 台交换机按照图 2-4-10 环网恢复时间测试图连接。

c）在整个试验过程中，在端口 1、端口

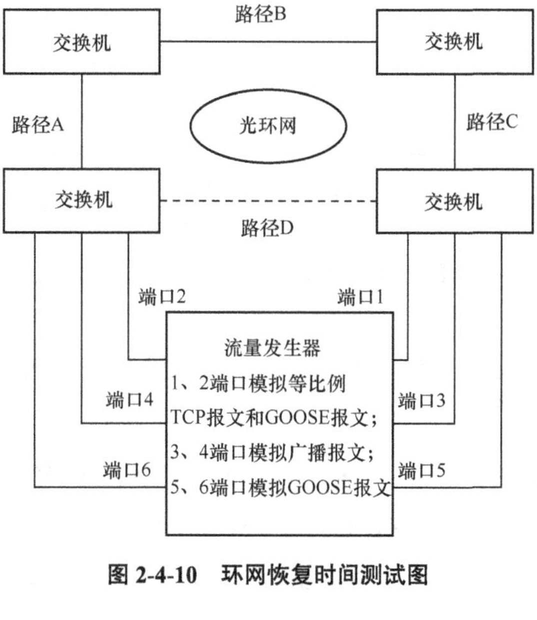

图 2-4-10　环网恢复时间测试图

2 发送等比例的数据流（数据流 1 为 GOOSE 报文，优先级为 4；数据流 2 为普通 TCP 数据流，优先级为 1），在端口 3、端口 4 发送 1Mbit/s 的广播帧，在端口 5、端口 6 发送 1 个 GOOSE/ms 的数据流。每次试验改变端口 1 和端口 2 负荷，分别为 10% 和 95%。

d）分别拔插 A、B、C 三条路径，测试环网恢复时间。

e）环网恢复时间计算方法：

$$环网恢复时间（ms）= \frac{帧丢失数}{总发送帧数} \times 测试时间（ms）$$

n．镜像测试方法如下：

a）测试帧长度为 64 字节，端口 1～端口 4 双向负载为 50%，测试时间 30s。

b）交换机端口 5 设置成镜像端口，端口 1 和端口 3 设置成被镜像端口，如图 2-4-11 所示。

c）端口 1 和端口 2 双向发送数据，端口 3 和端口 4 双向发送数据。

d）记录端口 5 数据流的帧丢失率，判断镜像功能是否设置成功。

o．组播测试方法如下：

a）测试仪端口 1、端口 2、端口 3 与交换机 A 三个端口连接；端口 4、端口 5、端口 6 与交换机 B 三个端口连接。

b）端口 1、端口 4 作为加入端口，端口 2、端口 5 作为组播源端口，端口 3、端口 6 作为监视端口，如图 2-4-12 所示。

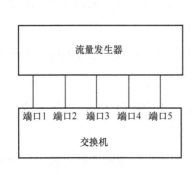

图 2-4-11 镜像测试图

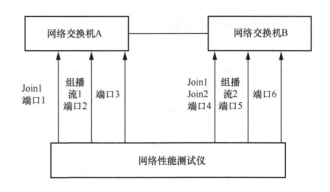

图 2-4-12 组播（GMRP）测试图

c）交换机与测试仪连接端口开启 GMRP 功能，交换机 A 与交换机 B 之间连接的端口开启 GMRP 功能。

d）测试仪端口 2 构造组播流。数据流 1：组播流报文 1，速率设置为端口满载速率 50%。

e）端口 5 的组播流 2。数据流 2：组播流报文 2，速率设置为端口满载速率 50%。

f）测试仪端口 1 构造组播流 1 加入报文和离开报文。数据流 3：Join1 加入报文。数据流

4：Leave1 离开报文。

g）测试仪端口 4 构造组播流 1 和组播流 2 加入报文与离开报文。数据流 5：Join1 加入报文。数据流 6：Join2 加入报文。数据流 7：Leave1 离开报文。数据流 8：Leave2 离开报文。

h）测试仪的端口 1 应全部收到数据流 1 的流量，端口 4 应全部收到数据流 1 和数据流 2 的流量，端口 3 和端口 6 应无法收到组播流量。

i）端口 1 与端口 4 停止发送 Join 报文，改为发送 Leave 报文后，测试仪所有端口应无法收到组播流量。

p．PTP 时间同步测试方法如下：

a）将主时钟、交换机和时间精度测量仪设置成相同的工作方式，如图 2-4-13 所示。

b）主时钟与时间精度测量仪分别通过天线对时。

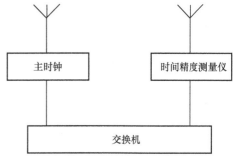

图 2-4-13　PTP 测试图

c）将主时钟发送 PTP 信号直接接入时间精度测量仪，在时间精度测量仪上读取时间偏差 t_1。

d）再将交换机串入主时钟与时间精度测量仪之间，在时间精度测量仪上读取时间偏差 t_2。

e）t_1-t_2 即为交换机授时准确度。

f）利用网络测试仪模拟网络流量、丢包、时延、乱序、CRC 校验错误及其他错误报文，在时间精度测量仪上读取时间偏差 t。

g）t-t_1 即为网络对 PTP 时间精度的影响量。

三、交换机的配置

本节将以 PRS-7961B 交换机为例讲解，下文将 PRS-7961B 交换机简称为 PRS-7961B。

（1）登录配置。在登录交换机 Web 管理页面之前首先要对其进行一些简单的配置，使用户可以通过 Web 界面管理该交换机。

1）配置口介绍。PRS-7961B 提供了一个 RJ45 以太网端口来对交换机进行配置，当使用 Web 配置方式时，使用如图 2-4-14 所示的 MGMT 端口。

2）配置口电缆。配置口电缆是一根 8 芯屏蔽双绞线交叉电缆。

3）连接配置口电缆。通过 Web 配置 PRS-7961B 时，需将配置电缆一端连接交换机的 MGMT 配置端口，另一端连接 PC 的以太网口。PRS-7961B 默认访问 IP 地址是 222.111.114.60，子网掩码为 255.255.255.0，将 PC 与交换机连接的网卡地址设为同一网段的 IP 地址。

4）登录交换机 Web 管理界面。在 PC 上启动浏览器，在地址栏中输入交换机的 IP 地址后回车，即可进入交换机 Web 登录页面，输入交换机的默认用户名 admin 和默认密码 admin 或 admin1234，单击登录按钮即可登录，如图 2-4-15 所示。

图 2-4-14　交换机管理配置口

图 2-4-15　交换机 PRS-7961B 的 Web 登录界面

（2）端口配置。

1）端口列表。单击导航栏中的"端口配置管理"，信息显示和配置区将显示所有端口列表，列表将显示各端口的端口 ID、端口名字、端口模式、端口 PVID、端口激活、链路状态、双工、自协商、速率、IP 优先级、VLAN 优先级、MAC-VLAN、协议 VLAN、STP 协议、GVRP 协议、GMRP 协议、802.1X 协议等信息，如图 2-4-16 所示。

端口列表															
端口ID	端口名字	端口模式	PVID	端口激活	链路状态	双工	自协商	速率	IP优先级	VLAN优先级	MAC-VLAN	协议VLAN	STP协议	GVRP协议	GMRP协议	802.1X
1	FE1	access	1	enable	link down	half	disable	10M	disable	disable	disable	disable	off	off	off	off
2	FE2	access	1	enable	link down	half	disable	10M	disable	disable	disable	disable	off	off	off	off
3	FE3	access	1	enable	link down	half	disable	10M	disable	disable	disable	disable	off	off	off	off
4	FE4	access	1	enable	link down	half	disable	10M	disable	disable	disable	disable	off	off	off	off
5	FE5	access	1	enable	link up	full	enable	100M	disable	disable	disable	disable	off	off	off	off
6	FE6	access	1	enable	link down	half	disable	10M	disable	disable	disable	disable	off	off	off	off
7	FE7	access	1	disable	link down	half	disable	10M	disable	disable	disable	disable	off	off	off	off
8	FE8	trunk	1	enable	link down	half	disable	10M	disable	disable	disable	disable	off	on	off	off
9	FE9	access	1	enable	link down	half	disable	10M	disable	disable	disable	disable	off	off	off	off
10	FE10	access	1	enable	link down	half	disable	10M	disable	disable	disable	disable	off	off	off	off
11	FE11	access	1	enable	link down	half	disable	10M	disable	disable	disable	disable	off	off	off	off
12	FE12	access	1	enable	link down	half	disable	10M	disable	disable	disable	disable	off	off	on	off
13	FE13	access	1	enable	link down	half	disable	10M	disable	disable	disable	disable	off	off	off	off
14	FE14	access	1	enable	link down	half	disable	10M	disable	disable	disable	disable	off	off	off	off
15	FE15	access	1	enable	link down	half	disable	10M	disable	disable	disable	disable	off	off	off	off
16	FE16	access	1	enable	link down	half	disable	10M	disable	disable	disable	disable	off	off	off	off
17	FE17	access	1	enable	link down	half	disable	10M	disable	disable	disable	disable	off	off	off	off
18	FE18	access	1	enable	link down	half	disable	10M	disable	disable	disable	disable	off	off	off	off
19	FE19	access	1	enable	link down	half	disable	10M	disable	disable	disable	disable	off	off	off	off
20	FE20	access	1	enable	link down	half	disable	10M	disable	disable	disable	disable	off	off	off	off
21	FE21	access	1	enable	link down	half	disable	10M	disable	disable	disable	disable	off	off	off	off

图 2-4-16　端口列表

2）端口设置。单击端口列表中的端口条目或单击面板图中相应的端口图，即进入到该端口的配置页面，如图 2-4-17 所示。

图 2-4-17 端口配置页面

端口设置页面框的配置项目说明，如表 2-4-7 所示。

表 2-4-7   端 口 配 置 条 目

配置项目	配置说明
端口名字	端口名字目前无法修改
端口描述	指定该端口的具体描述
端口使能	配置是否使能该端口
端口模式	配置端口的工作模式有 access/trunk/hybrid
端口 PVID	配置端口的默认端口 PVID 值
HYBRID 端口标签	配置端口的工作模式
接收限速模式	1）多种包：多种类型的包组合。 2）广播包：broadcast。 3）未知单播包：源 MAC 地址未学习的单播包。 4）单播包：源 MAC 地址已经学习的可查找的单播包。 5）多播包：通过 IGMP Snooping、GMRP 等学习的多播包。 6）单播和多播包：第 2 类与第 3 类的合集。 7）除了单播包外的其他包
发送带宽	选择发送流量的限制带宽
接收带宽	显示接收业务报文的限制带宽
自动协商	配置端口的自协商能力
流量控制	配置端口的流控功能
端口速率	配置端口的工作速率，可配置 10M/100M/1000M
双工模式	配置端口的双工模式，可配置 half/full 两种模式
IP 优先级	配置是否开启端口的 IP 优先级控制，当启用 IP 优先级时数据包将根据 IP 优先级映射配置进入交换机内部不同队列
VLAN 优先级	配置是否开启端口的 VLAN 优先级控制，当启用 VLAN 优先级时数据包将根据 VLAN 优先级映射配置进入交换机内部不同队列
MAC-VLAN	配置是否开启端口的 MAC-VLAN 功能，当启用 MAC-VLAN 时数据包将根据 MAC-VLAN 配置中的 MAC-VLAN 列表映射配置进入交换机内部不同队列

续表

配置项目	配置说明
协议 VLAN	配置是否开启端口的协议 VLAN 功能,当启用协议 VLAN 时数据包将根据协议 VLAN 配置中的协议 VLAN 列表映射配置进入交换机内部不同队列
GVRP 协议	配置该端口是否开启 GVRP 协议
STP 协议	配置该端口是否开启 STP 协议
GMRP 协议	配置该端口是否开启 GMRP 协议
802.1X 认证	配置该端口是否开启 802.1X 协议

（3）端口模式的配置。PRS-7961B 交换机的端口可配置三个模式：ACCESS 模式、TRUNK 模式、HYBRID 模式。

1）ACCESS 端口只能属于 1 个 VLAN，一般用于连接计算机的端口。

2）TRUNK 端口可以允许多个 VLAN 通过，可以接收发送多个 VLAN 数据，一般用于交换机之间连接的汇聚端口。

3）HYBRID 类型的端口可以允许多个 VLAN 通过，可以接收和发送多个 VLAN 的报文，可以用于交换机之间连接，也可以用于连接用户的计算机。

每个端口都可配置一个 PVID 值，可在配置框"端口 PVID"设置，该值的取值范围为 1～4095，对于当端口接收到不带 TAG 的报文时，该端口 PVID 将默认为该报文打上值为 PVID 的 TAG。

端口对入口及出口数据包的 VLAN TAG 的处理方式如表 2-4-8 所示。

表 2-4-8　　　　　　　　　　　端 口 模 式 配 置

端口模式	接收报文处理		发送报文处理
	接收报文不带 TAG	接收报文带 TAG	
ACCESS 端口	接收报文并添加该端口的 PVID TAG	1）当 VLANID 与端口 PVID 相同时，接收该报文。 2）当 VLANID 与端口 PVID 不同时，丢弃该报文	去掉 TAG 发送报文
TRUNK 端口		1）当 VLANID 与端口 PVID 相同时，接收该报文。 2）当 VLANID 与端口 PVID 不同时，但 VLANID 是该端口所在 VLAN 时，接收该报文。 3）当 VLANID 与端口 PVID 不同时，且 VLANID 不是该端口所在 VLAN 时，丢弃该报文	1）当 VLANID 与端口 PVID 相同时，去掉 TAG 发生报文。 2）当 VLANID 与端口 PVID 不同时，保留 TAG 发生报文
HYBRID 端口			当报文的 TAG 是端口所在 VLAN 时发送该报文，同时可在配置框<HYBRID 端口标签>设置是否在发送报文时保留或剥掉对应的 TAG

（4）风暴抑制。风暴抑制功能可限制以太网端口上允许通过的各类非业务流报文和业务报文的异常流量的大小，当端口上报文的入口流量超过用户设置的值形成风暴后，系统将丢弃超出流量限制的报文，报文类型可由用户定义，从而可有效使端口各类报文流量所占的比例降低到限定的范围，保证网络业务的正常运行。

在导航栏中点击选择"端口配置管理"出现一个子栏"全局配置"，再点击"风暴抑制"，将展开风暴抑制的配置列表，如图 2-4-18 所示。

接收风暴抑制&接收业务限速列表				
端口名字	风暴抑制类型	风暴抑制速率	业务限速抑制类型	业务限速抑制速率
FE1	未知单播包	10Mbps	广播包	1Mbps
FE2	未知单播包	10Mbps	广播包	1Mbps
FE3	未知单播包	10Mbps	广播包	1Mbps
FE4	未知单播包	10Mbps	广播包	1Mbps
FE5	未知单播包	10Mbps	广播包	1Mbps
FE6	未知单播包	10Mbps	广播包	1Mbps
FE7	未知单播包	10Mbps	广播包	1Mbps
FE8	未知单播包	10Mbps	广播包	1Mbps
FE9	未知单播包	10Mbps	广播包	1Mbps
FE10	未知单播包	10Mbps	广播包	1Mbps
FE11	未知单播包	10Mbps	广播包	1Mbps
FE12	未知单播包	10Mbps	广播包	1Mbps
FE13	未知单播包	10Mbps	广播包	1Mbps
FE14	未知单播包	10Mbps	广播包	1Mbps
FE15	未知单播包	10Mbps	广播包	1Mbps
FE16	未知单播包	10Mbps	广播包	1Mbps
F1	未知单播包	10Mbps	广播包	1Mbps
F2	未知单播包	10Mbps	广播包	1Mbps
F3	未知单播包	10Mbps	广播包	1Mbps
F4	未知单播包	10Mbps	广播包	1Mbps
F5	未知单播包	10Mbps	广播包	1Mbps

图 2-4-18　接收风暴抑制&接收业务限速列表页面

在该页面下，可配置各个端口的报文抑制设置，且将鼠标移至相应端口的表条目，该条目将蓝色高亮，单击该条目将进入该端口的配置页面。

在抑制限速列表中将鼠标移至相应端口的表条目，点击相应端口，进入该端口的抑制限速配置界面，如图 2-4-19 所示。

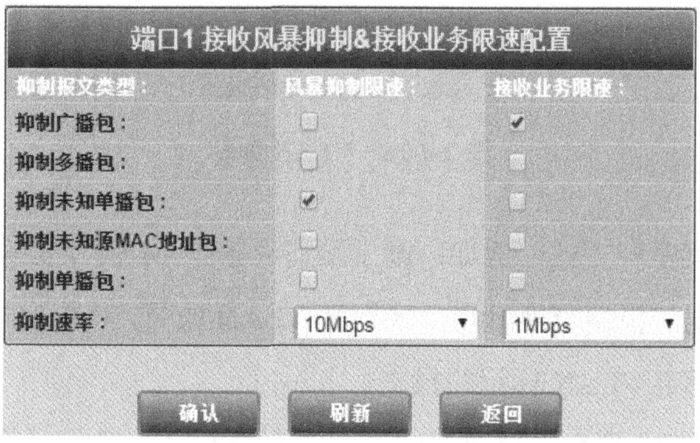

图 2-4-19　接收风暴抑制&接收业务限速配置图

接收风暴抑制&接收业务限速配置页面框的配置项目，如表 2-4-9 所示。

表 2-4-9   抑制限速配置项目表

抑制报文类型	抑制功能说明
抑制广播包	对端口入口的广播包进行抑制，包格式为 ff：ff：ff：ff：ff：ff
抑制多播包	对端口入口的多播包进行抑制
抑制未知单播包	对未静态添加或未经过源 MAC 地址学习的包进行抑制
抑制未知源 MAC 地址包	对未知源 MAC 地址的包进行抑制
抑制单播包	对单播包进行抑制
抑制速率	配置包抑制的转发速率

报文抑制限速分为两种模式："风暴抑制限速"和"接收业务限速"。以上 5 种报文类型，可分别配置在"风暴抑制限速"和"接收业务限速"中。但一种类型的报文只能配置在一种抑制模式中，不允许同时勾选配置在两种抑制模式中。

风暴抑制限速中，抑制类型默认为未知单播，接收带宽为 10%：10Mbit/s 或 100Mbit/s；接收业务限速中，抑制类型为广播包（broadcast），接收带宽为 1%：1Mbit/s 或 10Mbit/s。

（5）VLAN 配置。在导航栏中点击选择"VLAN 配置管理"，导航栏出现两个子栏："添加 VLAN"和"删除 VLAN"。最大支持 511 条 VLAN 条目（含默认 VLAN1）。

1）VLAN 列表。在导航栏中点击选择"VLAN 配置管理"，信息显示和配置区将显示所有的 VLAN 列表，列表显示各 VLAN 的 VLAN ID、VLAN 名、端口成员等信息，如图 2-4-20 所示。

		VLAN 列表 - 共 7 条
VLAN ID	**VLAN 名**	**端口成员**
1	VLAN1	FE1，FE2，FE3，FE4，FE5，FE6，FE7，FE8，F1，F2，F3，F4，F5，F6，F7，F8，F9，F10，F11，F12，F13，F14，F15，F16，G1，G2，G3，G4
2	vlan2	无端口成员
3	vlan3	无端口成员
4	vlan4	无端口成员
5	vlan5	无端口成员
6	vlan6	无端口成员
7	vlan7	无端口成员

新建   删除   刷新

图 2-4-20   VLAN 列表

VLAN 划分可以有多种方式，例如：基于端口、基于 MAC 地址等。该系列交换机支持基于端口的 VLAN 划分，根据交换机端口来定义 VLAN 成员，将指定端口加入到指定 VLAN 中，该端口就能转发指定 VLAN 标记的报文。

在"VLAN 配置管理"页面可新建 VLAN 和删除 VLAN，且将鼠标移至相应 VLAN 的表条目，该条目将蓝色高亮，单击该条目将进入该 VLAN 的配置页面。

VLAN 列表配置管理项目如表 2-4-10 所示。

表 2-4-10　　　　　　　　　　　　　　　VLAN 列表配置项目表

配置项	配置说明
新建 VLAN	添加一个 VLAN
删除 VLAN	删除一个存在的 VLAN
配置 VLAN	配置一个 VLAN 的名字、描述、端口成员等

2）配置 VLAN。单击端口列表中的端口条目或单击面板图中相应的 VLAN ID 表条目，将进入该 VLAN 的配置页面，如图 2-4-21 所示。在相应端口后面打勾，表示该端口已加入相应 VLAN。

图 2-4-21　VLAN 配置页面

VLAN 配置页面框的配置项目见表 2-4-11 所示。

表 2-4-11　　　　　　　　　　　　　　　VLAN 配置项目表

配置项目	配置说明
VLAN 名字	修改该 VLAN 的名字
VLAN 描述	修改该 VLAN 的描述
端口成员	可将该端口加入或退出该 VLAN。 ACCESS 端口只能加入一个 VLAN，且必须 PVID 与所在的 VLAN 值一致。 TRUNK 和 HYBRID 端口可加入多个 VLAN

（6）快速生成树配置。生成树协议（spanning tree protocol，STP），可应用于环路网络，通过一定的算法实现路径冗余，同时将环路网络修剪成无环路的树形网络，从而避免报文在环路网络中的增生和无限循环。STP 的基本原理是通过在交换机之间传递一种特殊的协议报文来确定网络的拓扑结构。配置消息中包含了足够的信息来保证交换机完成生成树计算。STP 的不足就是不能快速迁移，必须等待 2 倍 forward delay 时间延迟，端口才能迁移到转发状态。

快速生成树协议（rapid spaning tree protocol，RSTP）：802.1w 由 802.1d 发展而成，这种协议在网络结构发生变化时，能极大的缩短了拓扑收敛时间，快捷的将环路网络修剪成无环路的树形网络。它比 802.1d 多了两种端口类型：预备端口类型和备份端口类型。当根端口失效时，备份端口便无时延地进入转发状态。RSTP 的端口状态有三种：Discarding、Leaning 和 Forwarding。

RSTP 节点和端口有以下几个角色：

1）根桥：在树形网络结构中类似于树根的作用，根桥在全网中只有一个，而且根桥会根据网络拓扑的变化而变化，并不是固定不变的。根桥周期性发送 BPDU 配置消息，其他设备对该配置消息进行转发来保证拓扑稳定。

2）根端口：从非根桥到根桥传输的最佳端口，即到根桥开销最小的端口。根端口负责与根桥进行通信，非根桥设备有且只有一个根端口，根桥设备没有根端口。

3）指定端口：向其他设备或者局域网转发配置消息的端口。

4）替换端口：根端口的备份端口，根端口发生故障后，替换端口将成为新的根端口。

5）备份端口：指定端口的备份端口，指定端口发生故障后，备份端口将转换为新的指定端口转发数据。

在导航栏中点击选择"快速生成树配置"出现一个子栏"全局配置"，点击后出现全局配置框，如图 2-4-22 所示。

图 2-4-22　快速生成树全局配置页面

快速生成树全局配置的配置项目如表 2-4-12 所示。

表 2-4-12　　　　　　　　　　　　RSTP 全局配置项目表

配置项目	配置说明	配置方法
优先级	配置交换机的优先级值，网桥优先级用来选择根桥，该值越小表示优先级越高	必须是 4096 的整数倍 取值范围：0～32768
最大老化时间	配置生成树的最大老化时间，超过该参数值时，将丢弃 BPDU 配置消息。单位为 s	取值范围：6～40
Hello 时间	配置生成树的 Hello 时间，即发送 BPDU 消息的时间间隔。单位为 s	取值范围：1～10
转发延迟	配置转发延迟时间，单位为 s	取值范围：4～30
强制版本	配置生成树的版本	—
保持时间	配置生成树的保持时间，单位为 s	取值范围：3～10

单击导航栏中的"快速生成树配置管理",信息显示和配置区将显示所有的开启 STP/RSTP 协议的端口列表,列表显示各端口 ID、端口名、端口类型、优先级、路径开销、边缘端口、点对点链路、端口状态等信息,如图 2-4-23 所示。

STP 端口列表							
端口 Id	端口名	端口类型	优先级	路径开销	边缘端口	点对点链路	端口状态
5	FE5	normal port	128	自动	no	yes	丢弃状态
6	FE6	normal port	128	自动	no	yes	丢弃状态
10	FE10	normal port	128	自动	no	yes	丢弃状态
12	FE12	normal port	128	自动	no	yes	转发状态

刷新

图 2-4-23 快速生成树全局配置页面

在该页面可将鼠标移至相应 STP/RSTP 端口的表条目,该条目将蓝色高亮,单击该条目将进入该 STP/RSTP 端口的配置页面,如图 2-4-24 所示。

STP 端口 7 配置	
端口 Id: 12	端口名字: FE12
端口类型: normal port	优先级: 128
路径开销: 0	边缘端口: no
关闭 STP: no	点对点链路: yes

确认　刷新　返回

图 2-4-24 STP 端口配置页面

STP/RSTP 端口的配置管理项目如表 2-4-13 所示。

表 2-4-13　　　　　　　　　STP/RSTP 端口配置项目表

配置项	配置说明
端口 ID	指示该端口 ID
端口名字	指示该端口的名字
端口类型	配置该端口的类型,配置为普通端口
优先级	配置该端口的优先级,配置端口优先级,用来选择端口角色。取值范围:0~240,且为 16 的整数倍
路径开销	配置该端口的路径开销,端口路径成本是端口连接的路径开销,用来计算最优路径,该参数取决于带宽,带宽越大成本越低。通过改变端口路径成本可以改变从当前设备到根桥的传输路径,从而改变端口角色。当设置为 0 值时,表示为自动配置。取值范围:0~200000000
边缘端口	配置该端口是否是边缘端口,边缘端口不直接与任何交换机连接,也不通过端口所连接的网络间接与任何交换机相连的端口
关闭 STP	配置是否关闭该端口的 STP 协议
点对点链路	配置该端口是否是连接为点对点链路,点对点链路是两台交换机之间直接连接的链路

(7)静态组播配置。可以配置静态组播地址表,按照<组播 MAC 地址、VLAN 号、组播成员端口>格式配置一个表项添加到组播地址表中,组播报文通过查找此表项相应的成员端口

进行转发。最大支持 512 条。

在导航栏中点击选择"静态组播配置"，信息显示和配置区将显示"静态组播全局配置"界面，提供组播过滤模式的设置。同时导航栏将出现一个子栏："静态组播列表"。点击"静态组播列表"，信息显示和配置区将显示出所有的静态组播条目，并提供添加、删除、清空、刷新操作。

图 2-4-25 静态组播全局配置

1）静态组播全局配置。单击导航栏中的"静态组播配置"，右侧显示区将显示"静态组播全局配置"界面，如图 2-4-25 所示。

静态组播全局配置提供对组播过滤模式的配置，模式有两种：转发和丢弃，如表 2-4-14 所示。

表 2-4-14　　　　　　　　　　　　组播过滤模式项目表

配置项	配置说明
转发	交换机所有端口将转发未知组播报文
丢弃	交换机所有端口将丢弃未知组播报文

2）静态组播列表。单击导航栏中的"静态组播配置"，再点击子栏"静态组播列表"，列表显示各静态组播的条目包括：组播地址、VLAN ID、端口成员等，如图 2-4-26 所示。

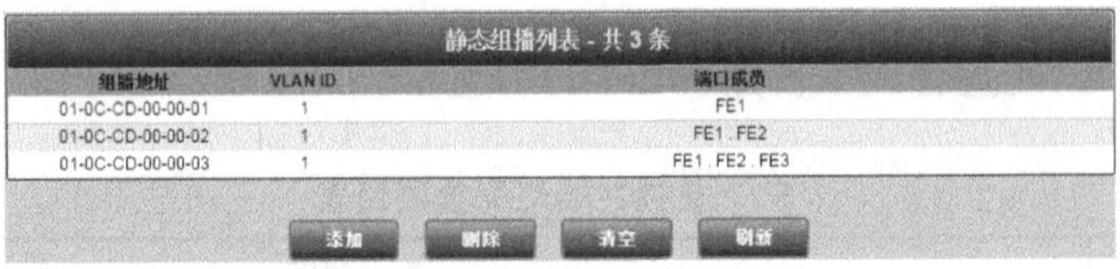

图 2-4-26 静态组播列表

3）添加静态组播。单击静态组播列表中的"添加"按钮，添加新的静态组播地址，将进入添加静态组播的配置页面，如图 2-4-27 所示。图中勾选的端口表示可以转发相应静态组播地址。

图 2-4-27 添加静态组播配置页面

静态组播配置页面框的配置项目，如表 2-4-15 所示。

表 2-4-15　　　　　　　　　　　　静态组播配置项目表

配置项目	配置说明
组播地址	指定该静态组播的地址。取值范围：0~200000000
VLAN ID	指定该静态组播所在的 VLAN ID。取值范围：1~4094
端口成员	可将该端口加入或退出该静态组播的转发范围

4）删除静态组播。单击静态组播列表中的"删除"按钮，删除已添加的静态组播地址，如图 2-4-28 所示。勾选静态组播条目对应的勾选框，单击"删除"按钮，便可删除对应条目。

	组播地址	VLAN Id	端口成员
	01-0C-CD-00-00-01	1	FE1
	01-0C-CD-00-00-02	2	FE1，FE2
	01-0C-CD-00-00-03	3	FE1，FE2，FE3

删除　　返回

图 2-4-28　删除静态组播条目页面

5）修改静态组播。将鼠标移动到需要修改的静态组播条目，单击后进入对应修改页面，如图 2-4-29 所示。图中界面显示对应条目的原始信息，提供修改端口成员。重新指定新的端口成员，单击"确认"，即可修改对应条目的配置信息。

（8）GMRP 组播注册配置。GMRP 是基于 GARP 的一个组播注册协议，用于维护交换机中的组播注册信息。所有支持 GMRP 的交换机都能够接收来自其他交换机的组播注册信息，并动态更新本地的组播注册信息，同时也能将本地的组

图 2-4-29　修改静态组播页面

播注册信息向其他交换机传播。这种信息交换机制，确保了同一网络中所有支持 GMRP 的交换机维护的组播信息的一致性。

一旦交换机或者终端注册或注销某组播组时，通过使能 GMRP 功能的端口将该信息广播给同一 VLAN 中的所有端口。

单击导航栏中的"GMRP 组播注册"，信息显示和配置区将显示所有的开启 GMRP 协议的端口列表，GMRP 列表显示各端口 ID、端口名、端口类型、Join 定时器、Leave 定时器、Hold 定时器等信息，如图 2-4-30 所示。

端口 id	端口名	端口类型	Join 定时器	Leave 定时器	Hold 定时器
5	FE5	normal port	200	600	100
6	FE6	normal port	200	600	100
8	FE8	normal port	200	600	100
9	FE9	normal port	200	600	100
12	FE12	normal port	200	600	100

图 2-4-30　GMRP 端口列表页面

在该页面可将鼠标移至相应 GMRP 端口的表条目，单击该条目将进入该 GMRP 端口的配置页面。GMRP 端口列表可配置管理项目，如表 2-4-16 所示。

表 2-4-16　　　　　　　　　　　　GMRP 组播列表配置项目表

配置项	配置说明
端口 ID	指示该端口 ID
端口名字	指示该端口的名字
端口类型	配置该端口的类型，可配置为普通端口
Join 定时器	配置该端口的 Join 定时器时间，单位为 ms。该值必须是 100 的倍数，不超过 3000，所有使能 GMRP 功能端口的 Join timer 值最好一致
Leave 定时器	配置该端口的 Leave 定时器时间，单位为 ms。该值必须是 100 的倍数，不超过 3000，所有使能 GMRP 功能端口的 Leave timer 值最好一致
Hold 定时器	配置该端口的 Hold 定时器时间，单位为 ms。该值必须是 100 的倍数，不超过 3000，所有使能 GMRP 功能端口的 Hold timer 值最好一致

（9）IGMP Snooping 侦听配置。IGMP Snooping 是运行在数据链路层的组播协议，用于管理和控制组播组。运行 IGMP Snooping 的交换机通过对收到的 IGMP 报文进行分析，为端口和 MAC 组播地址之间建立起映射关系，并根据此映射关系转发组播报文。

在导航栏中点击选择"IGMP 侦听配置"出现一个子栏"全局配置"，点击该子栏后出现全局配置框，如图 2-4-31 所示。

图 2-4-31　组播侦听配置全局配置页面

IGMP 侦听配置全局配置的配置项目，如表 2-4-17 所示。

表 2-4-17　　　　　　　　　　　　IGMPSnooping 全局配置项目表

配置项目	配置说明
IGMP 侦听	配置是否开启 IGMP Snooping 协议
组成员老化时间	配置组成员的老化时间。取值范围：1～1024
快速离开	配置是否使能快速离开功能
指定多播源	配置是否使能指定多播源功能
最大组数	配置最大支持的组播数。取值范围：1～300
最大源数	配置最大支持的源数。取值范围：1～6000
最后成员老化时间	配置最后成员老化时间，当主机离开组播后不会再发送 IGMP 成员关系报告报文，当其对应的动态成员端口的老化定时器超时后，交换机就会将该端口对应的转发表项从转发表中删除。取值范围：1～100
查询老化时间	配置查询老化时间。取值范围：1～1024
PIM 路由器老化时间	交换机为其每个 PIM 协议路由器端口都启动一个定时器，其超时时间就是动态路由器端口老化时间。取值范围：1～1024
Dvmrp 路由器老化时间	交换机为其每个 Dvmrp 协议路由器端口都启动一个定时器，其超时时间就是动态路由器端口老化时间。取值范围：1～1024

（10）QoS 映射配置。QoS 是 IP 网络中利用流量控制和资源分配思想，在有限带宽条件下为有不同需求的多业务提供有区别的服务，同时尽可能满足不同业务的传输特点、减少网络拥塞发生的概率，并将网络拥塞对高优先级业务的影响减到最少的一种机制。

配置交换机 DSCP 或 802.1p 优先级与交换机内部队列的映射关系，交换机内部数据排队有三个优先级队列，开启端口的 IP 优先级或 VLAN 优先级映射后，当一帧数据到达一个端口时，进入交换机的报文将根据配置的映射关系决定报文在交换机内部的排队队列。

1）IP 优先级配置。首先开启各端口的"IP 优先级"选项，然后再在导航栏中点击"Qos 映射配置"栏，再单击子栏"IP 优先级"，信息显示和配置区将显示 DSCP 优先级与交换机内部队列优先级的映射，如图 2-4-32 所示。

图 2-4-32　IP 优先级配置页面

在图 2-4-32 中，DSCP 优先级的范围是 0～63，该表共有 8 页，点击"前一页"和"后一页"可做切换，而交换机内部队列优先级的范围是优先级 0 到优先级 3，点击选择相应的单选框配置 DSCP 优先级与交换机内部队列优先级之间的映射关系。

2）VLAN 优先级配置。首先开启端口的"VLAN 优先级"选项，然后在导航栏中点击"QoS 映射配置"，再单击子栏"VLAN 优先级"，信息显示和配置区将显示 VLAN 优先级与交换机内部队列优先级的映射，如图 2-4-33 所示。

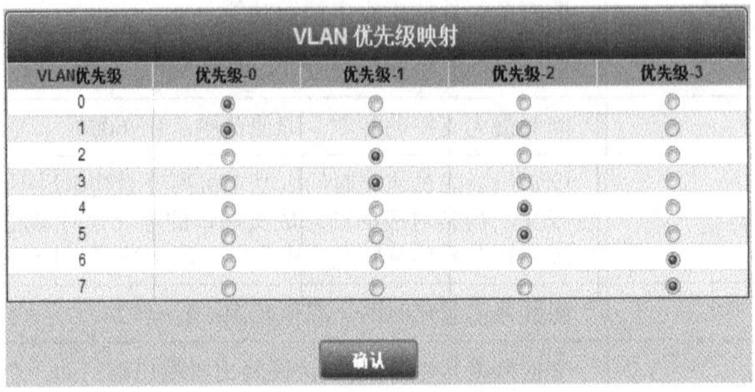

图 2-4-33　VLAN 优先级配置页面

在图 2-4-33 中，VLAN 优先级的范围是 0～7，而交换机内部队列优先级的范围是优先级 0 到优先级 3，点击选择相应的单选框配置 VLAN 优先级与交换机内部队列优先级之间的映射关系。

（11）端口镜像配置。端口镜像是将指定源端口的报文复制一份到其他目的端口，目的端口会与数据监测设备相连，用户利用这些数据监测设备来分析复制到目的端口的报文，进行网络监控和故障排除。

端口镜像有如下几个概念：

源端口：源端口是被监控的端口，用户可以对通过该端口的报文进行监控和分析。

目的端口：目的端口也可称为监控端口，该端口将接收到的报文转发到数据监测设备，以便对报文进行监控和分析。

镜像的方向端口：①入方向：仅对源端口接收的报文进行镜像。②出方向：仅对源端口发送的报文进行镜像。③双向：对源端口接收和发送的报文都进行镜像。

在图 2-4-34 中，点击相应的复选框配置镜像源端口和目的端口，目的端口只能设置为一个，源端口可以选择多个。图中将端口 10、端口 14 的收发数据映射到端口 5，这样端口 5 就能检测端口 10、端口 14 的数据。

（12）MAC 地址管理。交换机根据学习到的 MAC 地址进行数据报文的转发，MAC 地址管理可以配置交换机的 MAC 地址的行为和查看学习到的 MAC 地址列表，并配置 MAC 地址的老化时间等。还可设置端口限制和 MAC 过滤等功能。

在导航栏中点击"MAC 地址管理"，导航栏出现三个子栏：端口限制、MAC 过滤、全局配置，且信息显示和配置区将显示 MAC 所在 VLAN 域的列表。

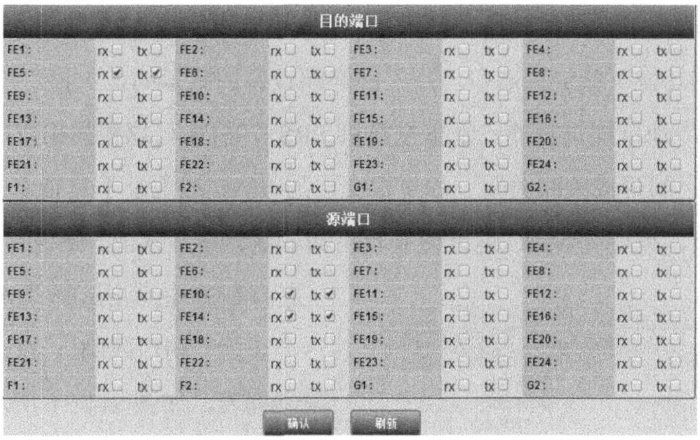

图 2-4-34　镜像配置页面

1）MAC 地址 VLAN 域。在导航栏中点击"MAC 地址管理"，信息显示和配置区将显示 MAC 所在 VLAN 域的列表，如图 2-4-35 所示。

图 2-4-35　MAC 地址 VLAN 域选择页面

VLAN 域的列表配置的配置项目，如表 2-4-18 所示。

表 2-4-18　　　　　　　　　　　　　　VLAN 域列表配置项目表

配置项目	配置说明
选择一个 VLAN 域	选择一个 VLAN 域，可查看该域的端口成员学习到的 MAC 地址

如图 2-4-36 所示，点击相应的端口，将显示该端口学习到的 MAC 地址和数量。

图 2-4-36　MAC 地址列表页面

2）端口限制。端口限制功能具有两个子功能：①配置某个端口的 MAC 地址学习数量，地址学习数量限制功能可指定该端口可连接的终端设备的数量的最大值。②绑定 MAC 源地址到端口上。MAC 地址绑定功能，是指交换机 PRS-7961B 可以根据用户的配置，在特定的 MAC 地址和端口之间形成关联关系。如果报文中的 MAC 源地址不是指定关系表中的地址，交换机将予以丢弃，是避免 MAC 地址假冒攻击和非法设备接入的一种简单认证方式。

端口限制列表		
端口名字	MAC学习数限制	MAC源地址绑定
FE1	无限制	无绑定地址
FE2	无限制	无绑定地址
FE3	无限制	无绑定地址
FE4	无限制	无绑定地址
FE5	无限制	无绑定地址
FE6	无限制	00-10-94-00-00-01
FE7	无限制	无绑定地址
FE8	无限制	无绑定地址
FE9	无限制	无绑定地址
FE10	无限制	无绑定地址
FE11	无限制	无绑定地址
FE12	无限制	无绑定地址
FE13	无限制	无绑定地址
FE14	无限制	无绑定地址
FE15	无限制	无绑定地址
FE16	无限制	无绑定地址
FE17	无限制	无绑定地址

图 2-4-37　MAC 地址列表页面

在导航栏中点击选择"MAC 地址管理"出现一个子栏"端口限制"，点击该子栏后出现端口限制列表，如图 2-4-37 所示。图中 MAC 学习数限制都为无限制，其中端口 6 绑定了 MAC 源地址 00-10-94-00-00-01。

（13）802.1X 参数配置。802.1X 协议是一种基于端口的网络接入控制协议。基于端口的网络接入控制是指在局域网接入设备的端口这一级对所接入的用户设备进行认证和控制。连接在端口上的用户设备如果能通过认证，就可以访问局域网中的资源；如果不能通过认证，则无法访问局域网中的资源。本设备支持 RADIUS 远程认证服务器的认证方式和本地认证服务器两种认证模式。

1）端口认证状态。配置一个端口开启 802.1X 协议，需先在端口配置页面启用该端口的 802.1X 认证协议。启用端口 802.1X 协议，当该端口为未认证状态，用户的业务数据将不会转发，只有当用户在终端拨号成功后，才能使端口进入认证状态。

在导航栏中点击"802.1X 参数配置"，再点击其子栏"端口认证状态"，信息显示和配置区将显示开启了 802.1X 模式的端口认证状态，如图 2-4-38 所示。图中端口 9 表示未通过此协议，端口 16 已通过此协议。

2）认证模式配置。认证模式配置可配置认证服务器是否为远程 RADIUS 服务器或本地认证的模式，在导航栏中点击"802.1X 参数配置"，再点击其子栏"认证模式配置"，信息显示和配置区将显示认证模式配置窗口，如图 2-4-39 所示。图中模式 local 表示本地认证模式。

图 2-4-38　端口认证状态图

图 2-4-39　认证服务器模式配置界面

认证服务器模式配置页面的配置项目，如表 2-4-19 所示。

表 2-4-19　　　　　　　　　　　　　认证服务器模式配置项目表

配置项目	配置说明
认证服务器模式	选择"local"指定本地认证模式 选择"remote"指定远程 RADIUS 认证模式

（14）SNMP 参数配置。SNMP 是网络中管理设备和被管理设备之间的一种管理协议，可通过 Web 管理交换机 SNMP 协议的各种参数。该设备支持 SNMPv2 以及 SNMPv3 版本的管理，同时 SNMPv2 兼容 SNMPv1 版本。SNMP v2 采用团体名认证。SNMPv3 通过简明的方式实现了加密和验证功能。在导航栏中点击"SNMP参数管理"，导航栏出现三个子栏：SNMP 访问管理、SNMPv3 用户管理和 SNMP Trap 配置。

1）SNMP 告警设置。在导航栏中点击"SNMP设置"，显示 SNMP 告警设置，信息显示和配置区将显示 SNMP 告警设置，SNMP 告警设置，如图 2-4-40 所示。

图 2-4-40　SNMP 告警设置

SNMP 告警设置的配置项目，如表 2-4-20 所示。

表 2-4-20　　　　　　　　　　　　　SNMP 告警设置配置项目表

配置项目	配置说明
温度告警上限（℃）：	交换机温度上限告警，默认为 75℃
流量告警上限（Mbit/s）：	交换机流量告警上限，默认 80Mbit/s
流量告警下限（Mbit/s）：	交换机流量告警下限，默认 1Mbit/s
MAC 地址绑定测试（0 或 1）：	SNMP 中的 MAC 地址绑定，交换机默认不绑定

2）SNMP 访问管理。在导航栏中点击"SNMP 参数管理"，再点击子栏"SNMP 访问管理"，信息显示和配置区将显示 SNMP 访问管理配置页面，如图 2-4-41 所示。

图 2-4-41　SNMP 访问管理配置页面

SNMP 访问管理配置的配置项目，如表 2-4-21 所示。

表 2-4-21 SNMP 访问管理配置项目表

配置项目	配置说明
SNMP 服务使能	SNMP 功能使能开关（默认关闭）
只读团体名	配置 SNMP 的只读团体名，使用该团体名访问 SNMP 的只读资源
读写团体名	配置 SNMP 的可读写团体名，使用该团体名访问 SNMP 的可读写资源
只读团体访问 IP 网段掩码	显示系统的 SNMP 只读团体访问 IP 网段掩码
读写团体访问 IP 网段掩码	显示系统的 SNMP 读写团体访问 IP 网段掩码

（15）ACL 及防攻击配置。ACL 是一或多条规则的集合，用于识别报文流。所谓规则，是指描述报文匹配条件的判断语句，这些条件可以是报文的源地址、目的地址、端口号等。PRS-7961B 依照这些规则识别出特定的报文，并根据预先设定的策略对其进行处理。

PRS-7961B 交换机的防攻击能力是指防单包攻击，也称为防畸形报文攻击能力。攻击者通过向目标系统发送有缺陷的 IP 报文，如分片重叠的 IP 报文、TCP 标志位非法的报文，使得目标系统在处理这样的 IP 报文时出错、崩溃，给目标系统带来损害，或者通过发送大量无用报文占用网络带宽等行为来造成有目的的攻击。

PRS-7961B 交换机报文异常检测功能可以通过分析经过设备的报文特征来判断报文是否具有攻击性，一般应用在设备连接外部网络的安全区域上，且仅对启用了报文异常检测功能的安全区域的入口方向报文有效。若设备检测到某报文具有攻击性，则会将检测到的攻击报文做丢弃处理。目前 PRS-7961B 支持防护以下九类常见的网络攻击：防护 Land Attack 攻击；防护 Blat Attack 攻击；防护 Null Scan 攻击；防止 SYN 包源 IP 端口小于 1024；防护 Xmascan 攻击；防护 SYN-FIN 攻击；防护 Smurf 攻击；防护 Ping Flood 攻击；防护 SYN Flood 攻击。

在导航栏中点击选择"ACL 及防攻击"，信息显示和配置区将显示所有的 ACL 列表，列表显示各 ACL 的 ACL ID、ACL 描述、作用端口、匹配规则、匹配动作等信息，如图 2-4-42 所示。图中匹配规则可根据实际需求进行选择，匹配动作有：丢弃数据包、镜像匹配包到端口、重定位匹配包到端口。

（16）GVRP 配置管理。GVRP 维护设备中的 VLAN 动态注册信息，并传播该信息到其他的交换机设备中。PRS-7961B 启动 GVRP 特性后，能够接收来自其他设备的 VLAN 注册信息，并动态更新本地的 VLAN 注册信息，包括当前的 VLAN 成员、这些 VLAN 成员可以通过哪个端口到达等。而且设备能够将本地的 VLAN 注册信息向其他设备传播，以便使同一局域网内所有设备的 VLAN 信息达成一致。GVRP 传播的 VLAN 注册信息既包括本地手工配置的静态注册信息，也包括来自其他设备的动态注册信息。

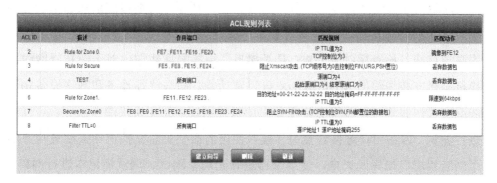

图 2-4-42 ACL 列表

单击该 GVRP 端口列表条目将进入该 GVRP 端口的配置页面，如图 2-4-43 所示。

图 2-4-43 GVRP 端口配置页面

GVRP 端口列表可配置管理项目，如表 2-4-22 所示。

表 2-4-22 GVRP 组播列表配置项目表

配置项	配置说明
端口 ID	指示该端口 ID
端口名字	指示该端口的名字
端口类型	配置该端口的类型，可配置为普通端口或聚合端口
Join 定时器	配置该端口的 Join 定时器时间，单位为 ms。该值必须是 100 的倍数，不超过 3000，所有使能 GVRP 功能端口的 Join timer 值最好一致
Leave 定时器	配置该端口的 Leave 定时器时间，单位为 ms。该值必须是 100 的倍数，不超过 3000，所有使能 GVRP 功能端口的 Leave timer 值最好一致
Hold 定时器	配置该端口的 Hold 定时器时间，单位为 ms。该值必须是 100 的倍数，不超过 3000，所有使能 GVRP 功能端口的 Hold timer 值最好一致

四、交换机常见缺陷处理

随着厂站端交换机数量扩充，现场可能遇到和交换机有关的网络缺陷，现就常见缺陷处理方法及消缺思路整理如下。

1. 交换机上所连接单台装置通信中断或通信异常

对于个别装置通信中断或异常，可以先到装置所连接的交换机上观察所连端口的指示灯情况，来判断物理链路是否存在故障，如表 2-4-23 所示。若端口连接状态指示灯和速率指示灯都灭，说明物理链路不通，有可能是：①网线/光纤（跳线）故障，逐级排查光功率，紧固端口接线，检查尾纤 TX/RX 是否接反，更换损坏线缆；对于新布置网线，需要注意交换机是否支持线缆的 MDI/MDI-X 自识别功能，即与终端设备和网络设备相连使用直连网线或交叉网线均可，若不支持需要采用直连网线。②交换机端口损坏，可以开启备用端口进行测试，若备用口连接灯点亮，投入使用前需要更新交换机相关配置与原端口匹配；③组网装置端口损坏或失电，使用仪器进行光功率测试、调试笔记本进行网口测试，核实为端口损坏，在采取必要安全措施后，可更换备用端口或更换板件，进行相关配置并测试合格方可投运。

表 2-4-23 后面板指示灯状态及描述

LED	状态	描述
		速率/黄 连接状态/绿
10/100Base-T（X）以太网接口速率指示灯（黄灯）	亮	100M 工作状态（即 100Base-TX）
	灭	10M 工作状态（即 10Base-T）或无连接
10/100Base-T（X）以太网接口连接状态指示灯（绿灯）	亮	端口已建立有效网络连接
	闪亮	端口有网络活动
	灭	端口没有建立有效网络连接
		速率/黄 连接状态/绿
		指示灯 1 和 2 表示下侧百兆/千兆 SFP 接口的状态；指示灯 3 和 4 表示上侧百兆/千兆 SFP 接口的状态
百兆/千兆 SFP 接口速率指示灯（黄灯）	亮	1000M 工作状态（即 1000Base-X）
	灭	100M 工作状态（即 100Base-FX）或无连接
百兆/千兆 SFP 接口连接状态指示灯（绿灯）	亮	端口已建立有效网络连接
	闪亮	端口有网络活动
	灭	端口没有建立有效网络连接

若连接状态指示灯亮，但速率指示灯灭，多为交换机端口或 SFP 光模块损坏，可以采取更换备用端口或 SFP 光模块方式处理。

若指示灯都正常，可以使用监控后台对故障装置 IP 发起 ping 命令，再次确定物理链路是否正常，如果是过程层交换机可以使用专用仪器进行报文接收的方式；排除了物理连接问题后，缺陷很可能是交换机最近一次修改配置错误导致，应主要检查交换机端口参数设置、VLAN 参数设置。

2. 交换机上所连接多台装置通信中断或通信异常

首先检查交换机指示灯，电源指示灯、运行指示灯是否点亮，告警指示灯是否点亮，并根据情况检查电源和装置告警信息，装置告警信息可以在系统日志菜单中查看或导出。如装置面板指示灯正常，但存在多装置通信异常情况，需要进一步检查交换机配置，特别是过程层交换机应检查 VLAN 等配置；对于站控层交换机，检查通信异常装置的 IP 设置是否冲突。对于疑难问题，可以采用交换机镜像口抓包方式或借助站内网络分析装置分析处理。

【练习题】

1. 交换机的工作模式有哪几种？

2. 什么是交换机延迟？

3. 划分 VLAN 方式有哪些？

4. 一帧长度为 768 字节的 GOOSE 报文，经过一台过程层百兆交换机后，延迟时间约为多少？

5. 智能终端 A 在交换机端口 1 的收发 GOOSE 报文流量都为 10Mbit。1 台合并单元向交换机端口 2 注入流量为 8Mbit 的 SV 报文。将端口 3 设置为镜像端口，数据流设置为：端口 1 的进出口、端口 2 的入口。请计算端口 3 向外发送数据的流量？

模块五　变电站规约转换装置功能介绍及运维

【模块描述】

本模块主要学习变电站规约转换装置的装置认知、运维、调试。包括规约转换装置的原理及功能、规约转换装置的构成、规约转换装置的使用及调试、组态软件及配置工具的使用等内容。

【学习目标】

1. 了解规约转换装置的概念及功能。

2. 熟悉规约转换装置的装置构成。

3. 掌握规约转换装置的运维及调试。

4. 熟悉组态软件及配置工具的使用方法。

【正文】

一、规约转换装置概述

在变电站综合自动化系统中，许多智能设备往往是由多个厂家生产的，它们之间的接口形式、数据传输方式差距很大。要实现各测控装置和智能设备之间的数据交换，就必须通过一种硬件设备和接口，实现数据通信规约的转换。如果各种智能设备之间不能进行数据通信，大量的运行数据和调控命令就没有办法上传下达，电网的实时监控就无法完成。

1. 规约转换装置的介绍

规约转换器就是一种能够通过不同接口形式的设备，实现与变电站内各种智能设备以不同通信规约进行通信，并根据信息的特征进行处理，形成新的标准信息，上送至相应的信息系统。由于信息的采集和传送是根据优先级进行划分的，这要求规约转换器具有实时、分时的特性，同时也要求规约转换器具有接口多样性的特性。

2. 规约转换装置的主要功能

翻阅各主流厂家的规约转换器说明书，市面上的规约转换器主要有以下功能，以满足实际工作的需要。

（1）采集各种微机保护、自动装置信息。规约转换装置可以通过串口方式、网络方式与各种微机保护和自动装置通信，接收它们上送的各种信息，如保护动作 SOE 等。

（2）采集各种测控装置、智能电能表信息。规约转换装置可通过串口方式、网络方式等与测控装置通信。测控装置和电能表的遥信、遥测、遥脉量以及其他通信信息均直接可以送往规约转换装置。

（3）采集变电站智能辅助设备信息。变电站内除了保护、测控、电能表、自动化装置外，还有许多辅助装置。这些辅助装置的信息虽然没有系统运行信息重要，但为了提高变电站运行安全性和可靠性，通常也要将这些信息上送，规约转换装置可以采集这些信息，实现远程的监控。

（4）历史事件记录和查询。规约转换装置可以记录微机保护及故障录波器的自检信息（装置的运行工况）、事件信息（系统故障及装置动作报告等信息）、故障信息（各保护的动作详细报告、故障时刻采样值）、定值变化等信息。所有这些信息可以通过多种查询条件进行检索和查看。

（5）远方命令记录和查询。规约转换装置可以记录所有来自所有控制源的命令，包括遥控选择、遥控执行、遥调、修改定值选择、修改定值执行、信号复归等。所有这些信息可以通过多种查询条件进行检索和查看。

（6）实现与管理变电站主计算机系统通信。规约转换装置可以将各种采集的信息送往站内后台系统，通过后台系统值班人员可以方便直观地监控整个变电站运行情况。另外，也可将后台下发的各种命令转送到具体装置，以实现变电站综合自动化。

（7）支持多种通信规约。规约转换装置与调度、集控中心、后台和各种装置通信时会根据用户实际情况使用不同规约，完成规约转换，以便满足用户需求。

（8）通过 GPS 可实现自动对时和统一系统时间。规约转换装置可以外接独立 GPS 装置。主要支持的对时方式有：IRIG-B，秒脉冲，分脉冲，NTP。可以向所接保护、测控、自动化装置等设备输出软对时报文，使得站内所有装置运行在统一系统时间下。

（9）各设备、装置通信状态检查和监视。规约转换装置可定时检查与其相连的保护、测控以及各种自动化装置通信状态，及时上报各类装置是否通信中断，保证电站自动化系统可靠运行。

（10）通过网络联机维护和监测。通过此功能调试人员能够方便地维护、修改和监测本装置运行情况，可以监视运行打印信息，监视网络和串口报文、数据库查看、人工置数、文件传输、远程启动等。使得变电站改造或升级更加方便快捷，提高维护和调试效率。

（11）支持多套双机切换方案。规约转换装置应支持多套双机切换方案，根据不同的要求，支持如单机运行、对上双主对下双主、对上双主对下主备、对上主备对下主备等多种方案。双机运行时应能保证双机数据实时同步和无缝切换，最大限度保证信息的完整性。

（12）自诊断。规约转换装置在运行期间会自动对软件/硬件进行监视，一旦软件/硬件出现错误将会自动报警，同时闭锁自身，以免造成误操作。如果是双机配置，当主机发生错误时，除了闭锁自身，备机还自动上升为主机继续承担运行任务，同时发出报警信号，保证运行的稳定性和可靠性。

二、智能接口单元设备及通信方式介绍

由于变电站综合自动化系统智能接口单元设备往往由不同厂家提供，通信方式和通信规约不尽相同，在进行规约转换器接口的调试与检修前，需要明确各智能接口设备的通信方式和通信规约，通过规约转换器转换数据格式，只有这样才能实现信息的相互交流。

1. 智能接口单元设备分类

目前，变电站综合自动化系统中各间隔层智能设备是依靠有线进行通信的，智能接口单元设备主要有电能表、电能采集器、直流屏、交流屏、UPS、温湿度测量仪等设备，这些设备都是通过规约转换器进行数据交换并传送给调度中心。智能接口单元功能如表 2-5-1 所示。

表 2-5-1　　　　　　　　　　　　　智能接口单元功能表

序号	智能设备类型	功能
1	电能表	计量一次设备电度量，兼作分时电量处理，上传变电站后台和调度
2	电能采集器	接入多块电能表，形成统一电量数据库和上传接口，上传变电站后台和调度
3	直流屏	为变电站内提供直流电源，并通过给蓄电池充电，在站内失去外部电源时提供应急直源电源。其主要运行状态参数可上传变电站后台和调度
4	交流屏	为变电站内提供交流电源，其主要运行状态参数可上传变电站后台和调度
5	UPS	为变电站内的重要电气设备提供不间断电源，其主要运行状态参数可上传变电站后台和调度
6	温湿度测量仪	测量变电站内室温、环境湿度并上传变电站后台和调度

2. 智能接口单元设备的通信方式

目前，国内比较常见的智能设备通信方式分为三大类：串口通信方式、现场总线方式和网络（一般为以太网）方式。串口通信是现在国内每个变电站都用到的通信万式，也是历史最悠久的一种通信方式，有三种形式：全双工的 RS-232 和 RS-422，半双工的 RS-485。现场总线主要有 LON 网和 CAN 网，近年来这种通信方式逐渐被流行的网络方式所替代。网络通信方式具有通信可靠、通信速率高、数据流量大等特点，已成为主流通信方式。

通信方式的选择，首先要看设备支持什么样的通信方式。国内主流厂家如南瑞、南自这几家大公司的保护和测控方面的主导产品可以提供多种方式，其他公司的设备一般都只提供单一的通信接口；而国外公司的智能设备是按照合同约定提供通信接口的，一般只提供一种。如果设备支持多种通信方式，那就要根据各种通信方式的特点和现场对通信的要求确定其中一种。

各种通信方式的简单特点简述如下：

（1）网络通信。网络通信速率高，数据吞吐量大，而且借助互联网的普及，其技术标准被广泛采用。但网络通信，除了要求设备本身提供网络接口外，还必须要有辅助设备如集线器（Hub）或交换机（Switch），如果网络结构复杂的话，可能还需要有路由器。

（2）现场总线通信。现场总线常见的有 CAN 网和 LON 网，其通信速率和流量仅次于网络通信且接线简单，而且抗干扰能力强于网络。但现场总线方式的兼容性差：一是支持这种方式的设备少；二是不同厂家间相同通信方式的设备一般是不能互联的。因此，现场总线方式一般只是局限于同一厂家的设备。

（3）串口通信。串口通信方式有 RS-232、RS-485 和 RS-422 三种形式，具体选用哪种形式，可根据现场实际情况确定。确定串口通信方式，应尽可能选用全双工方式的，半双工方式要求设备不断地进行收发切换，会给调试和检修增加故障点。

自动化系统各测控装置和许多智能设备之间选择不同的通信方式就意味着采用不同的要求。

规约转换器常见通信技术参数包括如下内容：

（1）通信接口种类：RS-232 接口、RS-422/RS-485/RS-232、canbus 接口、10M/100M 双绞线以太网接口、10M/100M 光纤以太网接口、串口接口 RS-232/422/485，300000～57600000bit/s、canbus 接口 10k～1bit/s、Ethernet 接口 10M/100Mbit/s。

（2）通信协议：IEC 61850，IEC60870-5-101、102、103、104，DNP3.0，Sc1801，u4F，modbus，SpaBus，M-Link+，CDT。

3. 智能接口单元设备的规约介绍

变电站各种智能设备通过不同的通信规约将变电站内智能设备采集的信息，送至变电站综合自动化系统和当地后台，并转送至调度中心，让变电站值班人员、调度值班人员能准确掌握变电站智能设备的遥信、遥测、遥脉等信息。

（1）规约类型。规约类型一般可以分为两大类：问答式和循环式。

问答式：通过一问一答或发送/确认的方式来完成一次通信过程。标准的规约一般采用客户/服务器模式，由客户端向服务器端发起通信握手，握手成功后，通过客户端查询的方式交互数据。根据通信双方是否都可以充当客户端又分为平衡式（可以）和非平衡式（不可以）两种。

循环式：拥有数据的一端主动循环上送数据信息给通信对侧。

规约按照接口模式，也可以分为串口规约和网络口规约。

（2）规约结构。规约的结构一般由报文头、信息体、结束码组成。

报文头：主要由同步字符、报文长度、地址、报文类型等组成。其中，同步字符用于定位报文的起始并起到防止误码干扰的作用；报文长度用于界定报文内容（信息体）；地址用于标识发出报文的源设备及该报文的目的设备；报文类型用于标识该报文的数据类型或结构类型。

信息体：主要由信息类别、信息个数、信息索引、信息、附加信息组成。其中，信息类别用于标识信息的类别；信息个数用于标识信息体内所含单个信息的个数；信息索引用于标识单个信息的顺序索引号；信息是按规约的定义表达出来的约定的数据；附加信息一般为时标、状态码等，用于说明特定的信息内容。

结束码：一般由校验码和结束符组成。其中，校验码一般有和校验、CRC 校验等，用于接收方对整个报文进行正确性校验用；结束符用于标识报文的结束。

（3）智能设备入网方式。变电站里的第三方智能电子设备均需通过规约转换器才能接入站控层网络，将信息上送给变电站监控后台及远动通信管理机。

1）串口的智能电子设备需通过串口扩展板接入。

2）网口的智能电子设备需通过 CPU 板的网络口接入。

三、规约转换装置的使用及调试

（一）规约的选用

智能设备在通信过程中选择规约时，应统筹考虑，选择在多个现场长期运行过的、数据能长期稳定传输抗干扰能力强的规约。

1. 常见的智能设备规约标准

常见的智能设备规约标准有以下几种：IEC103 问答式规约、IEC102 问答式规约、IEC101 问答式规约、IEC104 问答式规约、DL/T 645 问答式规约、modbus 问答式规约、CDT 循环式规约、其他厂家自定义规约。

2. 规约选用的原则

规约的选择有几种原则：

（1）按通信介质选择。一般不采用现场总线方式与智能设备进行通信，除非通信双方都是同一个厂家。

对于采用 RS-232 串口方式的通信而言，可以选择问答式、循环式类型的通信规约。一般只适用于点对点的通信模式。

对于采用 RS-422 串口方式的通信而言，可以选择问答式、循环式类型的通信规约。如果采用一对多的通信模式，则须选用问答式规约。

对于采用 RS-485 串口方式的通信而言，只能选择问答式类型的规约。

对于采用网络方式的通信而言，如果采用 UDP 广播协议或组播协议，一般采用问答式规约。

对于采用网络方式的通信而言，如果采用 UDP /IP 或 TCP 协议，可采用问答式、循环式规约。

（2）按通信模式选择。点对点的通信模式，可以选择问答式、循环式规约。一对多的通信模式，在没有冲撞检测功能的通信介质上，必须选择问答式规约。

（3）按通信质量选择。通信质量较好的情况下，可以选择问答式或循环式规约。通信质量较差的情况下，应该选择问答式规约。

（4）按数据要求选择。如果数据的完整性要求比较高，应该尽量选择问答式规约。如果数据的实时性要求比较高，可考虑选择循环式规约。

（5）按设备类型选择。IEC103 规约一般适用于变电站内保护装置、普通智能设备通信，应用范围较大。IEC102 规约一般适用于电能采集器设备的通信。IEC101 规约一般适用于调度端与站端的通信，通信模式为串行口。IEC104 规约一般适用于调度端与站端的通信，通信模式为网络模式，对网络的要求较高，实时性也较高。DL/T 645 规约一般适用于和电能表或电能采集器通信。modbus 规约一般适用于和普通智能设备通信，应用范围较大。CDT 规约一般适用于和普通智能设备通信，应用范围较大，数据容易丢失。厂家自定义规约应该尽量避免，兼容性较差。

（二）规约转换器的日常维护

常见的规约转换装置通常带有指示灯、液晶显示屏、按键、调试口，厂家及型号也多种多样，如南瑞继保的 PCS-9794、RCS-9794，北京四方的 CSM-300E、CSC-1312，国电南自的 PSX 610G 等。各种型号规约转换装置的装置菜单虽有区别，但操作方法大同小异，接下来主要以南瑞继保的 PCS-9794A 为例介绍规约转换器的日常维护的一些简易操作。

1. 液晶主画面

PCS-9794A 装置正常运行状态下的液晶主画面显示如图 2-5-1 所示。

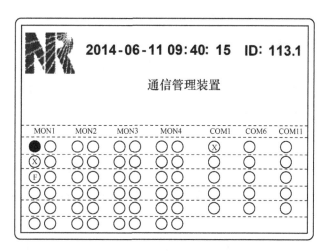

图 2-5-1　PCS-9794A 液晶主画面

液晶主画面的下半部分用于显示当前网口串口的状态，每一个圆圈代表一个通信口，每块 MON 板配有 6 个网口，经过扩展能配备 12 个网口。圆圈的不同状态表征通信口的通信状态，其中：

（1）空白圆圈：表示通信口未用，组态中未配置。

（2）实心圆圈：表示通信口占用，状态为通，如果为网口，则表示该网口下至少一个连接的通信状态为通。

（3）X 加圆圈：表示通信口占用，状态为断，如果为网口，则表示该网口下全部连接的通信状态均为断。

（4）F 加圆圈：表示通信口占用，网口线被拔出，串口无此状态。

在主画面状态下，按"▲"键可进入主菜单，通过"▲""▼""确认"和"取消"键选择子菜单。当有多级分组子菜单时，按"确认"键或"▶"键逐级进入下一级子菜单，按"◀"返回上一级子菜单，按"取消"直接退出到主画面。

2. 运行状态检查

PCS-9794A 运行状态菜单可实时显示本装置通信状态、对时状态、双机状态和报警状态。

（1）通信状态：查看所接入的装置、本装置网络通道和串口通道的通信状态。

（2）对时状态：查看装置对时源的实时状态。

（3）双机状态：查看本机和对机相关的双机状态。

（4）报警状态：查看装置的各个 MON 板产生的报警状态。

3. 信息查看

PCS-9794A 的数据显示菜单可实时显示本装置和所接入的装置的实时状态和历史状态。

（1）实时数据：查看所有装置的实时数据，包括状态类、测量类、档位、计量类、装置参数、定值和定值区号等数据。

（2）历史数据：查看所有装置的历史数据，包括 SOE 报告和操作报告。

另外 PCS-9794A 的装置信息菜单可查看装置的版本信息，如装置每个板卡的程序版本和编译时间，以及组态版本组态下装时间等。

4. 装置设置

PCS-9794A 装置参数菜单可查看本装置的装置地址、装置序号、IP 地址、MAC 地址、路由表、时间信息和时区信息，并可设置装置的装置地址、装置序号、IP 地址、路由表、时间信息和时区信息。

（1）网络设置：查看装置的 IP 地址、MAC 地址和路由表，并可对 IP 地址和路由表进行修改，所有参数修改后重启才能生效。

（2）ID 设置：查看装置的装置地址和装置序号，并可对装置地址和装置序号进行修改，所有参数修改后重启才能生效。

5. 装置操作

PCS-9794A 的装置操作菜单可对装置进行置检修、格式化硬盘、复位进程等操作，并可通过本装置对任意 IP 进行 ping 测试。

（1）ping 测试：通过装置对某一个 IP 或者某一网段进行 ping 测试。

（2）进程复位：对某一个应用进程进行复位。

（3）格式化盘：对装置的硬盘进行格式化。

（4）装置检修：对装置进行置检修。

（5）ARP 操作：进行对装置 ARP 的绑定、清除等操作。

通过 PCS-9794A 的出厂调试菜单可实现对装置出厂时进行液晶、指示灯、IO 板、串口板和网口进行自检。

（1）网口测试：对本装置每个 MON 板的每个网口进行自检。

（2）串口测试：对本装置的串口板进行自检。

（3）开入开出：对本装置的开入开出板进行自检。

（4）指示灯自检：对本装置面板上的指示灯进行自检。

（5）液晶自检：对本装置的液晶进行自检。

6. 时钟调整及语言选择

通过 PCS-9794A 的时钟设置菜单，可查看装置的当前时间和时区，并可对时间和时区进行修改。

在语言选择菜单则用于设定液晶显示的语言。

（三）规约转换器的调试与检修

规约转换器在首次使用或日常运行过程中，需要定期进行调试或检修工作，特别需要注意以下内容。

1. 仪器、仪表及工具的准备

准备的仪器、仪表及工具有电脑、万用表、螺丝刀、斜口钳、通信电缆（网线、维护线等）、通道转换头（如 485/232 转换器等）和 Hub（用于观察 TCP 或点对点网络报文用）等。

2. 相关软件准备

需要准备的软件有维护软件、参数配置软件、串口数据监视软件、网络数据监视软件等。

3. 通电前检查

通电前的检查应包括以下几项内容：电源线的接入是否正确；电源的电压值是否合格；是否有短路或开路的回路；接地是否良好；端子等外观是否完整；电源插件是否正确。

4. 上电检查

上电后，应该检查以下几项内容：电源指示灯是否正常；规约转换器运行是否正常；规约转换器面板指示是否正常；维护接口是否正常；内部参数检查；自检信息查看是否正常。

5. 通信参数设置

规约转换器的本机参数主要包括：网络 IP 地址和掩码、地址类参数、工作方式参数等。

规约转换器的通信参数主要包括：通信串口的波特率、校验方式、数据位、停止位等；

各板件的通信介质选择（如 485/422/232 等）；各板件的通信规约类型、参数和网络路由等内容。

6. 通信功能调试

首先，应该在通信两侧正确设置通信参数，并且正确的连接通信电缆。其次，查看通信报文，握手、传递数据等过程是否符合通信规约，内容是否正确。然后进行相应的通信实验，主要有：数据正确性实验、变化数据实验、控制类数据实验、突发大数据量传送实验、通信异常恢复实验、通信中断实验和通信拷机类实验。

7. 试验报告

试验报告应该涵盖：通信两侧的设备信息、通信电缆的连接、通信设备的信息、试验的目的、试验的基本要求、试验的数据项、试验的对象、试验的结果、试验的结论、试验的时间和试验人。

8. 装置检修内容

（1）接线检查：包括接线是否有接地、接线中是否有短路回路、接线是否有开路、接地线是否可靠连接、通信屏蔽线是否可靠连接、屏蔽线是否单点接地、通信电缆是否有断线、接线端子是否有松动、接线头是否有氧化、电缆外皮是否破损等。

（2）指示灯检查：包括电源指示灯是否正常、运行指示灯是否正常、串口收发指示灯是否正常、网卡连接指示灯是否正常、网卡收发指示灯是否正常、网卡冲突检测指示灯是否不闪、是否有异常的指示灯常亮或闪烁。

（3）通信检查：包括通信参数是否正确、通信板件是否正常、通信电缆是否可靠连接、通信设备（如交换机）是否正常、是否有通信报文交互等。

（4）数据报文检查：包括数据报文过程是否正常、数据报文是否完整、数据报文中的数据是否正常、数据报文中的数据是否刷新、数据报文中有无陷入死循环的报文过程、数据报文中有无停顿、数据报文中有无某个设备不上送数据或不查询某个设备的数据、数据报文中有无误码、数据报文中有无不可识别类型的报文、数据报文中有无跳变的异常数据。

（5）检修报告：检修报告应该涵盖：通信两侧的设备信息、通信电缆的检查、通信设备的检查、检修的对象、检修的原因、检修的数据项、问题的分析、检修的处理过程、检修的处理结果、检修的结论、检修的时间和检修人。

（四）规约转换器的异常处理

规约转换器的作用就是实现其所连接的设备与所要接入的系统之间的通信，其常见的异常现象有通信连接中断和通信数据时断时续两种。

1. 通信连接中断异常及处理

规约转换器接入系统后，系统报警指示通信中断或相应数据长时间不刷新。主要是因为通信双方的硬件及用于连接双方的介质出现问题对通信状态造成直接的影响。

硬件对通信状态的影响在规约转换器上的表现为：

（1）规约转换器所接入的系统与规约转换器之间的状态。①规约转换器不发送数据也接收不到数据。②规约转换器能接收到数据但是不发送数据。

（2）规约转换器与规约转换器所接设备之间的状态。①规约转换器不发送数据也接收不到数据。②规约转换器发送数据但是接收不到数据。

规约转换器与规约转换器所接入的系统之间通信所使用的规约可以称作上层规约，规约转换器与规约转换器所接设备之间的通信所使用的规约可以称作下层规约。上层规约和下层规约的通信机制一般都存在较大的差别。一般来说上层规约大多采用问答方式，下层规约的方式却不尽相同，基本上可以分为问答式和主动发送方式两种。规约的通信机制不同，对于通信连接中断的判别逻辑也有差别。下面根据规约转换器出现的不同通信状态进行原因分析及处理。

（1）规约转换器所接入的系统与规约转换器之间的环节。

1）规约转换器不发送数据也接收不到数据。因为规约转换器与系统之间一般采用问答式通信，出现这种情况的原因主要有：①系统设备未发出数据，检查系统设备应用软件和通信口是否正常。②系统设备发出数据，但与规约转换器连接的介质出现问题或规约转换器的通信口故障也会引起规约转换器接收不到数据。

2）规约转换器能接收到数据但是不发送数据。这种情况只能是规约转换器本身软件或通信接口故障，检查相关的软件设置或更换接口硬件。

（2）规约转换器与规约转换器所接设备之间的环节。

1）规约转换器不发送数据也接收不到数据。这种情况要从两个方面分析：①当采用问答式通信时，原因主要是规约转换器本身软件或通信接口故障造成的，检查相关的软件设置或更换通信接口硬件。②当采用主动发送方式通信时，原因主要是规约转换器所接的设备未发出数据，也可能是与规约转换器连接的介质出现问题或规约转换器的通信口故障引起的。检查规约转换器所接的设备及通信介质和接口。

2）规约转换器发送数据但是接收不到数据。原因主要是规约转换器所接的设备未发出数据，或是与规约转换器连接的介质出现问题引起的。

2. 通信数据时断时续异常及处理

通信连接有时中断，规约转换器所接入的系统反复报警指示通信中断且相应数据刷新慢。主要原因是双方（规约转换器与规约转换器所接设备或者规约转换器所接入的系统与规约转换器）之间的通信受到干扰，或者是单方面（规约转换器所接设备、规约转换器所接入的系统、规约转换器）运行不稳定。通过分析，可逐一检查排除通信介质或设备硬件的问题。

下面以实例介绍规约转换器通信中断的处理方法。

案例：

某公司规约转换器扩展板上的 1 个 485 串口上接有 4 台保护装置全部通信中断的处理实例。

双方厂家检查了这 4 台保护装置的面板上的参数设置和规约转换器组态设置，以及通信线质量和连接牢固可靠度，均未发现问题。

在规约转换器端，将该 485 串口通信电缆接入一个 RS-232/RS-485 转换器通过笔记本电脑模拟测试与 4 台保护装置通信，结果全部正常。因此，判断为转换器扩展板上的这个 485 串口损坏。更换后，4 台保护装置全部通信正常。

四、配置工具的使用

配置工具作为规约转换装置的一个管理和维护工具，可实现装置通信组态、规约选择、参数设置，以满足工程的要求。接下来，我们以北京四方的配置工具为例，讲解如何用 NuGate-2.5.1 版本工具对 CSC1316A/B/C/F、CSC1312C 装置进行配置调试。

（一）配置界面

在桌面双击"自动化通信业务统一配置工具"的图标（见图 2-5-2），或在任务栏中找到"新远动"，点击"自动化通信业务统一配置工具"进入配置工具界面。

 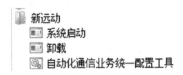

图 2-5-2　"自动化通信业务统一配置工具"图标

配置工具界面如图 2-5-3 所示，黑色圈部分是工具菜单栏和功能按钮，蓝色圈部分为工程管理、库管理和工程结构，红色圈部分是主窗口，绿色圈部分是属性窗口、IED 视图和采集板卡，黄色圈部分是输出窗口，用来显示工具的调试信息。

（1）菜单栏和功能按钮未连上装置会有部分按钮显示灰色不可操作，连上装置后才会开放操作，鼠标放在图标上会弹出对应描述，如图 2-5-4 所示。

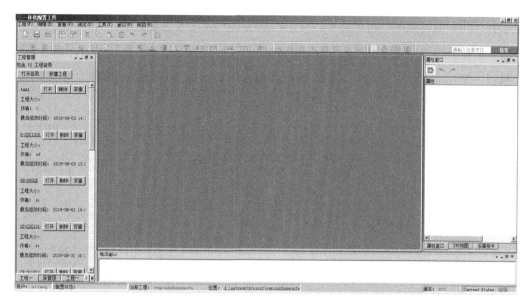

图 2-5-3　NuGate 配置工具界面

图 2-5-4　NuGate 配置工具菜单栏和功能按钮

点击"新增"可以新建工程，点击"召唤"，输入装置 IP 后可将装置里的配置召唤到电脑里，点击"关闭工程"可以关闭当前打开的工程。

点击"保存"可保存模板、接入、转出等所有更新，点击"另存为"可将当前工程存为另一工程名。

点击"连接到设备"可将工具与装置建立通信连接，点击"启动设备"可一键停止并再启程序，点击"停止设备"可停止程序，点击"打包"可将做好的工程输出配置文件，点击"下载"可将生成的配置文件打包下装到装置。

点击"修改硬件信息"可将工程配置中的 hostname 和 IP 下装到装置里，点击"实时数据库查看工具"可以看接入值和通道状态（目前不支持看转出值），选择对应串口或网口点击"查看通道报文"可以查看该通道下的报文，在通道报文查看界面点击"选择通道"按钮可切换以太网下的不同通道。

点击"查看系统日志"可以看装置中各进程存储的当前打印日志，点击"查看用户日志"可以看装置中的运行日志、操作日志和维护日志。

点击"清理设备存储空间"会弹出提示是否要清空装置里的工程目录。

点击"计算"可弹出公式编辑界面，点击"一次设备"可修改保信一次配置。

点击"同步变化死区"可以将不在转出表的遥测点死区改为最大值。

（2）工程管理显示配置工程，可以选择打开、删除和显示工程数据容量，库管理显示接入模板，转出规约和 CSD1321 采集插件，接入模板可以进行新建、编辑、删除等操作，如图 2-5-5 所示。

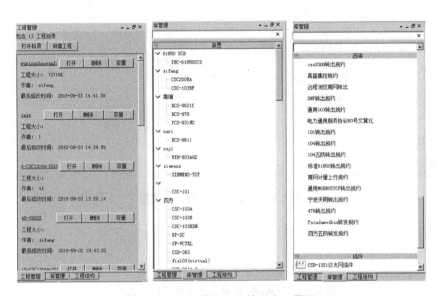

图 2-5-5　工程管理、库管理窗口界面

工程结构显示当前工程下的接入转出结构，单击接入或转出装置可在图形界面上定位装置，双击接入装置可以直接进入该装置点表，如图 2-5-6 所示。

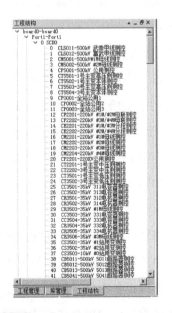

图 2-5-6　工程结构窗口界面

（3）主窗口用来显示工程配置和具体数据。主窗口菜单界面和装置菜单界面如图 2-5-7 和图 2-5-8 所示。

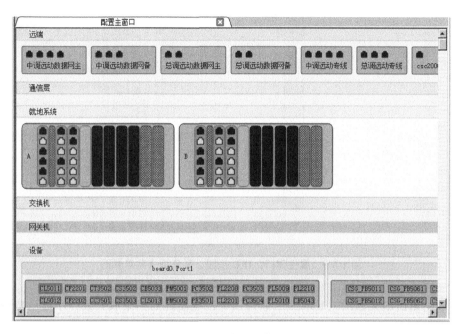

图 2-5-7 配置主窗口菜单界面

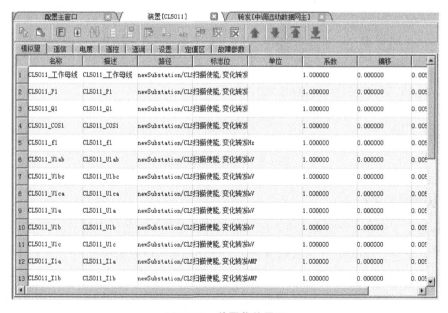

图 2-5-8 装置菜单界面

（4）属性窗口用来显示和编辑端口属性、规约属性，IED 视图用来显示接入装置的所有数据点给转出挑点用，采集板卡用来显示 CSD1321 特殊板卡里的数据，如图 2-5-9 所示。

图 2-5-9　属性窗口、IED 视图、采集板卡菜单界面

（5）输出窗口用来显示工具的调试信息，可以拖拉红圈处来放大或缩小显示范围。输出窗口界面如图 2-5-10 所示。

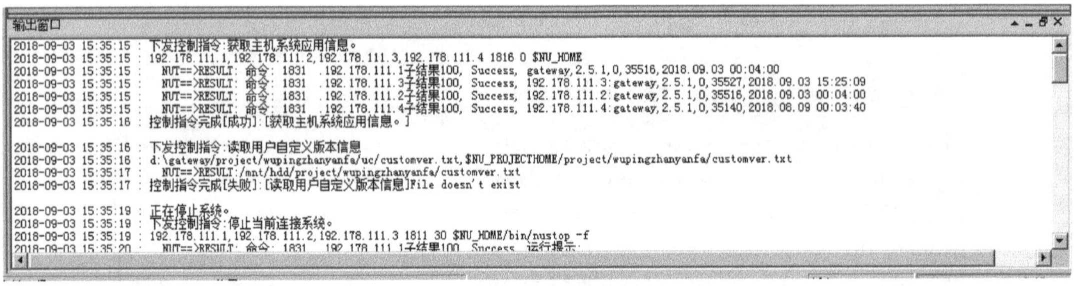

图 2-5-10　输出窗口界面

（二）配置装置模板

点击界面左下角的"库管理"进入库管理页面，在装置栏的厂家处右键弹出菜单："新建装置模型"可新建装置模板，"导入装置模型"可直接导入做好的模板，"从工程中导入模板"可以将工程中使用过的模板导入到库管理的模板库里，如图 2-5-11 所示。在装置模板处点击右键弹出菜单："编辑装置模型"可修改已有模板，"删除装置模型"可删除已有模板，"复制装置模型"可选择已有模板另存为其他名字的模板，"更新模板到工程"可将模板中的修改同步到工程模型里，如图 2-5-12 所示。

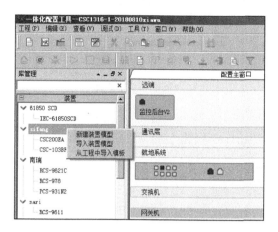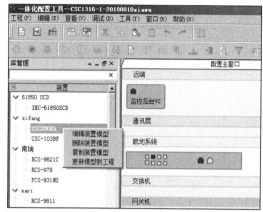

图 2-5-11 装置栏厂家处右键菜单　　　　图 2-5-12 装置模板处右键菜单

1. 新建装置模型

左键选择"新建装置模型"可建立常规规约模板，在弹出向导界面填写各项，生产厂家可以选择已有的，也可以自己自定义，根据实际接入所需选择串口或网口数量，如图 2-5-13 所示。

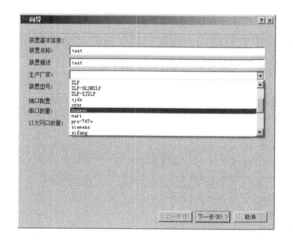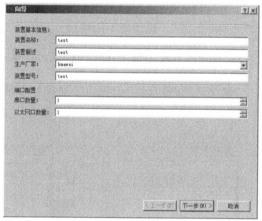

图 2-5-13 选择"新建装置模型"后弹出向导界面

然后点击串口或网口，在右侧的规约列表双击选择对应接入规约，若加入错可在串口或网口下双击已加入的规约即可删除，点击完成来创建装置，装置创建后不可再改端口规约。请注意串口 modbus 规约要选择"modbus-RTU 规约"，以太网 modbus 规约要选择"modbus-TCP 规约"，串口 103 规约要选择"通用 103 接入规约"，如图 2-5-14 所示。

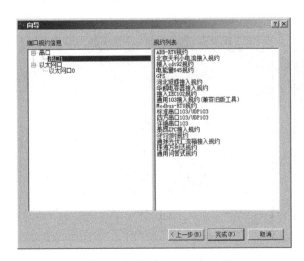

图 2-5-14　串口、网口规约选择窗口

在建好的装置模板名点击右键后左键选择"编辑装置模型"，进入点表编辑界面，点击各表增加实际需要接入的点表，修改描述（可复制文本、表格进行粘贴），在点表里点击右键弹出相应规约后左键选择弹出规约扩展部分，可对规约模板进行设置。

2. 修改模板信息

选择做好的模板右键点击"编辑装置模型"，基本信息中可以修改"装置名称""装置描述""生产厂家"，其他项不用修改，最好不动，其中装置编码一旦建立模板后是无法修改的，因为装置编码就是工程中保存的模板文件名。装置模型编辑界面如图 2-5-15 所示。

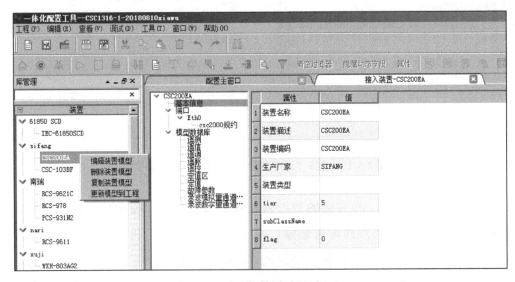

图 2-5-15　装置模型编辑界面

在端口点击右键选择"编辑端口与规约"，可进入端口规约编辑界面，如图 2-5-16 所示。

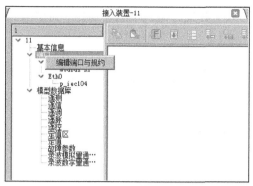
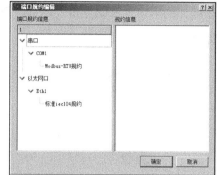

图 2-5-16 端口与规约编辑界面

若要更换已选择的规约，在已配置的规约上双击可删除该规约，然后再点击端口选择要更换的规约，点确定即可，如图 2-5-17 所示。

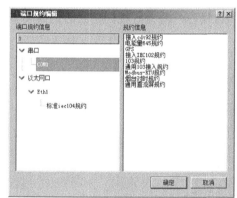

图 2-5-17 规约删除与更换演示

在串口上右键点击"增加串口"可以增加装置串口，选择增加串口，在右侧双击规约可增加接入规约，点确定即可，如图 2-5-18 所示。

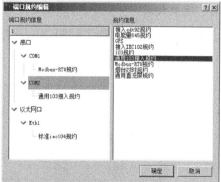

图 2-5-18 增加装置串口及规约演示

在已增加的串口上右键点击"增加串口"同上效果，点击"删除端口"可删除该串口，点确定即可，如图 2-5-19 所示。

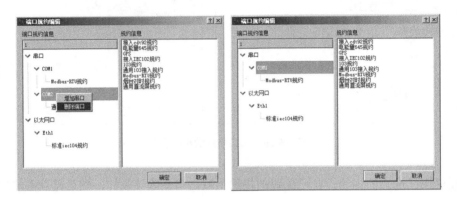

图 2-5-19　删除串口演示

　　点击以太网口增加规约或删除端口同以上串口操作，修改好规约信息后记得要修改点表里的规约键值，如图 2-5-20 所示。

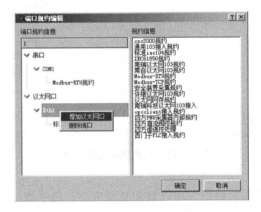

图 2-5-20　增加以太网口演示

3. 编辑模板数据

　　进入到各表具体编辑界面，如图 2-5-21 所示。请注意红圈处的快捷菜单栏，鼠标挪到按钮上会有相应提示。

图 2-5-21　模板数据编辑界面

在选定内容上点击"拷贝"可复制选定内容，在选定内容上点击"粘贴"可粘贴复制的内容。

在选定列内容上点击"序列格式化"可以方便的定制格式化选定列的内容，选定某个数据点击"向下复制本项"可以自动列向下复制该数据，选定某行数据或多行数据点击"移动到目标行"并输入行号后可将该行或选定多行整体内容移动到输入的目标行之后。

点击"追加一行"或"追加多行"可以添加一行或多行数据，选定某行数据或多行数据点击"删除多行"可以删除该行或选定多行整体数据，点击"清除表格"可以删除整表数据。

选定某行数据或多行数据点击"上移""下移""移动到顶部"或"移动到底部"可将该行或选定多行整体数据移动一行或直接到头尾。

模型数据库部分，遥测的系数、偏移、变化死区可以在模板里设置，该设置是生效的。其中变化死区有 2 种设置方式：

（1）默认为差值，此时只要在遥测的变化死区设置差值即可，如果变化值和原值相差在差值内，则保持原值不变，若变化值和原值相差超过差值，则取变化值，如图 2-5-22 中红圈部分；

（2）可以在标志位勾上"变化死区以变化率标识"，此时为比值，只要在遥测的变化死区设置小于 1 的值即可，例如设 0.02 表示 2%，设 0.1 表示 10%，如图 2-5-22 中蓝圈部分。

图 2-5-22 遥测的系数、偏移、变化死区设置

遥脉遥调的系数偏移也是在模板配置中生效，此处不再赘述。

做好的模板保存在 D：\Nugate\config\uct\dev 中，文件名为建立模型时使用的装置型号，也就是模板信息中的装置编码，后缀名为 scm，如图 2-5-23 所示。

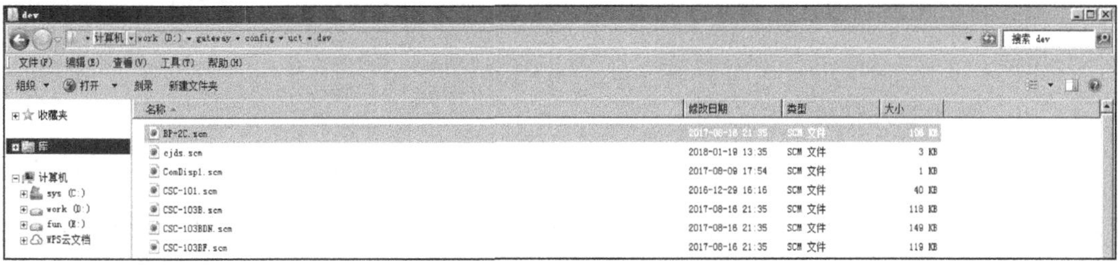

图 2-5-23 模板保存位置

4. 导入装置模板

在库管理下点击右键后左键选择"导入装置模型",然后在弹出界面选择 scm 文件(可以多选)后点击"打开",来直接导入已做好的装置模板,如图 2-5-24 所示。

图 2-5-24　导入装置模板演示

5. 更新模型到工程

装置接入后若装置模板有修改需要更新到接入装置里,可以直接在库管理界面选取装置

图 2-5-25　更新模型到工程演示

模板右键选择"更新模型到工程",如图 2-5-25 所示,通过该功能直接更新已接入的装置,不用再重新接入。

(1)增加点号:可以通过该功能将模板里增加的点同步到 IED 里所有通过该模板接入的装置增加点。若转出为"自由挑点"模式不会同步到转出,如需要转出加点只能手动操作,若转出为"按装置转出"模式则接入和转出均会同步更新。

(2)删除点号:可以通过该功能将模板里删除的点同步到 IED 里所有通过该模板接入的装置删除点,并会同步到转出。

(3)修改点号:目前模板中做的所有修改都可以同步到接入里去,但是要注意如果已经在 IED 里手动调整过系数偏移之类,模板更新时会一并还原到模板中的配置,简单地说,就是将模板里的所有配置重新刷到接入里去。若转出为"自由挑点"模式不会同步到转出,若转出为"按装置转出"模式则接入和转出均会同步更新。

6. 从工程中导入模板

打开已有工程,在库管理下点击右键选择"从工程中导入模板",会将工程中使用过的模板导入到工具里(对于不支持在工程中保存模板的旧版本工具生成的工程是无法导入模板的),如果工具里已有相同模板会弹出提示,可以根据实际需要选择是或否来挑选要导入的模板，如图 2-5-26 所示。

图 2-5-26　从工程中导入模板演示

（三）配置接入、转出

1. 新建工程

进入工程管理页面，点击"新建工程"，工程名称用连续的数字或英文均可，工程类型选择对应装置，管理员名称和密码自由填写，如图 2-5-27 所示。

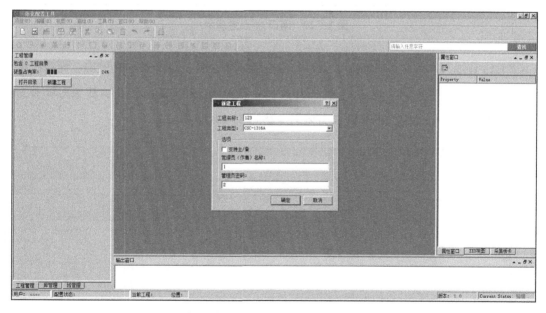

图 2-5-27　新建工程演示

点击确定后建立工程弹出界面要输入刚才设置的密码。

输入密码后进入工程配置界面，点击装置在右侧属性窗口先调整好机箱下的名称（下装工程的机箱名称和装置的 hostname 须一致），如图 2-5-28 所示。

点击网口改好 IP，如图 2-5-29 所示。

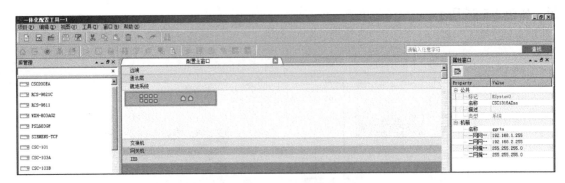

图 2-5-28 机箱名称设置演示

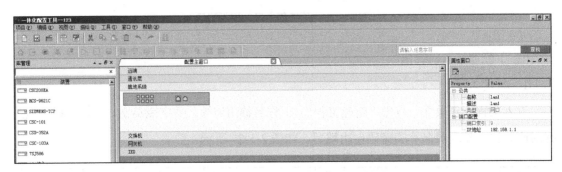

图 2-5-29 网口 IP 设置演示

再点击装置灰色处修改属性窗口里的广播地址和掩码值，如图 2-5-30 所示。需要注意 C 类地址对应设置 C 类网段（xxx.xxx.xxx.255）和 C 类掩码（255.255.255.0），B 类地址对应设置 B 类网段（xxx.xxx.255.255）和 B 类掩码（255.255.0.0）。

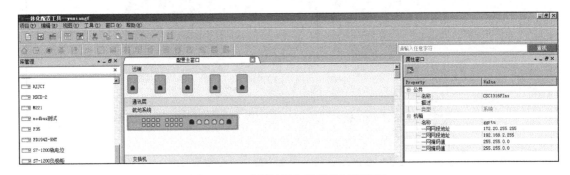

图 2-5-30 广播地址和掩码值设置演示

（1）接入串口装置。点击串口，双击装置栏下的装置接入，设置好装置的名称和地址，点确定即可接入串口通信装置，如图 2-5-31 所示。接入装置后即可在右侧属性窗口配置管理机的串口属性，添加装置虚点默认勾选，若不需要添加装置虚点可以去掉勾选。

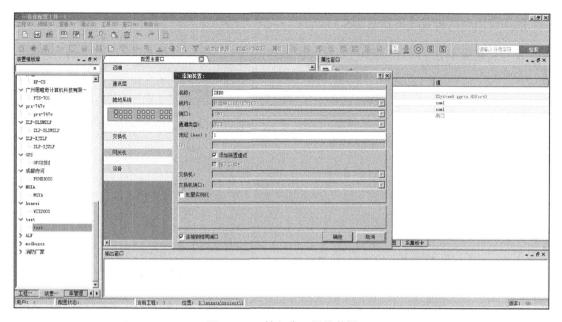

图 2-5-31　接入串口通信装置

批量添加串口装置时勾上"批量实例化"选项，在扩展界面右键弹出选项左键选择"增加一行"或"增加多行"，点击"增加一行"会直接加一行，点击"增加多行"会弹出窗口要输入增加的行数，请注意由于默认已经有 1 台装置，因此输入的行数应该是要加入的数量减1，例如总共要加入 10 台，行数填 9，串口地址会默认从 1 增序填入，可以按现场实际情况手动修改，加入装置后也可以点击右键弹出菜单进行删除等其他操作，如图 2-5-32 所示。

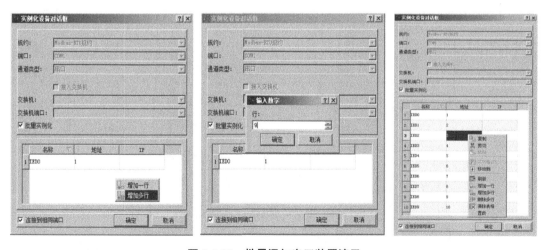

图 2-5-32　批量添加串口装置演示

由于地址为 16 进制，需在地址列按 16 进制手动输入或在序列格式化时勾选"十六进制显示"。

批量添加串口装置效果如图 2-5-33 所示。

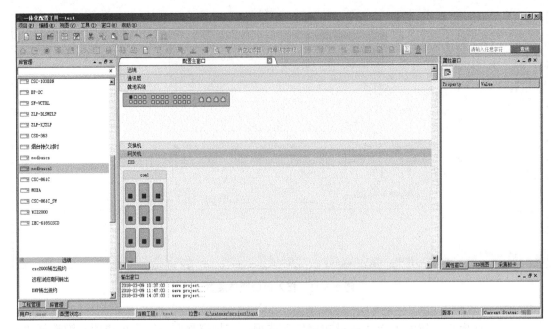

图 2-5-33　批量添加串口装置完成效果

（2）接入网口装置。点击网口，双击装置栏下的装置接入，设置好装置的名称和地址、IP，通道类型按实际情况设置，点确定即可接入以太网通信装置。添加装置虚点默认勾选，若不需要添加装置虚点可以去掉勾选，如图 2-5-34 所示。

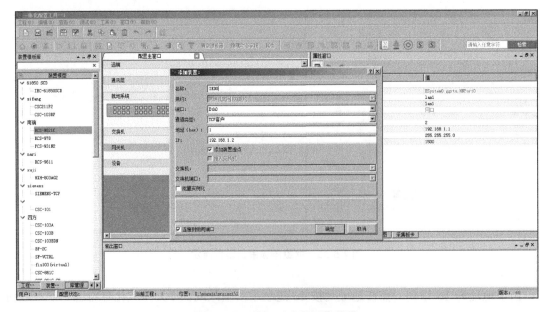

图 2-5-34　接入以太网通信装置

若要加入同样 IP 但要改成不同端口，加入时会弹出如图 2-5-35 所示界面，点"是"即可，但要记得修改通道参数里的端口。

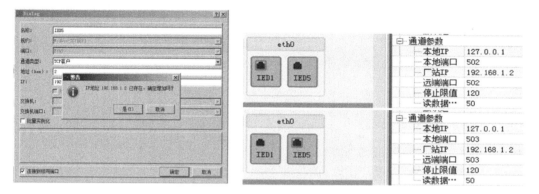

图 2-5-35 同样 IP 设置不同端口

批量添加网口装置同串口装置，也是勾上"批量实例化"选项，在扩展界面右键弹出选项左键选择"增加一行"或"增加多行"，但此时就需要修改地址和 IP，由于地址和 IP 都是默认增序处理，因此可以手动修改或全选地址/IP 右键弹出菜单左键选择"序列格式化"进行处理，例如我们要将地址全部改为 1，就在地址列的序列格式化里将起始值设为 1，递增数设为 0，点确定即可，地址同样为 16 进制，也需要按 16 进制手动输入地址列或在序列格式化时勾选"十六进制显示"，如图 2-5-36 所示。

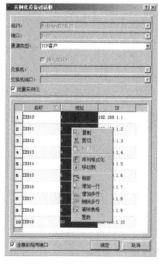

图 2-5-36 批量添加网口装置演示

如果我们要将 IP 改成 192.168.1.100～192.168.1.109，就在 IP 列的序列格式化里将前缀改为 192.168.1.，起始值设为 100，递增数设为 1，点确定即可。

批量添加网口装置效果如图 2-5-37 所示。

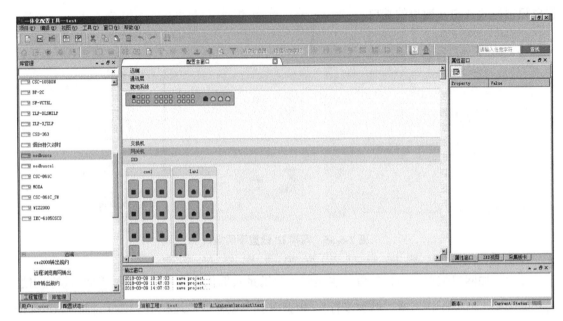

图 2-5-37 批量添加网口装置完成效果

点击已接入装置的网口或串口,在右侧属性窗口里的公共属性部分里有对时设置、遥控设置等信息,按实际情况在此处设置,如图 2-5-38 所示。

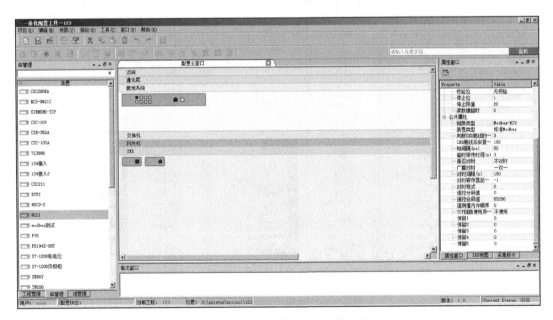

图 2-5-38 网口或串口公共属性设置

（3）修改接入装置端口。

点击接入装置串口，在右侧属性窗口中选择网关机接入点，可修改接入串口，如图 2-5-39 所示。

图 2-5-39　修改接入装置串口演示

若该串口接入多台装置，修改 1 台会将该串口下所有装置均改到其他串口上。

点击接入装置网口，在右侧属性窗口中选择网关机接入点，可修改接入网口，如图 2-5-40 所示。需注意此时应根据实际情况调整通道参数。

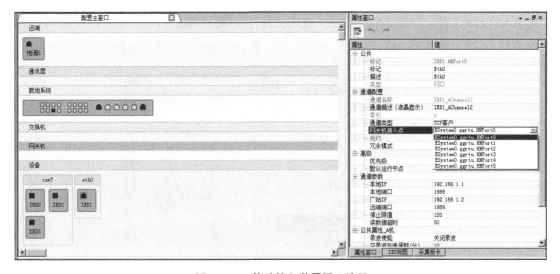

图 2-5-40　修改接入装置网口演示

修改效果如图 2-5-40 所示，若该网口接入多台装置，只能逐台修改到其他网口上。

2. 配置接入

（1）61850 规约接入。61850 规约模板不需单独导入，若要接入 61850 装置则先选择管理机网口，再双击库管理下的 IEC 61850 SCD，弹出 scd 导入界面，如图 2-5-41 所示。

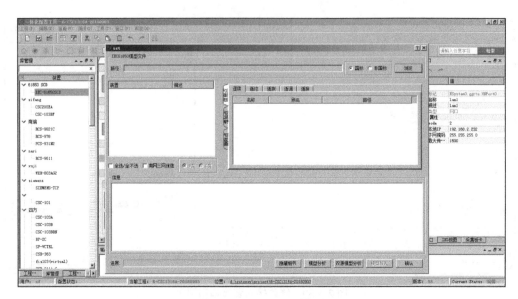

图 2-5-41　scd 导入界面

常规情况下默认"国标"（特殊情况下会说明选择"非国标"，例如 GE 装置的 61850 规约接入，后文有提到），默认不勾选"南网三网保信"（若为南网三网保信，则在浏览 scd 文件前必须勾选"南网三网保信"并选择第三网地址为"B 类"还是"C 类"），点击"浏览"，选择要导入的 scd 文件，如图 2-5-42 所示。点击"打开"，然后点击"模型分析"，若该 scd 为第一次导入，在弹出增量模式提示界面应选择"否"，若有双源数据需求则选择"双源数据分析"。

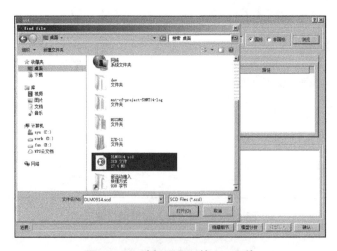

图 2-5-42　选择要导入的 scd 文件

分析 scd 文件模型内容后，会有如图 2-5-43 所示，默认全选了 scd 里的所有装置，若要修改则可以手动去掉无需导入装置的勾选，或点击"全选/全不选"去掉所有勾选后手动勾上需要导入的装置，点击"模型写入"完成后点击"确认"即可导入 scd。

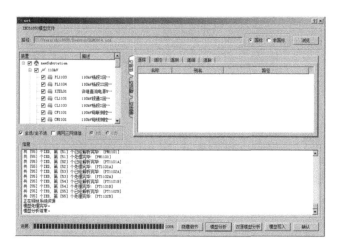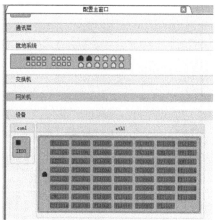

图 2-5-43　scd 文件模型分析、写入

导入 scd 后，需点击装置上接入 scd 的网口，在右边属性窗口下的公共属性里根据现场情况调整报告控制块实例号（填写范围 1～16），不与其他 61850 客户端冲突即可，并根据实际情况填写报告控制块选项。报告控制块设置如图 2-5-44 所示。

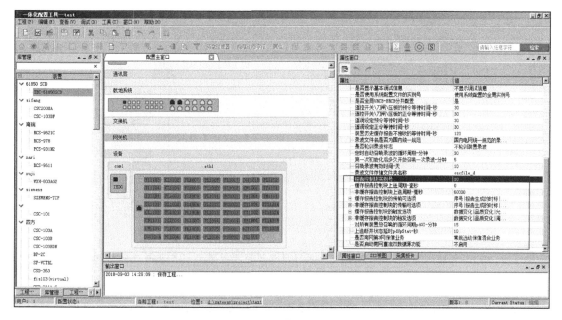

图 2-5-44　报告控制块设置

61850 增量导入时，直接双击 IED 下的 scd 装置，增量模式需选择"是"，步骤操作如图 2-5-45 所示。

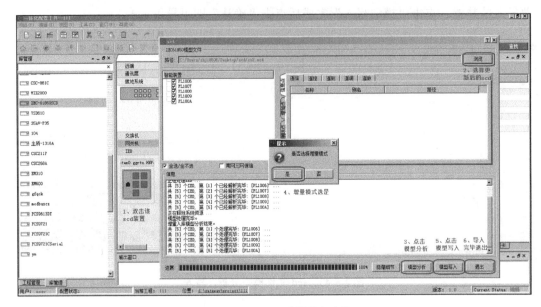

图 2-5-45　61850 增量导入步骤

（2）modbus 接入。点击 modbus 接入装置的串口或网口，可在右侧属性窗口修改相关属性，如帧间隔、对时、遥控等，如图 2-5-46 所示。

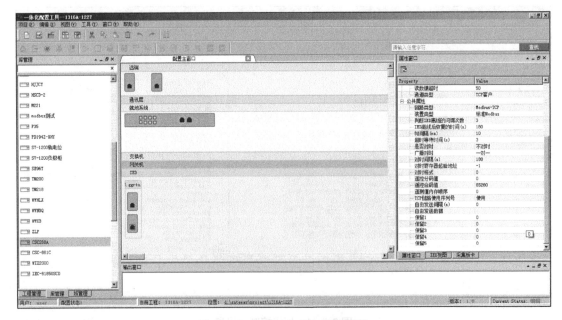

图 2-5-46　modbus 接入属性设置

1）modbus 参数：设置示例如表 2-5-2 所示。

表 2-5-2   modbus 参数设置示例

描述	单位	缺省值	含义
链路模式	—	—	链路模式 RTU/TCP
装置类型	—	标准 modbus	非标 modbus 可调整该选项,如"天津开发 DCP-2"
判断 IED 离线的问询次数	—	3	当问询次数到此值时,认为此 IED 断线,暂时踢出问询队列,并设置 IED 中断
IED 离线后恢复的时间	s	180	IED 被踢出问询队列后多久再次问询
帧间隔	ms	TCP-10 RTU-50	问询帧间隔
超时等待时间	s	3	问询后多久不回报文认为通信失败
是否对时	—	0—不对时	是否启用对时
是否广播对时	—	0—不广播	只对 RTU 方式有意义
对时间隔	S	60	对时间隔
对时寄存器起始地址	10 进制	-1—不对时	对时起始的寄存器地址
对时格式	—	—	只对应功能码为 16 的单步对时有用,如果过程非标的,请参考天津凯发 dcp2 的实现。格式见表 2-5-3
遥控分码值	10 进制	0	控分命令码
遥控合码值	10 进制	0xFF00	控合码值
遥测值内存顺序	—	0—标准	寄存器内字节顺序
TCP 链路使用序列号	—	1	TCP 方式时,是否使用链路序号
自由发送间隔	s	0—不发送	心跳、测试帧的发送时间间隔
自由发送数据	—	—	要发送的心跳、测试帧报文,16 进制的字符串,如"10 40 01 00 01 02 58 AB",字母大小写都可以
自定义 1			扩展规约用
自定义 2			扩展规约用
自定义 3			扩展规约用
自定义 4			扩展规约用
自定义 5			扩展规约用

modbus 串口下,自定义 5 改为接收超时清空缓存,默认为"打开",提高 modbus 在串口下对错误报文的容错机制。

2）对时报文格式：格式如：0（bcd）-0（memory）-1（evalue）-yymmddwwhhnnssllee 形式。格式含义如表 2-5-3 所示。

表 2-5-3   对 时 报 文 格 式 含 义

格式	含义
bcd	0（二进制）或 1（BCD）
memory	0（字节正常序）或 1（字节反序）
evalue	对时使能寄存器的值（不受前两个字段的约束）
c	世纪，如 2016 年则其值为 21，如 1997 年则其值为 20
f	年，用于取 10 进制年的高字节，如 2017 年则其值为 20，如 1997 年则其值为 19
y	年，如 2016
r	年，是年份减去 2000 的值，如 2016 年则其值为 16
m	月
d	日
w	星期
h	时
n	分
s	秒
l	毫秒
t	毫秒（秒×1000+ 毫秒）
v	毫秒取百位和十位（忽略个位）
g	毫秒×10
e	对时使能寄存器
x	占位符（报文填 0）

（3）串口 103 规约/以太网 103 规约接入。串口 103 规约接入时选择串口，设置好串口通信参数，双击库管理里需要接入的装置模板，在弹出框里设置名称（或默认）和地址（16 进制），点确定即可，如图 2-5-47 所示。

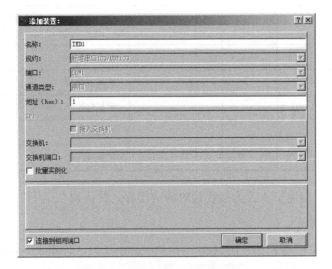

图 2-5-47　串口 103 规约装置接入

接入时要注意其公共属性和私有属性根据实际情况设置。如图 2-5-48 所示，公共属性下的"设备厂家类型"要设置为对应厂家设备，"重复询问次数（串口）"是指发送几次报文均无回复时启动重启链路报文，私有属性下的"应用层起始地址"按 10 进制填入装置的 ASDU 地址。

图 2-5-48　串口 103 规约接入属性设置

以太网 103 规约接入以南瑞以太网 103 为例，选择管理机网口，双击库管理里需要接入的装置模板，如图 2-5-49 所示，在弹出框里设置名称（或默认）、地址（16 进制）和 IP，通道类型默认"TCP 客户端"，点确定即可。

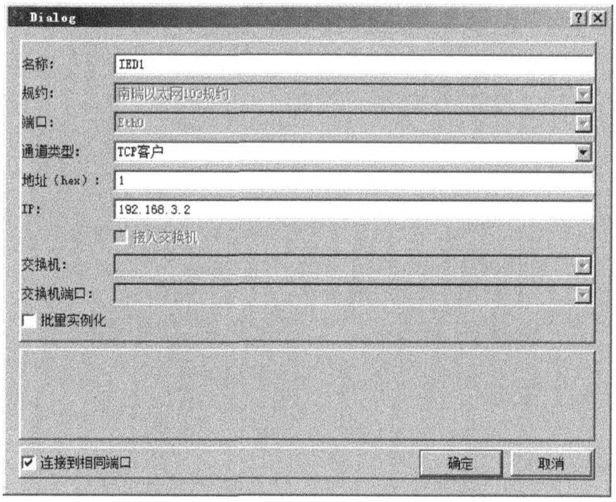

图 2-5-49　南瑞以太网 103 规约装置接入

点击接入装置网口，在右侧属性窗口的规约属性中注意根据现场实际情况设置定值录波是否使能，其他设置根据现场实际情况配置，如图 2-5-50 所示。

图 2-5-50 南瑞以太网 103 规约接入属性设置

（4）电能表 645 规约接入。选择串口，双击库管理里需要接入的装置模板，在弹出框里设置名称（或默认）和地址（此处从 1 开始填，不要重复，实际电表地址在私有属性填写），点确定后再设置好管理机上的串口通信参数，然后在私有属性填入电能表的 6 字节地址，如图 2-5-51 所示。例如在电表上看到地址为 132405，实际配置为 00=00=00=13=24=05，版本按实际选择 97 版/07 版，前导字个数根据实际报文修改，比如电能表回复报文前带 4 个 FE，那么就将前导字个数设为 4。

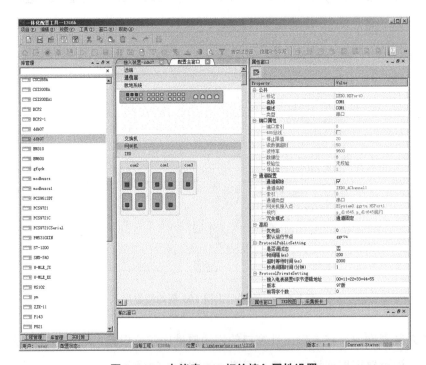

图 2-5-51 电能表 645 规约接入属性设置

由于电能表一般波特率较低，通信较慢，因此需要将管理机串口的端口属性下的读数据超时改大一些，否则会影响电度报文接收，在 2400 波特率下可以改为 300，如图 2-5-52 所示，若波特率更低则需要将读数据超时改的再大一些，以程序能正确解析电度报文即可。

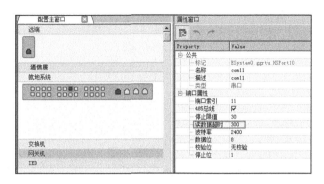

图 2-5-52 电能表 645 规约读数据超时设置

（5）104 规约接入。选择网口，双击库管理里需要接入的装置模板，在弹出框里设置名称（或默认）、地址（16 进制）和 IP，点击确定，在右侧的属性窗口根据实际需要配置各项参数，一般情况下默认即可，如图 2-5-53 所示。

图 2-5-53 104 规约接入属性设置

（6）CDT 规约接入。由于 CDT 属于主动循环上送规约，所以 1 个串口只能接 1 台装置，不允许 1 个串口接多台装置。

选择管理机串口，双击库管理里需要接入的装置模板，在弹出框里设置名称（或默认）、地址（16 进制），点击确定，如图 2-5-54 所示。

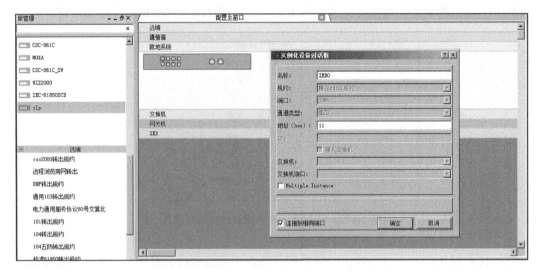

图 2-5-54　CDT 规约接入

单击管理机串口在右侧的属性窗口设置好串口属性，如图 2-5-55 所示。

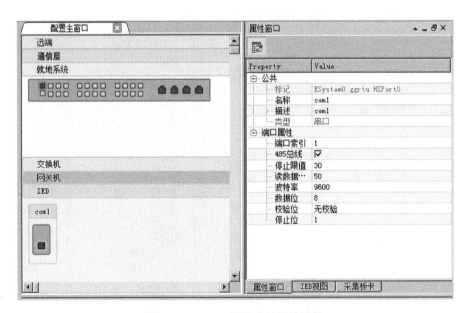

图 2-5-55　CDT 规约串口属性设置

单击装置串口在右侧的属性窗口根据实际需要配置各项规约参数，如图 2-5-56 所示。注意源地址就是子站地址，按 10 进制数填入，其他选项按现场实际情况配置。

图 2-5-56 配置各项 CDT 规约参数

3. 配置转出

转出的遥测系数和偏移是生效的，假如 IED 里的系数设为 0.5，偏移为 0.1，转发表里的系数设为 0.6，偏移为 0.2，那么实际转出值等于（接入值×0.5+0.1）×0.6+0.2。

在转发表可以进行列复制和列粘贴，首先进行列复制，鼠标拉动需要复制的列内容，右键点击复制，如图 2-5-57 所示。

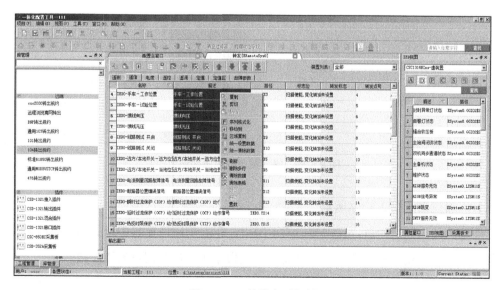

图 2-5-57 转发表列复制

然后右键点击粘贴即可，如图 2-5-58 所示。

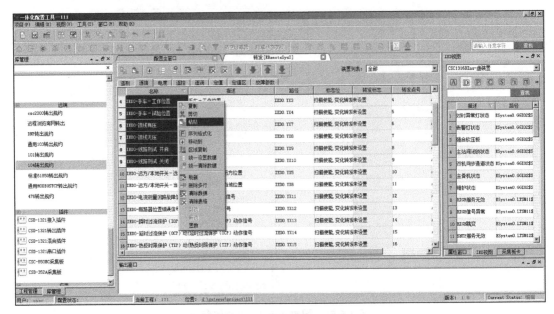

图 2-5-58　转发表列粘贴

接入挑点支持批量添加，在 IED 视图里单选或多选要添加到转发表里的点，在已选点上右键弹出菜单左键选择"插入到左侧"，然后在弹出界面填写插入的行号，并选择要批量添加的装置，点击确定，如图 2-5-59 所示。

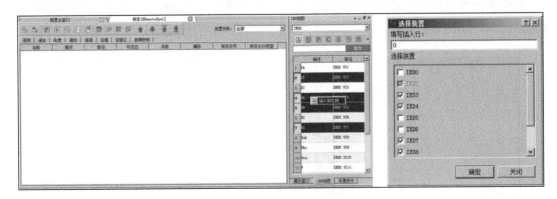

图 2-5-59　接入挑点批量添加演示

批量添加效果如图 2-5-60 所示。

若要修改转出通道网口，点击转出通道网口，在右侧属性窗口中选择网关机接入点，可修改转出网口，如图 2-5-61 所示。需注意此时应根据实际情况调整通道参数。

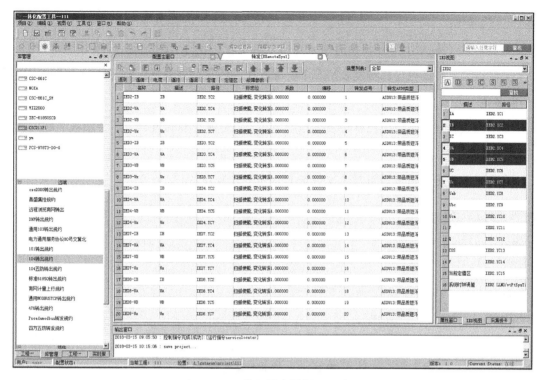

图 2-5-60 接入挑点批量添加效果

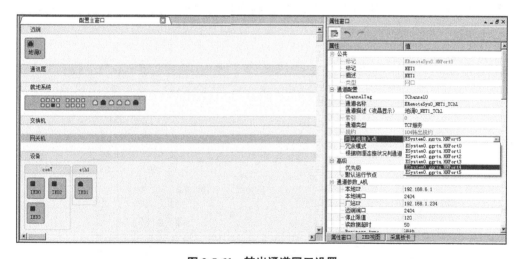

图 2-5-61 转出通道网口设置

若转出通道有关联通道，则需要将每个转出通道网口都修改到其他网口上去。

（1）配置 104 转出。点击要转出的网口，双击远端下的"104 转出规约"，改好通道属性，此处地址为 16 进制，选择挑点方式后点击确定建立远端装置，如图 2-5-62 所示。

"自由挑点"是进入转发表后自由挑选转发点，主要用于常规远动；

"按装置转发（保信用）"是直接挑选整个装置的全点，包括装置虚点，主要用于带定值录波的保信转出；

"全点转发（测试用）"是将所有接入点挑入转发表，包括全站虚点，主要用于通信测试；

"共享点表"是指在已有转发表情况下，可以在该转发表上关联新的主站 ip，用来实现通道一主多备；

"复制点表转发"是指在已有转发表情况下，可以复制已有转发表，不会随被复制的转发表改变而变；

"文件导入"是指可以通过导入文件来直接生成转发表。

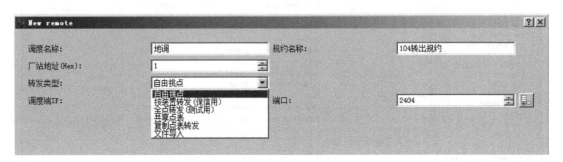

图 2-5-62　选择挑点方式

选中主窗口远端模块的网卡，可以在右侧属性窗口更改配置参数里的公共属性，如图 2-5-63 所示。

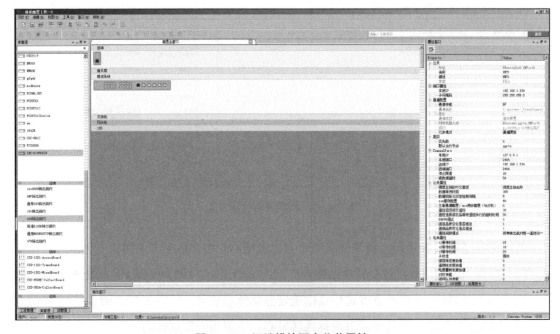

图 2-5-63　远端模块网卡公共属性

配置参数里的私有属性如图 2-5-64 所示。

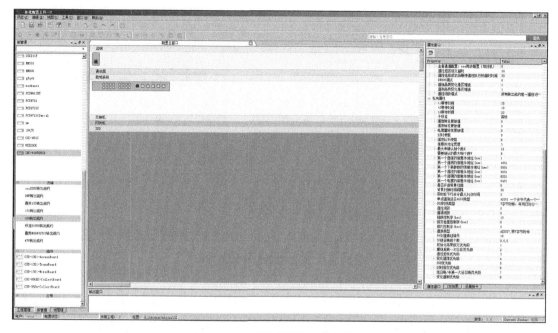

图 2-5-64　远端模块网卡私有属性

双击远端装置进入点表编辑，在右边的 IED 视图进行选点操作，将 IED 的左边框拉长可见到"全选"按钮，如图 2-5-65 所示。

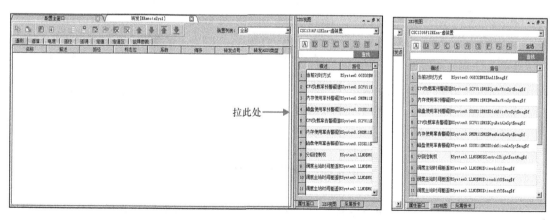

图 2-5-65　远端装置点表编辑界面

将 IED 视图里的装置四遥点用左键选中某点、ctrl+左键选中多点或 shift+左键选中连续点后左键按住拖动到左侧转发表里，点击"标题栏"可全选该列，信息体地址默认从 1 自动往下排，可手动修改转发信息体地址。

也可在 IED 视图里选好点后，右键弹出左键选择"插入到左侧"，输入要插入的行号点

OK 即可，点关闭取消，如图 2-5-66 所示。

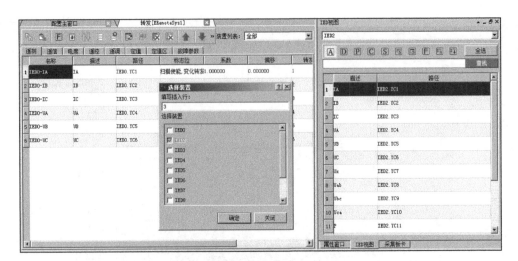

图 2-5-66 转发表四遥点插入演示

插入后可选中需要调整点号的部分，或点击转发点号全选该列，右键选择序列格式化，在弹出框中设置起始值和递增数，可以重新编辑转发地址点号，如图 2-5-67 所示。

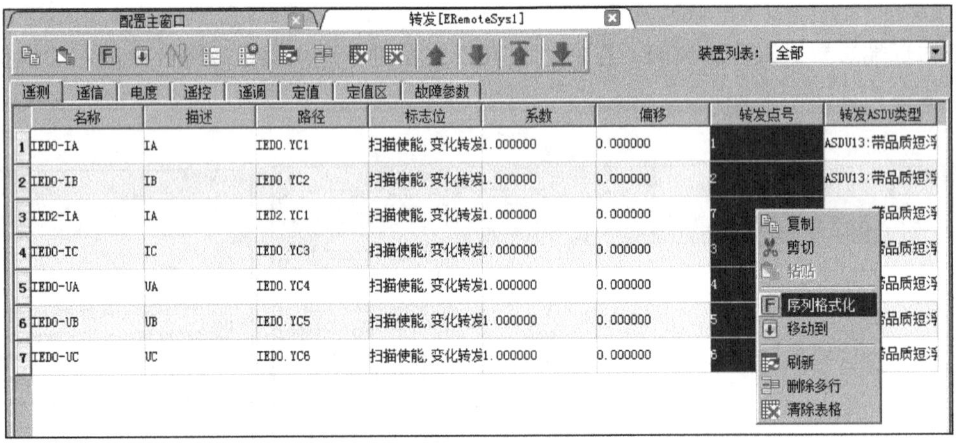

图 2-5-67 转发表四遥点号调整

选中点后点"删除"按钮可以删除选中的点，点"清空"按钮可以清除当前转发表里所有的点。

遥信取反在转出遥信表里转发标志选择"极性反转"即可，如图 2-5-68 所示。

在远端装置下点击右键会弹出相应菜单，如图 2-5-69 所示。"编辑转发数据"相当于双击进入转发表，"修改装置"和"编辑一次设备表"用于保信转出，"重新生成规约键值"就是将转发点号全部重排，若转出点号做错无法恢复也可以用该功能恢复到默认排序状态再重新手动调整，"删除"就是删除该转出通道。

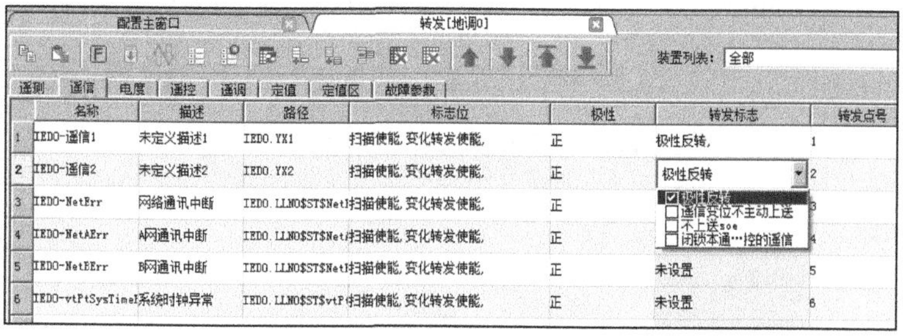

图 2-5-68　遥信表"极性反转"设置

图 2-5-69　远端装置右击弹出菜单

转发表配置完成后可点击图标上的"生成 RCD"功能来生成 RCD 点表，如图 2-5-70 所示。该点表可提供给主站（需主站支持）或 cyber 监控直接导入 104 点表信息，该功能只能离线使用，和装置连接上后不可用。

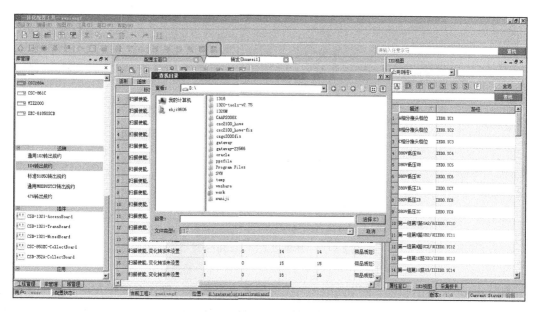

图 2-5-70　生成 RCD 点表

（2）配置串口/以太网 modbus 转出。需要配置串口转出时选择转出串口，双击库管理下的"通用串口/以太网 modbus 转出规约"，改好串口属性，点确定，如图 2-5-71 所示。

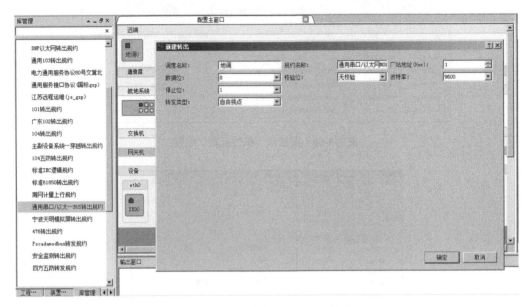

图 2-5-71　新建串口 modbus 转出

需要配置以太网转出时选择转出网口，双击库管理下的"通用串口/以太网 modbus 转出规约"，改好通道属性，点确定，如图 2-5-72 所示。

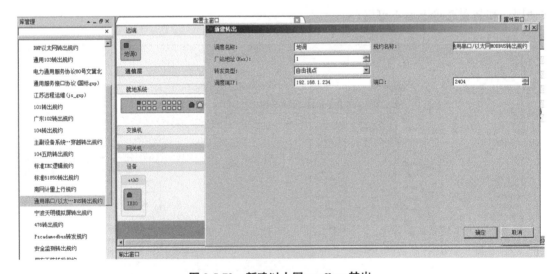

图 2-5-72　新建以太网 modbus 转出

串口 modbus 转出和以太网 modbus 转出的转发点表配置一样，五遥转发均只支持寄存器上送，各转发表的寄存器号列都要从 0 开始，配置为 0 的时候对应规约参数里各自的起始寄存器地址，如图 2-5-73 所示。

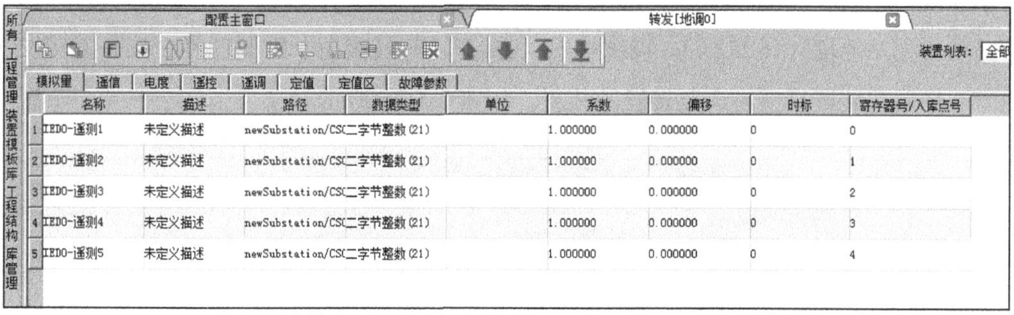

图 2-5-73　modbus 转出转发点表配置界面

选中主窗口远端模块的串口（串口 modbus 转出时）或网口（以太网 modbus 转出时），可以在右侧属性窗口更改配置参数，如图 2-5-74 所示。注意串口 modbus 转出时通信类型要选为"RTU"，以太网 modbus 转出时通信类型要选为"TCP"，从站地址、五遥命令码、各起始寄存器地址按实际需要配置，遥测上送类型可选为"二字节整数（21）"或"浮点数（3412）"，遥脉上送类型固定为"浮点数（3412）"，目前对时功能只适用于以太网合力时监控后台。

图 2-5-74　modbus 转出属性窗口配置参数

目前遥信功能码只支持 1、2，遥测功能码和遥脉功能码只支持 3、4，遥控功能码只支持 5、6，控合需下发 0×FF00，控分需下发 0×0000，遥调功能码只支持 6，遥调值为二字节整数，需要注意：遥测功能码和遥脉功能码同时使用时不能设成一样，遥控功能码和遥调功能码同时使用时不能设成一样。

（3）配置保信 103 转出。配置保信 103 转出主要是定值录波这块，因此首先在配置装置模板时就要配好定值部分（最大值、最小值、单位和步长）和录波部分（文件传输不用配录波通道，扰动数据传输需要配录波通道）。

选择管理机的转出网口，双击左边库管理分页远端下的 "通用 103 转出规约"，根据实际情况填写厂站地址（16 进制）、调度端 IP 和端口，转发类型一定要选择 "按装置转发（保信用）"，然后在装置栏里勾选要转发的装置，如图 2-5-75 所示。

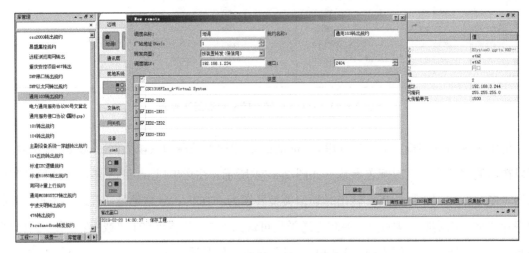

图 2-5-75　新建保信 103 转出

然后在远端装置上点击右键选择 "编辑一次设备表"，进入一次设备配置界面，如图 2-5-76 所示，根据实际情况配置。

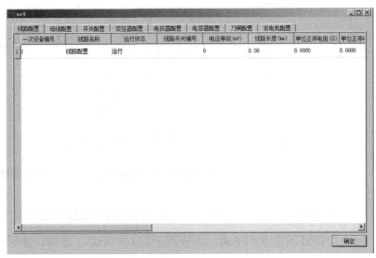

图 2-5-76　一次设备配置界面

接着在远端装置上点击右键选择 "修改装置"，如图 2-5-77 所示，描述列按实际情况填写，不要为空，其他列按实际情况填写。

图 2-5-77 "修改装置"界面

　　然后再点击远端网口，修改右侧的规约属性，如图 2-5-78 所示。根据实际情况设置，规约标准和所属通道类型分别在下拉框中选择对应规约和通道类型，正常情况下通道类型默认标准通道即可。

图 2-5-78 保信 103 转出规约属性设置

　　（4）配置 61850 转出。选择管理机网口，双击远端下的"标准 61850 转出规约"，在弹出窗口的转发类型选择"按装置转发"，调度端 IP 和端口默认即可，实际不从这里取通信参数，然后选择要转出的装置，点确定，如图 2-5-79 所示。

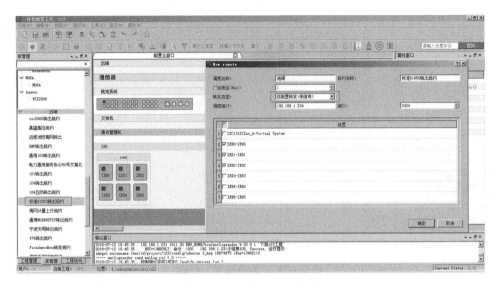

图 2-5-79　新建 61850 转出

在生成的远端装置上点击右键，在弹出选项中选择"创建 61850 转出 scd"→"多 LD 模式"，生成完毕后输出窗口显示生成成功。生成完后再点"打包"生成工程配置，如图 2-5-80 所示。

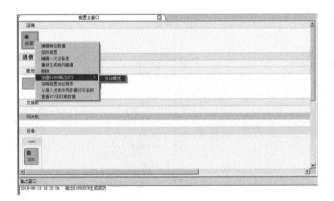

图 2-5-80　生成工程配置

配置转出文件如图 2-5-81 所示，转出文件存放在 D：\工具目录\project\工程目录\s61850cfg 下。

图 2-5-81　配置转出文件

（四）其他配置

1. 配置网关和掩码

若要配置掩码，可在管理机网口的属性里配置，如图 2-5-82 所示红圈部分。

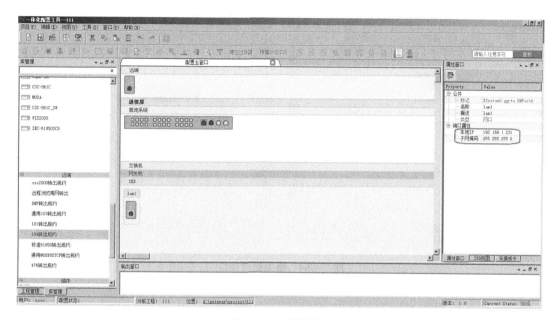

图 2-5-82　配置掩码

若要配置网关，则在管理机上点击右键选择编辑路由表，如图 2-5-83 所示。

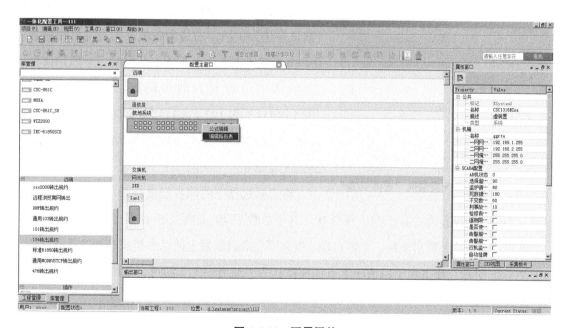

图 2-5-83　配置网关

然后在弹出界面点击右键选择"增加一行"或"增加多行"，然后双击 IP 里的内容输入主站 IP，双击网关地址里的内容输入管理机转出网口对应的网关，设置完成后连上装置点击"修改硬件信息"即可，如图 2-5-84 所示。

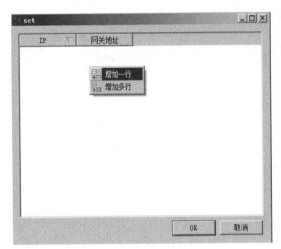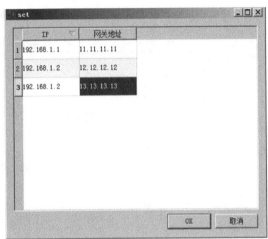

图 2-5-84 网关配置窗口

2. 主备配置

如需要进行双机主备配置则需要在建立工程时勾上"支持主/备"，如图 2-5-85 所示，若进行单机和双主配置则不需要。

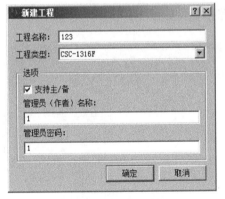

图 2-5-85 双机主备配置勾选"支持主/备"

进入工程界面如，如图 2-5-86 所示改好主备机（默认左边为主机，右边为备机）的机箱名称和各个 IP，由于双机主备需要配置同步网口，一般建议将最后 1 个网口设置为同步网口，IP 分别设置为 192.178.111.1 和 192.178.111.2，同时需要将一网段地址都设为 192.178.111.255，一网掩码值都设为 255.255.255.0。

将工具选项下的同步配置打开，里面的网关 1IP 和网关 2IP 分别设置为主备机同步网口 IP，其他参数不动，如图 2-5-87 所示。

若对下通信的装置只支持一个客户端，则需要将通道配置里的冗余模式设为"通道主备"，如图 2-5-88 所示，双主和单机情况下只需要默认为"通道固定"即可，规约属性只用配置 A 机，B 机属性默认即可。

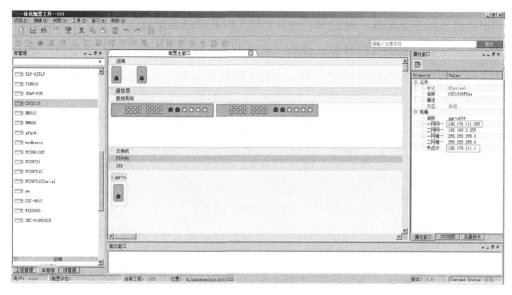

图 2-5-86 双机主备配置工程界面

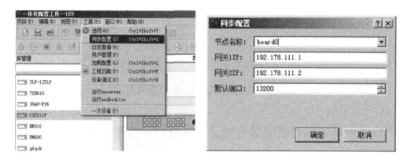

图 2-5-87 双机同步配置

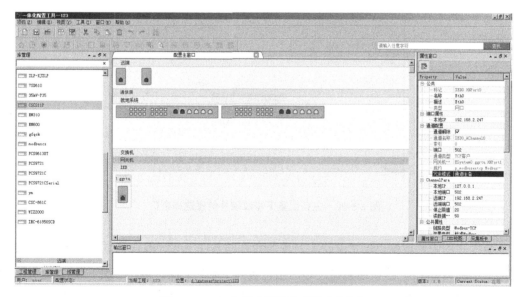

图 2-5-88 冗余模式设置为"通道主备"

转出根据实际需要配置，设置为"通道固定"时需要指定默认运行节点 ID，此时转出通道会固定由指定的主机或备机转发，设为"通道主备"时不需设置，此时转出通道连主机或备机由主站决定规约属性只用配置 A 机，B 机属性默认即可，如图 2-5-89 所示。

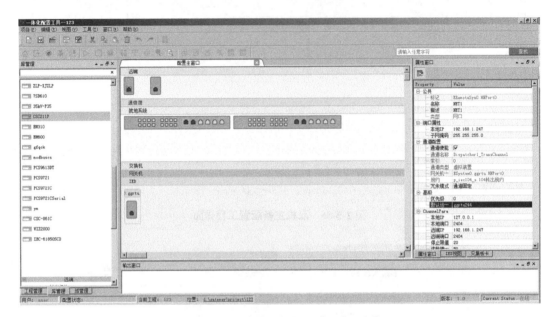

图 2-5-89 冗余模式设置为"通道固定"

主备配置下修改硬件信息时请注意只能点击主机网口选择 connect A 和点击备机网口选择 connect B 分别单独修改，不能选择 A and B，连接后直接点击修改硬件信息，如图 2-5-90 所示。

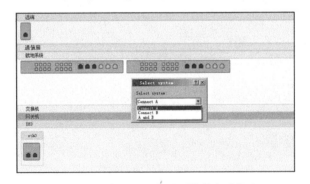

图 2-5-90 主备配置下修改硬件信息选择窗口

下装程序的时候根据现场情况决定，现场允许的条件下（一般在调试过程中）可以点击主机网口选择 A and B，连接后点击"导出工程包并下载"一次下装，一次下装时需要注意看一下输出窗口里，主备机连接下装是否正常，如图 2-5-91 所示。

输出窗口

```
下发控制指令:获取主机系统应用信息。
    NUT==>RESULT: 命令:1831  .192.168.1.244子结果100, Success, gateway,0.3.1,0,27473,2017-08-09.23:35:35
控制指令完成[成功]:[获取主机系统应用信息。]

下发控制指令:获取备机系统应用信息。
    NUT==>RESULT: 命令:1831  .192.178.111.2子结果100, Success, gateway,0.3.1,0,27431,2017-08-07.23:35:55
    NUT==>RESULT: 命令:1831  .192.178.111.2子结果100, Success, 成功:1,总:1
控制指令完成[成功]:[获取备机系统应用信息。]
```

图 2-5-91   一次下装输出窗口信息

如果现场要求分步下装（一般在设备运行后）就要按以下步骤执行：

（1）点击主机网口选择 connect A 连接上后，断开 A、B 机互联网线，点击"打包"再点击"下载"。

（2）点击备机网口选择 connect B 连接上后，先点击"停止设备"，然后接上 A、B 机互联网线，直接点击"下载"。

请注意：第（1）步完成后接着执行第（2）步之间的时间要尽可能短，因为在这个时间段，A、B 机工作于双主模式。

3. 对时设置

单击整个管理机，在属性窗口会显示业务配置，CSC1316A/B/F 下设置对时启用，SNTP对时需将 SNTP 对时服务器的 IP 设置正确，SNTP 的时间参数根据实际需要设置完毕即可，规约的时间参数根据实际需要设置，再到对应的转出规约里将规约对时使能设置上即可。对时设置界面如图 2-5-92 所示。

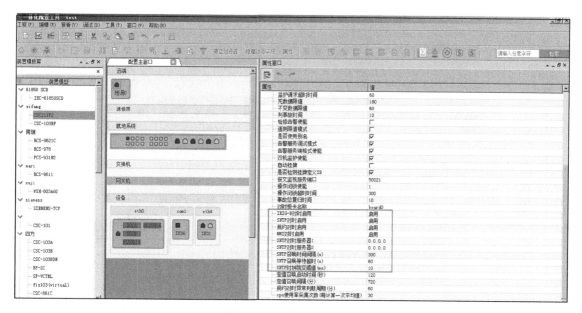

图 2-5-92   对时设置界面

4. 遥信补发 SOE 设置

如果接入上送遥信无 SOE，但需要转出能补发 SOE，就可以在接入的 IED 遥信表标志位中勾选"遥信变位同时产生 SOE"，如图 2-5-93 所示。

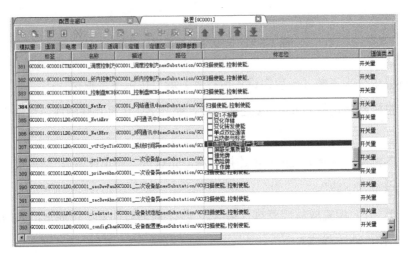

图 2-5-93　遥信补发 SOE 设置

（五）程序下载调试

1. 工具设置

点击"工具"→"选项"，确认在"网络运行"状态，并取消"支持液晶"功能。选项窗口设置如图 2-5-94 所示。

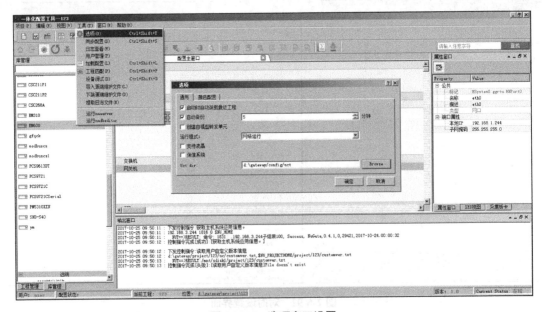

图 2-5-94　选项窗口设置

2. 连接装置

将笔记本连到交换机或装置网口上，IP 设到和装置同一网段，笔记本地址与调试网口设置在同一网段，就地系统栏下选中调试网口，点击菜单栏连接到设备图标。自动弹出调试网口 IP 地址，点确定。装置连接步骤如图 2-5-95 所示。

2、点击连接按钮
配置主窗口
1、选中要连接的网口
输入
请输入正确网络端口IP：
192.168.1.1
确定
取消
3、输入管理机网口的实际地址，点确定即可
属性窗口
输出窗口

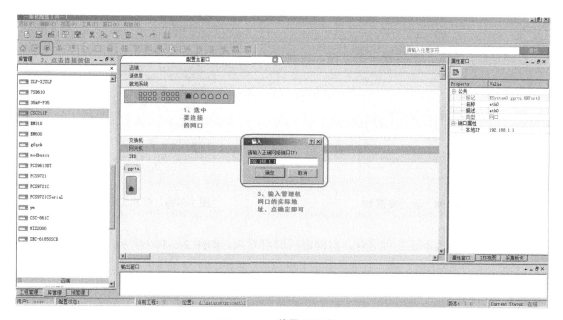

图 2-5-95　装置连接步骤

输出窗口会显示连接成功信息，并会显示装置里运行的程序版本，如图 2-5-96 所示。

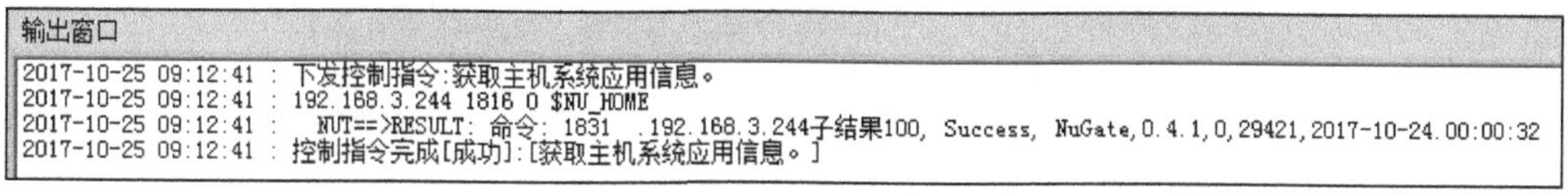

输出窗口
2017-10-25 09:12:41 ：下发控制指令:获取主机系统应用信息。
2017-10-25 09:12:41 ：192.168.3.244 1816 0 $NU_HOME
2017-10-25 09:12:41 ：　NUT==>RESULT：命令：1831 .192.168.3.244子结果100, Success, NuGate,0.4.1,0,29421,2017-10-24.00:00:32
2017-10-25 09:12:41 ：控制指令完成[成功]：[获取主机系统应用信息。]

图 2-5-96　连接成功提示信息

连接成功后若节点名称和 IP 要改动点击“修改硬件信息”按钮，改动了连接网口 IP 会报连接超时，重新按新 IP 连接即可。

3. 生成工程并下装

连上装置后，先点击“打包”生成要下装的工程配置，然后点击“下载”会自动停止装置当前运行的程序后下载配置到装置并自启程序，如图 2-5-97 所示。

4. 召唤配置

点击“召唤配置”，在弹出框输入装置 IP，如图 2-5-98 所示。

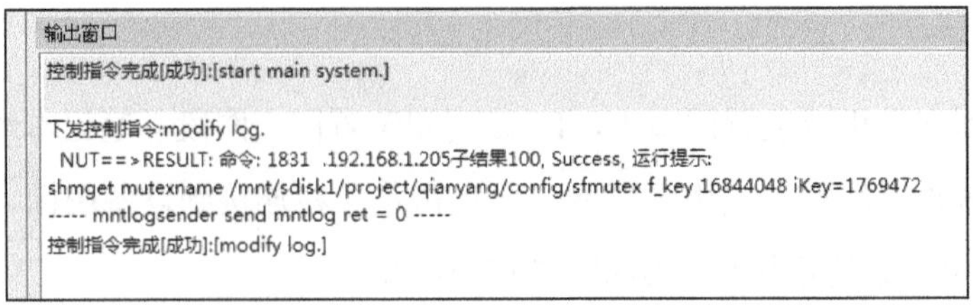

输出窗口
控制指令完成[成功]:[start main system.]
下发控制指令:modify log.
NUT==>RESULT: 命令: 1831 .192.168.1.205子结果100, Success, 运行提示:
shmget mutexname /mnt/sdisk1/project/qianyang/config/sfmutex f_key 16844048 iKey=1769472
----- mntlogsender send mntlog ret = 0 -----
控制指令完成[成功]:[modify log.]

图 2-5-97　生成工程并下装提示信息

点确定后，会显示出装置里的工程，获取工程列表如图 2-5-99 所示。

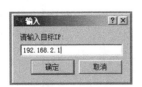

输入
请输入目标IP:
192.168.2.1
确定
取消

图 2-5-98　输入装置 IP

sct
装置工程列表
yuxiangf
本地工程名称:
yuxiangf
确定
取消

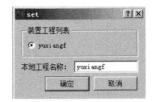

图 2-5-99　获取工程列表

可根据需要修改本地工程名称，点确定后即可导入，如图 2-5-100 所示，导入完毕后打开工程即可。

一体化配置工具
工程管理
打开目录
新建工程
打开
工程大小:
最后修改时间: 2017-01-24 10:13:02
属性窗口
Property
Value
输出窗口
工程管理
库管理

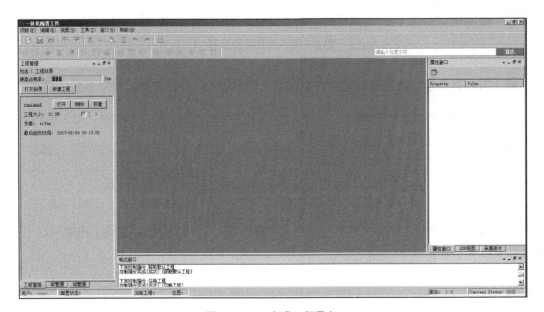

图 2-5-100　完成工程导入

5. 实时数据库查看

连接装置后可点击“实时数据库查看工具”图标，到“SCADA 动态库”下查看接入实时数据值和通道状态。实时数据库查看界面如图 2-5-101 所示。

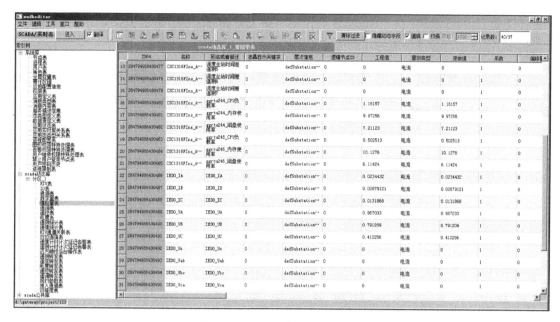

图 2-5-101　实时数据库查看界面

6. 手动置数

需要手动置数时请注意此时需要断开与实际接入 IED 装置的通信，以免置数被实时数据刷掉。

连上管理机后，若要进行遥信置数，在 IED 的遥信界面，选择某行遥信任意位置，右键弹出菜单，左键选取"置数"，如图 2-5-102 所示。

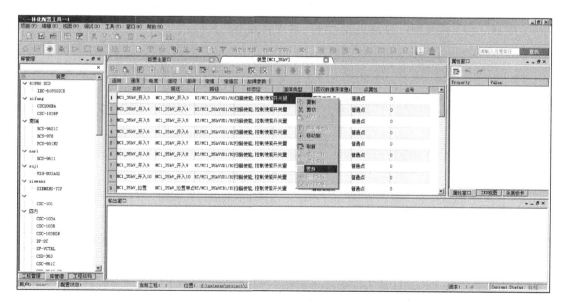

图 2-5-102　遥信置数界面

图 2-5-103 输入遥信置数值

然后在弹出框里输入要置数的值，如图 2-5-103 所示，点确定后可以看到输出窗口有相关打印信息。

若要进行遥测置数，同样在 IED 的遥测界面，选择某行遥测任意位置，右键弹出菜单，左键选取"置数"，如图 2-5-104 所示。

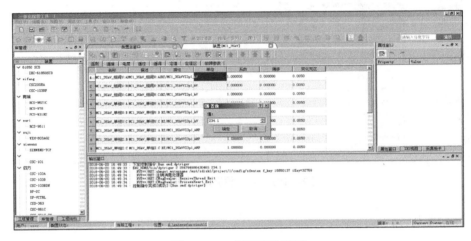

图 2-5-104 遥测置数界面

7. 查看系统日志

连接装置后点击红圈处"系统日志查看"，如图 2-5-105 所示，可在弹出界面蓝圈处双击日志文件，会在主窗口显示日志文件内容，然后在主窗口点击右键可全选复制，或者手动选择部分内容点击右键复制，可将日志文件内容拷贝到本地文档。

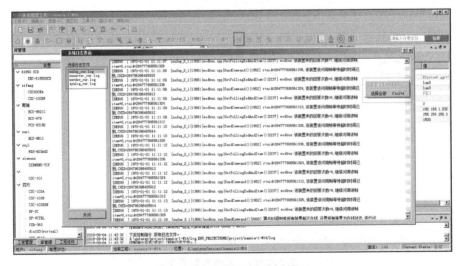

图 2-5-105 系统日志查看界面

8. 查看用户日志

连接装置后点击红圈处"用户日志查看"，如图 2-5-106 所示，可在弹出界面分别选择不同日志然后点击查看，就看到装置中的运行日志、操作日志和维护日志，该日志无法复制或导出。

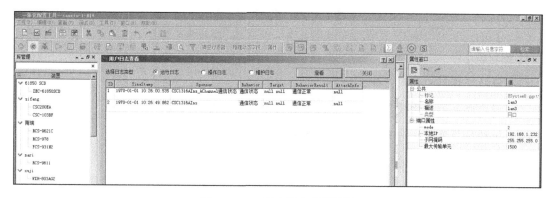

图 2-5-106 用户日志查看界面

9. 通道报文查看

选择对应串口或网口点击"查看通道报文"可以查看该通道下的报文，如图 2-5-107 所示，点击"选择通道"按钮可切换以太网下的不同通道。

点击红圈处的"滚至底部"按钮可切换当前报文还是实时报文，点击蓝圈处的"帧报文/原始报文"切换原始报文（原始报文显示较全）。

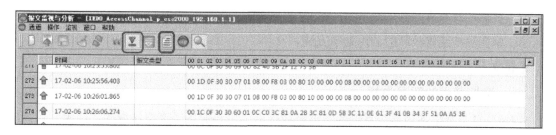

图 2-5-107 通道报文查看界面

点击"操作"→"报文过滤条件设置"，可选择过滤条件，如图 2-5-108 所示。一般选择字节（请注意是从 0 开始计），然后设置数值（默认 16 进制），也可以根据需要增加多个与或条件，点确定即可，如图 2-5-108 所示。

图 2-5-108 报文过滤设置

【练习题】

1. 规约转换器的作用是什么？

2. 国内变电站内比较常见的智能设备通信方式可分为哪几类？

3. 规约转换器检修时需要检查哪些内容？

4. 简述规约转换器通信数据时断时续的异常及处理原则。

模块六 变电站测控装置功能介绍及运维

【模块描述】

本模块主要学习测控装置的四遥功能、测控装置的应用分类和硬件介绍、测控装置的菜单及参数设置介绍、测控装置的性能要求、测控装置的调试、测控装置的常见故障处理。

【学习目标】

1. 了解测控装置的原理。

2. 掌握测控装置的测试技术与方法。

3. 掌握测控装置故障的分析处理方法。

【正文】

一、测控装置的四遥功能

测控装置是变电站内监控系统的重要组成部分，主要服务于变电站内的"四遥"功能的实现，即遥测、遥信、遥控、遥调。

1. 遥测采集的实现

遥测采集的作用是为了将变电站内各电压等级一次设备的交流电压、电流、功率、频率，变电站内站用 400V 交流系统的交流母线电压、站用直流系统的直流电压、主变温度、档位等信号进行采集并上送到监控系统后台、远动机，直至上送至调度主站，达到调度运行人员及变电运维人员对其进行监视的作用。

（1）电压量的采集。变电站内的常用一次电压等级主要包括 500、220、110、10kV 等，通过电压互感器实现从一次电压向二次电压的转变。电压互感器（TV）常用的二次输出电压（线电压）的额定值一般设计为100V。

开口三角输出电压额定值与系统的接地方式相关，当接地系统为大电流接地系统（即直接接地系统）时，其开口三角额定输出电压为100V，当接地系统为小电流接地系统时，其额定二次电压为100/3V。

测控装置接入需要采集的电压量，通过装置内部的低通滤波器采集电压量输入至模数转换部分，经过A/D（analog to digit）模数转换器处理后输入至CPU进行计算，得到电压的二次值，结合装置内设置的电压采集通道变比，还可以显示一次值，按照一定的规约形式上送数值至调度主站。

（2）电流量的采集。变电站内的常用电流互感器的一次额定值可选范围较大，主要需要综合考虑负荷电流、短路电流的大小等。根据GB 1208—1997，标准的电流互感器的二次电流值是1A或5A。其中110kV及以下的变电站常选取额定电流值为5A的电流互感器，330kV及以上的变电站常选取额定值为1A的电流互感器。220kV变电站视情况，电流回路电缆较长时可选择1A型的，电流回路电缆较短时可选取5A型的。

和电压采集类似，测控装置接入需要采集的电流量，通过装置内部的低通滤波器采集电流量输入至模数转换部分，经过A/D（analog to digit）模数转换器处理后输入至CPU进行计算，得到电流的二次值，结合装置内设置的电流采集通道变比，还可以显示一次值，按照一定的规约形式上送数值至调度主站。

（3）功率的计算。功率无法直接采集，需通过采集的电压和电流值进行计算。视接入测控装置的电流为两相电流（通常为A相和C相电流）或三相电流（A、B、C全相），功率计算方法分为两表法和三表法，测量原理接线如图2-6-1和图2-6-2所示。

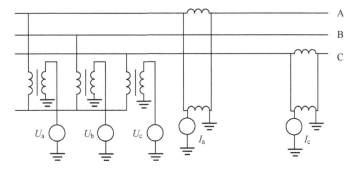

图2-6-1　两表法测量接线

（4）主变档位。主变档位的上送形式通常有两种，通过遥信量上送形式和遥测量上送形式。本部分介绍遥测量上送方式，通常采用BCD码的形式计算生成遥测。图2-6-3是变电站内常用的 SHM-K 型号的有载调压控制器主变档位 BCD 码输出。以 a1、a2、a3，a4、a5、a6 表示 BCD 码位上对应位的值，则当上述位值为 1 时，分别表示对应权重为 1、2、4、8、10、20，计算实际档位值时仅需将每一位上的值进行相加即可，即档位 D=a1×1+a2×2+a3×4+a4×8+a5×10+a6×20。

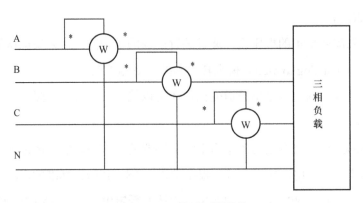

图 2-6-2　三表法测量接线

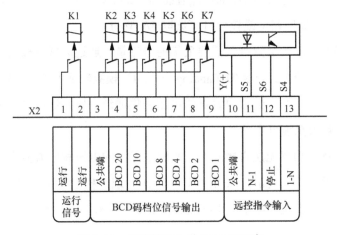

图 2-6-3　主变档位上送 BCD 码示意

2. 遥信采集的实现

（1）遥信采集电气原理。遥信又称为状态量，通常也有称开关量、开入量、硬接点信号等。遥信量作用是将变电站内断路器、隔离开关等一次设备的位置信号、继电保护装置动作跳闸信号、各种设备的异常告警信号等状态量通过测控装置采集后，上送至站内远动装置并进一步上送至调度主站，达到调度人员与运维人员对变电站内设备的运行状态及异常告警状态起到监视作用。

遥信的开关量输入是通过 220/110V（强电）的电压接入的，而测控装置的采集电压工作在±5V 等低电压。为了抗干扰，通常需要进行强弱电的隔离，测控装置获取遥信量是通过光耦开入实现光电转换的方式获得的。

图 2-6-4 为光耦合隔离的遥信输入电路。当开关输入触点断开时，发光二极管无电流通过，光敏三极管截止，集电极输出高电平"1"状态；当开关输入触点闭合时，发光二极管导通发光，光敏三极管导通，集电极输出低电平"0"状态。

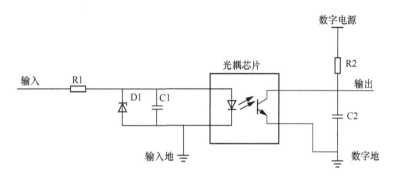

图 2-6-4　遥信信息采集输入电路

（2）遥信防抖的概念。实际上变电站内的遥信量通常情况下处于较为稳定的运行状态，信号未变化时，要求变电站端不频繁上送重复无变化的信号。但当遥信有变位时，要求立刻发送。在实际运行中，误遥信主要分为两类，一类是触点动作时，由于接触不良，导致真实的遥信后面跟随了几个错误的遥信，最后稳定在真实变位的状态；第二类是由于触点异常或干扰，导致遥信出现不确定的"抖动"。

为提高信号可靠性，防止遥信受干扰发生瞬时变位，导致遥信误报，应当对遥信输入加上一个时限。也就是说某一状态变位后，在一定时限内不应再发生变位，经过时限值的延时，再次判别该遥信状态，如果真实变位，则保留记录，否则丢弃。这就是防抖的概念。防抖时限一般设为 20~40ms。防抖时限设得太短，易造成误报，设得太长，可能导致遥信丢失。如图 2-6-5 所示。

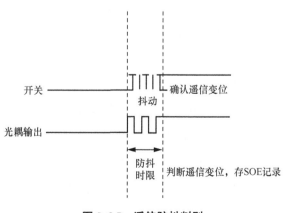

图 2-6-5　遥信防抖判别

需要注意的是，对于"开关控制回路断线"信号，防抖时间不可以设得太短。因为控回断线信号由 HWJ、TWJ 动断触点串联而成。开关在分合过程中总有一个交叠时间，TWJ、HWJ 都处于闭合状态，若防抖时限小于这个交叠时间，就会误报"控回断线"。

（3）SOE 的概念。SOE 即事件顺序记录。为了分析系统故障，需要掌握遥信变位动作的先后顺序及准确时间。SOE 由测控装置产生，遥信发生变位时，测控装置确认遥信变位，通过报文的形式将该信息上送到监控后台。报文包含了遥信变位的具体时刻，精确到秒。这就是 SOE 的概念，对监控系统非常重要。

根据 Q/GDW 10427—2017《变电站测控装置技术规范》的要求，装置状态量性能应满足以下要求：

1）SOE 分辨率不应大于 1ms。

2）遥信响应时间应小于 1s。

3）遥信容量 100%同时动作，不应误发、丢失遥信，SOE 记录正确。

（4）扫描方式。经过光耦合隔离后，遥信状态进入多路选择开关，通过一并行接口，输入 CPU 进行计算处理，根据多路选择开关工作方式的不同，主要分为定时扫描和循环扫描两种方式。

3. 遥控功能的实现

遥控功能通常指测控装置接收到调度主站、当地监控后台机等下发的命令后控制对应的无源接点闭合或断开，以实现对变电站内断路器、隔离开关、接地开关等设备的分闸及合闸操作、装置的远方复归、变压器档位调节、装置自身软压板远方操作等。

为保证遥控的可靠性，对于重要设备的遥控操作，如断路器、隔离开关、主变档位升、降、急停、软压板远方投退等，均应采取选择、返校、执行方式。

（1）同期原理。系统合闸可以分为同频系统合闸和差频系统合闸。

同频系统合闸：同期时，若开关两侧的电压属于同一个系统，开关合上后只是在系统内新增加了一个联络点，这种同期就是同频系统合闸，也叫环网并列，简称环并。差频系统合闸：同期时，若开关两侧的电压不属于同一个系统。如：发电机组并网，两个系统联络线并网，这种同期就是差频系统合闸，也叫并网。

同期方式可以分为检同期、检无压、准同期三种同期方式。其中检同期属于同频系统合闸，准同期属于差频系统合闸。检同期合闸时和频差定值无关，因为是同频系统；准同期合闸时和相差定值无关，因为要自动捕捉 0°/3° 合闸。

（2）同期条件。检同期方式：①两侧的电压均大于 $0.9U_N$；②两侧压差小于定值；③两侧角差小于定值。

检无压方式：一侧/两侧无压（<0.3U_N）。

准同期方式：①两侧电压均大于 0.7U_N；②两侧电压差小于定值；③频率差小于定值；④频差变化率小于定值。在以上条件均满足的情况下，装置将自动捕捉 0° 合闸角度，并在 0° 合闸角度时发合闸令，其中合闸角度的计算公式为

$$\left|\Delta\delta - \left(360 \times \Delta f \times T_{dq} + 180 \times \frac{d\Delta f}{dt} \times T_{dq}^2\right)\right| = 0$$

式中：$\Delta\delta$ 为两侧电压角度差；Δf 为两侧电压频率差；$\dfrac{d\Delta f}{dt}$ 为频差变化率；T_{dq} 为提前时间。

二、测控装置的应用分类和硬件介绍

1. 测控装置的应用分类

测控装置根据交流电气量采样、开关量采集和控制出口方式的不同，可分为数字测控装置和模拟测控装置。模拟测控装置支持电缆接入方式的模拟量采样，采用硬接点或 GOOSE 报文方式采集开关量信号和输出控制出口的测控装置。数字测控装置支持 DL/T 860.92《电力自动化通信网络和系统　第 9-2 部分：特定通信服务映射（SCSM）——基于 ISO/IEC 8802-3 的采样值》采样值传输标准的数字采样，采用 GOOSE 报文接收开关量信号，支持 GOOSE 报文输出控制出口的测控装置。

数字测控装置较为单一，适用于智能变电站，主要采用光纤传输及接收数字量和 SV 报文和 GOOSE 报文。数字测控装置按照应用情况共分为 3 类：间隔测控、3/2 接线测控、母线测控。适用场合等信息如表 2-6-1 所示。

表 2-6-1　　　　　　　　　　　　　　数字测控装置应用分类

序号	类型	应用分类	应用型号	适用场合
1	测控装置	间隔测控	DA-1	主要应用于线路、断路器、高压电抗器、主变单侧加本体等间隔
2		3/2 接线测控	G-4、GA-4	主要应用于 330kV 及以上电压等级线路加边断路器间隔
3		母线测控	G-3	主要应用于母线分段或低压母线加公用间隔

模拟测控装置按照应用情况共分为 3 类：间隔测控、母线测控、公用测控。适用场合等信息如表 2-6-2 所示。

表 2-6-2　　　　　　　　　　　　　　模拟测控装置应用分类

序号	类型	应用分类	应用型号	适用场合
1	测控装置	间隔测控	G-1、GA-1	主要应用于线路、断路器、高压电抗器、主变单侧加本体等间隔

续表

序号	类型	应用分类	应用型号	适用场合
2	测控装置	母线测控	G-4、GA-4	主要应用于母线分段间隔
3		公用测控	G-3	主要应用于所用变压器加公用间隔

模拟量测控装置在上述按照应用分类的基础上，再考虑其跳合闸输出方式，在实际工程应用中还可以进一步细分成五种设备：①模拟采样、GOOSE 跳合闸间隔测控装置；②模拟采样、GOOSE 跳合闸母线测控装置；③公用测控装置；④模拟采样、硬接点跳合闸间隔测控装置；⑤模拟采样、硬接点跳合闸母线测控装置。

2. 测控装置的命名规则

测控装置命名由装置型号、装置应用场景分类代码和装置典型分类代码三部分组成，如图 2-6-6 所示，其中装置型号印刷在装置面板上，装置型号和典型代码体现在纸质铭牌上，版本信息在菜单中显示。

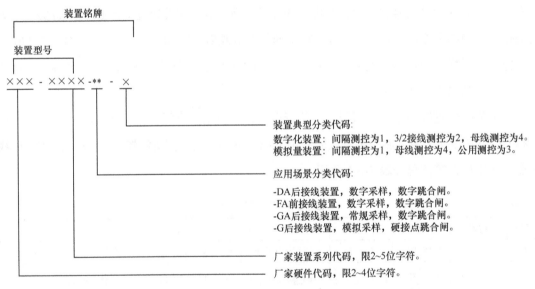

图 2-6-6 测控装置命名规则

3. 测控装置的结构

测控装置的硬件应是模块化、标准化、插件式结构，各个板卡应易于维护和更换；除电源模块和 CPU 模块外任何一个模块故障时，不应影响其他模块的正常工作。

（1）测控装置的面板布局。模拟测控装置和数字测控装置的前面板布局类似，按照测控装置技术规范，针对有按键的测控装置，其典型面板布局如图 2-6-7 所示。

装置面板左侧为测控装置的 LED 指示灯，按照测控装置技术规范要求，测控装置应具备

6 路 LED 指示灯，指示灯定义和排列顺序如表 2-6-3 所示。

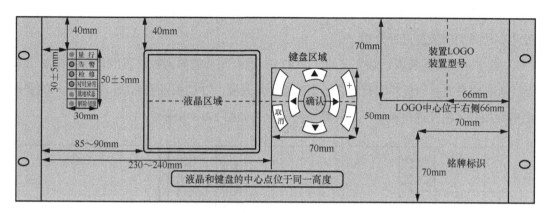

图 2-6-7　测控装置面板布局示意图

表 2-6-3　测控装置 LED 指示灯定义

序号	名称	颜色	点亮条件	正常运行状态
1	运行	绿色	装置上电自检通过，则常亮。装置由于硬件或是软件出现异常时导致装置不能工作或部分功能缺失时，处于常灭状态	亮
2	告警	红色	装置由于硬件、软件或是配置出现异常时则常亮。装置检修和对时异常时不亮告警灯	灭
3	检修	红色	装置检修硬压板投入时则常亮	灭
4	对时异常	红色	对时服务状态异常为 1 时则常亮	灭
5	就地状态	绿色	装置处于就地控制状态则常亮	灭
6	解除闭锁	绿色	装置处于解锁状态时则常亮	灭

测控装置面板上按键功能的定义如表 2-6-4 所示。

表 2-6-4　测控装置按键功能定义

序号	按键名称	按键印字	按键功能
1	向上键	▲	光标往上移动
2	向下键	▼	光标往下移动
3	向左键	◄	光标往左移动
4	向右键	►	光标往右移动
5	加键	+	数字加 1 操作
6	减键	-	数字减 1 操作
7	确认键	确认	确认执行操作
8	取消键	取消	取消操作（从主画面进入菜单）
9	预留键		预留按键（无印字）

（2）测控装置的背板布局。模拟测控装置和数字测控装置的背板布局具有较大的差异。测控装置一般采用模块化的方式，包含了电源板、开入板、开出板、CPU 板、直流板、交流

板等插件。测控装置技术规范中对测控装置的插件顺序做了规定。从装置背后看，电源插件应统一布置在机箱最左侧，具备电源开关，站控层通信和过程层通信插件布置在机箱中部。此处选 3 种典型的装置进行介绍。

1）数字测控装置背板。数字采样、GOOSE 跳合闸功能的测控装置的背板图如图 2-6-8 所示。从左往右典型的板件配置包含了电源板、开入板、CPU 板及通信板，根据用户的需求，可酌情增加开入板及通信板等。其装置后端子定义如图 2-6-9 所示。

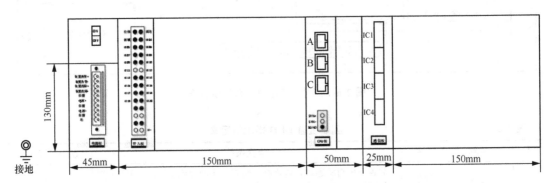

图 2-6-8 数字采样、GOOSE 跳合闸功能的测控装置后背板图

电源板			开入板			CPU板		通信板	
		01	检修+	就地+	02				
		03	解锁+	开入04+	04				
01	装置告警+	05	开入05+	开入06+	06				
02	装置告警−	07	开入07+	开入08+	08	A		LC1	
03	装置故障+	09	开入09+	开入10+	10	以太网		LC2	
04	装置故障−	11	开入11+	开入12+	12	B		LC3	过程层光口
05	空	13	开入13+	开入14+	14	C		LC4	
06	电源+	15	开入15+	开入16+	16				
07	空	17	开入17+	开入18+	18	SYN+	对时		
08	电源−	19	开入19+	开入20+	20	SYN− SGND			
09	空	21			22				
10	地	23			24				
		25			26				
		27		开入−	28				

图 2-6-9 数字采样、GOOSE 跳合闸功能的测控装置后端子定义图

2）模拟采样、GOOSE 跳合闸间隔测控装置背板。模拟采样、GOOSE 跳合闸功能的间隔测控装置后背板图如图 2-6-10 所示，与数字测控装置对比，增加了交流板插件（图中最右侧插件），用于接收模拟量电压、电流值的输入。

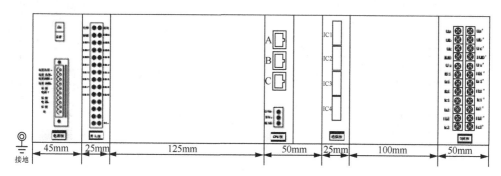

图 2-6-10　模拟采样、GOOSE 跳合闸功能的间隔测控装置后背板图

模拟采样、GOOSE 跳合闸功能的间隔测控装置后端子定义图如图 2-6-11 所示。模拟采样、GOOSE 跳合闸功能的母线测控装置与上述间隔测控装置相比，主要差异在交流板。母线测控装置的交流板无需采集电流量，但需采集两组电压量（包含 U_a、U_b、U_c 及 $3U_0$），通常至少需要配置 8 个电压采样通道。

	电源板		开入板			CPU板		通信板		交流板		
		01	检修+	就地+	02							
		03	解锁+	开入04+	04							
01	装置告警+	05	开入05+	开入06+	06					01	Ua	Ua′	02
02	装置告警-	07	开入07+	开入08+	08			LC1		03	Ub	Ub′	04
03	装置故障+	09	开入09+	开入10+	10	A	以太网	LC2		05	Uc	Uc′	06
04	装置故障-	11	开入11+	开入12+	12	B		LC3	过程层光口	07	3U0	3U0′	08
05	空	13	开入13+	开入14+	14	C		LC4		09	Ux	Ux′	10
06	电源+	15	开入15+	开入16+	16					11	I01	I01′	12
07	空	17	开入17+	开入18+	18	SYN+	对时			13	Ia1	Ia1′	14
08	电源-	19	开入19+	开入20+	20	SYN- SGND				15	Ib1	Ib1′	16
09	空	21			22					17	k1	k1′	18
10	地	23			24					19	Ia2	Ia2′	20
		25			26					21	Ib2	Ib2′	22
		27		开入-	28					23	k2	k2′	24

图 2-6-11　模拟采样、GOOSE 跳合闸功能的间隔测控装置后端子定义图

195

3）公用测控装置。公用测控装置的后背板图及后端子定义分别如图 2-6-12～图 2-6-14 所示。

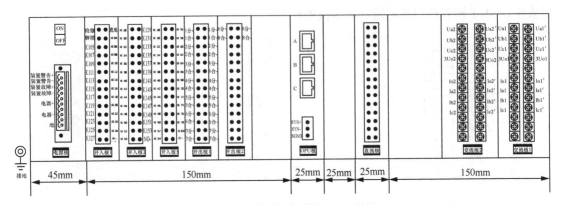

图 2-6-12 公用测控装置后背板图

电源板		开入板1			开入板2			开入板3		
		01	检修+	就地+	02	01	开入28+	开入29+	02	01	开入55+	开入56+	02
		03	解锁+	开入04+	04	03	开入30+	开入31+	04	03	开入57+	开入58+	04
01	装置告警+	05	开入05+	开入06+	06	05	开入32+	开入33+	06	05	开入59+	开入60+	06
02	装置告警-	07	开入07+	开入08+	08	07	开入34+	开入35+	08	07	开入61+	开入62+	08
03	装置故障+	09	开入09+	开入10+	10	09	开入36+	开入37+	10	09	开入63+	开入64+	10
04	装置故障-	11	开入11+	开入12+	12	11	开入38+	开入39+	12	11	开入65+	开入66+	12
05	空	12	开入13+	开入14+	14	13	开入40+	开入41+	14	13	开入67+	开入68+	14
06	电源+	15	开入15+	开入16+	16	15	开入42+	开入43+	16	15	开入69+	开入70+	16
07	空	17	开入17+	开入18+	18	17	开入44+	开入45+	18	17	开入71+	开入72+	18
08	电源-	19	开入19+	开入20+	20	19	开入46+	开入47+	20	19	开入73+	开入74+	20
09	空	21	开入21+	开入22+	22	21	开入48+	开入49+	22	21	开入75+	开入76+	22
10	地	23	开入23+	开入24+	24	23	开入50+	开入51+	24	23	开入77+	开入78+	24
		25	开入25+	开入26+	26	25	开入52+	开入53+	26	25	开入79+	开入80+	26
		27	开入27+	开入-	28	27	开入54+	开入-	28	27		开入-	28

图 2-6-13 公用测控装置后端子定义图 1

（3）测控装置的板件介绍。通过上述背板图可以看出，常用的板件包含了电源板、开入板、CPU 板、通信板（过程层光口板）、交流板、开出板、直流板等。

开出板1				开出板2				CPU板	直流板				交流板2				交流板1			
01	遥控01分+	遥控01分-	02	01	遥控08分+	遥控08分-	02		01	直流1+	直流1-	02								
03	遥控01合+	遥控01合-	04	03	遥控08合+	遥控08合-	04		03	直流2+	直流2-	04								
05	遥控02分+	遥控02分-	06	05			06		05	直流3+	直流3-	06	01	Ua2	Ua2′	02	01	Ua1	Ua1′	02
07	遥控02合+	遥控02合-	08	07			08		07	直流4+	直流4-	08	03	Ub2	Ub2′	04	03	Ub1	Ub1′	04
09	遥控03分+	遥控03分-	10	09			10	A	09	直流5+	直流5-	10	05	Uc2	Uc2′	06	05	Uc1	Uc1′	06
11	遥控03合+	遥控03合-	12	11			12	B（以太网）	11	直流6+	直流6-	12	07	3Uc2	3Uc2′	08	07	3U01	3U01′	08
13	遥控04分+	遥控04分-	14	13			14	C	13			14	09			10	09			10
15	遥控04合+	遥控04合-	16	15			16		15			16	11	Io2	Io2′	12	11	I01	I01′	12
17	遥控05分+	遥控05分-	18	17			18	SYN+	17			18	13	Ia2	Ia2′	14	13	Ia1	Ia1′	14
19	遥控05合+	遥控05合-	20	19			20	SYN- SGND（对时）	19			20	15	Ib2	Ib2′	16	15	Ib1	Ib1′	16
21	遥控06分+	遥控06分-	22	21			22		21			22	17	k2	Ic2′	18	17	Ic1	Ic1′	18
23	遥控06合+	遥控06合-	24	23			24		23			24	19			20	19			20
25	遥控07分+	遥控07分-	26	25			26		25			26	21			22	21			22
27	遥控07合+	遥控07合-	28	27			28		27			28	23			24	23			24

图 2-6-14　公用测控装置后端子定义图 2

1）电源板。电源板为装置的直流逆变插件。其功能是对直流输入电压（220V 或 110V 的电压）经抗干扰滤波回路后，利用逆变原理产生装置内部工作需要的 5V，±12V 及 24V 等电压。其中 5V，±12V 及 24V 的电压均采用悬浮电位的方式，同外壳不相连，使用万用表无法对地测量出电压值，仅能测量直流的正负极间的电位差。其中 5V 为用于各处理器系统（CPU）的工作电源；±12V 用于模拟系统的工作电源；24V 用于装置内部驱动开出继电器的电源。

电源板对输入直流电源电压有着明确的要求：一是输入直流电源电压应为 110V 或 220V，允许偏差为-20%～+15%，二是输入直流电压的纹波系数小于 5%。

电源板上一般还配置了装置告警和装置闭锁的相关开出接点，用于测控装置运行异常或无法运行时，向外侧发出相应的告警信号。

2）开入板。此处开入板专指硬接点开入类型。一般情况下，单块开入板可以提供 24 路光电隔离的开关量输入通道。24 路通道正常情况下会根据配置进行分组，每组一般会含 4 个或 8 个开入，每组有一个独立的公共端，这些公共端在需要时可以相连。为防止外部干扰窜入，开入信号会进行硬件滤波和软件防抖的处理，保证信号采集的可靠性。

3）CPU 板。CPU 板是整个测控装置的核心部分，其上集成接入了多种芯片，包括 ARM、DSP、CPLD、RAM 及其他外围芯片构成的单片机系统，负责完成测控装置的各项任务：遥测数据采集及计算；遥信采集及处理（变位及 SOE 信息的记录和发送）；遥脉采集与处理；遥控命令的接收与执行；检同期合闸；逻辑闭锁；与显示板通信，支持人机界面；GPS 对时，实现装置时钟与天文时钟同步；对关键芯片的定时自检；通信功能。总的来说，测控装置的CPU板就是测控装置的大脑，测控装置的所有功能均离不开CPU板。

4）通信板（过程层光口板）。通信板（过程层光口板）作为数字采样、GOOSE跳合闸相关信息的接入及遥控数字信号输出插件，应具备SV和GOOSE接口。测控装置必须具备2个独立的GOOSE接口、2个独立的SV采样值接口。当SV采样值与GOOSE共网传输，则应至少具备2个独立的GOOSE/SV采样值接口。过程层的光纤接口应采用LC接口。装置能够接入符合IEC 61850-9-2规约的SV报文，采样频率须为4000点/s。GOOSE接收口也是用于遥信量的采集，可连接智能终端输出光口或过程层GOOSE网交换机光口，用于遥信量的采集，包括开关、刀闸的位置信息，操作箱及保护装置的告警信息等。同时GOOSE接口具备发送功能，可用于站内遥控断路器、隔离开关、主变调档及复归操作箱等。

5）交流板。交流板接收来自变电站内电压互感器及电流互感器输出的二次电流（额定值一般为1A或5A）及电压信号（额定值一般为57.7V或100V），通过交流板输入测控装置。交流板内置的电压电流变换器可将这些强电信号转换为低压小信号，供CPU计算电压、电流、功率、频率等实时数据。交流板一般带有低通滤波电路，能有效滤除输入信号中的干扰信号。

模拟测控装置中的间隔测控、母线测控、公用测控使用的交流板会有差异，间隔测控装置至少会配置一组电压和一组电流的输入，母线测控至少需要配置两组以上的电压输入。公用测控通常需要满足两台站用电的电压电流输入需求。

6）开出板。开出板用于输出装置的控制信号，输出信号均为空接点形式。通常开出板会提供多组分/合输出接点，可控制多个断路器或变压器的档位调节。控制输出接点可设置导通的时间即接点动作保持时间，对于已配置了保持继电器的操作回路通常可设置为120ms左右。对于未配置保持继电器的操作回路，为了保证可靠地进行分、合闸操作，可增加接点动作保持时间，通常最大可以设置10s甚至更长的时间。

7）直流板。直流板用于输入外部变送器送来的直流模拟信号，如温度变送器、压力变送器等，用于传输主变油温、各种压力值等。直流板可采集0~250V、0~10V和0~20mA等多种不同类型的直流电压或电流信号。

三、测控装置的菜单及参数设置介绍

1. 菜单配置

菜单要求要按层次关系分级展现，如图2-6-15所示，分级要求及原则如下：

（1）第一级菜单项目不超过四项，内容以界面操作使用人员类别为依据进行分类，分为运行人员监视及操作、运检人员参数设置操作、厂家维护人员操作及其他信息及操

作四项。按照上述原则，一级菜单项包括运行信息、用户设置、厂家设置、其他信息四个菜单项。

（2）第二级菜单项目按照第一级菜单使用人员要求，对其关注的相关操作数据信息进行归类后形成第二级菜单分项。

（3）后级菜单对前级菜单进行细分或显示具体信息内容。

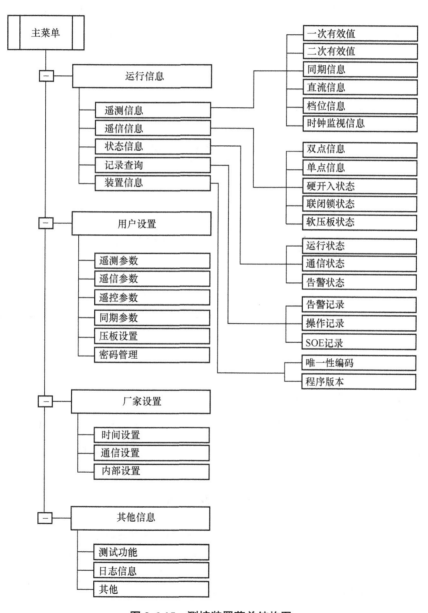

图 2-6-15　测控装置菜单结构图

2. 定值及参数设置

定值及参数设置是测控装置的重要功能，也是日常管理中必须重点管控的内容。测控装置的正确运行和参数的正确设置密不可分。参数设置必须按照定值单等严格设置，运行设备的参数设置应由专门的技术人员负责进行。当设备运行不正常时，参数设置部分是一项重要的检查内容。

（1）遥信参数。遥信参数主要是设置遥信防抖时限，其含义是某一位状态变位后，在设置的防抖时限内，该状态不应再变位。如果变位，则该变化将不被确认，这是防止遥信抖动的有效措施。为正确利用此项功能，每一位遥信输入都对应了一个防抖时限，工程上通常设为 20ms 左右，如果其遥信输入的抖动时间较长，可以相应设置较长的时限，遥信相关定值名称、取值范围及单位如表 2-6-5 所示。

表 2-6-5　　　　　　　　测控装置遥信相关定值名称、取值范围及单位

序号	参数名称	定值范围	默认值	单位
1	检修开入防抖时间	0～60000	1000	ms
2	就地开入防抖时间	0～60000	1000	ms
3	解锁开入防抖时间	0～60000	1000	ms
4	硬开入 04 防抖时间	0～60000	20	ms
5	……			
6	硬开入 20 防抖时间	0～60000	20	ms

（2）遥测参数。遥测参数主要包含两类参数。

一类是与电压互感器及电流互感器的变比相关的参数，主要包含了 TV 额定一次值、TV 额定二次值、TA 额定一次值、TA 额定二次值等参数。

另一类是和遥测上送方式相关的参数。遥测上送包含了定期上送及变化时主动上送两种模式，分别通过循环上送周期、上送死区参数来确定。死区值一般设置为百分比参数，其基准值为额定电压、电流或功率等。

遥测参数的相关定值项及相关描述可参考表 2-6-6。

表 2-6-6　　　　　　　　测控装置遥测相关定值名称、取值范围及单位

序号	参数名称	定值范围	默认值	单位
1	电流电压变化死区	0.00～1.00	0.2	%
2	电流电压归零死区	0.00～1.00	0.2	%
3	功率变化死区	0.00～1.00	0.5	%
4	功率归零死区	0.00～1.00	0.5	%

续表

序号	参数名称	定值范围	默认值	单位
5	功率因数变化死区	0.000～1.000	0.005	
6	频率变化死区	0.000～1.000	0.005	Hz
7	TV 额定一次值	1.00～1000.00	110	kV
8	TV 额定二次值	1.00～120.00	100	V
9	同期侧 TV 额定一次值	1.00～1000.00	110	kV
10	同期侧 TV 额定二次值	1.00～120.00	100	V
11	零序 TV 额定一次值	1.00～1000.00	110	kV
12	零序 TV 额定二次值	1.00～120.00	100	V
13	TA 额定一次值	1.00～10000.00	1000	A
14	TA 额定二次值	1.00～5.00	1	A
15	零序 TA 额定一次值	1.00～10000.00	1000	A
16	零序 TA 额定二次值	1.00～5.00	1	A

1）电压电流、功率、功率因数、频率等遥测量死区值。死区定值是实时监视测控装置遥测量变化范围的一个指标。在死区定值设定范围内遥测量变化不立刻上送，而是依据循环上送时间来上送；如果遥测量变化超过死区定值范围，则测控遥测量立即上送，此时不再依据循环上送时间。

2）电压电流、功率归零死区，即零漂抑制门槛设置值，或可理解成识别上述量的分辨率。当电压、电流或功率值低于设置值时，认为是设备的零漂值或无效值，此时上送的数据为零值。

死区值的设置需综合考虑，设置太大会降低上送数据变化时的灵敏度，在调度端看到数据长期处于未变化状态，设置太小会导致数据微小变化时即要主动上送遥测信息造成通信数据量过大，通信设备负载过重的问题。

除了上述表格中的常见参数外，通常还需要设置循环上送周期。循环上送周期指测控装置在该设定时间里定时上送所有的遥测量，相当于间隔这个设置周期，就完全上送一次采集的模拟量值。

（3）遥控参数。

1）遥控脉宽设置。遥控脉宽反映的就是遥控分闸、合闸输出接点动作保持的时间，通常为 120ms 左右。对于无保持继电器的操作回路，可适当延长遥控脉宽时间。每一个遥控输出接点可独立设置遥控脉宽。变电站内典型遥控出口对象包括断路器、隔离开关、复归、调档等，均可分别独立设置相应的脉宽，遥控参数中脉宽设置相关名称、取值范围及单位如表 2-6-7 所示。

表 2-6-7　　　　　　　测控装置遥控参数中脉宽设置相关名称、取值范围及单位

序号	参数名称	定值范围	默认值	单位
1	断路器分脉宽	1~60000	200	ms
2	断路器合脉宽	1~60000	200	ms
3	对象 02 分脉宽	1~60000	200	ms
4	对象 02 合脉宽	1~60000	200	ms
5	……			
6	对象 13 分脉宽	1~60000	200	ms
7	对象 13 合脉宽	1~60000	200	ms
8	复归出口 1 脉宽	1~60000	200	ms
9	……			
10	复归出口 6 脉宽	1~60000	200	ms
11	手合同期脉宽	1~60000	200	ms
12	档位遥控升脉宽	1~60000	200	ms
13	档位遥控降脉宽	1~60000	200	ms
14	档位遥控急停脉宽	1~60000	200	ms

2）同期参数。同期参数包含同期抽取电压、测量侧额定电压、抽取侧额定电压、同期有压定值、同期无压定值、滑差定值、频差定值、压差定值、角差定值、导前时间、固有相角差、TV 断线闭锁使能、同期复归时间等参数。

各项参数含义的参考设置范围、默认值、单位及相关含义说明如表 2-6-8 所示。

表 2-6-8　　　　　　　测控装置同期参数名称、取值范围及代表含义

序号	参数名称	定值范围	默认值	单位	备注
1	同期抽取电压	0~5	0		抽取侧电压相别选择 $0-U_a$，$1-U_b$，$2-U_c$，$3-U_{ab}$，$4-U_{bc}$，$5-U_{ca}$
2	测量侧额定电压	0.00~100.00	57.74	V	测量侧输入电压的额定值，对应装置采集的电压 U_a
3	抽取侧额定电压	0.00~100.00	57.74	V	抽取侧输入电压的额定值，对应装置采集的电压 U_x
4	同期有压定值	0.00~100.00	34.64	V	装置判断系统为有压状态的定值（以系统测量侧为参考电压），采集的开关两侧电压均大于该定值时判定为有压状态
5	同期无压定值	0.00~100.00	17.32	V	装置判断系统为无压状态的定值（以系统测量侧为参考电压），采集的开关两侧电压有一侧小于该定值则判定为无压状态
6	滑差定值	0.00~2.00	1.00	Hz/s	滑差闭锁定值，当系统两侧不同频且滑差超过该定值时闭锁同期操作
7	频差定值	0.00~2.00	0.50	Hz	频差闭锁定值，当系统两侧不同频且频差超过该定值时闭锁同期操作

续表

序号	参数名称	定值范围	默认值	单位	备注
8	压差定值	0.00～100.00	10.00	V	压差闭锁定值（以系统测量侧为参考电压），当系统两侧电压差超过该定值时闭锁同期操作
9	角差定值	0.00～180.000	15.00	(°)	角差闭锁定值，当两侧角度差超过该定值时闭锁同期操作
10	导前时间	0～2000	200	ms	导前时间，从发出合闸命令到开关完成合闸动作的提前时间，该时间用以确保开关合闸瞬间系统两侧的相角差为 0
11	固有相角差	0.00～360.00	0.00	(°)	对系统两侧固有相角差补偿值
12	TV 断线闭锁使能	0/1	1		设定是否使能 TV 断线闭锁检同期合、检无压合
13	同期复归时间	0～60	40	s	判别同期条件的最长时间。同期条件不满足持续到超出此时间长度后，不再判断同期条件是否满足，直接判断为同期失败

四、测控装置的性能要求

1. 遥信性能要求

装置上送遥信量应能满足以下要求：

（1）SOE 分辨率不应大于 1ms。

（2）遥信响应时间应小于 1s。

（3）遥信容量 100%同时动作，不应误发、丢失遥信，SOE 记录正确。

对测控装置的状态量采集部分也有相应的要求：

（1）状态量输入信号支持 GOOSE 报文或硬接点信号，GOOSE 报文符合 DL/T 860.81。DL/860.81 指电力自动化通信网络和系统第 8-1 部分：特定通信服务映射（SCSM）——映射到 MSS（ISO 9506-1 和 ISO 9506-2）及 ISO/IEC 8802-3。

（2）状态量输入信号为硬接点时，输入回路采用光电隔离，具备软硬件防抖功能，且防抖时间可整定。

（3）具备事件顺序记录（SOE）功能，状态量输入信号为硬接点时，状态量的时标由本装置标注，时标标注为消抖前沿。

（4）遥信数据带品质位，状态量输入信号为 GOOSE 报文时：

1）具备转发 GOOSE 报文的有效、检修品质功能；

2）具备对 GOOSE 报文状态量、时标、通信状态的监视判别功能，GOOSE 报文的性能满足 DL/T 860.81 的要求；

3）接收 GOOSE 报文传输的状态量信息时，优先采用 GOOSE 报文内状态量的时标信息；

4）在 GOOSE 报文中断时，装置保持相应状态量值不变，并置相应状态量值的无效品质位；

5）装置正常运行状态下，转发 GOOSE 报文中的检修品质；装置检修状态下，上送状态量置检修品质，装置自身的检修信号及转发智能终端或合并单元的检修信号不置检修品质。

（5）支持状态量取代服务。

（6）具备双位置信号输入功能，支持采集断路器的分相合、分位置和总合、总分位置。需由测控装置生成总分、总合位置时，总分、总合逻辑为：三相有一相为无效态（状态 11），则合成总位置为无效态（状态 11）；三相均不为无效态（状态 11），且至少有一相为过渡态（状态 00），则合成总位置为过渡态（状态 00）；三相均为有效状态（01 或 10）且至少有一相为分位（状态 01），则合成总位置为分位；三相均为合位（状态 10），则合成总位置为合位。

2. 遥测性能要求

装置上送遥测量应能满足以下要求：

（1）在额定频率时，电压、电流输入在 0～1.2 倍额定值范围内，电压、电流输入在额定范围内误差不应大于 0.2%。

（2）额定频率时，有功、无功测量误差不应大于 0.5%。

（3）在 45～55Hz 范围内，频率测量误差不大于 0.005Hz。

（4）输入电源在 80%～115%时，电压、电流有效值误差改变量不应大于额定频率时测量误差极限值的 50%。

（5）装置直流信号测量范围为 0～5V 或 4～20mA，采集误差不应大于 0.2%。

（6）装置量测量时标准确度不应大于±10ms。

在交流电气量采集部分相应要求：

（1）宜具备 TA 断线检测功能，TA 断线判断逻辑应为：电流任一相小于 $0.5\%I_n$，且负序电流及零序电流大于 $10\%I_n$。

（2）在 SV 采样值报文中断时，保持对应通道及其相关计算测量值，并置位无效品质；连续8ms接收不到采样值报文判断为中断告警,采样值报文恢复正常后告警信号延时 1s 返回。

（3）接收的采样值报文在 1s 内累计丢点数大于 8 个采样点时产生 SV 丢点告警，并触发 SV 总告警，点亮装置告警灯，采样值报文恢复正常后告警信号延时 10s 返回。

（4）具备零值死区设置功能，当测量值在该死区范围内时为零；具备变化死区设置功能，当测量值变化超过该死区时上送该值，装置液晶应显示实际测量值，不受变化死区控制。

对于采用 GOOSE 采集的类似温度等模拟量遥测应满足以下要求：

（1）具备接收 GOOSE 模拟量信息并原值上送功能。

（2）具备变化死区设置功能，当测量值变化超过该死区时上送该值。

（3）具备有效、取代、检修等品质上送功能。

3. 遥控性能要求

装置遥控性能应满足以下要求：

（1）遥控动作正确率应为 100%。

（2）遥控响应时间应小于 1s。

（3）控制信号应包含 GOOSE 报文输出，也包含硬接点输出。

（4）断路器、隔离开关的分合闸应采用选择、返校、执行方式；应支持主变档位升、降、急停等调节控制命令，调节方式应采用选择、返校、执行方式，宜具备滑档判别功能；应具备远方控制软压板投退功能，软压板控制应采用选择、返校、执行方式。

（5）装置处于检修状态，应闭锁远方遥控命令，响应装置人机界面的控制命令，硬接点正常输出，GOOSE 报文输出应置检修位。

五、测控装置的调试

1. 装置外观及接线检查

（1）屏体固定良好，无明显变形及损坏现象，各部件安装端正牢固。

（2）装置固定良好，无明显变形及损坏现象，各部件安装端正牢固。

（3）各插件插、拔灵活，各插件和插座之间定位良好，插入深度合适。

（4）电缆的连接与图纸相符，施工工艺良好，压接可靠，导线绝缘无裸露现象，屏内布线整齐美观，屏间光纤、网络线应加防护套管等防护措施。

（5）切换开关、按钮、键盘等应操作灵活、手感良好、液晶显示屏清晰完好。

（6）各插件上的元器件的外观质量、焊接质量应良好，所有芯片应插紧，型号正确，芯片放置位置正确。

（7）插件印刷电路板是否有损伤或变形，连线是否良好；各插件上变换器、继电器应固定良好，没有松动。

（8）所有单元、导线接头、光纤、网络线、电缆及其接头、信号指示等应有正确的标示，标示的字迹清晰。

（9）检查装置内、外部是否清洁无积尘，各部件应清洁良好。

（10）屏柜、装置及所有二次回路接地（含电缆屏蔽接地）符合要求。

2. 装置绝缘检查

进行交流电压回路端子对地、交流电流回路端子对地、直流电源回路端子对地、遥控出口回路端子对地及出口回路接地之间、遥信回路端子对地的绝缘电阻测量。测量接线方式如图 2-6-16 所示。

按照装置说明书的要求拔出相关插件；将打印机与装置连接断开；装置内所有互感器的

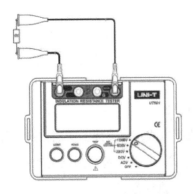

图 2-6-16 绝缘电阻测量示意图

屏蔽层应可靠接地。对测控装置内部线的绝缘电阻测量要求采用 500V 绝缘电阻表，各回路对地绝缘电阻应大于 10MΩ，每进行一项绝缘试验后，须将试验回路对地放电。

3. 装置工作电源检查

按照规范要求，测控装置的直流电源电压为 110V 或 220V，允许偏差为-20%～+15%。试验检查时将直流电源由零缓慢升至 80%额定电源值，装置应能正常启动。在 80%直流电源额定电压下拉合三次直流工作电源，逆变电源可靠启动，测控装置不误动，不误发信号。

4. 装置上电检查

（1）通电自检。装置通电后，装置运行灯亮，液晶显示清晰正常、文字清楚。

（2）软件版本检查。检查软件版本应为通过相应检测机构检测通过的，具备入网资质的版本。

（3）时钟整定及对时功能检查。时钟时间能进行正常修改和设定，时钟同步状态指示正确，改变时钟时间，应能自动同步。时钟整定好后，通过断、合逆变电源的方法，检验在直流失电 1min 后，走时仍准确。

（4）定值整定及其失电测控功能检查。定值能正常修改和整定。定值整定好后，通过断、合逆变电源的方法，检验在直流失电 1min 后，整定值不发生变化。

5. 采样值检查

（1）测试内容及目的：测试遥测数据的正确性。

（2）测试步骤：

1）选定测试回路，调出该数据所在的单线图。

2）在测量回路端子排加入试验电压及电流，调整其值及相位角。

3）记录数据并与实验表计对数，并检查后台机和远动机数据值。

（3）测试方法：从系统中抽取两台测控装置进行实验，对电压、电流、功率、频率各类模拟量各加要求的量进行测试。通过比较装置显示值和标准输入源显示值来测量测控装置的精度。同时在后台机和远动通信单元（或调度主站）上观察数据的显示值。

1）电流幅值检验。测控装置电流幅值校验试验接线图如图 2-6-17 所示。综合自动化测试仪的三相电流输出分别接至测控装置屏柜内对应的试验端子上的电流输入处，本例中为 1ID1、1ID2、1ID3 和 1ID4 端子，使测试仪所加的试验电流能正常地流进测控装置的采样小 TA，对应测控装置的采样值通道分别是 I_a、I_b 和 I_c。

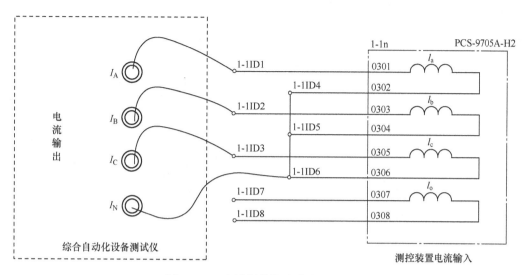

图 2-6-17 电流幅值校验试验线接线图

测试时需要注意核实外部的电流互感器的变比，并记录于试验结果。电流幅值检验时综合自动化测试仪所加数值如表 2-6-9 所示。

表 2-6-9 电流幅值检验时综合自动化测试仪所加数值

试验项目	测试仪输出值
电流零漂值检查	$\dot{I}_A$：$0.00\angle0.0°$；$\dot{I}_B$：$0.00\angle-120.0°$；$\dot{I}_C$：$0.00\angle120.0°$
电流额定值检查	$\dot{I}_A$：$5.00\angle0.0°$；$\dot{I}_B$：$5.00\angle-120.0°$；$\dot{I}_C$：$5.00\angle120.0°$

TA 变比：800/5（举例）。电流幅值检验结果填写示例表如表 2-6-10 所示。

表 2-6-10 电流幅值检验结果填写示例表

二次电流	测控装置显示值（A）			操作员工作站显示值（A）		
	I_A	I_B	I_C	I_A	I_B	I_C
0	0.00	0.00	0.00	0.0	0.0	0.0
I_n	4.99	4.99	5.00	798.4	798.4	800.0
最大基本误差（%）	0.2%	0.2%	0.0%	0.2%	0.2%	0.0%
结论	合格					
备注	最大基本误差为各测点基本误差的最大值；最大基本误差绝对值不大于 0.2%					

2）电压幅值检验。测控装置电压幅值校验试验接线图如图 2-6-18 所示。综合自动化测试仪的电压输出分别接至测控装置屏柜内对应的试验端子上的电压输入处，本例中为 1UD1、

1UD2、1UD3、1ID8 和 1UD6 端子，使测试仪所加的试验电压能正常地加压至测控装置的采样小 TV，对应测控装置的采样值通道分别是 U_a、U_b、U_c 和 U_x，假定 U_a、U_b、U_c 三相电压均取自母线 TV 二次输出，则 U_x 表示取自线路 TV 的单相电压二次输出。

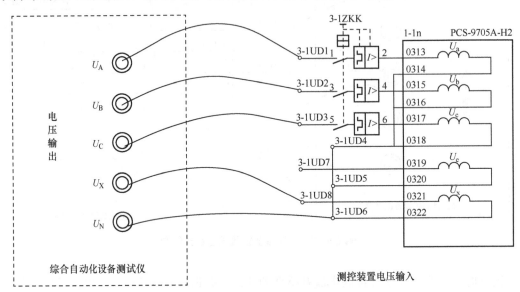

图 2-6-18 电压幅值校验试验线接线图

电压幅值检验时综合自动化测试仪所加数值如表 2-6-11 所示。

表 2-6-11 　　　　　　　　　电压幅值检验时综合自动化测试仪所加数值

试验项目	测试仪输出值
电压零漂值检查	$\dot{U}_A$：$0.00\angle0.0°$；$\dot{U}_B$：$0.00\angle-120.0°$；$\dot{U}_C$：$0.00\angle120.0°$；$\dot{U}_X$：$0.00\angle120.0°$
电压额定值检查	$\dot{U}_A$：$57.735\angle0.0°$；$\dot{U}_B$：$57.735\angle-120°$；$\dot{U}_C$：$57.735\angle120°$；$\dot{U}_X$：$57.735\angle0.00°$

TV 变比：（$110/\sqrt{3}$）：（$0.1/\sqrt{3}$）（举例）。电压幅值检验结果填写示例表如表 2-6-12 所示。

表 2-6-12 　　　　　　　　　电压幅值检验结果填写示例表

二次电压	测控装置显示值（V）				操作员工作站显示值（kV）				
	U_A	U_B	U_C	U'	U_{AB}	U_{BC}	U_{CA}	U'	U 线计算
0	0.00	0.00	0.01	0.00	0.0	0.0	0.0	0.0	0.0
U_n	57.73	57.72	57.73	57.74	99.9	99.9	100.0	63.4	110
最大基本误差（%）	−0.009%	−0.026%	−0.009%	−0.009%	−0.1%	−0.1%	0.0%	−0.17%	—
结论	合格								

注 ①检验三相电压和线路同期电压 U'；②最大基本误差为各测点基本误差的最大值；③最大基本误差绝对值不大于 0.2%。

3）功率测量检验。要求在功率因数角$\varphi = 60°$和$\varphi = 210°$时各测试一次，要求分别记录 P 和 Q 的值。假设电压和电流变比与上面电压、电流幅值校验项目中的数值一致。电压和电流接线与图 2-6-17 和图 2-6-18 中的接线方法一致，将电流和电压值同步输入测控装置。下面仅举例$\varphi = 60°$时的测试仪所加数值及数据记录，如表 2-6-13 所示。

表 2-6-13   功率测量检验时综合自动化测试仪所加数值

试验项目	测试仪输出值
功率零漂值检查	$\dot{U}_A$：$0.00\angle 0.00°$；$\dot{U}_B$：$0.00\angle -120°$；$\dot{U}_C$：$0.00\angle 120°$； $\dot{I}_A$：$0.00\angle -60.0°$；$\dot{I}_B$：$0.00\angle -180.0°$；$\dot{I}_C$：$0.00\angle 60.0°$
功率额定值检查	$\dot{U}_A$：$57.735.00\angle 0.00°$；$\dot{U}_B$：$57.735.00\angle -120°$；$\dot{U}_C$：$57.735.00\angle 120°$ $\dot{I}_A$：$5.00\angle -60.0°$；$\dot{I}_B$：$5.00\angle -180.0°$；$\dot{I}_C$：$5.00\angle 60.0°$

注　进行功率测量时，抽取电压（本例中为线路 TV 电压 U_x）是不参与计算的，无需施加试验量。

功率测量检验结果填写示例表如表 2-6-14 所示。

表 2-6-14   功率测量检验结果填写示例表

二次电流	测控装置显示值（W 或 var）		操作员工作站显示值（MW 或 Mvar）	
	P（或 Q）	P（或 Q）计算	P（或 Q）	P（或 Q）计算（MW）
0	0.00	0.00	0.0	0.0
I_n	P：432.5 Q：749.6	P：433.05 Q：750.06	P：76.1 Q：131.8	P：76.2 Q：132.0
最大基本误差（%）	−0.13%	—	−0.16%	—
结论	合格			

注　①加三相对称额定电压 $U_a = U_b = U_c = 57.7\text{V}$；②最大基本误差为各测点基本误差的最大值；③最大基本误差绝对值不大于 0.5%。

4）频率测量检验。电压接线和图 2-6-17 中的接线方法一致，施加额定电压 57.735V，按照要求测试的频率值点施加相应电压。频率测量检验结果填写示例表如表 2-6-15 所示。

表 2-6-15   频率测量检验结果填写示例表

所加二次电压频率（Hz）	测控装置显示值（Hz）		操作员工作站显示值（Hz）	
	U_A	U'	U_A	U'
49.50	49.50	49.50	—	—
50.00	50.00	50.00	—	—
50.50	50.50	50.50	—	—
结论	合格			

注　①加三相对称额定电压 $U_a = U_b = U_c = 57.7\text{V}$；②最大基本误差为各测点基本误差的最大值；③最大基本误差绝对值不大于 0.01Hz。

6. 遥信开关量检验

测试内容及目的：测试遥信数据的正确性。

（1）遥信光耦动作电压。硬接点信号输入回路的额定电压应为直流 220V 或直流 110V，并符合额定电压 55%以下可靠不动作、额定电压 70%以上可靠动作的要求。在实际工程现场，需对遥信光耦动作电压抽检。

试验接线图如图 2-6-19 所示，需要注意对于部分测试仪，直流电压输出口与交流电压输出口可能是分开的，要避免接错测试仪的位置。将直流测试仪的正负端分别通过改变加在光耦上的输入电压，逐步提升输入电压，观察测控装置上对应的硬接点开入状态。记录下装置内开入变化时，测试仪器的输入电压，即为遥信光耦动作电压。同时可以测试输入电压从高值往下降时，光耦输入的返回电压。

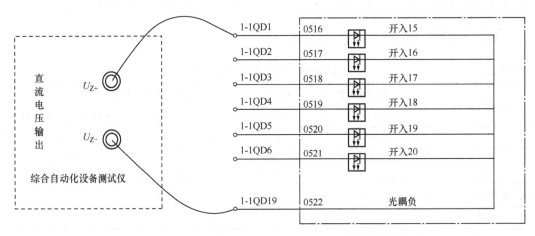

图 2-6-19　遥信光耦动作电压试验接线图

假设变电站内的直流系统直流母线电压额定值为 220V，即测控装置所采用的是 220V 的直流电压，则需要光耦开入动作电压合格值范围为[220×55%，220×70%]，即需要动作电压为 121～154V。记录格式如表 2-6-16 所示。

表 2-6-16　　　　　　　　　　　　遥信光耦动作电压检查记录范例

序号	遥信信号	动作电压值（V）
1	开入 15	126
结论	合格	

注　光耦动作电压应在额定电压的 55%～70%之间。

（2）遥信变位校验。在相应屏柜端子上加 0→1 和 1→0 的变位信号，检查装置显示状态是否与之一致，来判断遥信数据的准确性，同时在后台机和远动通信单元（或调度主站）上观察数据的显示值。在工程现场已经接入测控开入电源的情况下，可以人为地给开入光耦施加正电压及取消正电压的方式模拟该开入量的 1 和 0 的状态。记录格式如表 2-6-17 所示。

表 2-6-17　　　　　　　　　　　遥信变位校验检查记录范例

序号	开入名称	后台变位情况	调度端变位情况
1	开入 15	正确	正确

（3）遥信相关的操作员工作站功能测试。重点检查：测控装置网络故障报警；检查报警信号满足分类要求；开关跳闸、保护动作时，声、光报警功能检查；装置、间隔置检修功能。当间隔检修时，能屏蔽相关间隔信号的报警，从而不干扰运行人员监盘。

目前工程现场主要通过电话沟通主站运维人员，当现场上送某信号时，和主站联系两侧的信号内容和状态一致。

7. 定值检验

受限于工程现场的试验条件，遥信、遥测的相关设置按照检验规程在工程现场不进行相关的定值检验。工程现场定值检验测试内容主要是测试检同期、检无压的相关定值。

测试方法及步骤：整定有关同期定值，并对装置加相应的电压及相角量，对有关同期的"压差闭锁""低压闭锁""角差闭锁""检无压""同期复归时间"等功能进行测试。每个项目试验时仅对抽取电压和同期电压的单一因素（如幅值、角度、频率等）进行比较，其他因素应保持一致。

同期试验时，仅需要施加电压值即可。值得注意的是，当采用三相母线电压，而线路电压只取单相 TV（此单相 TV 可以采单路的相电压，也可以采单路的线电压），因此需要对测控装置内部的抽取电压进行设置，其设置选项影响所加抽取电压的相角。以 PCS-9705 型号测控为例，其内部有一控制字"线路电压类型"，整定范围为 0～5，分别代表所选的线路电压相别为 U_a，U_b，U_c，U_{ab}，U_{bc}，U_{ca}，假设本装置设置为 0。

（1）压差试验。压差试验项目如表 2-6-18 所示。

表 2-6-18　　　　　　　　　　　压 差 试 验 项 目

试验项目	压差试验
整定定值	同期压差设置值为 10V，线路电压类型设置为"0"（选取 A 相电压）
试验条件	软压板设置："检同期软压板"设置为"1"（对于新四统一测控，无此软压板）
计算方法	计算公式： $$\Delta U = m \times U_{zd}$$ $$U_X = U_a - m \times U_{zd}$$

计算方法	$U_\mathrm{X} = U_\mathrm{a} + m \times U_\mathrm{zd}$ 计算数据：m 系数，其值为 1.05 时应可靠不动作，其值为 0.95 时应可靠动作。以母线电压为额定电压，线路抽取电压小于母线电压为例来说明试验仪器设置。 $m = 1.05$ ，$\quad U_\mathrm{X} = U_\mathrm{a} - m \times U_\mathrm{zd} = 57.74 - 1.05 \times 10 = 47.24$ $m = 0.95$ ，$\quad U_\mathrm{X} = U_\mathrm{a} - m \times U_\mathrm{zd} = 57.74 - 0.95 \times 10 = 48.24$	
试验方法	（1）和做电压幅值测量试验时一样的接线方式，U_a、U_b 和 U_c 分别施加于母线电压，U_x 施加于线路抽取电压。 （2）在施加电压时进行手动合闸或遥控合闸操作	
试验仪器 设置	采用手动菜单	
	可靠合闸值	可靠不合闸值
	参数设置： $\dot{U}_\mathrm{A}$：57.74∠0.0°； $\dot{U}_\mathrm{B}$：57.74∠−120°； $\dot{U}_\mathrm{C}$：57.74∠120°； $\dot{U}_\mathrm{X}$：48.24∠0.00°	参数设置： $\dot{U}_\mathrm{A}$：57.74∠0.0°； $\dot{U}_\mathrm{B}$：57.74∠−120°； $\dot{U}_\mathrm{C}$：57.74∠120°； $\dot{U}_\mathrm{X}$：47.24∠0.0°

注　上述数据也可反过来，即将 U_x 放置在额定值，调整 A 相电压值的大小。

（2）角差试验。角差试验项目如表 2-6-19 所示。

表 2-6-19　　　　　　　　　　角 差 试 验 项 目

试验项目	角差试验	
整定定值	同期角差设置值为 20°，线路电压类型设置为"0"（选取 A 相电压）	
试验条件	软压板设置："检同期软压板"设置为"1"（对于新四统一测控，无此软压板）	
计算方法	计算公式： $$\Delta \varPhi = m \times \varPhi_\mathrm{zd}$$ $$\varPhi_{U_\mathrm{X}} = \varPhi_{U_\mathrm{a}} - m \times \varPhi_{U_\mathrm{zd}}$$ $$\varPhi_{U_\mathrm{X}} = \varPhi_{U_\mathrm{a}} + m \times \varPhi_{U_\mathrm{zd}}$$ 计算数据：m 系数，其值为 1.05 时应可靠不动作，其值为 0.95 时应可靠动作。 以母线电压为额定电压，线路抽取电压小于母线电压为例来说明试验仪器设置。 $m = 1.05$ ，$\quad \varPhi_{U_\mathrm{X}} = \varPhi_{U_\mathrm{a}} - m \times \varPhi_{U_\mathrm{zd}} = 0 - 1.05 \times 20 = -21$ $m = 0.95$ ，$\quad \varPhi_{U_\mathrm{X}} = \varPhi_{U_\mathrm{a}} - m \times \varPhi_{U_\mathrm{zd}} = 0 - 0.95 \times 20 = -19$	
试验方法	（1）和做电压幅值测量试验时一样的接线方式，U_a、U_b 和 U_c 分别施加于母线电压，U_x 施加于线路抽取电压。 （2）在施加电压时进行手动合闸或遥控合闸操作	
试验仪器 设置	采用手动菜单	
	可靠合闸值	可靠不合闸值
	参数设置： $\dot{U}_\mathrm{A}$：57.74∠0.0°； $\dot{U}_\mathrm{B}$：57.74∠−120°；	参数设置： $\dot{U}_\mathrm{A}$：57.74∠0.0°； $\dot{U}_\mathrm{B}$：57.74∠−120°；

续表

试验仪器 设置	$\dot{U}_\text{C}$：57.74∠120°； $\dot{U}_\text{X}$：57.74∠-19.0°	$\dot{U}_\text{C}$：57.74∠120°； $\dot{U}_\text{X}$：57.74∠-21.0°

注　上述数据也可反过来，即将 U_x 的角度放置在 0°，调整 A 相电压角度值。

（3）检无压试验。检无压试验项目如表 2-6-20 所示。

表 2-6-20　　　　　　　　　　检 无 压 试 验 项 目

试验项目	检无压试验	
整定定值	无压百分比：0.3，线路电压类型设置为"0"（选取 A 相电压）	
试验条件	软压板设置："检无压软压板"设置为"1"（对于新四统一测控，无此软压板）	
计算方法	计算公式： $$U_\text{x} = m \times U_\text{zd} \times U_\text{e}$$ 计算数据：m 系数，其值为 1.05 时应可靠不动作，其值为 0.95 时应可靠动作。 以母线电压为额定电压，线路抽取电压变化为例来说明试验仪器设置。 $m = 1.05$，$U_\text{x} = m \times U_\text{zd} \times U_\text{e} = 1.05 \times 0.3 \times 57.74 = 18.2$ $m = 0.95$，$U_\text{x} = m \times U_\text{zd} \times U_\text{e} = 0.95 \times 0.3 \times 57.74 = 16.5$	
试验方法	（1）和做电压幅值测量试验时一样的接线方式，U_a、U_b 和 U_c 分别施加于母线电压，U_x 施加于线路抽取电压。 （2）在施加电压时进行手动合闸或遥控合闸操作	
试验仪器 设置	采用手动菜单	
	可靠合闸值	可靠不合闸值
	参数设置： $\dot{U}_\text{A}$：57.74∠0.0°； $\dot{U}_\text{B}$：57.74∠-120°； $\dot{U}_\text{C}$：57.74∠120°； $\dot{U}_\text{X}$：16.5∠0.0°	参数设置： $\dot{U}_\text{A}$：57.74∠0.0°； $\dot{U}_\text{B}$：57.74∠-120°； $\dot{U}_\text{C}$：57.74∠120°； $\dot{U}_\text{X}$：18.2∠0.0°

注　上述数据也可反过来，即将 U_x 的角度放置在额定电压，调整 A 相电压幅值。

8. 逻辑和功能检查

（1）开关量防抖动功能。将测控装置的开入量消抖时间定值改为 0.5s，然后产生一个持续时间小于 0.5s 的开入脉冲；测控装置不应产生该开入的 SOE。

测试方法可以按遥信光耦动作电压试验接线方法，使输出电压为 220V，但应采用状态序列类型菜单，控制所加的时间 0.48s，查询测控装置无开入变位记录。

另一种测试方法可以采用测控开入电源，使用综合自动化测试仪的开出接点进行控制，也是使用状态序列菜单，使接点闭合时间为 0.48s，查询测控装置无开入变位记录。

（2）模拟量越死区上报功能。将模拟量死区整定值设为 10%。输入超过死区的变化量输入值，装置应小于 3s 将变化信息上传；然后输入一死区范围内模拟量，后台在小于 3s 的时间内看不到该变化量；后台显示正确故障处理：遥测越限处理。

（3）在当地监控计算机上监视与测控装置的通信报文数据是否正常滚动刷新，以及召唤和整定各子模块定值应成功报文正常刷新，召唤和整定定值成功。

9. 带负载测相量检查

目前由于试验仪器限制，在停电试验阶段无法很好地模拟正常运行时的三相高电压及三相负载电流，因此需要在一次设备带上电时对电压和电流的情况进行检查，也就是带负载测相量检查。测控装置在初次投运前或有电流电压回路变更时，在投运前也应开展带负载检查测试。其目的是为了检查确认电压和电流的极性是否正确，电压和电流的连接线是否正确。

由于带负载测相量时，相关联的一次设备已送电，测控装置也在运行中，在进行测相量时需严禁用力拉拽相关的二次线，避免出现 TA 二次回路开路及 TA 二次回路短路。

带负荷测相量时需要根据一次设备的状态找到参考相量，通常会选择变电站内二次回路未变更过的电压或电流作为基准。采用专用的相量测试仪，可测量电压值的幅值及相角（相角是相对于所选择的电压或电流基准），注意相角在相量仪上有被定义为超前于所选的基准或滞后于所选的基准，在测量前需要仔细查看相关的仪器说明书，避免记录数据错误。

以 220kV 双母线接线方式下的线路间隔为例测相量。通常在安排测相量时，会提供便捷的条件以便现场测出相量后能精准判断所测相量是否正确。如图 2-6-20 所示，对 251 间隔的相量进行检查。第一种情况是，通过倒母操作，使运行方式变成仅 251 和 252 两个线路间隔运行在 I 段母线上，根据基尔霍夫第一定律，251 和 252 对应相的电流方向相反。另一种情况也是空出一条母线用于连接所测试的间隔，通过母联开关送电至待测间隔。

以第一种情况为例，提供所测的相量记录范例，如表 2-6-21 和表 2-6-22 所示。

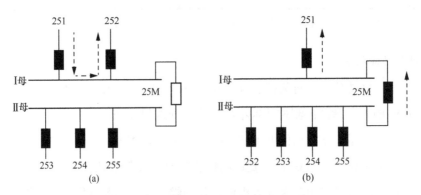

图 2-6-20　相量测量检查时一次潮流图

（a）以另一回线路间隔为参考；（b）以母联间隔为参考

表 2-6-21   相量测试时系统一次潮流记录表示例

测试时间	202×年 6 月 6 日				
运行状态	251 和 252 挂接于 Ⅰ 母上，其余间隔运行于 Ⅱ 母，两段母线分列运行				
项目	U（kV）（线电压）	I（A）	P（MW）	Q（Mvar）	Φ（°）
一次潮流	114.3	235.5	−45.6	−9.6	168.1
备注	P、Q 参考方向规定从母线流向线路，$\Phi=\arctan$（Q/P）				
N_{pt}，N_{ct}	N_{pt}= 110/0.1，N_{ct}=1200/5				

表 2-6-22   相量测试时系统运行状态记录表示例

序号	测试项目		幅值［V/A/（°）］	相序
1	电压回路	U_A	60.00∠0.0°	正序
		U_B	60.01∠−119.7°	
		U_C	60.00∠120.2°	
		U_x	60.00∠0.1°	—
2	电流回路	I_A	0.98∠168.1°	正序
		I_B	0.98∠48.0°	
		I_C	0.98∠287.1°	
3	相角	$U_A \sim I_A$	168.1	—
		$U_B \sim I_B$	167.7	
		$U_C \sim I_C$	166.9	

注 以 U_A 的相角为基准角 0°，记录另一参考的 252 的 I_A 电流：0.98∠−11.9°。

按图 2-6-20（a）的情况进行相量测试时，由于 252 属于原已投运间隔，可以作为一个参考基准。测量 252 的 A 相电流相位为-11.9°，与待测间隔 251 的电流反相，说明符合潮流流向，相量测试结果正确。

10. 光功率检查

光功率检查是数字测控装置独有的检查。光功率检查需要对 SV、GOOSE 类型口分别检查，需要记录对侧发送功率（dBm）、本侧接收功率（dBm）、衰耗计算值（dB）、灵敏启动功率（dBm）、本侧发送功率（dBm）。

光功率测量技术要求如下：

（1）1310nm 和 850nm 光纤回路（包括光纤熔接盒）的衰耗不应大于 3dB。

（2）光波长 1310nm 光纤：光纤发送功率：-20～-14dBm，光接收灵敏度：-31～-14dBm；光波长 850nm 光纤：光纤发送功率：-19～-10dBm，光接收灵敏度：-24～-10dBm。

（3）对侧发送功率和灵敏启动功率使用新安装的测试数据。

（4）本项目应结合"断链信息检查"一并实施，"光功率检查"同时作为"断链信息、逻辑检查"后光纤通信正常的确认手段，恢复时应检查光纤接头是否清洁，若被污染应进行相应处理后，方可接入装置，并核查关联告警信号已复归。

11.　断链信息检查

断链信息检查是数字测控装置独有的检查。需要检查：

（1）装置与 SV/GOOSE 网络（含直采回路/含直跳回路）通信正常，能够正确发送和接收数据。

（2）拔出 SV/GOOSE 端口接收口光纤时，应能正常告警。

（3）SV 链路异常报警和恢复时间均小于 5s，LED 断链灯正常。

（4）GOOSE 链路异常报警和恢复时间均小于 15s，LED 断链灯正常。

断链检查相关技术要求如下：

（1）在进行 SV/GOOSE 断链信息检查前，应确认装置与 SV/GOOSE 网络通信正常，能够正确接收数据，且装置、相关装置及综自后台无异常告警信号。

（2）可结合执行和恢复二次安全措施时一并进行。

（3）SV/GOOSE 链路异常应能报警，并发送 SV/GOOSE 断链报文，LED 断链灯动作正确，综自后台报警正确。

（4）应根据现场装置配置，检查所有光纤 SV/GOOSE 断链信。

（5）本项目应结合"光功率检查"一并实施，"光功率检查"同时作为"断链信息检查"后光纤通信正常的确认手段，恢复时应检查光纤接头是否清洁，若被污染进行相应处理后，方可接入保护装置，并核查关联告警信号已复归。

12.　检修机制检查

检修机制检查时应注意以下要求：

（1）投入正常运行时所有软、硬压板。

（2）合并单元处于检修状态时，发送的 SV 报文应打上检修状态标志，则相关联的设备在运行状态不应响应接收到的 SV 报文，只有也处于检修状态时才能正常响应。

（3）合并单元、智能终端、保护装置、测控装置等 IED 处于检修状态时，发送的 GOOSE 报文应打上检修状态标志，则相关联的设备在运行状态不应响应接收到的 GOOSE 报文，只有也处于检修状态时才能正常响应。

（4）保护和测控装置处于检修状态时，发出的 MMS 报文应打上检修状态标志，综自系统把该报文列入检修窗口显示。

（5）检修机制配合应检查发送和接收双向数据传输。

六、测控装置的常见故障处理

1. 遥信类故障

在测控装置调试过程或运行过程中，出现上送调度系统的设备开关量状态与现场实际设备状态不一致的情况。

通常情况下，遥信异常的原因有以下几类：

（1）远动机内数据配置或调度系统主站的数据库错误。包括转发表的引用错误、某侧的配置中错误取反、数据被人工置数而未解除等。

（2）变电站内远动装置或站控层交换机等设备硬件异常。此时变电站内有可能会出现大量的遥信误动、通信中断、各类遥信信号频繁变位等。

（3）遥信相关的二次回路接线错误，或部分线接触不良。特别是有些信号在运行一段时间后，会频繁报动作、复归的现象，有一些原因就是回路中某个点存在接触不良的情况，在运行中会随着设备的抖动等时通时断。

（4）环境中的电磁干扰。部分开入在实际运行中频繁变位抖动，可能是外界有很强的电磁干扰，干扰电压达到了遥信光耦的动作电压时就造成了遥信信号的频繁变位。

下面举例介绍遥信位置未正确变位时的故障查找方法。以如图 2-6-21 所示的遥信回路图进行检查。图中 1-1GD10 端子连接的是直流电源的正端，假设其电位为+110V，1-1GD20 连接的是直流电源的负端，假定其电位为-110V。

当所接的一次设备 1031 刀闸在合位时，而调度端显示位置在分位与现场不一致时，可在测控屏上对图中的 1-1QD17 的电位使用万用表进行测量。采用直流电压档，当所测得的电位为+110V左右时，可以判断由开关机构过来的电位是正确的，故障位置为测控装置内部故障，怀疑为开入板损坏或 CPU 板损坏。如果仅单个开入异常，大概率怀疑是个别开入板损坏。如 1-1QD17 的电位所测得的电位为-110V 左右时，此时怀疑开关设备的接点未变位，属于外部回路故障。

2. 遥测类故障

在测控装置调试过程中或运行过程中，出现上送调度系统的电压、电流或功率等模拟量存在较大的偏差，如有投入 TA 断线或 TV 断线。如三相电压或电流严重不平衡，上送的电流值不刷新等。

（1）电压异常的情况。当测控装置对电压自检投入了判断，此时可能有 TV 断线或零序过压告警等信号。

测控装置对于母线 TV 断线确认通常需要满足两个条件：①最大相间电压小于无压定值，且任一相电流大于某一装置有流确认值（如 $0.06I_N$）；②负序电压大于某一值（如 8V）。满足上述两个条件时，经一定延时报 TV 断线，而当上述条件不再满足，过一段时间后，断线信号会返回。

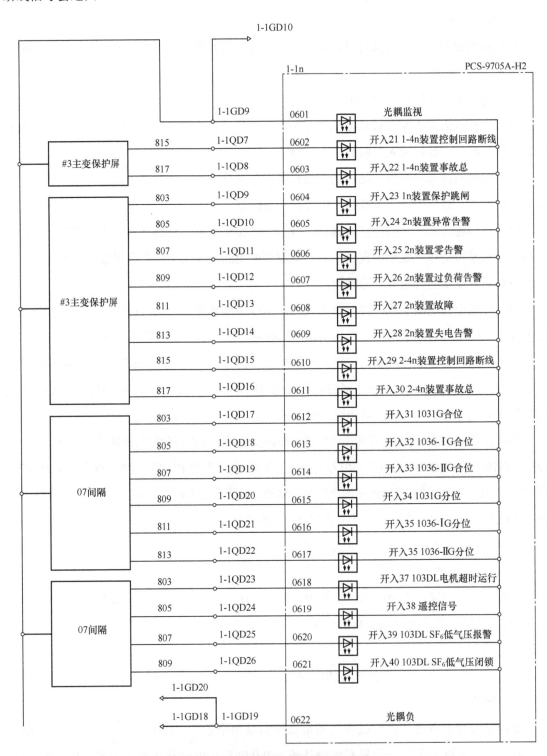

图 2-6-21 某测控装置遥信回路图

测控装置如接入了外接零序电压，当零序电压告警控制字投入时，并且外接零序电压超过装置设置的定值时，经一定的延时，会判断成零序电压告警，并形成相关告警信息上送调度系统。

当出现电压异常时，可采用万用表对各电压采样通道的电压值进行测量。有条件时采用相量表可以同步测量电压的相角。如测量的值与测控装置的显示值不一致时，怀疑是测控装置异常，此时需要申请退出测控装置，重点检查交流采样插件。而如果测量值与测控装置的显示值一致时，优先检查外部连接线等。对于智能变电站采用 SV 数据传输时，此时可结合变电站内的网络分析仪或采用手持式的测试装置，对 SV 采集报文进行抓包，检查合并单元 MU 的输出是否正常。

（2）电流异常检查。三相电流严重不平衡时，需采用钳形电流表对输入测控的每相电流值进行测量。如发现钳形电流表测量值与测控装置采集值一致，此时怀疑电流二次回路异常。而如果测量的值与测控装置的显示值不一致时，怀疑是测控装置异常。另外有一种情况，测控装置显示值正常，但调度主站显示异常，此情况常出现遥测传输值溢出的情况。

遥测值溢出是一种比较常见的故障现象，尤其是在线路负载逐步上升后，出现了电流值超出 TA 额定值的情况下，通常溢出值设置为 1.2 倍的额定值。假设 TA 的额定变比为 600/5，TA 的一次额定值为 600A，当系统一次电流值超过 720A 时，由于传输数据溢出了，接收方默认为限制的最大值，此时的另一个现象是遥测值不刷新，俗称死数。当出现这种现象时，需要检查相关的电流互感器是否有备用的大变比的抽头，从而将互感器的变比做大。

（3）功率不准。由于功率是测控装置根据采集的电流和电压数据后计算出来的值。因此当出现功率异常时，需要先检查电压和电流的数据是否正确，可以先看幅值，再看相序，借助测控装置相应的菜单。

（4）主变油温温度显示不准。对于温度显示不准的问题，通常采用如下思路检查。

1）对于智能站，该温度通常通过智能终端上送，此时查看网络分析仪 GOOSE 报文，查看档位是否上送正常，如果不正常，检查智能终端温度量程配置和外回路接线。

2）对于常规站，可以采用串接万用表测量直流电流或测量测控输入电压信号的方式，确认测控装置显示值与外部输入值是否一致，如一致，则重点检查外部的 PT100 传感元件或温度变送器等，反之，可以先锁定测控装置异常。

3）首先根据实际温度值，计算输入变送器的温度电阻值和变送器输出的电流值/电压值。

4）如果温度电阻值不正确，检查电阻的接线。如果变送器的输出不正确，检查变送器的接线，如果变送器输出正确，检查至直流板的接线。

（5）主变档位异常。

1）对于智能站，通常采用 GOOSE 报文传输档位。此时查看网络分析仪 GOOSE 报文，查看档位是否上送正常，如果不正常，检查智能终端外部接线。对于常规站，类似的检查测控的输入 BCD 码是否符合现场实际。

2）检查调压定值关于 BCD 和 16H 的设置，GOOSE 档位开入和实际开入设置等。

3. 遥控类故障

遥控类故障经常发生在调度人员或运维人员在对变电站内设备进行遥控时，可能出现设备未响应遥控合闸或分闸指令的问题。通常情况下，还可以结合现场的就地电动操作情况进行辅助判断。可以参考如下流程进行检查。

（1）确认是遥控选择失败还是遥控执行失败。如果是遥控选择失败，此时重点检查测控装置的远方/就地状态、测控装置是否误投入检修状态、控制逻辑压板未投入、测控装置 IP 地址设置错误等。如果是遥控执行失败，则需重点检查测控装置输出接点是否正常闭合及外部电气回路是否正确。

（2）确认设备是否可以在变电站内就地电动操作。由于遥控操作回路和就地电动操作回路除了分、合闸指令来源部分的二次回路有区别，其他部分回路完全一致，采用就地电动操作的结果可以做一个初步的判断。若就地电动无法合闸，先不考虑测控故障问题，优先怀疑测控相连的外部二次回路故障。反之，可就地电动操作，此时重点检查测控装置的开出板是否开出接点有闭合，对智能站就是检查是否有相关的 GOOSE 报文等。

（3）对于特殊的开关的同期合闸，还需要检查外部同期条件是否满足。

4. 测控装置告警信息

测控装置具有完备的自检功能，如测控装置自身发出告警信号，此时宜对其告警信号进行详细地解读，有助于现场故障的分析和处理。对测控装置告警信息进行归类，基本上可以分成自检告警、运行异常告警、GOOSE 链路异常告警和 SV 链路异常告警 4 大类，其具体告警信息及相关含义如表 2-6-23 所示。

表 2-6-23　　　　　　　　　　　测控装置告警信息分类表

序号	告警信息分类	告警命名	灭运行灯	点告警灯	装置故障	装置告警	备注（解释说明）
1	装置自检告警	装置异常	是	是	是	是	包括插件模件异常、参数校验错等
2	运行异常告警	对时信号状态	否	否	否	否	B 码信号异常（无 B 码信号接入、信号奇偶校验错误等）
		对时服务状态	否	否	否	否	装置守时，不根据 B 码信号对时，点对时异常灯
		时间跳变侦测状态	否	否	否	否	监测 B 码信号跳年、跳月、跳日、跳秒

续表

序号	告警信息分类	告警命名	灭运行灯	点告警灯	装置故障	装置告警	备注（解释说明）
2	运行异常告警	TV 断线	否	否	否	否	具体功能描述
		TA 断线	否	否	否	否	具体功能描述
		$3U_0$ 越限	否	否	否	否	$3U_0$ 值超过设定值产生对应事件
		$3I_0$ 越限	否	否	否	否	$3I_0$ 值超过设定值产生对应事件
3	GOOSE 链路异常告警	站控层 GOOSE 总告警	否	是	否	是	包括站控层 GOOSE 中断、GOOSE 异常
		站控层 GO01-A 网中断	否	是	否	是	站控层 GOOSE X A/B 网中断告警
		站控层 GO01-B 网中断	否	是	否	是	
		站控层 GO02-A 网中断	否	是	否	是	
		站控层 GO02-B 网中断	否	是	否	是	
		站控层 GO03-A 网中断	否	是	否	是	
		站控层 GO03-B 网中断	否	是	否	是	
		……					
		过程层 GOOSE 总告警	否	是	否	是	包括过程层 GOOSE 中断、GOOSE 异常
		过程层 GO01 中断	否	是	否	是	过程层 GOOSE X 中断告警
		过程层 GO02 中断	否	是	否	是	
		过程层 GO03 中断	否	是	否	是	
		……					
4	SV 告警	SV 总告警	否	是	否	是	采用通道总告警信号，包括 SV 中断、SV 异常
		SV 失步	否	是	否	是	SV 的失步判断，具体判断逻辑在功能中描述
		SV 丢点	否	是	否	是	SV 的丢点判断，具体判断逻辑在功能中描述
		SV01 中断	否	是	否	是	
		SV02 中断	否	是	否	是	
		SV03 中断	否	是	否	是	
		……					

根据表中所示的情况，综合研判测控装置告警的相关信息，对异常情况进行检查。

（1）SV 通信异常的处理思路。

1）查看报告中/事件报告中具体告警内容，确定具体通信中断 MU，查看网络分析仪该 SV 报文是否正常。使用抓包工具在接入测控装置的光纤查看 SV 报文是否正常。

2）查看运行值/通信状态/SV 菜单中通信状态是否正常，查看具体导致原因。

3）如果 SV 通信状态中无任何接收信息，查看管理插件和 SV 插件中配置文件是否一致。

（2）GOOSE 异常的处理思路。

1）查看报告中/事件报告中具体告警内容，确定具体通信中断 MU，查看网络分析仪该 GOOSE 报文是否正常。使用抓包工具在接入测控装置的光纤查看 GOOSE 报文是否正常。

2）查看运行值/通信状态/过程层 GOOSE 菜单中通信状态是否正常，查看具体导致原因。

3）如果 GOOSE 通信状态中无任何接收信息，查看管理插件和 GOOSE 插件中配置文件是否一致。

 【练习题】

1. 简述变电站测控装置主要功能。

2. 简述四统一测控装置按照应用情况的分类及适用场合。

3. 简述测控装置测量变化死区和零值死区的含义、同期合闸的分类。

第三部分　变电站综合自动化系统二次回路基础知识

模块一　二次回路的基础知识概述

【模块描述】

本模块主要介绍二次回路基本概念和二次回路的识图方法包括二次回路的范围和分类、二次回路图的符号和编号规则等内容。

【学习目标】

1．了解二次回路的分类。

2．掌握二次回路图的编号及识图方法。

【正文】

一、二次回路的基本概念

在电力系统中，根据电气设备的作用通常将其分为一次设备和二次设备。一次设备是构成电力系统的主体，它是直接生产、输送与分配电能的设备，包括主变压器、所用变、消弧线圈、母线、线路、高压电缆、断路器、隔离开关、电流互感器、电压互感器、电容器、避雷器等。二次设备是对一次设备及系统进行控制、调节、保护和监测的辅助电气设备，确保一次系统安全稳定、经济运行和操作管理的需要，它包括控制设备、继电保护和安全自动装置、各类测控装置、测量仪表、信号设备等。

二次回路是把变电站中一次设备、二次设备按一定规则要求连接起来所形成的电气回路，以实现对一次系统设备运行工况的监视、测量、控制、保护、调节等功能。

1．二次回路的范围

二次回路按回路的用途可划分为可以实现不同功能的二次回路，包括：

（1）测量回路：由各种测量装置或测量仪表及其相关回路组成。其作用是指示或记录一次设备和系统的电气参数量及电能耗用量，包括电流、电压、频率、功率、电能等测量，以便运行人员掌握一次系统的运行情况，同时也是分析电能质量、计算经济指标、了解系统潮流和主设备运行工况的主要依据。

（2）信号回路：由信号发送设备和信号继电器等组成。其作用是反映一、二次设备的工作状态，为工作人员提供操作、调节和处理故障的可靠依据。

（3）控制回路：由控制开关与控制对象（如断路器、隔离开关）的传递机构、执行（或操作）机构组成，其作用是对一次设备进行"合""分"操作。包括断路器控制回路用于对变电站断路器分、合操作的手动控制和自动控制；隔离开关操作回路，用于隔离开关操作的手动控制和自动控制；隔离开关闭锁回路实现隔离开关和断路器之间防止带负荷拉合隔离开关的闭锁、隔离开关与接地开关之间防止带地线合闸的闭锁等。

（4）调节回路：是由测量机构、传送机构、调节器和执行机构组成。其作用是根据一次设备运行参数的变化，实时在线调节一次设备的工作状态或工作参数，以保证主设备和电力系统的安全、经济、稳定运行。如对主变进行有载调压的装置、发电机的励磁调节装置。

（5）继电保护和安全自动装置回路：是由测量回路、比较部分、逻辑部分和执行部分等组成。其作用是根据一次设备和系统的运行状态，判断其发生故障或异常时，自动发出跳闸命令有选择性地切除故障，并发出相应地信号，当故障或异常消失后，快速投入有关断路器（重合闸及备用电源自动投入装置），恢复系统的正常运行，保证电力系统的稳定。

（6）操作电源系统：由电源设备和供电网络组成，它常包括直流电源系统和交流电源系统。其作用主要是给测控装置、保护装置、控制或信号回路等设备提供工作电源与操作电源等，确保所有设备正常工作。

变电站综合自动化系统二次回路主要包括测量回路、信号回路、控制回路、调节回路等，变电站内二次系统所涉及的各个专业趋向于相互渗透融合，测量、控制、保护、通信专业整合已成必然趋势。在确保系统的安全性原则前提下，保证系统功能的实用性。整合后的系统，将呈现数据集中、信息共享、功能分布等特点，应能更好地体现各个应用的功能定位。

2. 二次回路图的分类

为了便于设计、制造、安装、调试、运行维护及归档管理，通常在二次图纸上使用元件的图形符号及文字符号按一定规则连接起来对二次回路进行描述。这类二次图纸称之为二次回路图。

按照图纸的作用，二次回路图可分为原理接线图和安装接线图。原理接线图按其表现的形式又可分为归总式原理接线图与展开式原理接线图。安装接线图是二次回路设计的最后部分，是制造、施工、调试、运行、检修等的主要参考图纸，图中的各种元件和连接线，按照实际图形、位置和连接关系依一定比例绘制。安装接线图又分为屏面布置图和屏背面接线图。屏背面接线图一般又分为屏内设备连接图和端子排接线图。

随着二次设备的数字化以及继电器的微机化，二次装置衍变为插件式结构，因此出现装置每块插件的背板图或者插件的接点联系图。

（1）归总式原理接线图。归总式原理图是以元件为中心，各种电器以整体形式出现，把相互连接的电流回路、电压回路、直流回路等综合在一张二次图上，是设计、制造单位表现其装置的总体配置和完整功能的常用形式，图 3-1-1 反映了 10kV 线路定时限过电流保护的组成元件、原理接线，此为电磁型继电器组成的二次回路。

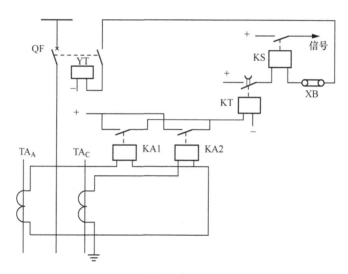

图 3-1-1　10kV 线路定时限过电流保护原理图

归总式原理图的特点是二次接线与一次系统接线的相关部分画在一张图上，直观、形象，能够使读者对整个二次回路的构成以及动作过程，都有一个明确的整体概念。其缺点是对二次回路的细节表示不够，不能表明各元件之间接线的实际位置，未反映各元件的内部接线及端子标号、回路标号等、不便于现场的维护与调试，对于较复杂的二次回路读图比较困难，在实际使用中，主要采用展开式原理图。

（2）展开式原理接线图。展开式原理接线图（简称展开图）是以回路为中心，按提供的二次回路的独立电源划分，拆分成交流电流回路（见图 3-1-2）、信号回路（见图 3-1-3）、直流控制回路（见图 3-1-4）等独立回路展开表示，则每一个元件的不同组成部分按照逻辑关系拆分并展开画在不同的回路中，采用文字符号，将各导线、端子按统一规定的回路编号和标号标识。展开式原理接线图的接线清晰，易于阅读，便于掌握整套继电保护装置、测控装置及二次回路的动作过程以及工作原理等，被广泛使用于变电站二次图纸设计中。

（3）屏面布置图。屏面布置图是加工制造屏柜和安装屏柜上设备的依据，因此应按一定比例绘制屏上元件的安装位置及元件间距离，并标注外形及中心线的尺寸。

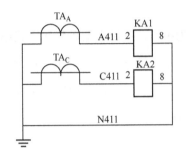

图 3-1-2 交流电流回路

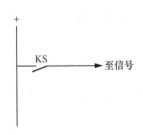

图 3-1-3 信号回路图

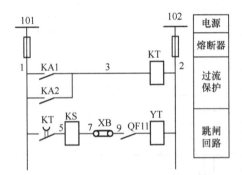

图 3-1-4 直流控制回路

屏面布置图是正视图，便于从屏的正前方了解和熟悉屏上元件的配置情况和排列顺序。屏上元件均按一定规律给予编号，并标出文字符号。文字符号与展开式原理图上的符号保持一致性和唯一性，以便于相互查阅和对照。屏上元件的排列、布置，是根据运行操作的合理性以及维护运行和施工的方便性而定，如图 3-1-5 所示。在屏面图旁边所列的屏上设备表中，应注明每个元件的顺序编号、符号、名称、型号、技术参数、数量等。如果有某个元件装在屏后，应在设备表的备注栏内注明，如图 3-1-6 所示。

（4）屏背面接线图。屏背面接线图以屏面布置图为基础，以原理展开图为依据绘制而成，是工作人员在屏背后工作时使用的背视图，所以设备的排列与屏面布置图是相对应的，左右方向正好与屏面布置图相反。为了配线方便，在安装接线图中对各元件和端子排都采用相对编号法进行编号，用以说明这些元件间的相互连接关系。

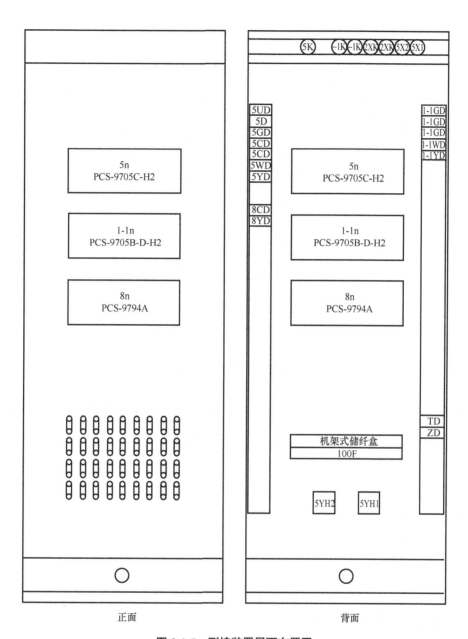

图 3-1-5　测控装置屏面布置图

　　屏背面接线图又可分拆为屏内设备接线图和端子排安装接线图，前者主要作用是表明屏内各元件的背面引出端子之间在屏背面的连接关系，以及屏上元件与端子排的连接关系；后者专门用来表示屏内设备与屏外设备的连接关系。端子排的内侧标注与屏内设备的连线；端子排外侧标注与屏外设备的连线，屏外连接主要是电缆，要标注清楚各条电缆的编号、去向、电缆型号、芯数和截面等，且每一回路都要按等电位的原则分别予以回路标号，如图 3-1-7 所示端子排图。

设备材料表

序号	编号	名称	型号	数量	备注
1	1-1n	测控装置	ZD_PCS-9705B-D-H2	1	
2	5YH1，2	电压互感器	JYH380V/100V-3	2	
3	5n	测控装置	ZD_PCS-9705C-H2-1A	1	
4	ODF	光纤配线架	NR-ODF-1U/12(12ST/M)	1	
5		机架式储纤盒	NR-OFSB	1	
6	8n	通信管理装置	ZD_PCS-9794A	1	
7	LP	连接片	XH17-2T/Z	36	
8	1-1K，5K	电源开关	2P-C-3A-DC	4	ABB
9	ZKK	电压开关	3P-C-1A	2	ABB
10		试验端子	URTK/S		
11		其余端子	UDK4		
12	8K	电源开关	2P-C-3A-DC	1	ABB
13					
14					
15					
16					
17					
18					
19					
20					

图 3-1-6　屏内图元器件列表

现场使用的二次回路图是以二次图纸卷宗册的形式出现，根据工程规模大小和电压等级的高低，二次图纸卷宗册的数量也不同，各卷宗图册内包括展开式原理接线图、屏面布置图、端子排图等，一般二次图纸目录有以下部分：

（1）总的部分、公用部分或者监控部分。

（2）各电压等级的线路保护测控二次图纸。

（3）主变压器保护测控二次图纸。

（4）直流图纸。

（5）通信图纸。

（6）保护测控装置原理图，即厂家图。

二、二次回路的识图

1. 二次回路图的图形符号、文字（数字）符号

二次回路图中的各设备、元件或功能单元等项目及其连接等必须用图形符号、文字符号、回路标号进行说明。图形符号和文字符号用以表示二次回路中的各个元件，回路标号明确各个元件之间互相连接的各个回路。

（1）图形符号。图形符号用来直观地表示二次回路图中任何一个设备、元件、功能单元等项目。图形符号按照 GB/T 4728《电气简图用图形符号》标准规定使用，常用的二次回路的图形符号如图 3-1-8 所示。

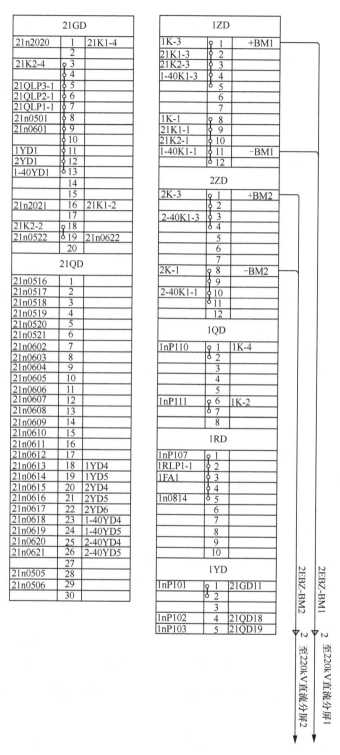

图 3-1-7 端子排图

229

图 3-1-8 图形符号

（2）文字符号。文字符号作为限定符号与一般图形符号组合使用，可以更详细地区分不同元件以及同类元件中不同功能的元件或功能单元等项目。编制常用电气元件等代号的一般规律是，同一元件的不同组成部分必须采用相同的文字符号。文字符号按有关电气名词的英文术语缩写而成，采用该单词的第一位字母构成文字符号，一般不超过三位字母。如果在同一展开图中同样的元件不止一个，则必须对该元件以文字符号加数字编序。同一电气单元、同一电气回路中的同一种元件的编序，用阿拉伯数字表示，放在元件文字符号的后面；不同电气单元、不同电气回路中的同一种元件的编序，用平身的阿拉伯数字表示，放在元件文字符号的前面。

2. 二次回路图中的编号规则

二次回路中屏柜、元件的接线端子间要通过导线进行连接，对这些连接导线都要进行标号，这些标号就是二次回路编号。二次回路编号方法分为回路编号法和相对编号法。

（1）回路编号法。回路编号法是按回路的功能，以等电位的原则标注，即在电气回路中，连于同一电气点上的所有导线须标以相同的回路编号。回路标号用 3 位或 3 位以下数字组成，需要标明回路的相别或某些主要特征时，可在数字标号的前面（或后面）增注文字符号。如 1、37a、A630 等。

回路编号法规则：

1）直流回路从正电源出发以奇数编号，负极按偶数编号，对于不同用途的直流回路，使用不同的数字范围，按电源所属回路进行分组，如控制和保护回路用 001～099 及 1～599，信号回路用 701～799。

2）保护与控制回路使用的数字按断路器分组，每一百为一组，如 101～199，301～399 等，其中正极性回路编为单数，由小至大，负极性回路编为双数，由大至小。同一间隔多台开关设备的，按开关设备的数字序号进行。例如 220kV 主变三侧有 3 个断路器，则对应的控制回路编号选 101~199，201~299，301~399。

3）交流回路自互感器引出端开始，按电流流动方向依次编号，并加相序，每经过一个元件，回路编号增加一个数。

4）常用或重要回路给以专用的编号。例如：电源 101、201，102、202；合闸 7，分闸 37；断路器位置绿灯监视回路为 105、205、305；位置绿灯监视回路编号为 35、135、235 等；信号回路的数字编号，按事故、位置、预告、指挥信号进行分组，按数字大小进行排列。

5）对接点、开关、按钮等两侧，虽然闭合时为等电位，应不同编号，但只改变编号大小而不改变单、双数（极性）。经过回路中主要降压元件（如线圈、电阻等）后改变其单、双数（极性）。

常用直流和交流回路的数字标号分别如表 3-1-1 和表 3-1-2 所示。

表 3-1-1　　　　　　　　　　　　常用直流回路的数字标号

回路名称	数字标号组			
	一	二	三	四
正电源回路	1	101	201	301
负电源回路	2	102	202	302
合闸回路	3~31	103~131	203~231	303~331
跳闸回路	33~49	133~149	233~249	333~349
红灯和跳闸监视回路	35（6）	135（6）	235（6）	335（6）
绿灯和合闸监视回路	5（6）	105（6）	205（6）	305（6）
备自投回路	50~69	150~169	250~269	350~369
开关位置信号回路	70~89	170~189	270~289	370~389
事故跳闸信号回路	90~99	190~199	290~299	390~399
电压切换回路	735~739			
隔离开关位置回路	70~89	170~189	270~289	370~389
保护回路	01~099			
信号回路	701~7XX；901~9XX；J901~J9XX			
遥信回路	801~899			
储能电动机回路	871~879			

表 3-1-2　　　　　　　　　　　　常用交流回路的数字标号

回路名称	互感器绕组编号	回路标号				
		A	B	C	L	N
保护装置及测控的电流回路	TA	A401~A409	B401~B409	C401~C409	L401~L409	N401~N409
	1TA	A411~A419	B411~B419	C411~C419	L411~L419	N411~N419

续表

回路名称	互感器绕组编号	回路标号				
		A	B	C	L	N
保护装置及测控的电流回路	2TA	A421～A429	B421～B429	C421～C429	L421～L429	N421～N429
	3TA	A431～A439	B431～B439	C431～C439	L431～L439	N431～N439
母差电流回路	110kV	A（B，C，N）310				
	220kV	A（B，C，N）320				
	500kV	A（B，C，N）350				
电压保护测量电压	TV	A601～A609	B601～B409	C601～C609	L601～L609	N601～N609
	1TV	A611～A619	B611～B619	C611～C619	L611～L619	N611～N619
	2TV	A621～A629	B621～B629	C621～C629	L621～L629	N621～N629
第一组母线电压		A630、B630、C630、L630、N600				
第二组母线电压		A640、B640、C640、L640、N600				
第三组母线电压		A650、B650、C650、L650、N600				
第四组母线电压		A660、B660、C660、L660、N600				
经切换后电压	35kV	A（B，C，N）730～739；B600				
	110kV	A（B，C，L，Sc）710～719；N600				
	220kV	A（B，C，L，Sc）720～729；N600				
	500kV	A（B，C，L，Sc）750～759；N600				

（2）相对编号法。相对编号法是指连接甲、乙两个端子（元件）的导线，在甲侧端子侧标注乙侧端子的位置，乙侧端子旁标注甲侧端子的位置。相对编号法常应用于安装接线图，方便安装接线和查线。

对于同一屏内或同一箱内的二次设备或端子排，相隔距离近，相互之间的连线多，回路多，采用回路标号很难避免重号，而且不便查线和施工，这时就只有使用相对编号法。

对不同类型的装置用英文字母 n 前缀数字编号，如表 3-1-3 所示，屏背面端子排的文字符号前缀数字与装置编号中的前缀数字相一致。对于屏内有两台及以上的相同类型的装置，可用 1-1n、1-2n 来以区别。屏内装置编号如表 3-1-3 所示。

表 3-1-3　　　　　　　　　　　屏　内　装　置　编　号

序号	装置类型	装置标号	屏（柜）端子排标号
1	变压器保护、母线保护、测控装置	1n	1D
2	操作箱	4n	4D
3	变压器、高压电抗器非电量保护	5n	5D

序号	装置类型	装置标号	屏（柜）端子排标号
4	交流电压切换箱	7n	7D
5	母联（分段）保护	8n	8D

端子排根据屏内设备布置，按方便接线的原则，布置在屏的左侧或右侧。在同一侧端子排上，不同安装单位端子排的中间用终端端子隔离，每一安装单位的端子排一般按回路分类成组集中布置。按照"功能分区，端子分段"的原则，根据端子排功能不同，分段设置端子排；端子排按段独立编号，每段应预留备用端子，端子排编号如表 3-1-4 所示。

表 3-1-4　　　　　　　　　　　　　　端　子　排　编　号

序号	左侧端子排		右侧端子排	
1	直流电源段	ZD	交流电压段	UD
2	强电开入段	QD	交流电流段	ID
3	对时段	OD	信号段	XD
4	弱电开入段	RD	遥信段	YD
5	出口正段	CD	录波段	LD
6	出口负段	KD	通信段	TD
7	与保护配合段	PD	交流电源	JD
8	备用段	1BD	备用段	2BD

（3）二次电缆编号。二次电缆编号是识别电缆的标记，要求全站所有电缆编号不重复，并具有一定的含义和规律，能表达电缆的特征，控制电缆编号由安装单位或安装设备符号及数字组成，一般格式如图 3-1-9 所示，常用代号如表 3-1-5 所示，常用电缆编号数字如表 3-1-6 所示。

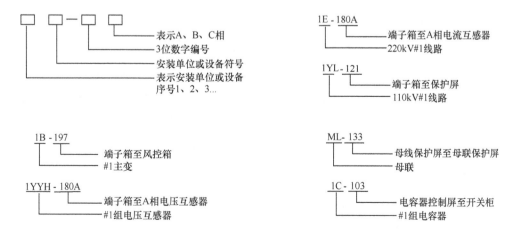

图 3-1-9　电缆编号示意图

表 3-1-5 常用代号表

代号	S	U	Y	E	W	L	B	SB	C	YYH（TV）	K	ML（FD）	ZL	JL
含义	10kV	35kV	110kV	220kV	500kV	线路	主变	所变	电容器	互感器	电抗器	母联（分段）	直流	交流

表 3-1-6 常用电缆编号数字表

序号	途径	数字序号
1	二次设备室屏间联络电缆	130～149、230～249、330～349
2	二次设备屏至配电装置电缆	150～159、250～259
3	隔离开关、接地刀闸机构电缆	190～199、290～299、390～399、490～499
4	断路器至端子箱电缆	170～179、270～279、370～379
5	TA、TV 至端子箱电缆	180～189、280～289、380～389
6	主变压器处联络电缆（TA）	180～189
7	主变压器处联络电缆（刀闸、本体）	190～199

3. 二次回路识图的基本方法

二次回路虽然具有连接导线多、工作电源种类多、二次设备动作程序多的性质，但逻辑性很强。若想熟练地阅读二次回路图，需要熟悉二次图纸符号、文字标号、数字标号，同时了解相关一次设备如断路器、隔离开关、电流、电压互感器、变压器的功能及常用的控制、保护方式等，特别应着重了解装置需要接入或送出的各类电气模拟量和开关量，它们的用途、性质、作用以及相互之间的连接关系等；然后需要掌握不同类型图纸的设计原则和绘图规律，学会按一定的逻辑顺序识图。

二次识图通常可以按照以下步骤开展：

（1）"先一次，后二次"。在看二次图前，应先看系统一次接线图，熟悉一次接线结构，建立一个整体概念。

（2）"先交流、后直流"。从一个回路的互感器二次绕组输出开始，按照电流的流动方向，看到中性线（N 极）回到互感器输入止。

（3）"交流看电源，直流找线圈""见接点找线圈，见线圈找接点"。

（4）"先看展开图，后看端子排图"。展开图是对回路的接线、工作原理的描述，首先看懂展开图，能帮助建立完整回路概念，端子图仅能说明线的去向，很难从端子图上看清工作原理。

（5）"多张图纸结合看，看完所有支路"。一个间隔的二次展开图往往由多张图组成，按功能分页，有控制回路图、信号回路图、保护回路图等。

【练习题】

1. 二次回路图可以分成哪几类？

2. 二次回路标号规则有哪些？

3. 二次回路图识图的步骤有哪些？

模块二　常规站遥信、遥测、遥控二次回路的基础知识

【模块描述】

本模块主要完成常规变电站遥信、遥测、遥控二次回路的基础知识介绍，包括常规变电站遥信、遥测、遥控二次回路的基本组成，遥信信号、遥测的采集和遥控的动作过程。

【学习目标】

1. 了解常规变电站遥信、遥测、遥控二次回路的组成。

2. 了解常规变电站遥信、遥测、遥控二次回路的采集及控制逻辑。

【正文】

电网综合自动化系统指的是对电力系统进行测量、监视、控制、分析、运行管理的系统及其设备的总称，由主站端系统、厂站端系统及其设备，经通信通道连接组成，处于厂站端的计算机监控系统典型配置图如图 3-2-1 所示。厂站端与主站端系统联系的关键设备即远动机（RTU），是电网调度自动化系统中安装在厂站端的一种具有远动功能的自动化设备，是主站端对变电站现场实现监测和控制的装置，如图 3-2-2 所示。其中遥测、遥信、遥控功能是自动化系统最基本最重要的功能。

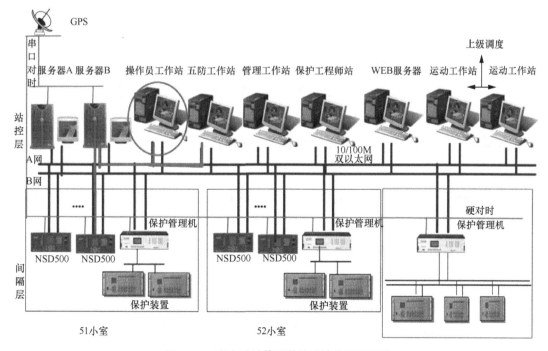

图 3-2-1　变电站计算机监控系统典型配置图

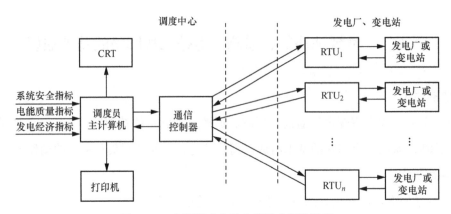

图 3-2-2　电网调度自动化系统典型结构图

一、遥信回路的基本知识

遥信，即状态量，是为了将开关、刀闸等位置信号上送到监控系统。综合自动化系统应采集的遥信包括：开关状态、刀闸状态、变压器分接头信号、一次设备告警信号、保护跳闸信号、预告信号等。

1. 遥信信号的分类

遥信信号按其用途可分为：

（1）事故信号。当一次系统发生事故引起断路器跳闸时，由继电保护或自动装置动作启动信号系统发出的声、光信号，以引起运行人员注意。

（2）预告信号。当一次或二次电气设备出现不正常运行状态时，由继电保护动作启动信号系统发出的声、光信号。预告信号又分为瞬时预告信号和延时预告信号。

（3）位置信号。表示断路器、隔离开关以及其他开关设备状态的位置信号。

为了使运行人员准确迅速掌握电气设备和系统工况，事故信号与预告信号应有明显区别。通常事故跳闸时，发出蜂鸣器声，并伴有断路器指示绿灯闪光；预告信号发生时警铃响，并伴有光字牌指示等。

引发事故信号的原因包括线路或电气设备发生故障，由继电保护装置动作跳闸；断路器偷跳或其他原因引起的非正常分闸。

预告信号的基本内容包括以下内容：

（1）各种电气设备的过负荷。

（2）各种带油设备的油温升高超过极限。

（3）交流小电流接地系统的单相接地故障。

（4）直流系统接地。

（5）各种液压或气压机构的压力异常，弹簧机构的弹簧未储能。

（6）三相式断路器的三相位置不一致。

（7）继电保护和自动装置的交、直流电源断线。

（8）断路器的控制回路断线。

（9）电流互感器和电压互感器的二次回路断线。

（10）继电保护和自动装置的异常告警信号。

2．硬接点信号和软报文信号

目前，变电站综合自动化系统上送给自动化主站的信号包含"硬接点信号""软报文信号"两个类型。其中，硬接点信号指的是开关、刀闸等断路器辅助接点发出的位置信号或其他继电器接点发出的开入量信号，通过测控装置采集后直接上送后台机及远动机的信号，硬接点是物理上的、可以看得到摸得着的实际接点，比如开关、刀闸分合位，硬接点信号不需要加工，传输介质为电缆。软报文信号指的是通过保护或测控装置将采集到的数据综合加工后，通过网络通信线，以报文的形式向后台机或远动机传输信号，比如电压互感器断线、电流互感器断线，软报文的源头是无形的，看不到摸不着。

硬接点遥信信号的采集，通常通过光电隔离输入，原理图如图 3-2-3 所示，当接点闭合，光耦二极管导通，光信号转换成数字信息发送给 CPU。为了取得良好的抗干扰性能，信号量的开入通常采用 DC220/110V 直流电压强电输入。

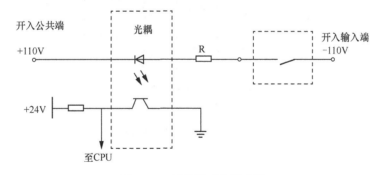

图 3-2-3　遥信的采集原理图

一般遥信输入来源于三处，一处是本屏中压板、把手的遥信输入，如图 3-2-4 所示；另一部分是一次设备信号经电缆汇聚至断路器端子箱，再经电缆接入测控装置遥信输入，如图 3-2-5 所示；还有一部分是从本间隔的保护屏上遥信信号接入遥信输入，同一次设备信号图纸类似，只是信号源头来自于保护装置。

二、遥测回路的基本知识

遥测就是将变电站内的交流电流、电压、功率、频率，直流电压，主变温度、档位等信号进行采集,通过测控装置上送到主站,便于运行人员进行工况监视。

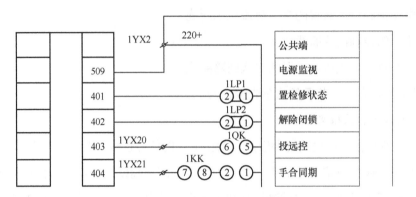

图 3-2-4　本屏内遥信输入图

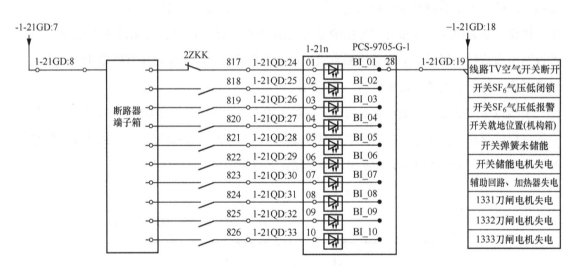

图 3-2-5　设备遥信输入图

二次回路的交流电流、交流电压的采集需通过电流互感器、电压互感器将一次的大电流、大电压进行变换,再将变换后的模拟量接入测控装置。

1. 电流互感器

电流互感器能将一次系统的电流信息准确传递到二次侧相关设备,将一次系统的大电流变换为二次侧的小电流,使得测控装置、计量仪表和继电保护等装置标准化,并降低了对二次设备绝缘的要求、将二次设备以及二次系统与一次系统高压设备在电气方面很好的隔离,从而保证了二次设备和人身的安全。电流互感器与断路器、刀闸等一次设备不同是专为二次服务而存在的设备。

电流互感器是一个特殊形式变换器,它的二次电流正比于一次电流。因其二次回路的负载阻抗很小,一般仅几个欧姆,故二次工作电压也很低,当二次回路阻抗大时二次工作电压

$U=IZ$ 也变大，当二次回路开路时，U 将上升到危险的幅值，它不但影响电流传变的准确度，而且可能损坏二次回路的绝缘，烧毁电流互感器铁芯。所以电压互感器的二次回路不能开路。

（1）电流互感器的分类。按用途分类：测量用电流互感器、保护用电流互感器；按绝缘介质分类：干式电流互感器、浇注式电流互感器、油浸式电流互感器、气体绝缘式电流互感器；按电流变换原理分类：电磁式电流互感器、光电式电流互感器；按安装方式分类：穿墙式电流互感器、支柱式电流互感器、套管式电流互感器。

（2）电流互感器的极性。减极性原则标注：当一次和二次电流同时从互感器一次绕组和二次绕组的同极性端子流入时，它们在铁芯中产生的磁通方向相同。当一次电流从 L1 流入互感器一次绕组时，二次感应电流的规定正方向从 K1 流出互感器二次绕组，如图3-2-6和图3-2-7所示。电流互感器和电压互感器的一、二次侧都有两个引出端子。任何一侧的引出端子用错，都会使二次电流或电压的相位变化 180°，影响测量仪表和继电保护装置的正常工作，因此必须对引出端子作出标记，以防接线错误。极性端用"*"或"+"标注。

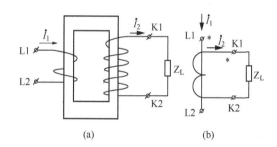

图 3-2-6　电流互感器的电流示意图 1
（a）绕组示意图；（b）接线示意图

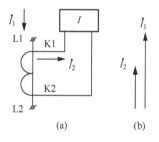

图 3-2-7　电流互感器的电流示意图 2
（a）电流方向；（b）电流相量图

（3）电流互感器接线需要注意的问题。电流互感器二次应该有一个保安接地点，防止互感器一、二次绕组绝缘击穿时危及设备和人身安全，并且只能有一个接地点。如果设置了两个接地点，将造成地电位差电流。公用电流互感器二次绕组二次回路只允许且必须在相关保护柜屏内一点接地。独立的、与其他互感器的二次回路没有电气联系的二次回路应在开关场一点接地。通常不允许继电保护与测量仪表共用同一电流互感器。继电保护与测量仪表反映的电流范围不同，测量精度要求也有区别，需要接入电流互感器不同精度的绕组。电流互感器在运行中，应严防二次侧开路，二次开路时，一次电流全部流入励磁支路，铁芯中磁通骤增，铁芯严重饱和；一次电流过零瞬间，在二次绕组两端产生高电压。因此电流互感器二次回路不能装设熔断器，须有防止电流互感器二次回路开路的措施。

（4）电流互感器的参数。由于电流互感器的二次额定电流一般为标准的 5A 与 1A，电流互感器的变比基本由一次电流额定电流的大小决定，所以在选择电流互感器一次电流额定电流时，要核算正常运行测量仪表的误差最小范围，同时又要满足电流互感器 10%误差要求。

（5）电流互感器的精度。准确级是指在规定的二次负荷范围内，一次电流为额定值时的最大误差。如表 3-2-1 所示。

表 3-2-1　　　　　　　　　　　精 度 误 差

精度	运行范围	误差
0.1	5%～120%额定电流	0.10%
0.2	5%～120%额定电流	0.20%
0.5	5%～120%额定电流	0.50%

所有各级电流互感器，都允许短期过载 20%，同时互感器的误差也不超出允许值。各级电流互感器在额定电流附近运行时，误差最小。S 是指当通过电流互感器的电流远小于额定电流时，互感器的准确度仍保证在 0.2、0.5 级这个精确度上。选用合适的准确度级。对于计量回路应选用精度较高的 0.2S 或 0.5S 级，因为这两个级别的绕组在 1%～120%的负荷间能够满足准确度要求。

（6）电流互感器的精度。电流互感器接线方式一般包括两相星形接线方式和三相星形接线方式。

两相星形接线方式特点：经济，能够反应任何相间故障。适用于小电流接地系统的保护和计量回路。两相星形接线由两相电流互感器组成，与三相星形接线相比，它缺少一只电流互感器（一般为 B 相），所以又叫不完全星形接线。它一般用于小电流接地系统的测量和保护回路，由于该系统没有零序电流，另外一相电流可以通过计算得出，所以该接线可以测量三相电流、有功功率、无功功率、电能等。

三相星形接线方式特点：能够反应任何单相、相间故障。适用于大电流接地系统的保护和计量回路。三相星形接线又叫全星形接线。这种接线由三只互感器按星形连接而成，相当于三只互感器公用零线。这种接线中的零线在系统正常运行时没有电流通过（$3I_0=0$），但该零线不能省略，否则在系统发生不对称接地故障产生 $3I_0$ 电流时，该电流没有通路，不但影响保护正确动作，其性质还相当于电流互感器二次开路，会产生很高的开路电压。三相星形接线一般应用于大接地电流系统的测量和保护回路接线，它能反应任何一相、任何形式的电流变化。

2．电压互感器

电压互感器是一种特殊形式的变换器，与电流互感器的不同是，它的二次电压正比于一次电压。电压互感器的二次负载阻抗一般较大,其二次电流 $I=U/Z$,在二次电压一定的情况下,阻抗越小则电流越大,当电压互感器二次回路短路时,二次回路的阻抗接近为 0,二次电流 I 将变得非常大,如果没有保护措施,将会烧坏电压互感器。所以电压互感器的二次回路不能短路。

(1) 电压互感器一般按以下原则配置。

1) 对于主接线为单母线、单母线分段、双母线等,在母线上安装三相式电压互感器;当其出线上有电源,需要重合闸检同期或无压,需要同期并列时,应在线路侧安装单相或两相电压互感器。

2) 对于 3/2 主接线,常常在线路或变压器侧安装三相电压互感器,而在母线上安装单相互感器以供同期并联和重合闸检无压、检同期使用。

3) 内桥接线的电压互感器可以安装在线路侧,也可以安装在母线上,一般不同时安装。安装地点的不同对保护功能有所影响。

4) 对 220kV 及以下的电压等级,电压互感器一般有两个次级,一组接为星形,一组接为开口三角形。在 500kV 系统中,为了继电保护的完全双重化,一般选用三个次级的电压互感器,其中两组接为星形,一组接为开口三角形。

5) 当计量回路有特殊需要时,可增加专供计量的电压互感器次级或安装计量专用的电压互感器组。

6) 在小接地电流系统,需要检查线路电压或同期时,应在线路侧装设两相式电压互感器或装一台电压互感器接线间电压。在大接地电流系统中,线路有检查线路电压或同期要求时,应首先选用电压抽取装置。通过电流互感器或结合电容器抽取电压,尽量不装设单独的电压互感器。500kV 线路一般都装设三只电容式线路电压互感器,作为保护、测量和载波通信共用。

(2) 电压互感器主要接线方式。

1) 单相接线常用于大接地电流系统判线路无压或同期,可以接任何一相,但另一判据要用母线电压的对应相。

2) 接于两相电压间的一只电压互感器,主要用于小接地电流系统判线路无压或同期,因为小接地电流系统允许单相接地,如果只用一只单相对地的电压互感器,如果电压互感器正好在接地相时,该相测得的对地电压为零,则无法检定线路是否确已无压,如果错判则可能造成非同期合闸。

3) V/V 接线主要用于小接地电流系统的母线电压测量,它只要两只接于线电压的电压互感器就能完成三相电压的测量,节约了投资。但是该接线在二次回路无法测量系统的零序电压,当需要测量零序电压时,不能使用该接线。

4）星形接线与三角形接线应用最多，常用于母线测量三相电压及零序电压。

（3）电压互感器的极性。电压互感器极性标示方法和电流互感器的相同，一次绕组的首尾端常用 A、B、C 和 X、Y、Z 标记，二次绕组的首尾用 a、b、c，和 x、y、z 标记。采用减极性标记，即从一、二次侧首端看，流过一、二次绕组的电流方向相反。当忽略电压变比误差和角误差时，一、二次相电压同相位。

（4）电压互感器二次回路的切换。当电气主接线为双母线接线时，为了保证保护装置及测量、计量等设备采集的二次电压与一次对应，必须设置二次电压的切换回路。当双母线接线或单母线分段接线，一台电压互感器检修或因故停运时，一次可以通过改单母线运行来保证电压互感器停运母线的设备继续运行，这时需要将二次回路进行联络，以确保相应的保护、计量设备继续运行。

在双母线系统中电压切换的作用；对于双母线系统上所连接的电气元件，在两组母线分开运行时（例如母线联络断路器断开），为了保证其一次系统和二次系统在电压上保持对应，以免发生保护或自动装置误动、拒动，要求保护及自动装置的二次电压回路随同主接线一起进行切换。用隔离开关两个辅助触点并联后去启动电压切换中间继电器，利用其触点实现电压回路的自动切换。

3. 电流电压遥测量的采集

外部电流电压模拟量经过电流互感器/电压互感器转换后，强电压、电流量转换为相应的弱电电压信号。经过低通滤波和 A/D 转换，进入 CPU。经过 CPU 处理，按照一定的规约格式组成遥测量，通过通信口上送到监控后台。

（1）交流电流输入回路。从相应间隔的电流互感器测量用绕组引入 4 路交流电流，采用电缆接入测控装置的电流采集输入。输入回路接入测控装置的端子排时，要注意厂家对各端子的定义，防止接错相别或极性。电流回路图如图 3-2-8 所示。

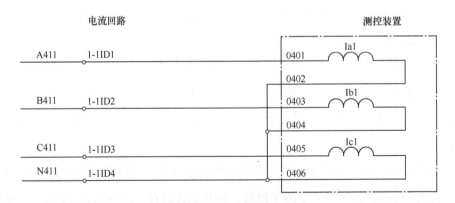

图 3-2-8　电流回路图

（2）交流电压输入回路。测控装置所接的母线电压互感器绕组一般是测量和保护共用的绕组。若一次接线时采用双母线接线时，Ⅰ、Ⅱ母线电压互感器绕组用电缆接入电压切换回路，将切换后的中电压引入测控装置。电压回路图如图 3-2-9 所示。

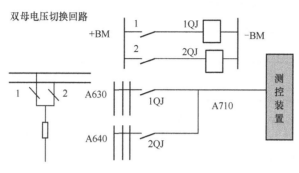

图 3-2-9 电压回路图

三、遥控回路的基本知识

遥控由监控后台发布命令，要求测控装置合上或断开某个开关或刀闸。

1. 遥控操作过程

遥控操作是一项非常重要的操作，为了保证可靠，通常需要反复核对操作性质和操作对象。这就是遥控返校。开关遥控的操作回路如图 3-2-10 所示。

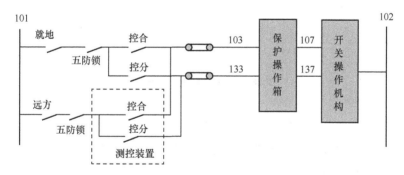

图 3-2-10 遥控原理图

遥控操作可以分为几个主要步骤：

（1）首先监控后台向测控装置发送遥控命令。遥控命令包括遥控操作性质（分/合）和遥控对象号。

（2）测控装置收到遥控命令后不急于执行，而是先驱动返校继电器，并根据继电器动作判断遥控性质和对象是否正确。

（3）测控将判断结果回复给后台校核。

（4）监控后台在规定时间内，如果判断收到的遥控返校报文与原来发的遥控命令完全一致，就发送遥控执行命令。

（5）规定时间内，测控装置收到遥控执行命令后，遥控接点闭合。

（6）如果二次回路与开关操作机构正确连接，则完成遥控操作。

为了直观理解整个操作过程，如图 3-2-11 所示。

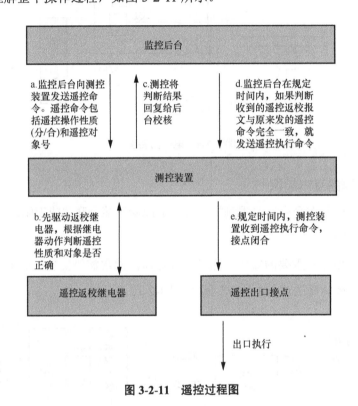

图 3-2-11 遥控过程图

2. 遥控操作过程失败的情况

（1）在步骤 c 中，如果监控后台未收到返校报文，经延时提示"遥控超时"；如果返校报文不正确，提示"遥控返校出错"。

（2）在步骤 d 中，如果测控装置规定时间内未收到执行命令，则使已动作的遥控返校继电器返回，取消本次遥控操作，并清除原遥控命令。

在遥控操作中，如果报遥控超时，应重点检查监控后台到相应测控装置间的通信是否正常；如果遥控返校正确而无法出口，应重点检查外部回路（如遥控压板、切换开关）是否正确；如果遥控返校报错，应重点检查相应测控装置出口板或电源板是否故障。

遥调即远程调节。它是从调度发出命令以实现对远方设备进行调整操作，如变压器分接头的位置、发电机的输出功率等。

一般认为遥调对可靠性的要求不如遥控高，所以遥调大多不进行返送校核。因此变电站改造时需要确保监控后台上的主变档位遥控对象号正确。遥调原理同遥控类似，就不再赘述。

【练习题】

1. 电压切换回路的作用？

2. 遥控操作可以分为几个主要步骤？

模块三　智能站遥信、遥测、遥控二次回路的基础知识

【模块描述】

本模块主要完成智能变电站遥信、遥测、遥控二次回路的基础知识介绍，包括常规变电站遥信、遥测、遥控二次回路的基本组成，遥信信号、遥测的采集和遥控的动作过程。

【学习目标】

1. 了解常规变电站遥信、遥测、遥控二次回路的特点。

2. 了解合并单元、智能终端的功能。

【正文】

一、智能站二次回路介绍

智能站是采用先进、可靠、集成、低碳、环保的智能设备，以全站信息数字化、通信平台网络化、信息共享标准化为基本要求，自动完成信息采集、测量、控制、保护、计量和监测等基本功能，并可根据需要支持电网实时自动控制、智能调节、在线分析决策、协同互动等高级功能的变电站。

1. 智能站二次回路特点

智能变电站采用了多种新技术，其整个二次系统的整体架构、配置及与一次系统的连接方式与传统变电站相比均有较大变化。

（1）数字采样技术，采用电子式互感器实现电压电流信号的数字化采集。

（2）智能传感技术，采用智能传感器实现一次设备的灵活监控。

（3）信息共享技术，采用基于 IEC 61850 标准的信息交互模型实现二次设备间的信息高度共享和互操作。

（4）同步技术，采用 B 码、秒脉冲或 IEEE 1588 网络对时方式实现全站信息同步。

（5）网络传输技术，构成网络化二次回路实现采样值及监控信息的网络化传输。

2. 智能站与常规站的区别

智能站与常规站相比存在以下区别：

（1）简化了二次接线，少量光纤代替大量电流，二次回路可监视。

（2）一、二次设备间无电联系，无传输过电压和两点接地等问题，一次设备电磁干扰不会传输到集控室。

（3）提升测量精度，数字信号传输和处理无附件误差。

（4）提高信息传输的可靠性，CRC 校验、通信自检、光纤通信无电磁兼容问题。

（5）统一的信息共享平台，监控、远动、保信、VQC、五防等一体化。

（6）减小变电站集控室面积，二次设备小型化、标准化、集成化，二次设备可灵活布置。

从设计、调试、归档、维护等方面也可以看出常规站与智能站的区别，如表 3-3-1 所示。

表 3-3-1 常规站与智能站的区别

区别	智能站	常规站
设计的不同	虚端子 SCD	电缆图实际接线
调试的不同	笔记本、抓报文	螺丝刀、量接点
归档的不同	SCD、虚端子图	图纸、竣工图
维护的不同	状态检修	常规检验
运行的不同	一体化平台、断链的影响	多系统切换、通信不同
站控层的不同	面对对象的 MMS、海量信息	面向过程的 103、少量信息
过程层的不同	GOOSE、SV 数字信号、交换机光纤网络	模拟信号、电流直连

二、合并单元与智能终端

常规站是通过测控装置实现遥测值、遥信值由模拟到数字量的转换，而智能站是由合并单元和智能终端分别实现转换功能。

1. 合并单元

合并单元是对一次互感器传输过来的电气量进行合并和同步处理，并将处理后的数字信号按照特定格式转发给间隔级设备使用的装置。用以对来自二次转换器的电流和/或电压数据进行时间相关组合的物理单元。

合并单元包括以下功能：

（1）接收、合并本间隔的电流和/或电压采样值；具备 GOOSE 网接口，接收开关量数据；同步站端传来的数据；规约转换；实现电压并列与切换的功能。

（2）母线合并单元：用于母线间隔。接收来自电压互感器二次转换器的母线电压，根据采集到的电压互感器刀闸、母联开关、屏柜上把手的位置，完成电压并列的逻辑。

（3）本间隔合并单元：用于线路间隔、主变间隔和母联间隔。接收来自电流互感器二次转换器的三相保护电流、三相测量电流，220kV 线路电压互感器电压，同时接收来自母线合并单元的母线电压，根据采集到的母线刀闸位置完成电压切换的逻辑。

2．智能终端

智能终端是一种智能组件，与一次设备采用电缆连接，与保护、测控等二次设备采用光纤连接，实现对一次设备（如：断路器、刀闸、主变压器等）的测量、控制等功能的装置。

智能终端包括以下功能：

（1）接收保护跳合闸命令、测控的手合/手分断路器命令及隔离刀闸、接地刀闸等 GOOSE命令；输入断路器位置、隔离刀闸及接地刀闸位置、断路器本体信号（含压力低闭锁重合闸等）；跳合闸自保持功能；控制回路断线监视、跳合闸压力监视与闭锁功能等。

（2）智能终端应具备三跳硬接点输入接口，可灵活配置的保护点对点接口（最大考虑 10个）和 GOOSE 网络接口。

（3）至少提供两组分相跳闸接点和一组合闸接点。

（4）具备对时功能、事件报文记录功能。

（5）跳、合闸命令需可靠校验。

（6）智能终端的动作时间不应大于 7ms。

（7）智能终端具备跳/合闸命令输出的监测功能。当智能终端接收到跳闸命令后，应通过GOOSE 网发出收到跳令的报文。

（8）智能终端的告警信息通过 GOOSE 上送。

智能站的典型体系结构如图 3-3-1 所示。

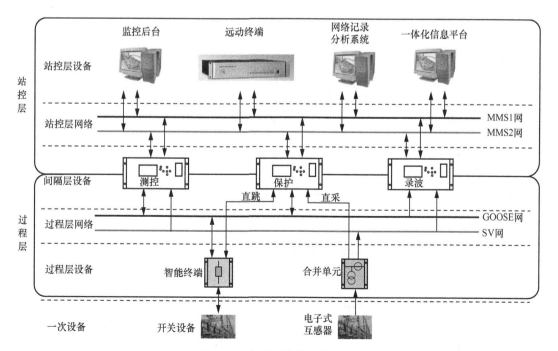

图 3-3-1　智能站的典型体系结构

智能站测控装置通过 SV 及 GOOSE 的过程层网络完成采样、遥信采集、遥控输出等功能，测控装置通过 SV 网络采集合并单元采集的遥测信息，通过 GOOSE 网络采集智能终端、合并单元的异常信号转发给监控系统。

 【练习题】

1. 智能站采用了哪些新技术？
2. 合并单元的功能有哪些？
3. 智能终端的功能有哪些？

模块四　遥信、遥测、遥控二次回路检验

【模块描述】

本模块主要完成变电站遥信、遥测、遥控二次回路检验基础知识介绍，包括开关量回路、交流电压、电流回路、断路器、隔离开关控制回路等检验。

【学习目标】

了解变电站遥信、遥测、遥控二次回路的检验内容。

【正文】

测控装置要能准确反映一次设备的运行状况，完成相应的功能，必须有正确的二次回路接线作保证，这其中包括：

（1）正确的接线原理。二次回路原理图的设计要保证测控装置功能的全面实现，要满足各相关规程、反事故措施对二次回路接线的要求。

（2）正确的接线原则。施工接线图的设计在完全对应原理图的前提下，在电缆敷设、屏内与屏间的接线等方面，要杜绝寄生回路的形成、防止强、弱电干扰以及交直流混接等影响装置工作性能的不正确接线方式。

（3）正确的施工方式。现场安装接线要与施工图一一对应，不得随意更改；在新安装和周期性检验等工作中，严格完成二次回路接线正确性检验所有项目。

验证二次回路接线正确性的工作内容，这里主要介绍在验证工作中常用的几种方法。

一、开关量输入、输出回路的正确性检验

开关量输入、输出回路检验应按照装置技术说明书规定的试验方法进行。在测控屏柜端子排处，对所有引入端子排的开关量输入回路依次加入激励量，观察装置的行为。分别接通、断开连接片及转动把手，观察装置的行为。在装置屏柜端子排处，依次观察装置所有输出触点及输出信号的通断状态。

综合自动化系统开入信号回路的检查，目前通用的方法是根据设计图纸列出开入信号的对点检测表。表格的主要内容有信号信息的定义名称、采集信号的设备、端子编号、回路编号、回路所经过的端子箱、屏（柜）的名称（地址）及端子编号。所进入装置的名称（地址）及端子编号等，按照对点检测表逐个进行检查，在每个信号的采集处将信号开入量短接，从后台机的显示器上观察所打出的信息是否一一对应。然后，再和集控中心逐个核对。对点检测表亦是运行维护中不可缺少的资料之一。

二、交流电压回路加压试验

采用外加试验电压的方法，在电压互感器的各二次绕组加入额定电压，逐个检查各二次回路所连接的测控装置中的电压相别、相序、数值，是否与外加的试验电压一致。在做此项试验时要特别注意，做好防止电压互感器二次向一次反供电的安全措施。

三、交流电流回路通电试验

最好在传动试验完成后进行。采用通入外加试验电流的方法，从电流互感器的二次绕组接线端子处向负载端通入交流电流，逐个检查各二次回路所连接的测控装置中的电流相别、数值，是否与外加的试验电流一致。新安装时，需要测定回路的压降，计算电流回路每相与中性线及相间的阻抗（二次回路负担）。将所测得的阻抗值按保护的具体工作条件和制造厂家提供的出厂资料来验算是否符合互感器的要求。定期检验时，注意与历史数据相对照。

四、断路器、隔离开关的控制回路检查

通过操作传动试验验证断路器、隔离开关控制回路接线的正确性，应根据图纸，按事先编制好的传动方案进行。依次在断路器、隔离开关、在保护或测控屏处进行就地操作传动试验。再在变电站后台机和集控中心用键盘和鼠标进行遥控操作传动试验。

五、智能站光功率检查

智能站在过程层设备传输时采用光纤通信，需对各智能设备的通信接口检查。通信接口检查主要检查光纤接口的发送功率、接收功率、回路衰耗。要求值如下：光波长 1310nm 光纤的发送功率：$-20 \sim -14$dB，光接收灵敏度：$-31 \sim -14$dB。光波长 850nm 光纤的发送功率：$-19 \sim -10$dB，光接收灵敏度：$-24 \sim -10$dB。

（1）发送功率测试。将光功率计接入装置的光纤输出口进行测量。

（2）接收功率测试。将测试信号与光衰耗计连接，并将光衰耗计接入装置，通过调整光衰耗计使装置输入达到最小的接收功率，监测装置接收的报文是否正常。

【练习题】

综合自动化系统应该检验哪些回路？

第四部分 变电站综合自动化系统网络及规约介绍

模块一 变电站综合自动化系统网络基础知识

【模块描述】

本模块主要对常规及智能变电站网络结构和规约进行介绍，包括 IEC 60870-5-103、IEC 60875-5-104、IEC 61850 规约的介绍。

【学习目标】

1．了解综合自动化系统的网络。

2．了解常用的几种通信规约。

【正文】

一、常规变电站网络结构

1．变电站综合自动化系统组网方案

在局域网中常见的拓扑结构有总线型、环形、星形，它们各有特点，适用于不同的场合。

总线型拓扑结构中的各设备网络端口以级联方式两两连接，如图 4-1-1 所示。这种网络结构的优点是连接简单，便于扩展，而且工程造价较低。缺点在于总线上某一节点出现故障，将导致大规模中断。另外报文传输要经过多个节点，传输时间较长，因此总线型不能满足综合自动化系统对报文传输可靠性与快速性的需求。在变电站内总线型网络有时会用于电能表接入电能量采集系统。

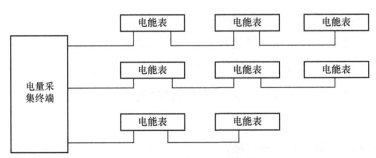

图 4-1-1 总线型示意图

环形拓扑结构将网络中设备首尾相连形成一个圆环，如图 4-1-2 所示，以增强系统的冗余性。网络中任意一个节点中断，报文可以从另一个方向传送到同一个节点，这提高了系统的可靠性。但该结构同样存在较大的延迟，甚至有出现网络风暴的风险。

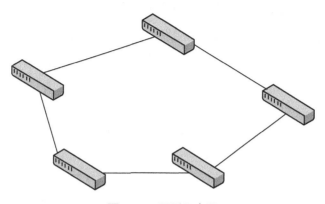

图 4-1-2　环形示意图

星形拓扑结构中，多个节点与一个中心节点连接。这种结构的优点是传输时延小、可扩展性强，缺点是可靠性较差，一旦中心交换机出现故障，将会导致大面积瘫痪。因此，该形拓扑虽然能满足报文传输快速性的需求，但不能满足综合自动化系统网络可靠性的需求。

上述几种常见的网络拓扑结构都不能同时满足智能综合自动化系统网络对可靠性和快速性的要求，因此在目前变电站综合自动化系统中一般采用双星形冗余的网络结构，如图 4-1-3 和图 4-1-4 所示。这种网络可以既快速又可靠的传递报文，两个星形网络互相独立，互为热备用。

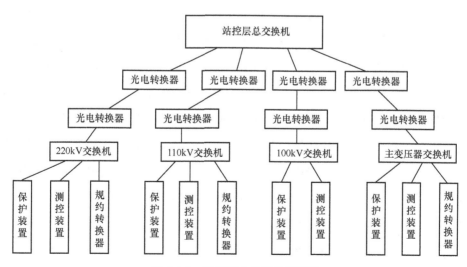

图 4-1-3　常规变电站网络示意图

2. 综合自动化系统网络

常规变电站的综合自动化系统通过站控层网络连接站内各类装置，一方面通过全站保护装置、测控装置、交直流电源系统、后台监控机等实现对站内设备的实时监测，如电压、电流、功率、频率、断路器及隔离开关位置、接收告警信号等，通过监测这些遥测、遥信数据，可以及时掌握设备运行状态并发现设备异常情况。综合自动化系统还能通过站控层网络对变电站内的各种设备进行控制，如通过测控装置遥控断路器、隔离开关的分合闸，变压器调档，保护装置遥控软压板、远方复归等。

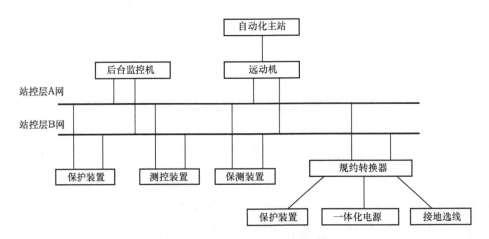

图 4-1-4 常规变电站双星形网络

另一方面，站控层网络通过 I 区数据网关机（俗称远动机）与自动化主站连接。远动机按照双套冗余配置，两台远动机按照双主或主从模式工作。双主模式即两台远动机同时与自动化主站通信，任意一台远动机故障或通信中断不影响另外一台的正常工作；主从模式即自动化主站只和一台远动机通信，当该远动机故障或通信中断时，自动切换到另一台远动机。对于常规变电站，故障信息系统通常不接入站控层网络，而是直接接入调度数据网交换机。

常规站的站控层网络如图 4-1-4 所示，按照 AB 双网冗余配置，两个网络相互独立。每个网络均为星形结构，通常按照电压等级分别设置一台中心交换机，然后级联到站控层总交换机。对于采用分布式布置的常规变电站，由于每个电压等级继保室到主控继保室距离较远，通常采用光缆进行级联，在光缆两侧通过光电转换器转接到两侧交换机，如图 4-1-3 所示。

常规变电站的站控层网络使用 IEC 60870-5-103 规约通信，由于各个设备厂家使用的 103 通信规约不同，只有与综合自动化系统同厂家的保护装置、测控装置、保测装置可以直接通过网线与站控层网络连接，外厂家的保护装置、一体化电源、接地选线等设备都需要通过 RS485 串口接入规约转换器，经过规约转换后再接入站控层网络。

二、智能变电站网络结构

1. 智能变电站"三层两网"结构

智能变电站基于 IEC 61850 标准提出了"三层两网"的网络结构，变电站的二次设备可分为"三层"：站控层设备、间隔层设备以及过程层设备。

其中站控层设备主要有：后台监控机、数据服务器、综合应用服务器、Ⅰ区数据网关机（俗称远动机）、Ⅱ区数据网关机（俗称保护故障信息系统）、五防系统、PMU（同步向量测量装置）等。

间隔层设备主要有保护装置、测控装置、保测装置、一体化电源、接地选线装置、故障录波、网络分析装置、安全稳定控制装置等。

过程层设备是合并单元、智能终端、智能单元（合智一体装置）。

智能变电站的网络可分为"两网"：站控层网络和过程层网络，站控层网络和过程层网络在物理链路上相互独立。智能变电站的网络结构如图 4-1-5 所示。

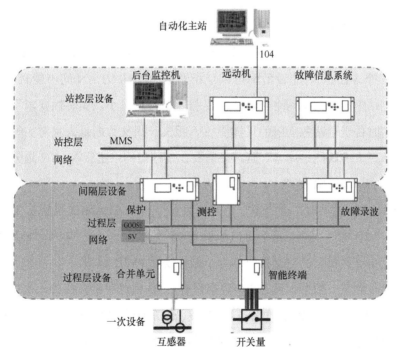

图 4-1-5 智能变电站网络结构

智能变电站的站控层网络同时与站控层设备和间隔层设备连接，采用 MMS 报文通信，主要实现站控层设备对间隔层设备的监测和控制。智能变电站的站控层网络结构与常规变电站相同，只是使用的通信规约不同。

过程层网络同时与间隔层设备和过程层设备通过光纤进行通信，承担着变电站内模拟量、开关量和对时报文的传输，将过程层的合并单元、智能终端发送的 SV、GOOSE 报文传送给间隔层保护、测控装置，测控装置发送的遥控命令传送给间隔层设备。

过程层网络的结构与站控层网络类似，也是采用星形拓扑结构，对于 220kV 及以上电压等级的过程层网络，按照双星形冗余配置，两个网络之间相互独立，互不影响。在过程层网络中，所有设备间的通信都通过光纤进行连接，并且在每个间隔各配置一台间隔交换机，用于采集各个间隔的间隔层、过程层设备数据，然后经过对应电压等级的中心交换机级联到过程层总交换机，在过程层网络中一般将 SV 和 GOOSE 共用同一个网络传输，使交换机数量减少，成本下降。

需要特别注意的是，因为过程层交换机在传输数据时存在延迟，并且在星形拓扑结构中，中心交换机故障将造成变电站内二次设备大面积链路终端，所以为保证可靠性，保护装置的采样、跳闸等链路一般采用"直接采样，直接跳闸"，即直接通过光纤点对点连接，不经过过程层交换机。

2. 过程层网络 VLAN 划分

VLAN 是将一个物理网络在逻辑上划分成多个广播域的通信技术。每个 VLAN 都是一个广播域，同一个 VLAN 内的设备间可以互相通信但不同 VLAN 间不能直接互通。

在智能变电站中，站控层网络传输 MMS 报文的数据量小，实时性要求不高，但是过程层网络中需要实时传送全站各间隔的采样值 SV 报文，报文数据量大且对实时性要求高，为了防止数据流量过大造成网络堵塞、延迟，需要在过程层网络进行 VLAN 划分，限制网络流量，提高网络可靠性和传输效率。

智能站配置 SCD 文件时，会为每一个控制块设置一个 VLANID 也就是 VID，用于区分不同的 VLAN。VID 有 12 bit，最多可以标识 4095 个 VLAN（0～4094，4095 保留）。进行 VLAN 配置时，由交换机厂商对交换机的每个端口设置 PVID 标识。

当交换机接收到某一数据帧后，若该数据带有 VID 信息时则直接传入交换机；对于没有 VID 信息的数据帧，则添加上端口的 PVID 标签，然后传入交换机。数据传出时，可在交换机端口设置，只传送带有与本地端口相同 VID 信息的数据，其余数据一律丢弃。这样保证了在支持 VLAN 的网络中同 VLAN 成员正常通信，不同 VLAN 成员互相隔离。

【练习题】

1. 何为智能变电站"三层两网"？

2. 智能变电站中"直采直跳""网采网跳"是指什么？

3. 什么是 VLAN？其作用是什么？

模块二　变电站综合自动化系统规约基础知识

【模块描述】

本模块主要完成常规及智能变电站各类常用规约的基础知识介绍，包括 GOOSE、SV、MMS 以及 104 规约的解析方法，以及 GOOSE、SV 的传输机制。

【学习目标】

1. 了解 GOOSE 的传输机制和规约解析方法。

2. 了解 SV 的传输机制和规约解析方法。

3. 了解 MMS 规约解析方法。

4. 了解 104 规约解析方法。

【正文】

一、综合自动化系统常用规约介绍

在变电站综合自动化系统的日常维护消缺中，有时需要抓取通信报文进行分析，作为查找故障的参考。掌握简单通信报文的分析方法，能够帮助现场分析故障原因。下面简单介绍几种变电站综自系统内常用的通信规约。

1. IEC 60870-5-103 规约介绍

IEC 60870-5-103 规约（简称 103 规约），是基于 RS232/485 的串行通信，本质上是一种问答式规约。通常在老旧变电站的综合自动化系统内使用，用于站内二次设备间的通信。由于目前各个二次设备厂家对于 103 规约的理解实现方案存在一定差异，不同厂家之间通信协议不统一，需要通过规约转换器才能实现不同厂家设备间的互联互通。这部分通信出现故障通常需要由设备原厂家抓取报文分析，本书不多做介绍。

2. IEC 60875-5-104 规约介绍

IEC 60875-5-104 规约（简称 104 规约），是由 101 规约演化而来，一般用于变电站综合自动化系统与主站之间的通信。主要功能是收集变电站内二次设备的运行状态、异常告警、故障及装置的相关参数数据以及主站下发遥控命令。信息分类可分为自描述信息、状态量、模拟量和其他信息等。

3. IEC 61850 规约介绍

一般用于智能变电站内设备间的通信，61850 规约实现的服务主要分为三个部分：MMS 服务、GOOSE 服务、SMV 服务。其中，MMS 服务用于站控层网络中的数据交互。GOOSE 服务用于过程层网络中的状态量传输，SMV 服务用于过程层网络中的采样值传输。61850 规

255

约采用面向对象的方法，定义了对象之间的通信服务，面向对象的数据自描述在数据源对数据本身进行了自描述，传输的数据带有自我说明，不再需要对数据集进行转换等工作，因此不再需要配置规约转换器。

二、GOOSE 报文基础知识

GOOSE 是面向通用对象的变电站事件简称，在智能变电站中，用于传输 IED（智能电子设备）之间的开关量信号和温湿度遥测数据，代替了常规变电站装置与装置之间采用二次回路硬接线的通信方式，大大简化了变电站内二次回路，降低工程造价，并且由于电缆接线的减少，降低了直流系统接地故障的概率。另外由于采用了 GOOSE 通信方式的装置在通信过程中不断自检，可以实现二次回路的智能监测。

1. GOOSE 传输机制

GOOSE 采用基于"发布者/订阅者"的组播通信方式。装置上电后，待本装置所有状态确定后，按数据集变位方式发送一帧 GOOSE 报文，之后按照 T_0（现场一般设置为 5s）的时间间隔周期性重发心跳报文。当发生变位事件后，立即发送一帧变位报文，之后按照 T_1、T_1、T_2、T_3 的时间间隔连续重发 4 帧变位报文（现场一般设置为 2、2、4、8ms），然后恢复心跳报文，如图 4-2-1 所示。

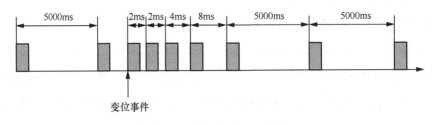

图 4-2-1 GOOSE 报文传输机制

2. GOOSE 数据帧结构

GOOSE 报文结构如表 4-2-1 所示，数据帧中各个字段的含义如下：

表 4-2-1 GOOSE 报文结构

前导码+帧首定界符	Mac 地址	Tag 标签	类型	APPID	长度	保留位	APDU	帧校验码
8 字节	16 字节	4 字节	2 字节	2 字节	2 字节	4 字节	不小于 46 字节	4 字节
	报文头部分						数据部分	

（1）前导码+帧首定界符。

前导码是长度为 7 字节（56bit）的二进制"1"和"0"间隔组成的代码即 101010……10。前导码是用于通知接收方做好接收准备。

帧首定界符是长度为 1 字节（8bit）的二进制序列 10101011，固定以两个连续的"1"结尾，表示一帧实际开始，便于接收方对整个数据帧的开头位进行定位。

前导码+帧首定界符只是在控制数据帧的传输过程起到辅助作用，并不具有实际含义，只有在帧首定界符之后的报文才是真正的数据报文，因此现场在进行报文抓取和分析时软件一般不显示这一部分内容。

（2）MAC 地址。GOOSE 报文中的 MAC 地址长度为 16 字节（128bit），其中前 6 字节为目的地址（destination address），后 6 字节为源地址（source address），MAC 地址应全站唯一。由于 GOOSE 服务是基于"发布者/订阅者"结构的组播通信方式，报文中的目的地址实际上是该数据帧的组播地址而非接收端 MAC 地址。

对于 GOOSE 报文的目的地址，前 4 个字节固定为"01-0C-CD-01"，后 2 个字节由设备集成商制作 SCD 文件时按照 GOOSE 控制块进行分配。根据 Q/GDW 11662—2017《智能变电站系统配置描述文件技术规范》要求，现场配置 SCD 文件时，GOOSE 通信参数的目的地址范围为 01-0C-CD-01-00-00～01-0C-CD-01-01-FF。在现场过程层网络有双网时，一般将 A 网 GOOSE 控制块的目的地址配为 01-0C-CD-01-00-00～01-0C-CD-01-00-FF，将 B 网 GOOSE 控制块的目的地址配为 01-0C-CD-01-01-00～01-0C-CD-01-01-FF。

在智能变电站过程层通信中，一个 IED 接收到 GOOSE 报文后，会根据自身 CCD（回路实例配置文件）配置中预先设置好的订阅控制块目的地址，检测接收报文中的目的地址是否与自身订阅的目的地址一致，如一致才继续对该报文进行解析并处理，如不一致则丢弃该报文。

源地址仅在单播通信方式时有意义，在现场报文解析时无需关注。

可根据目的地址来判断通信方式。如图 4-2-2 所示，如果目的地址的第一个字节 b0 位为"0"则表示该地址为单播地址；如果该位为"1"，同时其余位不全为"1"，则表示该地址为组播地址；如果目的地址所有位均为"1"，即 FF：FF：FF：FF：FF：FF，则表示该地址为广播地址。

图 4-2-2　目的地址字段

（3）Tag 标签（VLANID 和报文优先级）。GOOSE 报文中的 Tag 长度为 4 个字节（32bit），

格式如图 4-2-3 所示。

TPID	TCI		
固定为8100	优先级	固定为0	VLANID
16bit	3bit	1bit	12bit

图 4-2-3 Tag 的格式

报文的优先级（VLAN Priority）用于控制过程层报文在交换机中的传输先后顺序，长度为 3bit，范围为 7 至 1，其中 7 为最高优先级，1 为最低优先级，GOOSE 报文的优先级默认为 4，用 2 进制表示即 100。

VLANID 长度为 12bit，范围为 0x000～0xFFF。默认值为 0x000，此时由交换机标记 VLAN-ID。

例如一个 GOOSE 报文的优先级为 4，VLANID 为 0x002，则该报文的 Tag 用十六进制表示即为 0x81008002。

（4）以太网类型（Type）。类型字段的长度为 2 个字节（16bit），IEEE 规定了 GOOSE 报文的以太网类型值固定为 0x88B8。

（5）APPID（Application identifier）。应用标识 APPID 的长度为 2 个字节（16bit），且应全站唯一。IED 接收到 GOOSE 报文后，会根据自身 CCD 配置中预先设置好的订阅控制块的 APPID，检测接收报文中的 APPID 是否与自身设置一致，如一致才继续对该报文进行解析并处理，如不一致则丢弃该报文。

APPID 的最高 2bit 为 APPID 类型，IEC 61850 规定 GOOSE 报文的 APPID 类型为"00"，因此 61850 规约为 GOOSE 分配的 APPID 取值范围是 0x0000～0x3FFF，在现场应用中，一般是根据 Q/GDW 11662—2017《智能变电站系统配置描述文件技术规范》要求，将 APPID 的范围定为 0x1000～0x1FFF，APPID 第 1 字节由 MAC-Address 的倒数第 3、第 2 字节的后一个字符组合而成，APPID 第 2 字节取 MAC-Address 的最后 1 个字节，例如：MAC-Address 地址为 0x01-0C-CD-01-01-11，则 APPID 为 0x1111。

（6）长度（PDU Length）。长度字段为 2 个字节（16bit），表示从 APPID 开始到 APDU 结束的全部字节数，即为 m+8 的十六进制表示，8 是指这里的"APPID+长度+保留位 1+保留位 2"五个字段一共 8 个字节，m 是指保留位 2 之后开始到结尾的整个 APDU 字段的字节数。

（7）保留位。保留位 1 和保留位 2 的长度共占 4 个字节（32bit），默认值全为 0，是保留供将来扩展使用。

（8）APDU。GOOSE 服务在数据链路层的 PDU 经过表示层 ASN.1 规则编码后生成的数据包就是 APDU。APDU 的长度最小不应小于 46 字节（368bit），如果小于 46 字节则发送方在发送时会自动填充"0"代码补齐长度。

（9）帧校验序列。校验码位于整个数据帧尾部，长度为 4 个字节（32bit），为循环冗余校验码（CRC），用于检验从 MAC 地址开始至 APDU 的内容是否正确。报文发送方在发送数据帧时，一边发送一边逐位进行循环冗余校验，最后形成一个 32bit 的循环冗余检验序列，并将该序列放在数据帧的尾部一起发送出去。接收方收到一帧报文后，也是从 MAC 地址开始边接收边逐位进行循环冗余校验，如果接收方形成的 CRC 校验码和收到报文中的 CRC 校验码一致，则表示数据帧未被破坏，反之则认为该数据帧被破坏。现场在进行报文抓取和分析时软件一般不显示这一部分内容。

3．GOOSE 报文解析

GOOSE 数据帧的数据部分（PDU）为多层嵌套结构，每一个成员按照"Tag-length-Value"的编码结构，下一层的成员可以嵌套在上一层成员的 Value 值中。

例如在第一层结构中，对于 GOOSE 报文来说，该成员为"Goosepdu"，按照表 4-2-2 可知其对应的 Tag 标签值"0x61"。

第二层结构由多个不同成员组成，每个成员按照固定顺序排列：GocbReference（GOOSE 控制块引用名）、Time Allowed to Live（允许生存时间）、DatsetRef（数据集标识符）、GoID（GOOSE 标识符）、Event Timestamp（事件时标）、StateNumber（状态序号）、SequenceNumber（顺序号）、Test（检修标志位）、ConfRev（配置版本）、NdsCom（进一步配置）、NumDatsetEntries（数据集条目数）、Date（数据集内容）。整个第二层结构嵌套在第一层结构的值 Value 中。而第三层 Data 数据集成员全部嵌套在第二层中的 Date 字段的 Value 中，如图 4-2-4 所示。

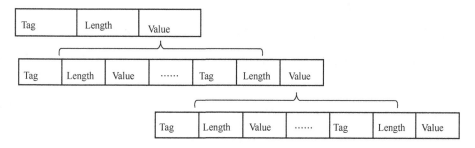

图 4-2-4　GOOSEPDU 的多层嵌套结构

（1）Tag 标签：长度为 1 字节（8bit），不同 Tag 标签对应的含义如表 4-2-2 所示。

表 4-2-2   **GOOSE 数据部分的 Tag 标签含义对照表**

序号	Tag 标签	含义
1	0x61	GOOSEPDU
2	0x80	GocbReference（GOOSE 控制块引用名）
3	0x81	Time Allowed to Live（允许生存时间）
4	0x82	DatsetRef（数据集标识符）
5	0x83	GoID（GOOSE 标识符）
6	0x84	Event Timestamp（事件时标）
7	0x85	StateNumber（状态序号）
8	0x86	SequenceNumber（顺序号）
9	0x87	Test（检修标志位）
10	0x88	ConfRev（配置版本）
11	0x89	NdsCom（进一步配置）
12	0x8A	NumDatsetEntries（数据集条目数）
13	0xAB	Date（数据集内容）

（2）长度 length：长度字段表示该成员的 Value 值所占的 bit 数。按照 ASN.1 编码规则，如果 Value 的长度为 0~127bit 时，采用短格式编码，直接用一个字节（8bit）来表示长度。

如果 Value 的长度大于 127bit 时，则采用长格式编码，此时在 Value 的长度前面加上一个字节的标志位，其最高位 bit7 固定为 1，其后的 bit6~bit0 为后续的长度字段所占字节数。

举例说明：

当 Value 部分共含有 110bit 时，因为长度小于 127bit，采用短格式编码，长度字段换算为十六进制表示为 0x6E。

当 Value 部分共含有 200bit 时，因为长度大于 127bit，采用长格式编码，用十六进制表示为 0xC8，仅占用 1 个字节，因此标志位的二进制编码为"10000001"，换算为十六进制表示为 0x81，该成员的长度字段为 0x81C8。

当 Value 部分共含有 268bit 时，采用长格式编码，长度用十六进制表示为 0x010C，占用 2 个字节，则标志位的二进制编码为"10000002"，换算为十六进制表示为 0x82，该成员的长度字段即为 0x82010C。

（3）各参数含义解析。GocbReference（GOOSE 控制块引用名）：该参数一般由数据模型中的（"IEDName"+"LDevice"+ "/"+"LLN0"+"."）+"GOOSE 控制块名称"级联组成，必须全站唯一。用来表示该数据帧中的发送的 GOOSE 控制块索引。该参数对应的 Tag 值为"0x80"，该成员的值为 GOOSE 通信参数中的 GOOSE 控制块的字符串的 ASCII 码值的十六进制表示。报文中常用字符的 ASCII 码对照表如表 4-2-3 所示。

表 4-2-3 报文中常用字符的 ASCII 码对照表

ASCII 码值	字符	ASCII 码值	字符	ASCII 码值	字符
32	Space	63	?	94	^
33	!	64	@	95	_
34	"	65	A	96	
35	#	66	B	97	a
36	$	67	C	98	b
37	%	68	D	99	c
38	&	69	E	100	d
39	`	70	F	101	e
40	(	71	G	102	f
41	)	72	H	103	g
42	*	73	I	104	h
43	+	74	J	105	i
44	,	75	K	106	j
45	-	76	L	107	k
46	.	77	M	108	l
47	/	78	N	109	m
48	0	79	O	110	n
49	1	80	P	111	o
50	2	81	Q	112	p
51	3	82	R	113	q
52	4	83	S	114	r
53	5	84	T	115	s
54	6	85	U	116	t
55	7	86	V	117	u
56	8	87	W	118	v
57	9	88	X	119	w
58	:	89	Y	120	x
59	;	90	Z	121	y
60	<	91	[	122	z
61	=	92	\		
62	>	93	]		

举例说明:

某控制块的标识符为 "P_T5011BPIGO/LLN0.GoCBTrip",结合表 4-2-3 的对照表,即可

以换算出该值的十六进制表示为"50 5F 54 35 30 31 31 42 50 49 47 4F 2F 4C 4C 4E 30 2E 47 6F 43 42 54 72 69 70"，该 Value 长度为 26 个字节（208bit），该长度用十六进制表示为 0x81D0，因此该成员的完整"Tag-length-Value"编码结构用十六进制表示为："80 81 D0 5F 54 35 30 31 31 42 50 49 47 4F 2F 4C 4C 4E 30 2E 47 6F 43 42 54 72 69 70"。

由于 GocbRef 的值用 ASCII 码表示，从表 4-2-3 可以看出，大小写字母的 ASCII 码值不同，因此现场进行配置下装时需要特别注意区分大小写，如果发送方和接收方装置下装的配置中 GocbRef 值不同，会造成该链路通信中断，其他参数如 DatesetRef、GoID 也存在同样问题，现场工作时需特别注意，下文不再赘述。

Time Allowed to Live（允许生存时间）：该参数值为 GOOSE 心跳报文时间 T0 的 2 倍，该参数对应的 Tag 值为"0x81"。在 GOOSE 通信中，如果接收方装置在超过 2T0 时间内没有收到下一帧报文则判断为报文丢失，如果在超过 4T0 时间内没有收到下一帧报文则判断为 GOOSE 通信中断，此时由接收端装置发出 GOOSE 断链报警。在现场应用中心跳报文时间 T0 一般固定为 5000，因此该值为 10000，该成员的完整"Tag-length-Value"编码结构用十六进制表示为"81 02 27 10"。

DatsetRef（数据集标识符）：该参数一般由数据模型中的（"IEDName"+"LDevice"+"/"+"LLN0"+"."）+"GOOSE 数据集名称"级联组成，必须全站唯一。用来表示该数据帧中的发送的 GOOSE 控制块对应的数据集索引，该数据帧中的 Date 部分传输的就是这一数据集中包含的成员。该参数对应的 Tag 值为"0x82"，该成员的值为 GOOSE 通信参数中的 GOOSE 控制块的字符串的 ASCII 码值的十六进制表示。

该参数的值的解析可参考前文"GocbRef"部分，此处不再赘述。

GoID（GOOSE 标识符）：该参数是每个 GOOSE 报文对应的一个 ID，全站唯一，长度不能超过 65 个字节。该参数对应的 Tag 值为"0x83"，该参数值一般由数据模型中的（"IEDName"+"LDevice"+"/"+"LLN0"+"."）+"GOOSE 控制块名称"级联组成。该参数的值的解析可参考前文"GocbRef"部分，此处不再赘述。

Event Timestamp（事件时标）：该参数表示 GOOSE 数据发生事件变位的 UTC 时间（Coordinated Universal Time，协调世界时，又称世界统一时间、世界标准时间、国际协调时间，简称 UTC）。该参数对应的 Tag 值为"0x84"。该参数值的长度为 8 个字节（64bit），其中前 4 个字节为事件变位时间以 UTC 时间起始时刻 1970 年 1 月 1 日 00 时 00 分 00 秒为基准的时间差的秒数的十六进制表示；第 5～7 字节为秒数的小数的十六进制表示；最后 1 个字节表示时间的品质位，其含义如表 4-2-4 所示。

表 4-2-4   时间品质位中各个 bit 位含义

bit 位	含义
0	闰秒已知
1	时钟源故障
2	时钟未同步
3~7（秒的小数部分时间精度）	（00000~11000）精度为 $1/2^n$s，n 为 bit3~bit7 转为十进制的值
	（11000~11110）无效
	（11111）未定义

举例说明：

某 GOOSE 数据报文中的事件时间为 "84 08 4E F2 85 E1 F7 CE D9 00"，其中的 Value 值为 "4E F2 85 E1 F7 CE D9 00"。前 4 个字节 "4E F2 85 E1" 换算为 10 进制表示为 1，324，516，833 秒等于 15330 天 1 小时 20 分 33 秒，以 1970 年 1 月 1 日 00 时 00 分 00 秒为基准算起就是 2011 年 12 月 22 日 01 时 20 分 33 秒。

5 到 7 字节为秒的小数，即 0.F7CED9H，将其换算为 10 进制的小数，计算方法为小数点后每一位转为 10 进制，然后除以 16 的 n 次方，n 为小数点后位数，求和后保留小数点后 6 位，根据上述计算方法可算出：

$$0\_F7CED9 = \frac{15}{16} + \frac{7}{16^2} + \frac{12}{16^3} + \frac{14}{16^4} + \frac{13}{16^5} + \frac{9}{16^6} = 0\_968000$$

所以该数据报文表示的事件时间为 2011 年 12 月 22 日 01 时 20 分 33 秒 968 毫秒。

StateNumber（状态序号）：一般简称 StNum，该参数用于记录 GOOSE 数据发生变位的总次数，范围为 1~4294967295，当装置上电初始化时，第一帧报文中的 StNum=1，之后每当 GOOSE 数据集中的成员的值发生变位时，该值加 1，达到最大值后再次变位后该值变为 1。该参数对应的 Tag 值为 "0x85"。

SequenceNumber（顺序号）：一般简称 SqNum，该参数用于记录 GOOSE 数据集中的成员值没有改变时的重发报文次数。在数据集成员没有状态变化时，装置每发出一帧 GOOSE 报文，SqNum 的值加 1，当发生状态变化时 SqNum 的值归 0。装置上电初始化时，第一帧报文中的 SqNum=1。该参数对应的 Tag 值为 "0x86"。

在现场进行 GOOSE 报文分析时，可通过观察每一帧 GOOSE 报文中的 StNum 和 SqNum 的值，来分析确定 GOOSE 状态变化时刻以及报文是否连续、是否丢帧等情况。

Test（检修标志位）：该参数对应的 Tag 值为 "0x87"，长度一般为 1 个字节（8bit）。用于表示发出该 GOOSE 报文的装置的检修状态，当一台装置的检修压板在投入状态时，该装置发出的所有 GOOSE 报文中的 Test 位应为 TRUE。在 GOOSE 通信中，接收端装置将收到 GOOSE 报文中的 Test 位状态与自身的检修压板状态进行比较，两者一致时才将该帧报文做有效处理，两者不一致时该帧报文无效并且接收端装置发出"检修不一致"告警信号。

ConfRev（配置版本号）：Config Revision，该参数对应的 Tag 值为"0x88"。是用来表示该 GOOSE 数据集引用的配置发生改变次数的一个计数器，Confiv 的初始值为"1"，对于 GOOSE 报文，当 GOOSE 数据集引用的成员发生变化或改变顺序时，版本号加 1。在 GOOSE 通信中，接收端装置需要将接收报文中的 Confev 值与自身配置的订阅数据集的 Confev 值进行比对，两者一致时该报文才有效。

然而在现场应用时，由于该参数需要由数据模型配置人员在每次修改数据集后手动对该参数进行修改，而配置人员通常都没有进行该项操作，所以现场进行报文解析时会发现该参数的值一般都为"1"。

NdsCom（进一步配置）：Needs Commissioning，该参数是一个布尔型变量，用于表示该 GOOSE 参数是否需要进一步配置。例如，如果 GOOSE 参数中的 GocbReference（GOOSE 控制块引用名）为空，那么该报文的 NdsCom 的值应变为"TRUE"，表示该 GOOSE 控制块还需进一步配置；或者是当 GOOSE 数据集的成员个数超过规定范围时 NdsCom 的值也会变为"TRUE"。该参数对应的 Tag 值为"0x89"，长度一般为 1 个字节（8bit）。

NumDatsetEntries（数据集条目数）：该参数对应的 Tag 值为"0x8A"，代表该 GOOSE 数据集中包含的成员个数。

Data（数据集内容）：该参数对应的 Tag 值为"0xAB"，该参数的值是 GOOSE 数据集中的成员，其中每个成员都按照"Tag-length-Value"的编码结构。Data 成员各个部分的条目的含义、顺序和所属的数据类型都是根据配置文件中的 GOOSE 数据集部分定义的。现场报文解析时常用的数据类型为 Boolean（布尔型）和 Bit-string（位串）。

Boolean 数据类型用于单位置遥信，即只有两种值"1"（TRUE）或"0"（FALSE）。

Bit-string 数据类型用于双位置遥信，有"11""10""01""00"四种值，一般用于表示开关、刀闸等双位置信号。"11"和"00"为无效状态，"10"和"01"分别表示合、分位。

时间型数据用于表示数据变位的 UTC 时间，通常在数据集中建立属性名称为 t 的条目。

浮点型数据用于传递温度、湿度等模拟量采集信号。

通过报文解析，仅能看到数据集中每一个成员的状态，但是每一个成员的描述需要从配置文件的数据集配置中查看。报文中的数据集成员顺序与配置文件中的顺序一致。如图 4-2-5 所示，某 110kV 保护装置发出一帧报文，长度为 0x12 即 18 字节，包含 6 个成员，其中第一个成员"83 01 01"状态为 TRUE，后五个成员均为 FALSE，根据数据集配置信息可知第一个成员是跳断路器，在动作状态，可知这是一帧保护跳闸出口的报文。

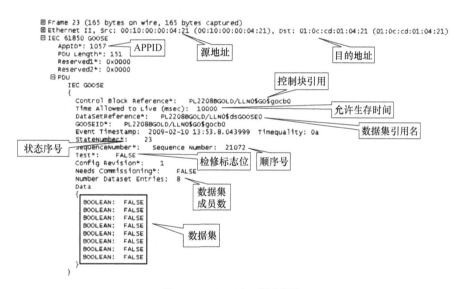

图 4-2-5　数据集配置信息与数据集报文对照

在现场工作中，可以使用变电站内的网络分析仪或专用的报文分析装置进行抓包分析，抓包软件可以解析出 GOOSE 报文，如图 4-2-6 所示。

图 4-2-6　GOOSE 报文抓包

三、SV 报文基础知识

1. SV 传输机制

SV 同样采用基于"发布者/订阅者"结构的组播通信方式，与 GOOSE 不同的是，SV 报文按照合并单元的采样频率周期性发送报文。目前现场设置采样频率固定为 4000Hz，即每 250μs 发送一帧 SV 报文。

SV 通信需要进行同步，根据 SV 采用组网或直采，同步方式也不同。当使用组网时，在 SV 报文发送方即合并单元处利用同步时钟进行同步，在 SV 报文中设置采样计数位，每个秒脉冲上升沿将计数位置"0"，之后每一帧报文加 1；当使用直采时，在 SV 报文接收方利用 ASDU 中第一个通道采样延时进行插值同步，这种方式不依赖同步时钟。

由于组网方式下一旦同步时钟故障，将导致多台装置的采样失去同步影响到保护正确动作，因此保护装置使用 SV 采样时一律使用直采方式，而测控、录波等对可靠性要求较低的使用组网方式来简化回路。

2. SV 数据帧结构

SV 报文的报文头部分结构与 GOOSE 报文一致，此处不再赘述。仅说明几点与 GOOSE 报文的区别：

（1）目的地址：根据 Q/GDW 11662—2017《智能变电站系统配置描述文件技术规范》要求，现场配置 SCD 文件时，SV 通信参数的目的地址范围为 01-0C-CD-04-00-00～01-0C-CD-04-01-FF。

（2）以太网类型（Type）：IEEE 规定了 SV 报文的以太网类型值固定为 0x88BA。

（3）APPID（Application Identifier）：APPID 的最高 2bit 用来表示 APPID 的类型，IEC 61850 规定 SV 报文的 APPID 类型为"01"，因此 61850 规约为 SV 分配的 APPID 取值范围是 0x4000～0x7FFF，在现场应用中，一般是根据 Q/GDW 11662—2017《智能变电站系统配置描述文件技术规范》要求，将 APPID 的范围定为 0x4000～0x4FFF，APPID 第 1 字节由 MAC-Address 的倒数第 3、第 2 字节的后一个字符组合而成，APPID 第 2 字节取 MAC-Address 的最后 1 个字节，例如：MAC-Address 地址为 0x01-0C-CD-04-01-11，则 APPID 为 0x4111。

3. SV 报文解析

与 GOOSEPDU 的多层"T-L-V"嵌套式结构不同，IEC 61850-9-2 规定了采样值发送服务（SendMSVMessage）的应用层协议数据单元 SavPDU（APDU）的结构如图 4-2-7 所示，SavPDU 对应的 Tag 值为"60"。SV 报文中长度（Length）的规则与 GOOSE 报文一致，以下不再赘述。

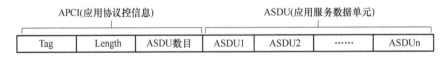

图 4-2-7　SV 9-2 报文的 APDU 结构

SV 服务的采样数据在应用层可以将多个 ASDU 整合到一个 APDU 之中进行发送，在现场应用中，一般一个 APDU 中只包含一个 ASDU。

对 APDU 各字段解析如下：

（1）ASDU 数目（noASDU）：按照"Tag-length-value"编码结构，对应的 Tag 值为"80"，

value 值为这个 APDU 中包含的 ASDU 数目。

（2）ASDU（应用数据服务单元）：对应的 Tag 值为"A2"。该字段按照"T-L-V"编码结构多层嵌套，如图 4-2-8 所示。ASDU 字段的 Value 值内包含 8 个成员，其中前 7 个是 SVCB 控制块的各个属性，第 8 个成员是采样值数据集，但在现场应用时一般只使用了 1 个成员 ASDU1，其对应的 Tag 值为"30"。

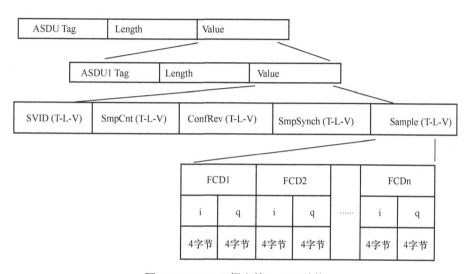

图 4-2-8　SV9-2 报文的 ASDU 结构

ASDU 成员及对应 Tag 标签如表 4-2-5 所示。

表 4-2-5　　　　　　　　　　　　ASDU 成员及对应 Tag 标签

序号	Tag 标签	含义
1	0x30	ASDU1
2	0x80	SVID
3	0x82	SmpCnt（采样计数位）
4	0x83	ConfRev（配置版本）
5	0x85	SmpSynch（同步标志位）
6	0x87	Sample（采样值数据集）

1）SVID（SV 控制块标识符）：每个 SV 报文对应的一个 ID，全站唯一。该参数对应的 Tag 值为"0x83"，该参数宜由"引用路径"（"IEDName"+"LDevice"+"/"+"LLN0"+"."）+"SV 控制块名称"组合而成，对应的 Tag 值为"80"。该参数的值的解析可参考前文"GocbRef"部分，此处不再赘述。

2）SmpCnt（采样计数位）：用于检查采样数据是否连续刷新，对应的 Tag 值为"82"。

SmpCnt 的范围在（0～采样率-1），合并单元每发出一帧新的 SV 报文，SmpCnt 的值加 1，达到最大值后归 0。由于现场使用的采样率为 4000Hz（每周期 80 个采样点），因此 SmpCnt 的值在 0～3999 周期性变化。SmpCnt 的值不应跳变或越限，并且当合并单元采用秒脉冲同步时，SmpCnt 应在每个秒脉冲到达的整点置"0"。在 SV 采用组网方式时，接收方装置可通过 SmpCnt 的值来进行采样同步，在直采时由于接收方装置通过采样延时插值同步，该参数没有作用。

3）ConfRev（配置版本号）：对应的 Tag 值为"83"。内容与 GOOSE 报文中的一致，不再赘述。

4）SmpSync（同步标志位）：对应的 Tag 值为"85"。用于反映合并单元的同步状态。当同步脉冲丢失后，合并单元先利用内部时钟晶振进行守时，当守时精度能够满足同步要求时（10min 内守时精度范围为±4μs），SmpSync 的值应置"TRUE"；当守时精度不能满足同步要求时，SmpSync 的值应置"FALSE"。

5）Sample（采样值数据集）：对应的 Tag 值为"87"。该字段的 Value 值为采样数据集中各个采样值成品的十六进制编码按照数据集中的顺序排列，每个采样值成员 FCD 的长度为 8 个字节，其中前 4 个字节为采样值瞬时值 i，后 4 个字节为采样通道的品质位 q，q 的各 bit 位含义如表 4-2-6 所示。现场仅使用其中两个标志位：有效性（validity）、测试（TEST）。

表 4-2-6　　　　　　　　　　　品质 q 的各个 bit 位含义

bit7	bit6	bit5	bit4	bit3	bit2	bit0～bit1
细化品质						有效性
旧数据	故障	抖动	坏基准值	超值域	溢出	00=好，01=无效，10=保留，11=可疑

bit31～bit13		bit12	bit11	bit10	bit9	bit8
无用		操作员闭锁	测试	源	细化品质	
					不精确	不一致

有效位（validity）在 q 中的 bit0～bit1，正常运行时值为"00"，当采用电子式互感器时，由于互感器内部故障或传感回路故障导致合并单元无法正确接收采样值，合并单元将对应采样值的有效位变为"01"；如果采用的是常规互感器，则间隔合并单元接收母线合并单元级联电压的数据异常时，由间隔合并单元将级联电压采样值的有效位变为"01"。

测试位（TEST）与 GOOSE 报文中的 TEST 位含义相同，此处不再赘述。

SV 采样值报文接收方应根据对应采样值报文中的 validity、test 品质位，来判断采样数据是否有效，以及是否为检修状态下的采样数据。当报文无效或检修不一致时，对于电流采样值应闭锁相关保护，对于电压采样值应当作 TV 断线处理。另外，对于母线保护中的母联电流采样值，当无效或检修不一致时不会闭锁保护，对九统一母线保护是区内故障时先跳开母联开关，延时 100ms 后选择故障母线；对非九统一母线保护是将母线置互联。

采样值 i 的 4 个字节中的最高位 bit 为 "1" 时，代表瞬时值是一个正数，此时直接将 i 转换位十进制表示后乘以单位就是采样值的一次瞬时值，不同采样值类型的单位如表 4-2-7 所示；如果 i 的最高位 bit 值为 "1" 时，代表瞬时值是一个复数，此时需要将 0x100000000 减去 i 的十六进制表示后转换为十进制，再乘以单位。

表 4-2-7　　　　　　　　　　　　　　采 样 值 单 位

采样值类型	单位
通道延时	1μs
电流	0.001A
电压	0.01V

例如：一段电流采样值报文 "FF FC CB B0 00 00 08 00"，其中采样值 i 的值 "FF FC CB B0" 最高位值为 "1" 代表负数，则实际值为 0x100000000-0xFFFCCBB0=0x33450，转换到十进制为 210000 乘以单位 0.001A 为 210A；报文中品质 q 的值为 "00 00 08 00"，查表 4-2-6 可知测试位为 1，说明发出该电流数据的合并单元的检修压板在投入状态。

通过抓包软件可以解析出 SV 报文，如图 4-2-9 所示。

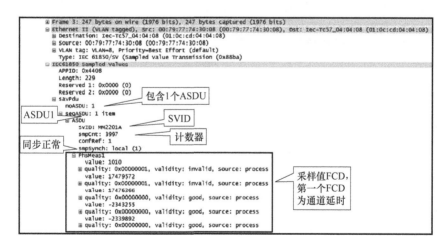

图 4-2-9　SV 报文抓包

四、MMS 报文基础知识

MMS：Manufacturing Message Specification（制造报文规范）是通过真实设备及其功能进行建模的方法，实现网络环境下计算机应用程序或智能电子设备之间数据和监控信息的实时交换。主要用于间隔层 IED 与站控层监控主机之间进行运行、维护报文的传输，如保护动作信息，异常告警信息，保护整定信息等，有效的解决了各类 IED 运行维护信息标准化上传给主站的问题。

MMS 通信采用客户端/服务器模式，在变电站中客户端一般是后台监控系统、保信子站、远动机，服务器一般是保护、测控装置。由于 MMS 服务的种类较多，此处仅针对现场常用的几种通信服务报文进行分析，如报告服务、遥控服务、定值服务、录波服务等。

1. 报告服务

报告服务用于上送保护、测控装置的遥测、遥信信息，它通过 SCSM 映射为 MMS 协议中的 InformationReport 服务，在调试过程中通过抓包工具得到的 61850 报告报文，都是经过 ASN.1 编码后的 InformationReport 数据。报告服务分为缓存报告服务（buffered report control block，BRCB）和无缓存报告服务（unbuffered report control block，UNCB）。

URCB 在内部事件发生后立即发送报告，可能丢失事件，在通信中断时不支持 SOE，一般用来发送遥测类数据。

使用 BRCB，若在缓存时间内连续发生几个事件，缓存时间结束时报告在此时间内发生变化的所有事件，服务器可减少报告次数。缓存报告比较可靠，常用于不允许丢失数据的情况，一般用于遥信数据传送。

（1）BRCB 报告解析。MMS 报文也采用"T-L-V"编码结构，如图 4-2-10 所示是一帧 BRCB 遥信变位报文通过抓包工具解码后的报文，下面按照报文顺序说明其中各参数含义：

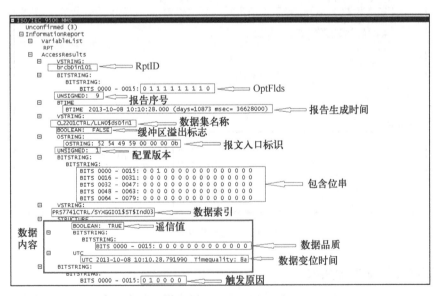

图 4-2-10　BRCB 报文截图

1）报告 ID（RptID）：该报文的报告 ID 为 brcbDin101，由两个部分组成，前半部分的

"brcbDin1"为 ICD 文件中该报告的 RptID，后半部分的"01"是报告实例号。实例号是使用 61850 规约的站控层网络中每一个设备的一个编号，应全站唯一。

2）报告选项域（OptFlds）：该参数长度 10bit，表明这一报告服务报文中所包含的内容，其中各个 bit 位的含义如表 4-2-8 所示。当 OptFlds 中某一位的值为"1"时，说明后续报文中包含相应的内容。当 OptFlds 中某一位的值为"0"时其对应内容不会出现在后续报文中。

表 4-2-8　　　　　　　　　　　　　　　OptFlds 各 bit 位含义

bit 位	含义
bit0	保留（Reserverd）
bit1	报告序列号（sequence-number）
bit2	报告生成时间（report-time-stamp）
bit3	触发原因（reason-for-inclusion）
bit4	数据集名称（datasetname）
bit5	数据索引（data-reference）
bit6	缓存区溢出标识（buffer-overflow）
bit7	报文入口标识（EntryID）
bit8	配置版本（confrev）
bit9	分段号（Segmentation）

在图 4-2-10 报文中 OptFlds="011111110"，说明这一帧报文中包含报告序列号、报告生成时间、触发原因、数据集索引、数据索引、缓存区溢出标识、报文入口标识、配置版本这 8 个参数。

3）报告序列号（sequence-number）：该序列号表示该报告控制块 brcbDin101 自使能后发出的报文数，如该报文中序列号为 9，说明这是该控制块使能后发出的第 9 帧报文。

4）报告生成时间（report-time-stamp）：该参数在 MMS 中映射到 Binary-Time（BTIME）类型。需注意该时间并不是事件发生时间，而是该条报文进入缓存区的时间，因此该参数是 BRCB 报文中特有的。

5）数据集名称（datasetname）：该参数含义与上文 GOOSE、SV 报文中的一致，此处不再赘述。

6）缓冲区溢出标识（buffer-overflow）：该参数为 BRCB 报文特有，值为"TRUE"表示溢出，为"FALSE"表示未溢出。

7）报文入口标识（EntryID）：该参数为 BRCB 报文特有，是 BRCB 报文的顺序号，对于同一台装置来说每一条报文的 EntryID 不重复，每一帧报文顺序号加 1。当服务器与客户端通信中断后恢复正常时，客户端通过 MMS 服务将收到的上一帧报文中的 EntryID 告知服务器，然后服务器根据 EntryID 检索缓存区内对应编号的报文，按照"EntryID+1"确定下一条报文并发出。

8）配置版本（confrev）：该参数含义与上文 GOOSE、SV 报文中的一致，此处不再赘述。

9）包含位串（Inclusion-bitstring）：代表该帧报告报文中所传输的数据在数据集中的位置。该位串是长度与所传输数据集成员数一致的一组二进制数，位串中的某一位为"1"时代表数据集中的该成员值会包含在该报文中，如果值为"0"则该成员不会出现在报文中。由于实际运用中一些数据集成员数较多，如果每一帧报文都将所有数据集成员的值传送一遍会占用大量网络带宽，因此利用包含位串可以有选择的只上送部分成员值。如该报文中的包含位串可看出该数据集含有 80 个成员，报文中仅上送第 3 个成员值。

10）数据索引（data-reference）：代表报文中传输的数据集成员的名称，与前一个字段"包含位串"相对应，这里代表该数据集中第 3 个成员的名称为"CL2201CTRL/SYXGGIO1STInd3"。如果"包含位串"中有传送多个成员，则该字段中依次显示各个数据集成员名称。

11）数据内容：依次显示传送的数据集各个成员的值。

12）数据品质：与前两个字段对应的数据集成员内容，该数据"CL2201CTRL/SYXGGIO1STInd3"包含状态值（stVal）、品质（q）、时标（t）三个数据属性（DA），这三个 DA 在报文中依次排列，如图 4-2-10 中 stVal 是一个布尔量（BOOLEAN）值为"TRUE"；q 是一个 16 位二进制数，值为"0000000000000000"，q 的各个 bit 位含义见表 4-2-6；t 是数据变位时间，由 UTC 时间值和时间品质两部分组成，在前文 GOOSE 报文解析中已做过详细说明，此处不再赘述。

13）触发原因（reason-for-inclusion）：代表数据上送原因，长度为 6bit，每一位含义如表 4-2-9 所示。图 4-2-10 中报文触发原因的值为"010000"，说明是因数据值改变触发报文上送。如果报文中有上送多个数据，则每个数据的触发原因按同样顺序依次排列。

表 4-2-9　　　　　　　　　　　　　　触发原因中 bit 位含义

位	内容	含义
bit0	Reserved	保留位
bit1	Data-change	因数据值改变触发报告服务
bit2	Quality-change	因品质值改变触发报告服务
bit3	Data-update	数据值刷新上送
bit4	Integrity	周期性上送
bit5	General-interrogation	总召位，当客户端设置此位为"TRUE"时会触发报告服务

（2）URCB 报文解析。URCB 报文如图 4-2-11 所示，其中各个字段含义与 BRCB 报文一致，此处不再赘述。

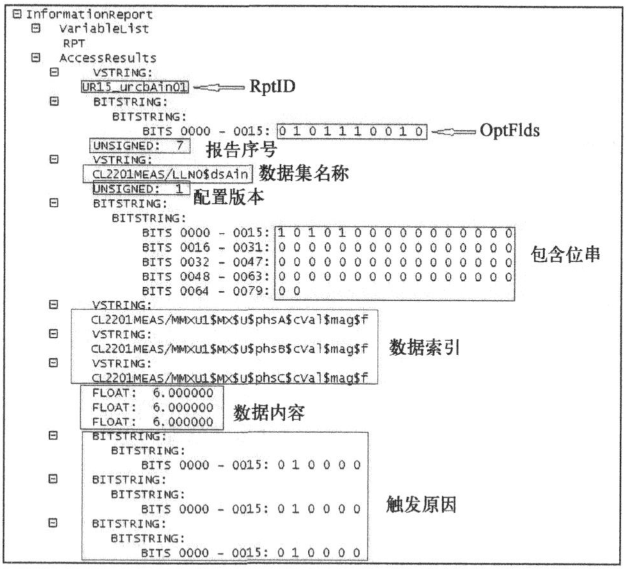

图 4-2-11　URCB 报文截图

2. 控制服务

控制服务用于变电站中断路器、隔离开关、主变调档、继电保护软压板、远方复归等远方遥控。控制服务分为增强安全模式的操作前选择（sbo-with-enhanced-security）、增强安全的直接控制（direct-with-enhanced-seurity）、常规安全的操作前选择（sbo-with-normal-seurity）、常规安全的直接控制（direct-with-normal-seurity）四种控制方式。增强安全型控制需要在控制后对结果进行校验以判断遥控是否成功，常规安全性不需要校验结果。现场主要使用增强安全模式的操作前选择和常规安全的直接控制这两种方式。

增强安全模式的操作前选择多用于对执行过程可靠性要求较高的场合，断路器及隔离开关、软压板、主变调档均采用这种控制方式。增强安全的操作前选择控制流程：客户端发送遥控选择命令（SBOw）→服务器回复写数据成功→客户端发送遥控执行命令（Oper）→服务器回复写数据成功→服务器上送遥控操作结束的报告（Report）。

常规安全的直接控制用于要求快速执行且不需任何校验的场合，如远方复归。客户端直接向服务器发送遥控执行命令，没有操作前选择和操作后返回结果。

下面以增强安全模式的操作前选择控制方式为例介绍控制服务。

（1）遥控选择（SBOw）服务报文。遥控选择服务（SelectWithValue）在 61850 规约中被映射到 MMS 中的 Write 服务，其报文如图 4-2-12 所示，报文头部分说明这是一帧 Write 报文。

Write 服务的 PDU 部分由变量列表（List of variable）和数据（Data）两部分组成。

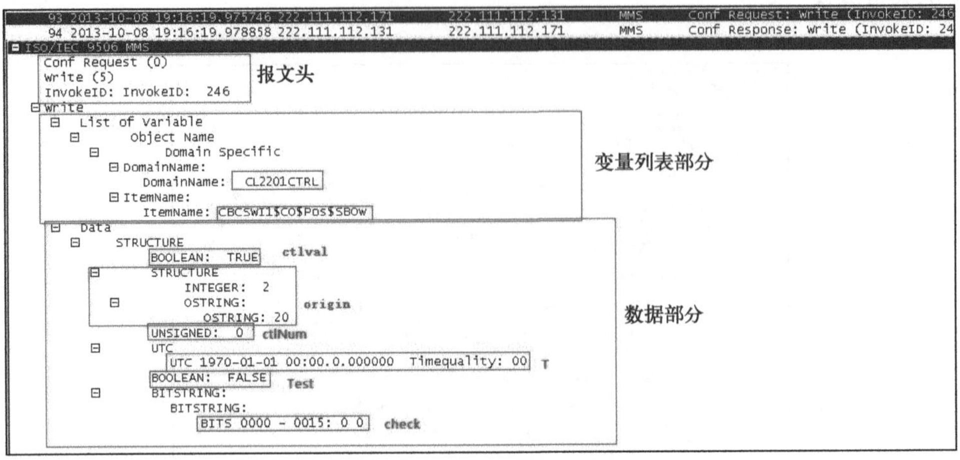

图 4-2-12　遥控选择报文截图

变量列表可包含一个或多个变量，它使得客户端可以在一个 Write 服务中同时访问多个变量。Object Name 中包含域名（DomainName）和项目名（ItemName）两部分，域名即受控对象装置的"IEDName+LDName"，项目名为受控对象的索引。二者共同组成完整的受控对象，如图 4-2-12 中受控对象为"CL2201CTRL/CBCSWI1COPos$SBOw"。

数据部分是受控对象的数据属性值，该值为结构体（STRUCTURE）类型，其内容可通过查询配置文件获得，如图 4-2-13 所示为数据属性"CN_SBOw_Oper_SDPC"的定义，可看出其中包含 6 个成员：ctlVal、origin、ctlNum、T、Test、Check，在后续报文中按顺序排列，各成员含义如下：

```
<DAType id="CN_SBOw_Oper_SDPC">
  <BDA bType="BOOLEAN" name="ctlVal"/>
  <BDA bType="Struct" name="origin" type="CN_Originator"/>
  <BDA bType="INT8U" name="ctlNum"/>
  <BDA bType="Timestamp" name="T"/>
  <BDA bType="BOOLEAN" name="Test"/>
  <BDA bType="Check" name="Check"/>
```

图 4-2-13　SBOw 的数据属性定义

1）ctlVal：控制值是一个布尔型变量，以遥控断路器为例，该值为"True"时代表合断路器，值为"False"时代表分断路器。

2）origin：该成员也是一个结构体类型，其中包含 OrCat 和 orIdent 两个成员。OrCat 是一个枚举类型（Enum）的整型变量，其各个取值含义如表 4-2-10 所示。在图 4-2-12 中标注出的 origin 框中的"INTEGER：2"即为 OrCat 的值，可知这是一帧由后台机发出的遥控报文。

表 4-2-10　　　　　　　　　　　　OrCat 各取值对应含义

值	含义
0	不支持类型
1	由间隔层发起的控制操作，如在测控装置上进行遥控
2	由站控层发起的控制操作，如在后台机进行遥控
3	由远方发起的控制操作，如在调度主站进行遥控
4	间隔层自动发起遥控操作，如备自投装置通过站控层网络发控制命令
5	站控层自动发起的控制操作，如后台顺控
6	远方自动发起的遥控，如调度顺控
7	调试工具发起的遥控，如 61850 客户端工具发起的遥控
8	保护动作等引起的跳闸命令

3）OrIdent 是控制命令发出者的标识，一般是其网络地址，可以为空。在图 4-2-12 中标注出的 origin 框中的"OSTRING：20"即为 OrIdent 的值。

4）ctlNum：控制序号，是一个 8 位无符号整型变量（INT8U），范围为 0～255。客户端每次对一个对象发起遥控操作该值加 1，该报文中 ctlNum 值为 0 说明这是后台机对该对象发起的第 1 次遥控操作。

5）T 和 Test：这两个字段的含义在前文 GOOSE 报文部分已作详细说明，此处不再赘述。

6）check：校验位用于对控制对象进行操作前进行检查，长度为 2bit，含义如表 4-2-11 所示。

表 4-2-11　　　　　　　　　　　　check 位各取值对应含义

值	含义
00	不检
01	检同期
10	联闭锁逻辑检查
11	既检同期也检查联闭锁逻辑

（2）遥控选择服务响应报文。SBOw 响应报文用于服务器向客户端返回遥控选择的结果，如果遥控选择成功，则服务器通过 Write 服务发送 PDU 为"Data Write Success"写数据成功的响应报文，如果遥控选择失败则发送 PDU 为"Data Write Failure"写数据失败的响应报文，并利用 InformationReport 服务上送选择失败报告报文，如图 4-2-14 所示，报文头部分的 Unconfirmed 字段表示这一帧报文不需要回复。该报文由变量列表（List of variable）和访问结果（AccessResult）两个部分组成，变量列表部分仅有一个名为 LastAppError 的变量；访问结果是一个结构体类型，包含五个成员：受控对象、错误类型、命令发出源（origin）、控制序

号（ctlNum）、错误原因（AddClause）。受控对象、origin、ctlNum 在前文已做过说明，此处不再赘述。

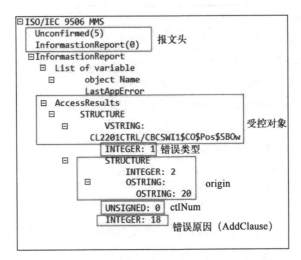

图 4-2-14　选择失败报告报文

1）错误类型：是一个枚举类型，取值为：0——正常；1——未知；2——超时测试失败；3——操作测试失败。如图 4-2-14 中错误类型为 1 说明类型为未知。

2）错误原因：也是枚举类型，取值范围 0～18，对应的含义如表 4-2-12 所示。

表 4-2-12　　　　　　　　　　　　错误类型的各取值对应含义

值	含义	含义解释
0	Unknown	未知原因
1	Not-supported	不支持
2	Blocked-by-switching-hierarchy	被开关闭锁
3	Select-failed	选择失败
4	Invalid-position	无效的位置，如受控对象的属性值为无效时
5	Position-reached	位置达到，如对一再合位的开关合闸
6	Parameter-change-in-execution	执行中参数改变，如执行过程中参数变化
7	Step-limit	步限制，如档位已到最大值时升档
8	Blocked-by-Mode	被模型闭锁，如模型中 LN 的 ctlModel 值为非控制值
9	Blocked-by-process	被过程闭锁，如过程层异常
10	Blocked-by-interlocking	被连锁闭锁，如不符合五防联锁逻辑
11	Blocked-by-synchrocheck	被检同期闭锁，如检同期合闸时同期条件不满足
12	Command-already-in-execution	命令已在执行中，如发遥控执行后又发取消命令
13	Blocked-by-health	被健康状况闭锁，如 health 值异常引起闭锁
14	1-of-n-control	1 对 n 控制

值	含义	含义解释
15	Abortion-by-cancel	被 Cancel 取消终止
16	Time-limit-over	时间限制结束，如遥控执行超时后
17	Abortion-by-trip	被陷阱异常终止，如在遥控选择后执行之前发生跳闸，跳闸后再执行
18	Object-not-selected	对象未被选择，如未选择对象直接执行控制命令

（3）遥控执行（Oper）服务报文。在遥控选择成功后，客户端向服务器发送遥控执行报文进行遥控操作。遥控执行报文的结构及各字段含义与遥控选择报文一样，如图 4-2-15 所示。唯一的区别在于受控对象中的"SBOw"变为"Oper"，此处不再赘述。

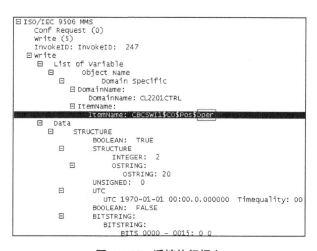

图 4-2-15　遥控执行报文

（4）遥控执行（Oper）服务响应报文。遥控执行（Oper）服务响应报文的结构及各字段含义与遥控选择报文一样，唯一的区别在于受控对象中的"SBOw"变为"Oper"，此处不再赘述。

（5）命令终止（CmdTerm）服务。遥控执行成功且服务器装置收到正确变位后，服务器将向客户端发送肯定的命令终止服务报文表明控制过程结束。CmdTerm 服务映射到 MMS 中的 InformationReport 服务，表示肯定的命令终止报文如图 4-2-16 所示由变量列表（List of Variable）和访问结果（AccessResult）两个部分组成，这两部分的内容分别与遥控执行报文中的变量列表及数据部分完全一致，因此该报文也被称为 Oper 的镜像报文。

如果遥控执行不成功，服务器端将向客户端发送否定的命令终止服务报文，具体报文以 LastAppError 报告的形式发送，详见遥控选择失败报文部分图 4-2-14，此处不再赘述。

```
ISO/IEC 9506 MMS
   Unconfirmed (3)
     InformationReport (0)
   InformationReport
      List of Variable
         Object Name
            Domain Specific
         DomainName:
            DomainName: CL2201CTRL          变量列表部分
         ItemName:
            ItemName: CBCSWI1$CO$Pos$Oper
      AccessResults
         STRUCTURE
            BOOLEAN:  TRUE
            STRUCTURE                        访问结果部分
               INTEGER:  2
               OSTRING:
                  OSTRING: 20
            UNSIGNED:  0
            UTC
               UTC 1970-01-01 00:00.0.000000  Timequality: 00
            BOOLEAN:  FALSE
            BITSTRING:
               BITSTRING:
                  BITS 0000 - 0015: 0.0
```

图 4-2-16 表示肯定的 CmdTerm 报文

（6）Report 服务。由于遥控成功后受控对象的状态变化，服务器端装置会发送一个 Report 服务报文将最新的状态报告给客户端。Report 报文映射到 URCB 服务，前文已做过介绍此处不再赘述。客户端装置收到遥控执行成功的响应报文，再收到 Report 报文或表示肯定的 CmdTerm 报文后判定遥控操作成功，如果 Report 报文及肯定的 CmdTerm 报文均收不到，判定遥控操作失败。

3. 定值服务

定值服务包含 SelectActiveSG（选择激活定值组）、SelectEditSG（选择编辑定值组）、ConfirmEditSGValue（确认编辑定值组定值）、SetSGValue（写定值组定值）、GetSGValue（读定值组定值）和 GetSGCBValue（读定值组控制块值）。

一般定值修改流程为：SelectEditSG 选择编辑定值组，如直接修改当前激活区定值则不需这一步→GetSGValue 读定值组定值→SetSGValue 写定值组定值→GetSGValue 读定值组定值，用于验证修改是否成功→ConfirmEditSGValue 确认编辑定值组定值，服务器响应后新定值生效。

（1）GetSGCBValue 服务。客户端利用该服务读取服务器的定值控制块参数，映射到 MMS 的 Read 服务。

客户端向服务器发送读定值控制块请求报文，如图 4-2-17（a）所示。

请求报文的 PDU 部分变量列表（List of Variable）仅有一个变量，由域名（DomainName）和项目名（ItemName）共同构成需要访问的 SGCB 路径，如图 4-2-17 中的"PL2201APROT/LLN0SPSGCB"。

服务器端收到请求报文后回复应答报文，如图 4-2-17（b）所示。该报文的 PDU 部分是一个结构体，包含 5 个成员，如表 4-2-13 所示。

278

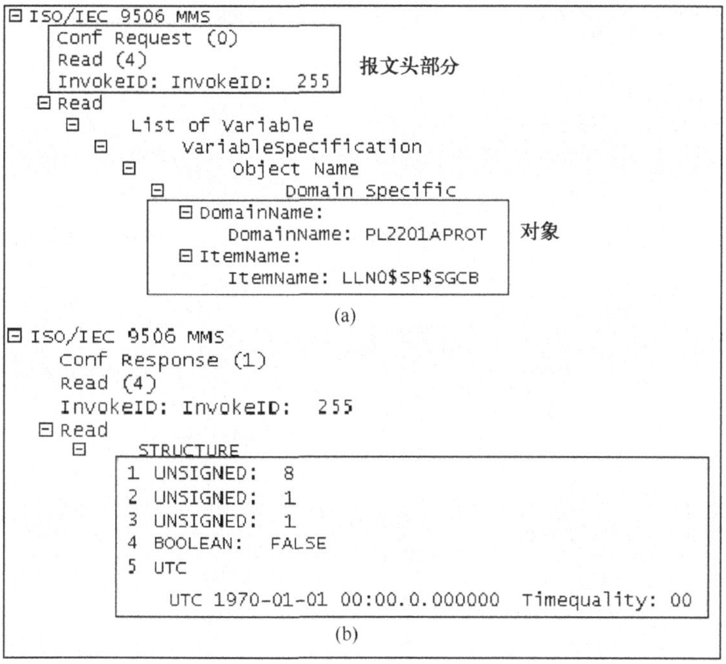

图 4-2-17 读定值组控制块服务报文

（a）读定值组控制块请求报文；（b）应答报文

表 4-2-13   定值组控制块的属性

序号	成员	含义解释
1	NumOfSG	定值区数量
2	ActSG	当前运行定值区区号
3	EditSG	处于可编辑状态的定值区区号
4	CnfEdit	是否已被客户端确认
5	LActTm	最后一次激活定值区时间

服务器也可以直接读取 SGCB 中的单个成员，此时在请求报文的项目名（ItemName）中要加上需要读取的成员名，例如要读取定值区号时，请求报文中 ItemName 的值为"LLN0SPSGCB$NumOfSG"。此时响应报文的内容只包含定值区数量"UNSIGNED：8"。

（2）GetSGValue 服务。客户端通过 GetSGValue 服务读取服务器中的定值信息，图 4-2-18 是客户端发出的 GetSGValue 请求报文，该报文 PDU 部分内容为变量列表，其中各成员顺序与该装置配置文件中保护定值数据集（dsSetting）中的成员排列顺序相同，项目名为定值数据的索引，如图 4-2-18 中（a）的 PDIS1SGGndStr$setMag 为逻辑节点 PDIS1（接地距离 I 段）下的数据对象 GndStr 的数据属性 setMag 的索引。

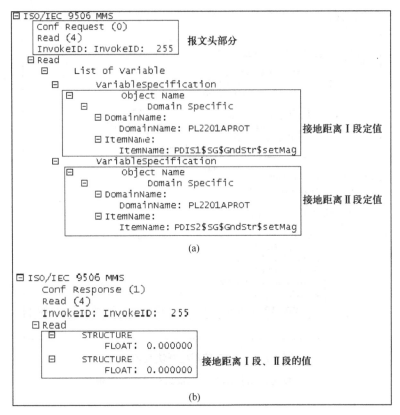

图 4-2-18　读定值服务报文

（a）读定值请求报文；（b）应答报文

服务器端成功收到 GetSGValue 请求报文后将回复应答报文，将保护定值上送给客户端，回复报文中的成员顺序与请求报文一致，如图 4-2-18（b）所示。

（3）SelectActiveSG 服务。SelectActiveSG 服务是用于客户端向服务器发出切换运行定值区报文，映射到 MMS 中的写（Write）服务。如图 4-2-19 所示是客户端要求服务器将定值区切换到 2 区的请求报文。如果服务器成功收到该报文并执行，回复 Data Write Success。

```
□ ISO/IEC 9506 MMS
    Conf Request (0)
    Write (5)
    InvokeID: InvokeID:  156
  □ Write
    □  List of Variable .
       □     Object Name
          □       Domain Specific
             □ DomainName:
                   DomainName: PL2201APROT        对象
             □ ItemName:
                   ItemName: LLN0$SP$SGCB$ActSG
       □   Data
             UNSIGNED;   2                          定值区号
```

图 4-2-19　切换定值区报文

（4）SelectEditSG 服务。SelectEditSG 服务用于选择编辑定值区，也是映射到 MMS 中的写（Write）服务。报文结构和 SelectActiveSG 服务的报文一致，只是对象中的"ActSG"变成"EditSG"，如图 4-2-20 所示，如果服务器成功收到该报文并执行，回复 Data Write Success。

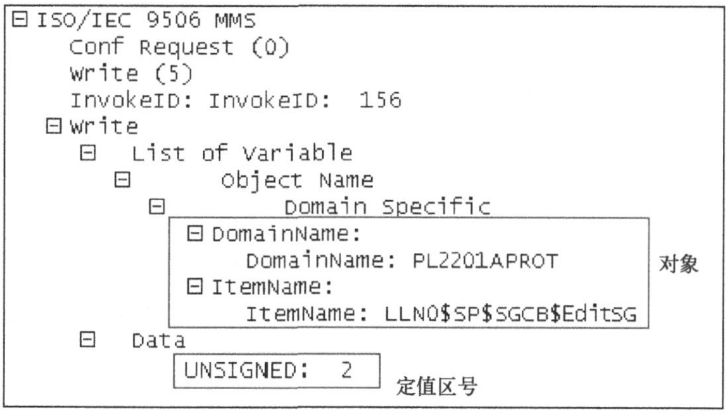

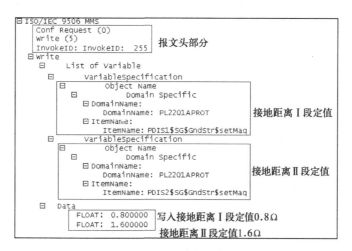

图 4-2-20　选择编辑定值区报文

（5）SetSGValue 服务。当客户端选择编辑定值区成功后，可通过 SetSGValue 服务修改该定值区中的某一项或多项定值，该服务也是映射到 MMS 服务中的 Write 服务，如图 4-2-21 所示是一帧修改定值报文。将 PL2201A 保护装置的接地距离Ⅰ段定值改为 0.8Ω，接地距离Ⅱ段定值改为 1.6Ω。如果服务器成功收到该报文并执行，回复 Data Write Success。

图 4-2-21　写定值组报文

（6）ConfirmEditSGValue 服务。定值下装成功后，客户端会通过 ConfirmEditSGValue 服务报文通知服务器可以用新定值覆盖旧定值，然后修改后的定值才会生效，映射到 MMS 服务的 Write 服务。图 4-2-22 是一帧确认编辑定值组报文，报文中 Data 部分 TRUE 表示确认。

```
□ ISO/IEC 9506 MMS
    Conf Request (0)
    Write (5)
    InvokeID: InvokeID:  884
  □ Write
    □  List of Variable
       □     Object Name
          □        Domain Specific
            □ DomainName:
                   DomainName: PL2201APROT
            □ ItemName:
                   ItemName: LLN0$SP$SGCB$CnfEdit
       □  Data
             BOOLEAN:  TRUE
```
对象

确认

图 4-2-22　确认编辑定值组报文

4. 文件服务

文件服务用于服务器向客户端传输故障录波报告文件，当电力系统中发生故障时，保护装置动作并生成录波报告文件，并向客户端发送录波完成报告通知客户端录波已完成，可以召唤录波报告文件。

录波完成报告报文如图 4-2-23 所示，该报文采用 BRCB 报告服务，报文结构详见前文 BRCB 服务部分，此处不再赘述。客户端根据录波数据集 dsRelayRec 中的数据 RcdMade 的值为 "1" 判定服务器录波已完成，此时客户端先向服务器发起读取文件属性（GetFileAttributeValue）服务以便了解服务器中的文件数量、文件名和文件大小，然后发起文件读取（GetFile）服务。

```
□ ISO/IEC 9506 MMS
    Unconfirmed (3)
  □ InformationReport
    ⊞   VariableList
    □   AccessResults
      □     VSTRING:
                BR08_brcbRelayRec01
        □     BITSTRING:
                UNSIGNED: 2
        ⊞     BTIME
      □     VSTRING:
                PL2201ARCD/LLN0$dsRelayRec
        ⊞     OSTRING:
                UNSIGNED:  1
        ⊞     BITSTRING:
      □     VSTRING:
                PL2201ARCD/RDRE1$ST$RcdMade
        ⊞     VSTRING:
        ⊞     VSTRING:
      □     STRUCTURE
                BOOLEAN:  TRUE
          □     BITSTRING:
                   BITSTRING:
                      BITS 0000 - 0015: 0 0 0 0 0 0 0 0 0 0 0 0
          □     UTC
                   UTC 2013-10-10 09:22.58.111999  Timequality: 8a
```
详见BRCB报文，此处略

数据集索引

数据索引

数据值

图 4-2-23　录波完成报告报文

```
□ ISO/IEC 9506 MMS
    Conf Request (0)
    File Directory  (77)
    InvokeID: InvokeID: 485
  □ File Directory
    □   FileSpecification:
          /COMTRADE 文件目录
```

图 4-2-24　读文件属性请求报文

（1）GetFileAttributeValue 服务。GetFileAttributeValue 服务在 MMS 中映射到读文件目录 FileDirectory 服务。图 4-2-24 是读文件属性的请求报文，其参数是存放录波文件的目录名，目前保护装置通用的目录名按照 Q/GDW 1808—2012《智能变电站继电保护通用技术条件》4.12.1 的要求：站控层设备读取保护装置录波文件列表时，应带文件路径，该路径以保护装置文件所在路径为准，宜为"COMTRADE"。因此 FileDirectory 服务参数名为"/COMTRADE"。

服务器收到读文件属性请求报文后向客户端回复应答报文，将服务器的"COMTRADE"目录中所有文件的信息以列表（list of directory entries）的形式告知客户端，列表中每个成员包含三个属性：文件名（Filename）、文件大小（Size of File）和最后修改时间（Last Modified），如图 4-2-25 所示。

应答报文中最后一行的 moreFollows 传输未完标志用来表示传输是否完成，当服务器中储存的文件数量较多时，可能会将文件信息分配到多个应答报文中分别上送，如果 moreFollows 值为"FALSE"表示传输完毕；如果 moreFollows 值为"TRUE"表示传输未完成，此时客户端收到该应答报文后会继续发送请求报文，通知服务器继续上传，直至传输完毕。请求继续报文如图 4-2-26 所示，该报文在请求报文后增加一个参数"ContinueAfter"，该参数一般是前一帧应答报文中的最后一个文件名，表示服务器应从该文件的下一个文件开始继续上传。

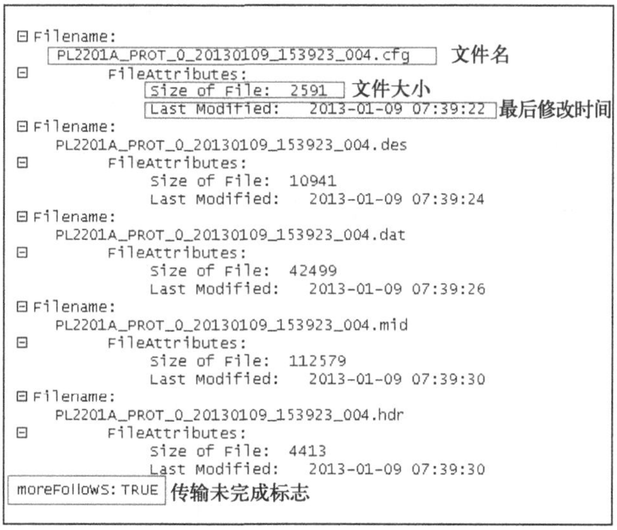

图 4-2-25　读文件属性应答报文

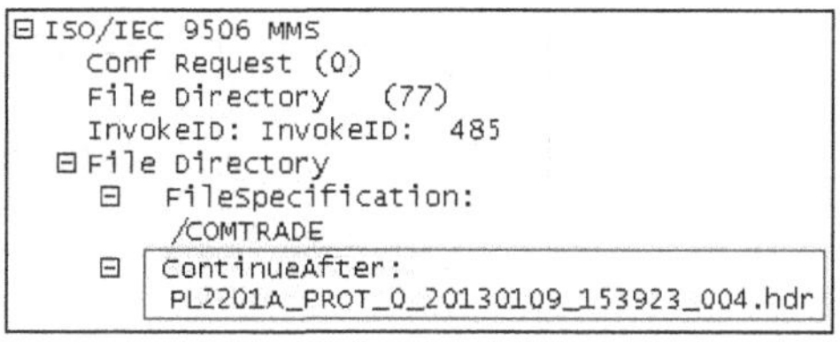

图 4-2-26　读文件属性请求继续报文

（2）GetFile 服务。客户端通过 GetFileAttributeValue 服务得到服务器中文件信息后，可通过 GetFile 服务获得其中某个文件的内容。GetFile 服务映射到 MMS 的 FileOpen、FileRead 和 FileClose 三个服务。

（3）FileOpen 服务。FileOpen 服务报文如图 4-2-27 所示，客户端发送 FileOpen 请求报文，包含需要打开的文件的文件名以及 Initial Position（初始化位置），初始化位置的值是一个非负整数，该参数值为"0"时表示从文件开始处上传，如果该参数值为"N"表示从第 N+1 个字节开始上传。服务器收到请求报文后回复 FileOpen 响应报文，该报文中包含 File Resource ID（文件标识符），该参数是服务器为文件添加的标识符用于控制文件传输，在 FileRead 和 FileClose 服务中会用到该参数。

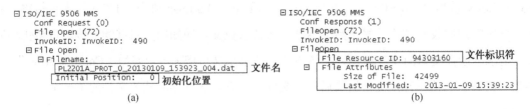

图 4-2-27　FileOpen 服务报文

（a）FileRead 请求报文；（b）FileRead 响应报文

（4）FileRead 服务。FileRead 服务报文如图 4-2-28 所示，客户端收到 FileOpen 响应报文后，发出 FileRead 请求报文读取文件内容，报文中包含需要读取的文件的标识符，该值与对应文件的 FileOpen 响应报文中的文件标识符一致。

```
⊟ ISO/IEC 9506 MMS                              ⊟ ISO/IEC 9506 MMS
    Conf Request (0)                                Conf Response (1)
    File Read Request FRSMID = (73)                 FileRead (73)
    InvokeID: InvokeID: 491                         InvokeID: InvokeID: 491
⊟ File Read Request FRSMID =                     ⊟ FileRead
    File Read Request FRSMID = 94303160              File Data: 文件内容
                                                    More Data Follows  FALSE  传输完
                          文件标识符                                           毕标志
              (a)                                              (b)
```

图 4-2-28　FileRead 服务报文

（a）FileRead 请求报文；（b）FileRead 响应报文

服务器收到请求后回复 FileRead 响应报文，报文中将文件内容用 FileData 上传至客户端，如果文件较大时服务器会将文件分为多个数据包传输，图 4-2-28（b）中最后一行的 More Data Follows（传输完毕标志）仅在最后一帧报文中出现，该参数为"FALSE"时表示文件传输完毕。

（5）FileClose 服务。FileClose 服务报文如图 4-2-29 所示，文件传输完毕后客户端发送 FileClose 请求报文，包含需要关闭的文件标识符，服务器收到请求后回复响应报文，整个文件传输过程正式结束。

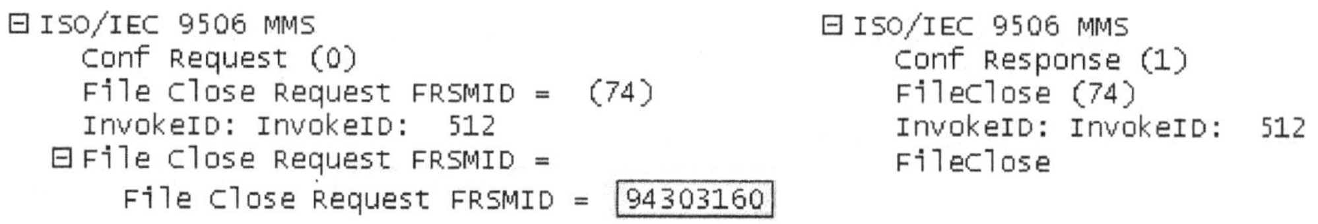

```
□ ISO/IEC 9506 MMS
    Conf Request (0)
    File Close Request FRSMID = (74)
    InvokeID: InvokeID: 512
  □ File Close Request FRSMID =
      File Close Request FRSMID = 94303160
```

```
□ ISO/IEC 9506 MMS
    Conf Response (1)
    FileClose (74)
    InvokeID: InvokeID: 512
    FileClose
```

(a)　　　　　　　　　　　　　　　　　(b)

图 4-2-29　FileClose 服务报文

（a）FileClose 请求报文；（b）FileClose 响应报文

五、104 报文基础知识

104 规约的报文帧结构由 APCI 和 ASDU 两个部分组成，统称为 APDU，如表 4-2-14 所示。104 报文可分为 U 格式、S 格式、I 格式三种类型，其中 S 格式和 U 格式为固定帧长报文，长度为 6 字节，仅有 APCI 部分；I 格式为可变帧长报文，具有完整的 APCI+ASDU 结构。

表 4-2-14　　　　　　　　　　　　　　　104 报文数据帧结构

APDU 应用规约数据单元	APCI 应用规约控制信息	启动字符
		长度 L
		控制域 1（C1）
		控制域 2（C2）
		控制域 3（C3）
		控制域 4（C4）
	ASDU 应用服务数据单元	类型标识符
		可变结构限定词
		传送原因
		公共地址
		信息对象 1
		信息对象 2
		……
		信息对象 n

1. APCI 部分解析

104 报文的 APCI 部分固定由表 4-2-14 中 6 个字段组成，每个字段长度 1 字节。其中启动字符固定为"0x68"；长度字段的值为 ASDU 部分的字节数+4，对于固定帧长报文，长度字段为"0x04"；控制域的 4 个字节含义根据 104 报文的类型有所不同，具体含义如下：

（1）U 格式。这种格式为不计数的控制报文，一般用于主站向子站传输控制命令来控制子站的启动、停止数据传输以及 TCP 链路测试。U 格式报文的控制域 1 的 bit1 和 bit0 固定为"1"，其余各 bit 位定义如表 4-2-15 所示，控制域 2~4 的值固定全为"0"。

表 4-2-15　　　　　　　　　　　　　　　U 格式控制域 1 含义

bit7	bit6	bit5	bit4	bit3	bit2	bit1	bit0
测试位		停止位		启动位		1	1
确认	生效	确认	生效	确认	生效		

U 格式的控制 1 中 bit7~bit2 同时仅能有一位为"1"，因此 U 格式报文共有 6 种，具体如下：

68 04 07 00 00 00——启动生效；68 04 0B 00 00 00——启动确认；

68 04 13 00 00 00——停止生效；68 04 23 00 00 00——停止确认；

68 04 43 00 00 00——测试生效；68 04 83 00 00 00——测试确认。

（2）S 格式。这种格式报文带计数功能，在通信时其中一方接收到对方发来的 I 格式报文后回复 S 格式报文，向对方确认已收到报文，如果通信中断时，主站会连发序号不变的 S 格式报文。S 格式报文的控制域含义如表 4-2-16 所示。

表 4-2-16　　　　　　　　　　　　　　　S 格式控制域含义

控制域 1	bit7~bit1	bit0
	0	1
控制域 2	0	
控制域 3	接收序号（LSB）	0
控制域 4	接收序号（MSB）	

需注意接收序号是低位在前高位在后，在计算序号时要将控制域 3 和 4 前后颠倒，另外由于控制域 3 的 bit0 固定为"0"，在计算序号时要转换为十进制后除以 2。例如一帧 S 报文"68 04 01 00 78 65"，接收序号的十六进制值为"0x6578"，转为十进制后除以 2 时实际序号12988。

（3）I 格式。这种格式报文是信息传输格式类型，用于传输含有信息体的报文，例如遥测、遥信、遥控等都是 I 报文，我们在现场需要抓包分析的主要是这类报文。I 格式报文的控制域含义如表 4-2-17 所示，发送序号和接收序号的计算方式与 S 格式报文一样。

表 4-2-17　　　　　　　　　　　　　**I 格式控制域含义**

控制域 1	bit7～bit1	bit0
	发送序号（LSB）	0
控制域 2	发送序号（MSB）	
控制域 3	接收序号（LSB）	0
控制域 4	接收序号（MSB）	

2. ASDU 部分解析

104 报文的 ASDU 部分为 I 格式报文特有，结构见表 4-2-14，下面对 ASDU 中的各字段含义进行说明：

（1）类型标识符（TYP）。长度占 1 字节，常用的类型标识如表 4-2-18 所示。

表 4-2-18　　　　　　　　　　　　　**常 用 类 型 标 识**

数据类型	标识符	含义
遥信	01	非 SOE 单点遥信，每个遥信占 1 字节
	03	非 SOE 双点遥信，每个遥信占 1 字节
遥测	09	带品质描述的测量值，每个遥测占 3 字节，最后 1 字节为品质位，低位在前
	0D	带品质描述的浮点值，每个遥测占 5 字节，最后 1 字节为品质位，低位在前
SOE	1E	带 7 字节短时标的单点遥信（时标依次为毫秒、秒、分、时、日、月、年）
	1F	带 7 字节短时标的双点遥信（时标依次为毫秒低位、毫秒高位、分、时、日、月、年）
遥控	2D	单点遥控，遥控值占 1 字节
	2E	双点遥控，遥控值占 1 字节
其他	64	总召，对象值固定为（00 00 00 14）

（2）可变结构限定词（VSQ）。长度占 1 字节，最高 bit 位为是否连续标志位，后 7 位表示信息对象个数。当最高位为"1"时，表示连续，此时在后续报文中 n 个信息对象仅有信息对象 1 带有信息体地址，代表每个信息对象的地址从该地址开始依次递增，剩余信息对象中都不含信息体地址；当最高位为"0"时代表非连续，此时每个信息对象中都含有信息体地址。

（3）传送原因（COT）。长度占 2 字节，含义如表 4-2-19 所示。

表 4-2-19　　　　　　　　　　　　　**常 用 传 送 原 因**

值	含义	值	含义
01 00	周期性上送	07 00	激活确认
02 00	双点遥调	08 00	停止激活
03 00	突变	09 00	停止激活确认
04 00	初始化	0A 00	激活结束
05 00	请求或被请求	14 00	响应总召
06 00	激活		

（4）公共地址（ADR）。长度占 2 字节，低位在前高位在后。

（5）信息对象。信息对象为信息体地址+值+时标的结构，其中时标仅存在于 SOE 报文中，连序标志为"1"时仅在信息对象 1 中包含信息体地址。不同类型的报文对应的信息对象值如表 4-2-18 所示。

信息体地址：占 3 字节，低位在前，需注意有些厂家的远动转发表中遥测、遥控点号是从 0 开始的，则报文中发送的地址是转发表中地址根据地址范围换算后的值，104 规约为各类对象分配的地址范围如表 4-2-20 所示。

表 4-2-20　　　　　　　　　　　　　信 息 体 地 址 范 围

类型	地址范围	十进制地址
遥信	1H~4000H	1~16384
遥测	4001H~5000H	16385~20480
遥控	6001H~6100H	24577~24832

例如某遥测点在遥测转发表中地址是由 0 开始的 3615，加 16385 等于 20000，转为十六进制为"00 4E 20"，按照低位在前可知报文中信息体地址为"20 4E 00"。

遥控：遥控值的格式如表 4-2-21 所示。最高位的 S/E 代表选择/执行位，为"1"时代表遥控选择，为"0"时代表遥控执行。

QU 代表遥控品质，为"0"代表由被控制装置方内部确定遥控输出方式，不由主站选择；为"1"代表短脉冲输出；为"2"代表长脉冲输出，短、长脉冲输出的持续时间由被控制装置的系统参数设置；为"3"代表持续输出；其他值均无意义。

SCS 为"1"表示控合，"0"表示控分。

DCS 为"10"表示控合，"01"表示控分，其他值非法。

由于 QU 一般为 0，单点遥控的值有：0x81（遥合选择）、0x80（遥分选择）、0x01（遥合执行）、0x00（遥分执行）四种。

双点遥控的值有：0x82（遥合选择）、0x81（遥分选择）、0x02（遥合执行）、0x01（遥分执行）四种。

表 4-2-21　　　　　　　　　　　　　遥 控 值 格 式

遥控类型	bit7	bit6~bit2	bit1	bit
单点遥控	S/E	QU	0	SCS
双点遥控	S/E	QU	0	DCS

【练习题】

1. 解析以下 GOOSE 报文，分别指出该报文的目的 MAC 地址、APPID、StNum、SqNum

和 TEST 标志位。

01 0C CD 01 00 51 00 1E 4F D3 AE 41 81 00 80 42 88 B8 00 33 00 90 00 00 00 00 61 81 85 80 08
67 6F 63 62 52 65 66 31 81 05 00 00 00 27 10 82 07 64 61 74 53 65 74 31 83 05 67 6F 49 44 31 84 08
4E F2 85 E1 F7 CE D9 00 85 05 00 00 00 00 01 86 05 00 00 00 00 00 01 87 01 00 88 05 00 00 00 00 00 01 89
01 00 8A 05 00 00 00 00 00 09 AB 36 83 01 00 84 03 03 00 00 91 08 00 00 00 00 00 00 00 00 83 01 00 84
03 03 00 00 91 08 00 00 00 00 00 00 00 00 83 01 00 84 03 03 00 00 91 08 00 00 00 00 00 00 00 00

2. 变电站现场有遥信变位，获取智能终端报文，如图 4-2-30 所示，试分析问题与原因？

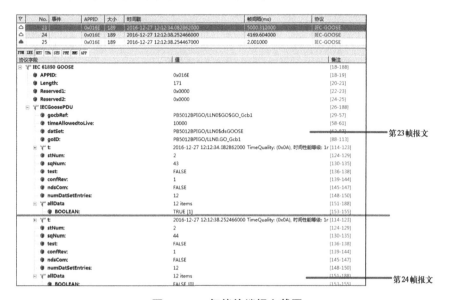

图 4-2-30　智能终端报文截图

3. 监控主机修改定值失败，分析图 4-2-31 中四帧报文，指出可能出现的原因？

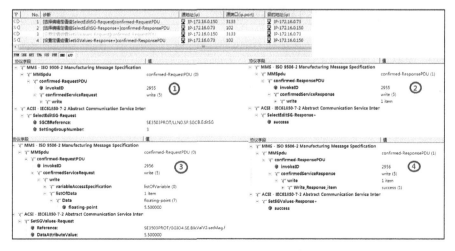

图 4-2-31　修改定值失败报文截图

4. 变电站现场捕捉到一帧 MMS 报文，如图 4-2-32 所示，试分析该报文中的下列内容：

（1）该报告对应的控制块和数据集？

（2）该报告的数据集中的成员个数，发送的是数据集的第几个信息？

（3）该报告所带数据的品质类型？

（4）请写出该报告所带数据的产生时间和时间品质。

（5）上送此报告的触发条件。

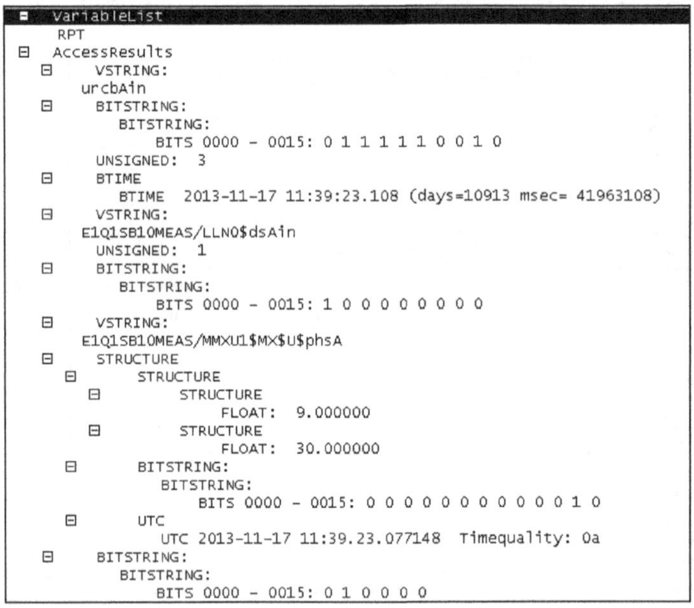

图 4-2-32　捕捉到 MMS 报文截图

5. 变电站现场捕捉到一帧 SV 报文，如图 4-2-33 所示，结合该 SV 的配置信息，试求出该帧报文中"计量/测量 A 相电流 IA"的瞬时值？

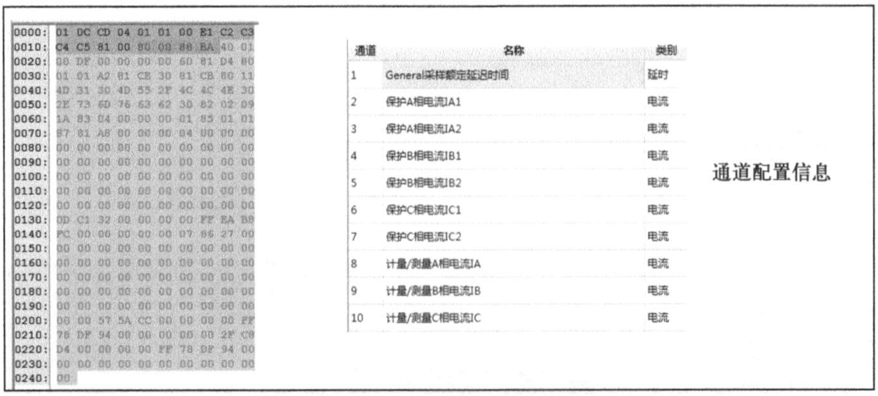

图 4-2-33　SV 报文及配置信息

6. 变电站现场捕捉到一帧 GOOSE 报文，如图 4-2-34 和图 4-2-35 所示，结合该 GOOSE 的配置，试分析报文包含哪些主要信息并判定线路刀闸位置？

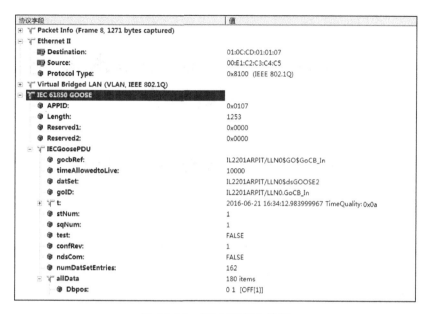

图 4-2-34　GOOSE 报文截图

图 4-2-35　GOOSE 配置信息

第五部分　变电站后台监控及远动系统运维

模块一　CSC2000 后台监控系统运维

【模块描述】

本模块主要介绍 CSC2000 后台监控系统运维，其中包括 CSC2000 后台监控系统的特点及结构、CSC2000 V2 后台监控系统数据库维护、CSC2000 V2 后台监控系统的图形编辑、CSC2000 V2 后台监控系统故障及分析处理方法。

【学习目标】

1. 了解 CSC2000 后台监控系统的特点及结构。

2. 掌握 CSC2000 后台监控系统的数据库维护。

3. 掌握 CSC2000 后台监控系统的图形编辑。

4. 掌握简单 CSC2000 后台监控系统故障的分析处理方法。

【正文】

一、CSC2000 后台监控系统的特点及结构

1. CSC2000 V2 后台监控系统的背景

CSC2000 V2 变电站自动化系统是北京四方继保自动化股份有限公司总结多年 SAS 变电站自动化系统研发和工程应用经验，参照国际标准，采用最新技术设计的新一代变电站自动化系统。

CSC2000 V2 变电站自动化系统于 2005 年 11 月 12 日通过了中国电机工程学会组织的技术鉴定，并获得很高的评价。

CSC2000 V2 系统的通信规约满足 IEC 61850 标准，能够应用于 1000kV 及以下各种电压等级的变电站。该系统在支持 IEC 61850 标准的同时，还可以兼容现有的标准通信协议，能够较好解决了现有标准到 IEC 61850 的过渡问题，具有良好的开放性，方便现有变电站自动化设备的接入和系统升级改造。

2. CSC2000 V2 后台监控系统的特点

除了继承上一代 CSC 2000 SAS 系统分层分布、面向对象的设计理念和优点外，CSC 2000 V2 系统还具备以下新的特性：

（1）监控系统适用于多操作系统（Windows/UNIX/Linux 计算机操作系统），多硬件系统（64 位、32 位）的混合平台。

（2）监控系统支持 IEC 61850 标准。

（3）在监控系统平台基础上，集成电压无功控制（VQC）功能。

（4）监控系统集成一体化五防功能，并实现了完整的操作票专家系统功能。

（5）采用图库一体化设计，支持拓扑分析动态着色。

（6）具备智能站高级应用功能。

3. CSC2000 V2 后台监控系统的结构

功能模块包括通信、AVQC、五防与操作票等采用组件式设计统一实现，可以根据客户的不同需求，在计算机上灵活配置。在 220kV 及以上的高压变电站中，有两种典型的配置方案，分别为全分布方式配置方案和高集成度方式配置方案。典型结构分别如图 5-1-1 和图 5-1-2 所示。全分布方式配置方案即为将主要的应用分散到不同的服务器上运行，而高集成度方式配置方案则是将主要应用按主、备方式集中到两台监控主站上运行。由于 CSC2000 V2 系统支持 Linux/UNIX /Windows/混合平台，在全分布方式中，可以在操作员站中采用 Windows 操作系统，而在服务器中采用 UNIX 操作系统，这样即保障了操作系统的稳定性，又让运行人员使用起来方便。另外，CSC2000 V2 系统采用的高配置的硬件平台，保证了系统在高度集成的情况下，仍然可以迅速、高效地完成 SAS 的所有功能。由于 CSC2000 V2 系统具有良好的可裁剪性，对于 110kV 及以下的变电站，除远动外的所有功能均可采用单计算机来实现。

本节主要介绍了 CSC2000 V2 后台监控系统的运行背景和后台操作系统的特点及两种配置方案的结构，让读者对 CSC2000 V2 后台监控系统的组成和网络结构有了初步的认识，对后续的 CSC2000 V2 后台监控系统故障分析奠定了基础。

二、CSC2000 V2 后台监控系统数据库维护

1. CSC2000 V2 后台监控系统的启停

（1）CSC2000 V2 后台监控系统的启动。双击桌面 （CSC2000 V2 console 图标），打开 V2 控制台，输入集成命令或分命令启动监控系统；启动与退出系统均需在控制台中运行命令，或者在 CSC2100_home/bin 路径下用终端调用对应的文本（./startjk，./scadaexit）。

集成命令：startjk（在 V2 控制台中输入）；

分命令：setclasspath、localm、desk（在 V2 控制台中输入）；

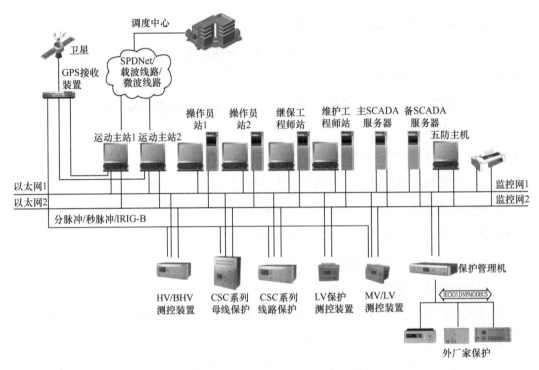

图 5-1-1　CSC2000 V2 系统全分布式配置典型结构

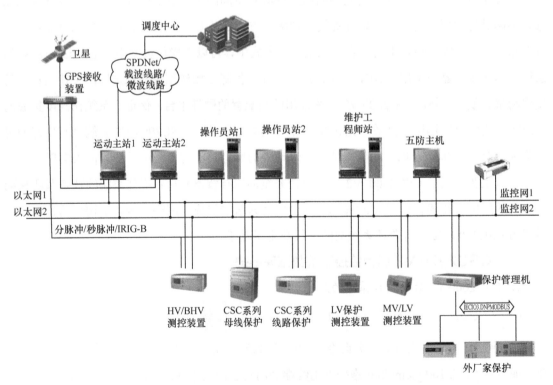

图 5-1-2　CSC2000 V2 后台监控系统高集成化典型结构

注：WindowsXP 或 Win7 系统需先输入 setclasspath，UNIX 和 Linux 系统不需要输入 setclasspath。

具体操作步骤如图 5-1-3 所示。

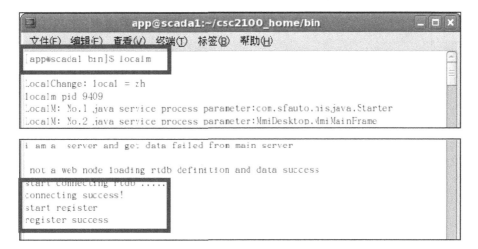

图 5-1-3　CSC2000 V2 后台监控系统的启动方式 1

出现 register success，可启动 desk，进入监控系统，如图 5-1-4 所示。

图 5-1-4　CSC2000 V2 后台监控系统的启动方式 2

（2）CSC2000 V2 监控后台系统退出。监控系统运行界面，点击开始菜单，选择系统退出，然后在控制台窗口执行 scadaexit 命令，如图 5-1-5 所示。

图 5-1-5　CSC2000 V2 后台监控系统的退出

2.　CSC2000 V2 后台监控系统的数据备份及恢复

（1）CSC2000 后台监控系统的数据备份。CSC2000 V2 监控系统文件目录如图 5-1-6 所示，在将监控系统退出运行后，将 CSC2100_home 文件夹根目录下 project 文件夹复制即可完成监控系统数据、图形文件的工程备份，该备份文件可在后台监控系统崩溃时及时恢复监控系统，保证监控系统正常运行。

图 5-1-6　CSC2000 V2 监控系统目录

（2）CSC2000 后台监控系统的数据恢复。CSC2000 V2 后台监控系统数据恢复是通过备份数据文件夹替换原有文件夹实现。在进行数据恢复之前，应对当前数据进行备份，恢复后台监控系统数据后要核对好各间隔名称及数据信息以及确认恢复的备份数据是即时可用的。（需要注意 project 文件夹名称不能更改，否则程序无法调用导致数据恢复失败）

3. CSC2000 V2 后台监控系统数据库维护

IEC 61850 配置工具是由系统配置工具、组态工具两部分组成。其中组态工具的主要功能是根据系统配置工具的输出结果（主要是四遥分解文件），生成实时数据库结构，并自动生成 IEC 61850 索引信息与实时数据库索引信息的映射关系。

CSC2000 V2 后台监控系统数据库组态工具主要通过开始——应用模块——数据库管理——实时库组态工具的路径进行维护，常规站通过组态工具进行间隔新建、模型匹配、三遥信息规范配置等；智能站可通过组态工具进行三遥信息维护，厂站新建、间隔扩建等操作则通过开始——应用模块——数据库管理——配置工具进行 ICD 导入等操作完成。CSC2000 V2 后台监控系统实时数据库组态工具界面如图 5-1-7 所示。

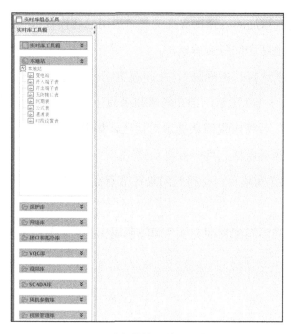

图 5-1-7　CSC2000 V2 后台监控系统实时数据库组态工具界面

（1）变电站节点维护。

1）添加间隔。启动组态工具后，双击并展开变电站节点，可以看到在"变电站"树节点下有"×××变"和"全局变量"树节点，在相应变电站的间隔树节点点击右键菜单选择"增加间隔"，在相应界面输入间隔信息，确定后就可以完成一个间隔的添加，如图 5-1-8 所示。

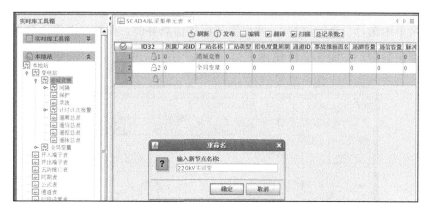

图 5-1-8　CSC2000 V2 后台监控系统添加间隔

若是间隔复制，则在添加间隔弹出界面选择"应用已有模板"，则下面的子站和间隔会变为有效，选择相应的变电站和间隔后确定。

若是增加虚间隔，要选择"虚间隔"，此间隔生成后期前面会有（虚）做注释。

2）删除间隔。如图 5-1-9 所示，当在间隔树节点下选择需要删除的节点后使用鼠标右键菜单，选择"删除间隔"后将出现确认提示对话框，如果确定删除，组态中相应的间隔将被删除，同时该间隔下的四遥量信息将会被自动删除。

3）间隔匹配。添加完间隔后，在相应间隔树节点点击右键选择间隔匹配，将会弹出间隔匹配的界面。

如图 5-1-10 所示，间隔匹配界面左侧"间隔所属保护"主节点上点击鼠标右键添加装置，有"添加保护"菜单项。

图 5-1-9　CSC2000 V2 后台监控系统删除间隔

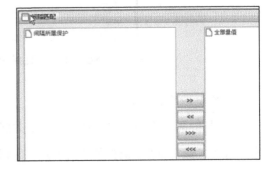

图 5-1-10　CSC2000 V2 后台监控系统间隔匹配 1

在弹出菜单中选择"添加保护"，弹出选择保护信息界面，在该界面输入装置地址，选择装置类型后点击确定，如图 5-1-11 所示。

图 5-1-11　CSC2000 V2 后台监控系统间隔匹配 2

添加步骤完成后，如图 5-1-12 所示，间隔匹配界面左侧树节点中已增加所选的装置，展开节点，可以看到该节点下的四遥量信息，可以通过 ">>"（添加左侧选择的四遥点到右侧），"<<"（删除右侧选择的四遥点），">>>"（添加左侧节点树的所有内容），"<<<"（删除右侧所有节点树的所有内容）这四个功能按钮完成所需四遥点的添加和删除工作。

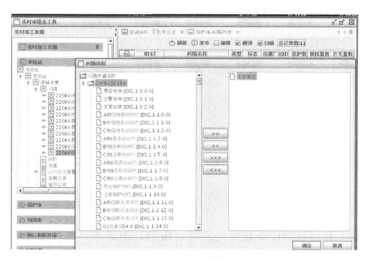

图 5-1-12 CSC2000 V2 后台监控系统间隔匹配 3

最终图 5-1-12 中右侧树中显示的点就是需要的四遥量点。确定后退出，这些点的信息就会被按类别加入到组态工具相应间隔四遥量子节点下。间隔的匹配为数据库的基础数据传输奠定基础，保证了数据的传输正常。

（2）公式表维护。打开公式表后，在右边点击右键弹出浮动菜单，选择属性对话框，如图 5-1-13 所示。

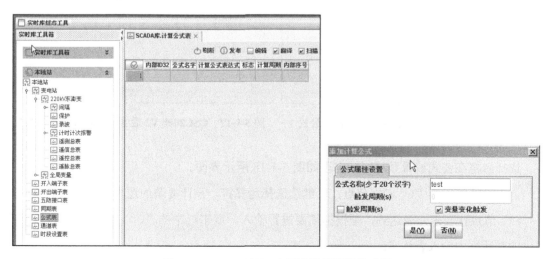

图 5-1-13 CSC2000 V2 后台监控系统公式表

在计算公式属性设置中，可以对公式名称、触发周期等选项进行设置。

定义新的公式：如图 5-1-14 所示，在空行处点击右键菜单中的编辑公式。如图 5-1-15 所示，在弹出的输入对话框输入新定义的公式名称。

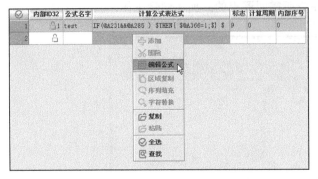

图 5-1-14　CSC2000 V2 后台监控系统公式编辑　　　图 5-1-15　CSC2000 V2 后台监控系统公式命名

在输入公式名称后，点击确定按钮。开始定义公式，在上面有 IF、THEN、ELSE、公式属性设置 4 个页面，每个页面中又包括运算符、限值、逻辑值、选择变量等。

建立公式的步骤：

进入"IF 部分"页面，点击新建按钮，出现如图 5-1-16 所示。

点击运算符下拉框选择逻辑运算符，如图 5-1-17 所示。

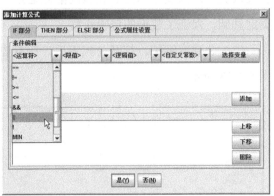

图 5-1-16　CSC2000 V2 后台监控系统建立公式 1　　　图 5-1-17　CSC2000 V2 后台监控系统建立公式 2

选择后将在公式编辑显示区域出现如图 5-1-18 所示界面。

点击运算符左侧"（<>）"节点，可继续选择运算符，设计复杂的逻辑运算。表达式中的"（<>）"节点代表未知表达式，须根据需要进行输入。双击选中的"（<>）"节点，可直接在弹出的对话框中输入表达式。

确认表达式中无"（<>）"节点后，点击添加按钮。表达式会自动添加到下方的条件列表中。

在 IF 条件表达式中用具体表达式替换"（<>）"节点时，如果不是在运算符中通过选择完成而是输入条件表达式，注意表示两个条件相等用"＝＝"而非"＝"。

进入"THEN 部分"页面，如图 5-1-19 所示，点击新建按钮，点击运算符下拉框选择运算符，运算符说明如表 5-1-1 所示。

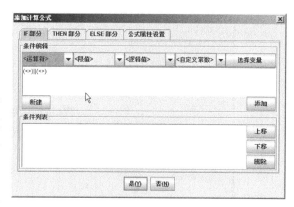

图 5-1-18　CSC2000 V2 后台监控系统建立公式 3

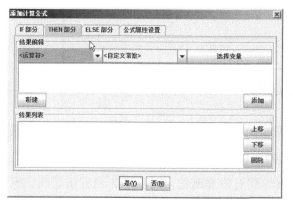

图 5-1-19　CSC2000 V2 后台监控系统建立公式 4

表 5-1-1　　　运　算　符　说　明

运算符	说明
DELAY（[延时时间-秒]）	延时运算符
（[变量]）=（表达式）	赋值运算符

公式也可以通过"添加"菜单添加一个空记录后手动编辑表达式的方式进行添加，手动添加的公式需要通过"编辑公式"菜单选择触发方式，否则公式处理程序不予更新和处理。

（3）五防接口表维护。五防接口表只用于监控和外厂家五防间通信。五防接口表中遥信类型表示监控向五防传递的遥信；遥测类型表示监控向五防传递的遥测；虚遥信类型表示五防向监控传递的遥信点，与监控中虚遥信定义不同。这些点通常是监控无法采集其状态，而由五防机代为传递。监控接收五防传递的这些遥信状态后，更新监控系统中相应遥信状态。

五防接口表中遥信、虚遥信类型和遥信表中遥信、虚遥信意义不同，它只是表明监控与五防间的数据传递方向。例如：监控系统中的一个公式计算的虚遥信点，若五防需要采集，则在五防表中类型为遥信，表示该点由监控系统传递给五防。反之，若监控系统中一个地刀状态未采集，五防电脑钥匙操作后，可以将地刀状态回传给监控，则在五防表中类型为虚遥信，表明该点状态由五防传递给监控系统。

如图 5-1-20 所示，双击本地站节点五防接口表，弹出图示窗口，可以选择相应的遥测、遥信和虚遥信点。

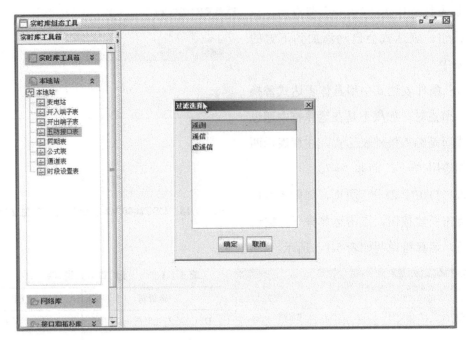

图 5-1-20　CSC2000 V2 后台监控系统五防接口表维护

从间隔的遥测和遥信表可将对应的遥信添加到五防接口表（在遥测表或遥信表编辑状态下通过右键"添加到五防接口表"功能添加），新增记录会出现在五防接口表相应的类型下。默认是遥信添加到五防遥信，虚遥信添加到五防虚遥信，遥测添加到五防遥测。五防接口表点类型可以通过下拉框进行修改，注意修改时勿将遥测改为遥信或虚遥信，反之亦然。

如果四遥表中的遥测和遥信被删除了，则接口表中相应关联记录将变红，应将五防接口表中对应的记录删除，否则因五防接口表中关联实点不存在，五防接口将无法启动。

五防接口表若需要调整点的顺序，可通过右键菜单的"表序列调整"来完成，调整后点确定，五防接口表中的记录 ID 就会按照调整后顺序重新设置。

（4）配置工具维护。系统配置工具的主要功能是导入 ICD 文件，根据变电站系统的需要，对 IED 所代表的一次设备在变电站中的拓扑关系进行配置；对 ICD 文件中所描述的逻辑设备、逻辑节点等在变电站系统中进行实例化（包括确定具体逻辑节点的索引名称）；根据配置后的变电站系统信息，生成 SSD 文件（即系统描述文件）和 SCD 文件（即系统配置文件）；再根据 SCD 文件生成每个 IED 的具体实例，表现为 CID 文件（即配置后的 IED 配置文件）；最后，根据变电站自动化系统的需要，生成面向应用的特殊配置文件（包括通信子系统的配置文件和四遥分解文件）。CSC2000 V2 后台监控系统配置工具框架见图 5-1-21。

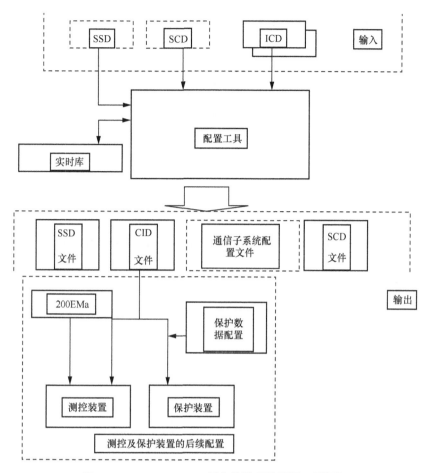

图 5-1-21　CSC2000 V2 后台监控系统配置工具框架

具体流程如下：

打开 CSC2000 V2 监控系统。【开始】→【应用模块】→【数据库管理】→【配置工具】，配置工具界面如图 5-1-22 所示。

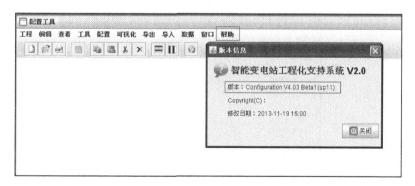

图 5-1-22　CSC2000 V2 监控系统配置工具界面

【工程】→【新建工程】→【删除】，如图 5-1-23 所示。

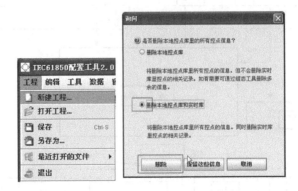

图 5-1-23　CSC2000 V2 后台监控系统配置工具新建工程文件

修改变电站名称，修改完后，回车即可保存，如图 5-1-24 所示。

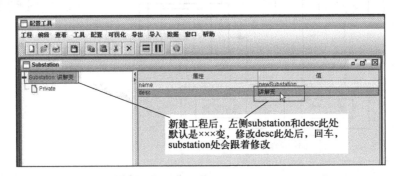

图 5-1-24　CSC2000 V2 后台监控系统配置工具修改变电站名称

【工程】→【保存】→选择路径保存 SCD 文件，文件存于 project/61850cfg 文件夹下，如图 5-1-25 所示。

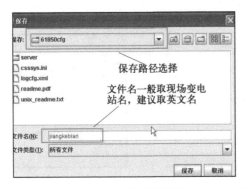

图 5-1-25　CSC2000 V2 后台监控系统配置工具 SCD 保存路径

新增电压等级，如图 5-1-26 所示。

图 5-1-26　CSC2000 V2 后台监控系统配置工具新增电压等级

新增间隔，如图 5-1-27 所示。

图 5-1-27　CSC2000 V2 后台监控系统配置工具新增间隔

增加装置，保护和测控装置间隔层信息要求入实时库，过程层信息不需要入库；智能终端和合并单元不需要入实时库。

如图 5-1-28 所示，选择对应的装置模型，修改 IP，其余项按下拉菜单选择即可，最后双击实例化名处，配置工具会根据你的选择自动生成一个实例化名；此实例化名可手工修改，只要保证全站唯一即可。

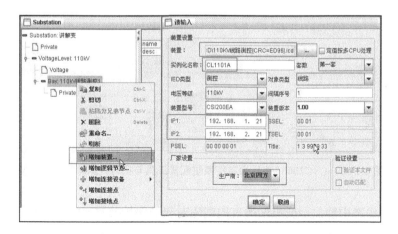

图 5-1-28　CSC2000 V2 后台监控系统配置工具增加装置

图 5-1-29　CSC2000 V2 后台监控系统
配置工具入库访问点选择

访问点选择，AccessPoint：A1（或 S1）为间隔层访问点，AccessPoint：A2（或 G1、M1）为过程层访问点，因此只需选择 A1 即可，如图 5-1-29 所示。

加载 ICD 后，点击间隔可以显示实例化名和 IP，如图 5-1-30 所示。后续可修改。

加载 ICD 后，实时库中也生成对应的间隔信息，为防止重启实时库组态工具导致数据未保存，需到实时库组态工具进行保存操作，如图 5-1-31 所示。

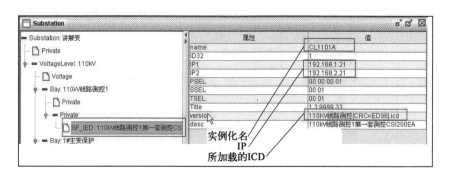

图 5-1-30　CSC2000 V2 后台监控系统配置工具 ICD 信息显示

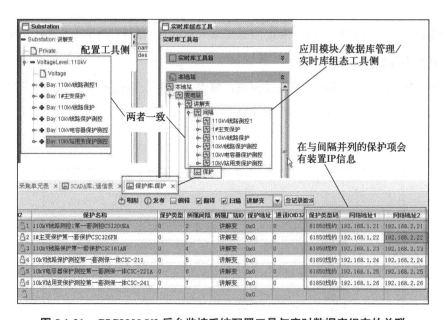

图 5-1-31　CSC2000 V2 后台监控系统配置工具与实时数据库组态的关联

实时数据库组态中能显示变电站所有的间隔对应的保护装置、测控装置的站内 IP 地址，掌握后台监控系统配置规律，在后台监控系统出现异常时帮助检修人员快速判断异常信号，是否为配置工具错误配置导致，缩小故障查找范围，提高处理缺陷的效率。

本节主要介绍了 CSC2000 V2 后台监控系统的启停、数据库的备份恢复、数据库的维护，重点掌握变电站节点的维护及配置工具的维护。

三、CSC2000 V2 后台监控系统的图形编辑

1. CSC2000 V2 后台监控系统图形编辑作用

CSC2000 V2 后台监控系统图形编辑主要负责主接线图、各间隔分图中图形的制作。其目的是使制作好的图形在监控系统中都可以在实时运行窗口中打开进行浏览。

在图形编辑中实现图库一体化，即在画面画设备图元时，同时也会往实时库中增加一个与图元同类型的设备。反之删除一个设备图元，也会从实时库中删除一个设备。因此，当在画面上有设备图元的增加、删除或属性修改时，除了需要保存图形，还应该对实时库做数据备份。

图形编辑制图的同时，还会建立图形的连接关系，最后会建立设备的连接关系，即拓扑连接关系，依次来实现图形的动态着色，同时支撑系统的一些高级应用如 VQC、五防等。图形编辑提供了自动断线、合并、连接线跟随等功能来保证图形连接关系的正确。

2. CSC2000 V2 后台监控系统图形制作

（1）CSC2000 V2 后台监控系统图形制作原则。CSC2000 V2 后台监控系统图形制作是利用各种图元按各种形式进行组合，并对图元进行属性设置的一个过程。制图尽量按照如下原则进行图形制作：

1）先建库后做图。特别避免出现在多个计算机上同时做图和建库或修改库。

2）在一个计算机上做图。始终保持此计算机上的图形是最新的，由它向其他计算机同步。

3）在图形制作工程中，对设备图元有增加、删除、修改操作时，在系统退出前，要做数据备份。即把实时库数据保存到商业库，否则增加、删除、修改的设备及其信息会丢失。

4）对典型间隔而言，先制作好一个间隔，特别是属性设置完毕后，使用间隔匹配会极大的加快制图速度，而且能保证图形制作的正确性。

5）图形要注意整体布局，突出重点设备，如变压器，给人感觉要饱满，避免头重脚轻。

（2）CSC2000 V2 后台监控系统主接线图的绘制。CSC2000 V2 后台监控系统在图形编辑状态下，首先要新建图形，鼠标左键点击图形，弹出图形属性定义界面，如图 5-1-32 所示。

图 5-1-32　CSC2000 V2 后台监控系统新建图形编辑

图类型选择主接线图，关联公司和厂站为变电站名。注意全站只能有一张"主接线图"类型的图形，用于绘制变电站的一次主接线图，以下关于母线及开关、刀闸、主变的绘制都是在"主接线图"类型的图形上实现。

绘制主接线图有三大步骤：①新建设备；②形成拓扑；③系统设置。画主接线图时需用到的工具条介绍如下：

功能按钮，主要用于图形跳转，电铃测试、电笛测试、间隔清闪功能。

动态标记，主要用于制作遥测、光字牌。

主接线图绘制时主要用 （电力连接线）和 （母线）；有潮流要求时用 线路，一般画在进线处，下面连接 电力连接线。

具体流程如下：

1）母线绘制，如图 5-1-33 所示。

第一步：设置母线宽度；

第二步：点击母线编辑工具；

第三步：按住鼠标左键在图上画出一段母线；

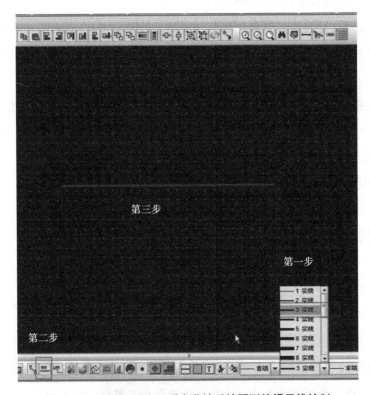

图 5-1-33　CSC2000 V2 后台监控系统图形编辑母线绘制

第四步：选中母线然后双击鼠标左键，编辑母线电力属性，如图 5-1-34 所示；

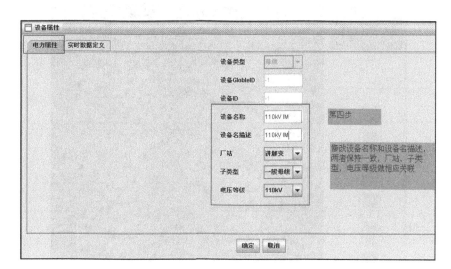

图 5-1-34　CSC2000 V2 后台监控系统图形编辑母线电力属性设置

第五～九步：编辑母线的数据属性，将母线与母线 TV 采集的电压值进行关联定义，如图 5-1-35 所示。

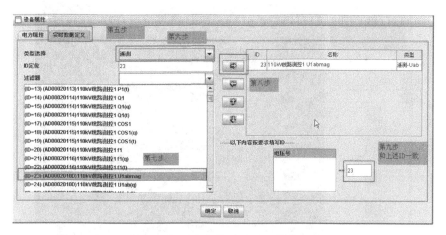

图 5-1-35　CSC2000 V2 后台监控系统图形编辑母线实时数据定义

2）开关、刀闸绘制。

第一步：选择电力连接线工具；

第二步：在图形区域，点击鼠标左键然后松开画出电力连接线，如图 5-1-36 所示；

第三步：选择图元类型及样式，鼠标点击选中；

第四步：点击连接线的相应位置摆放图元，图元会自动将连接线断开并与之连接，如图 5-1-37 所示；

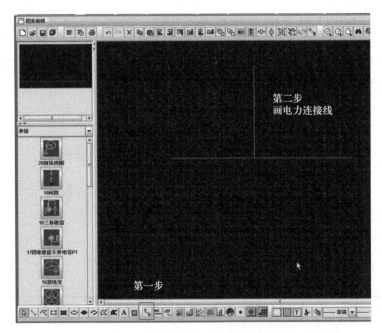

图 5-1-36　CSC2000 V2 后台监控系统图形编辑电力连接线

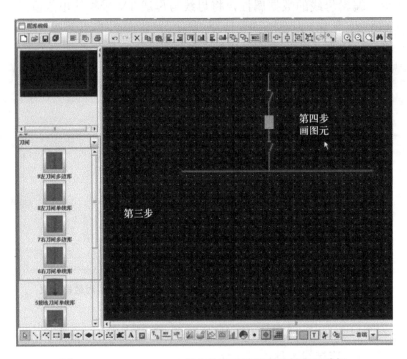

图 5-1-37　CSC2000 V2 后台监控系统图形编辑图元选择

第五步：选中图元并双击，如图 5-1-38 所示编辑图元属性；

第六步：选择需要与图元进行数据关联的数据类型，如：遥信、遥控；

第七步：选择关联数据，如图 5-1-39 所示；

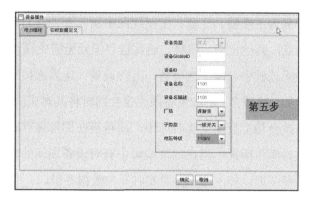

图 5-1-38　CSC2000 V2 后台监控系统图形编辑图元属性

第八步：点击"→"按钮添加，如图 5-1-39 双位置需要关联合分位。同时注意遥信合位和遥控类型对应是否正确。

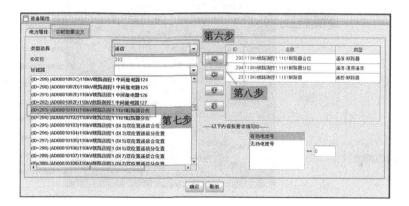

图 5-1-39　CSC2000 V2 后台监控系统图形编辑图元数据关联

按此方法即可将主接线图绘制完毕，如图 5-1-40 所示。

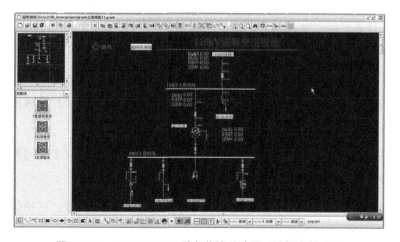

图 5-1-40　CSC2000 V2 后台监控系统图形编辑主接线图

最后点击保存，命名为主接线。注意：主接线图中图元开关、刀闸、接地刀闸、手车、母线需关联实时库中的点，其他主变、单铺、避雷器等图元无需关联点。

在新增一个设备图元过程中，除了虚设备、五防设备、电力连接线、线路以外，还会自动的向实时库设备表增加一个设备，删除设备图元也会同时将其对应的设备从实时库中删除。但并不是在画面上的修改会马上反映到实时库中，而是当在图形保存时，才会把当前图形的设备相关变化存储到实时库。因此，当在图形编辑中有对设备图元的增加、删除、属性修改等操作时，除了需要保存图形以外，还需要对实时库做数据备份。

（3）绘制间隔分图。CSC2000 V2 后台监控系统的间隔分图可参考图 5-1-41 内容绘制，具体内容以现场为准。注意所有间隔分图图类型均选择为间隔分图。

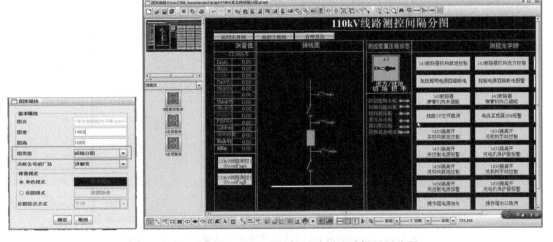

图 5-1-41　CSC2000 V2 后台监控系统图形编辑间隔分图

注意：中间接线图部分，是从主接线图拷贝到分图的，遥测和光字牌制作使用的是动态标记功能按钮，压板、远方就地把手使用的是虚设备图元。

1）遥测量绘制。

第一步：点击工具栏下方的"动态标记"按钮；

第二步：按虚线的范围，按住鼠标左键从左上角拖至右下角，松开鼠标左键，划定图形的范围，如图 5-1-42 所示；

第三步：在动态标记属性中，类型选择遥测，可以按住 Ctrl 键对多个遥测点进行选择，完成后点击确定，如图 5-1-43 所示；

第四步：设置列数，如图 5-1-44 所示，系统会按照所设置的列数，将所选择的遥测点在选择区域（虚线框内）自动分配；

图 5-1-42　CSC2000 V2 后台监控系统图形编辑范围

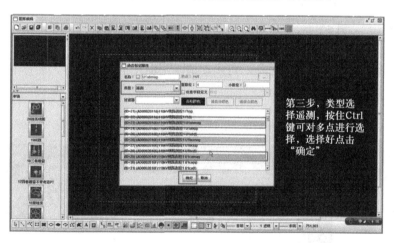

图 5-1-43　CSC2000 V2 后台监控系统图形编辑遥测点选择

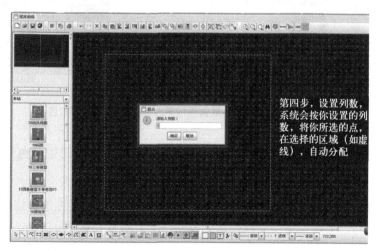

图 5-1-44　CSC2000 V2 后台监控系统图形编辑列数设置

第五步：在选择列数后，生成基础的遥测图形，如图 5-1-45 所示；

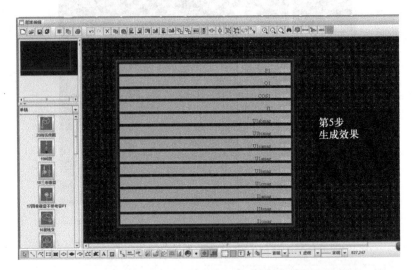

图 5-1-45　CSC2000 V2 后台监控系统图形编辑遥测生成图

第六步：将名称栏目内的勾去除，可手动清除遥测图的名称内容，名称的颜色默认为黑色，如图 5-1-46 所示；

图 5-1-46　CSC2000 V2 后台监控系统图形编辑手动清除名称

第七步：在工具栏内，定义填充颜色选择黑色，可让遥测图形的颜色和背景一致，如图 5-1-47 所示；

第八步：调整大小，将之前的扁长形调整成合适的大小，之后先选择修改后的大小，再按住 CTRL 键，鼠标左键再逐次选择其他需要调试大小的点，最后点击相同高度宽度和相应排列，如图 5-1-48 所示；

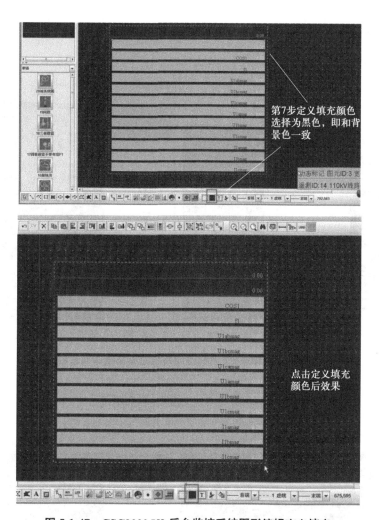

图 5-1-47　CSC2000 V2 后台监控系统图形编辑定义填充

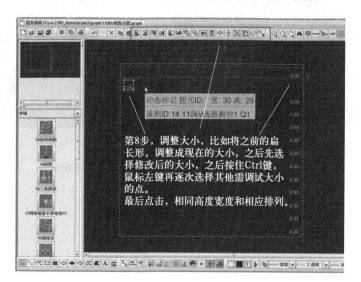

图 5-1-48　CSC2000 V2 后台监控系统图形编辑调整遥测图的大小

第九步：添加文字：选择文字，用鼠标拖动文字框至对应位置，输入对应内容及对应的颜色，如图 5-1-49 所示；

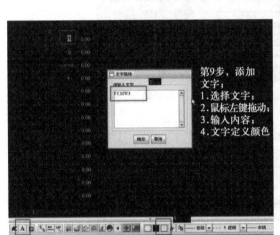
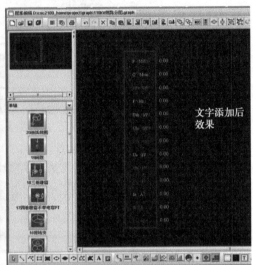

图 5-1-49　CSC2000 V2 后台监控系统图形编辑输入遥测文字

第十步：用工具栏的划线工具绘制表格，如图 5-1-50 所示。

图 5-1-50　CSC2000 V2 后台监控系统图形编辑表格绘制

2）光字牌绘制，如图 5-1-51 所示。

第一步：点击工具栏下方的"动态标记"按钮；

第二步：按虚线的范围，按住鼠标左键从左上角拖至右下角，松开鼠标左键，划定图形的范围；

图 5-1-51　CSC2000 V2 后台监控系统图形光字牌绘制

第三步：在动态标记属性中，类型选择光字牌，完成后点击确定；

第四步：将光字牌关联对应的遥信点，完成后点击确定；

第五步：添加文字：选择文字，用鼠标拖动文字框至对应位置，输入对应内容及对应的颜色。

注意：分图中光字牌绘制和遥测量绘制是相同的，都是动态标记按钮，只是类型选择为光字牌，名称项默认即可。

3）压板绘制，如图 5-1-52 所示。

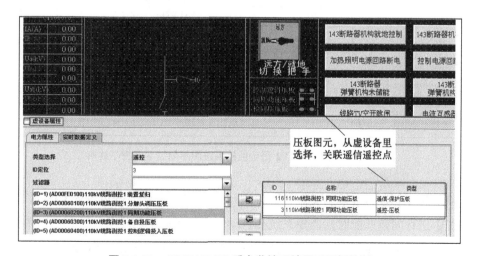

图 5-1-52　CSC2000 V2 后台监控系统图形压板绘制

第一步：压板图元在虚设备中选择；

第二步：进入虚设备属性的实时库数据定义；

第三步：将压板类型选择遥控，关联相应的遥控点，完成后点击确定；

第四步：将压板类型选择遥信，关联相应的遥信点，完成后点击确定；

第五步：添加文字：选择文字，用鼠标拖动文字框至对应位置，输入对应内容及对应的颜色。

（4）闭锁远方把手绘制，如图5-1-53所示。

第一步：压板图元在虚设备中选择；

第二步：进入虚设备属性的实时库数据定义；

第三步：将压板类型选择遥信，关联相应的遥信点，完成后点击确定；

第四步：添加文字：选择文字，用鼠标拖动文字框至对应位置，输入对应内容及对应的颜色。

注意：闭锁远方把手为硬开入，只关联一个遥信点。

（5）间隔匹配。CSC2000 V2后台监控系统的图形间隔匹配是以一组已经配好测点的图元为源进行复制，然后选定目标间隔进行匹配，在复制图元的同时，会在目标间隔中寻找相应的测点自动匹配到新图元上，从而完成自动配点的功能。

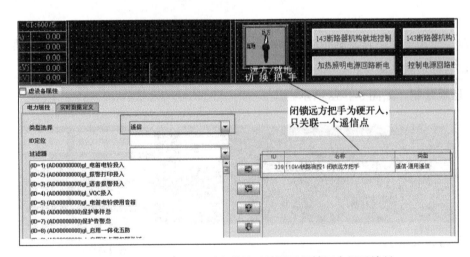

图5-1-53　CSC2000 V2后台监控系统图形闭锁远方把手绘制

CSC2000 V2后台监控系统一组已经配好测点的图元可以理解成主接线上的一个间隔，那么在主接线中进行间隔匹配时，监控系统会自动创建目标间隔的设备，设备电力属性会复制源间隔对应设备的电力属性，并按照源设备的测点为依据进行给新设备自动配点。

CSC2000 V2后台监控系统一组已经配好测点的图元也完全可以理解为一个已经制作好

的间隔分图，在制作同类型的另一个间隔分图时，使用间隔匹配，除完成图元的自动配点外，也会将此间隔分图中的设备图元与设备的对应关系也自动替换。如果在间隔分图 1 中，一个开关的设备图元关联了开关 1。在复制间隔分图 2 时，这个开关的设备图元会自动与开关 2 建立关联。但需要开关 1 和开关 2 已经在主接线图中已经创建，并已经匹配了测点。

因此，CSC2000 V2 后台监控系统间隔匹配的功能使用完全要依赖源间隔已经正确匹配了测点。因此，在制图过程中，特别是在画主接线时，建议先完全设置好一个典型间隔，包括按地区规定设置好调度编号，即设备名称，然后使用间隔匹配进行复制，最后复制的间隔使用批量属性修改来改变设备名称从而提高效率。

本节主要介绍了 CSC2000 V2 后台监控的图形工具和图形制作，重点掌握图形编辑中遥测量绘制和光字牌绘制，以便提高出现图形遥测、遥信故障缺陷工作时的消缺效率。

四、CSC2000 V2 后台监控系统故障及分析处理方法

1. CSC2000 V2 后台监控系统的常见故障

（1）光字牌信号误动作。某变电站的后台监控系统为 CSC2000 V2 系统，在变电站正常运行过程中，站内 CSC2000 V2 后台监控系统内"线路一"间隔分图光字牌报出 "线路一间隔开关端子箱加热照明空开跳开"的信号，检修人员到现场检查，发现线路一间隔开关端子箱加热照明空气开关并未跳开，追查该信号动作的时间，发现该时间段内现场有运行人员断开了线路二开关端子箱内的备用空气开关，再结合后台监控系统图线路一分图的图形编辑遥信关联设置，发现"线路一间隔开关端子箱加热照明空开跳开"关联的遥信名称为"线路二间隔开关端子箱备用空开跳开"，导致线路二开关端子箱内的备用空气开关后，"线路一间隔开关端子箱加热照明空开跳开"信号误动作。此类故障是由于光字牌属性设置时，关联了错误的遥信点导致。

（2）遥测信息未上送。在某变电站备用线一投运的过程中，保护装置和测控装置均能采样到正常电流值，站内 CSC2000 V2 后台监控系统备用线一间隔分图的遥测采样值为 0。此类故障的原因可能有：

1）备用线一的遥测属性设置时，未对备用线一遥测点关联，即关联为空点，导致备用线一的遥测关联为空。

2）备用线一的遥测属性关联错误，关联至另一条未投运的间隔，遥测采样为 0。

3）遥测属性设置中，遥测数据门槛值设置过大，大于实际电流采样值，导致遥测数据小于门槛值无法刷新，保持原始值 0。

（3）遥控失败。在某变电站母分开关的定检过程中，需要在站内 CSC2000 V2 后台监控系统对母分开关进行遥控操作，遥控过程中发现遥控操作执行失败，在测控装置处就地分合

开关正常，测控装置把手和压板正确投入，满足同期条件。此类故障的原因可能有：

1）母分开关遥控属性设置时，未关联遥控点，导致后台界面无法遥控。

2）母分开关遥控属性设置时，只关联了遥控点，未关联遥信点，遥控配置不全，导致后台界面无法遥控。

3）母分开关遥控属性设置时，该站的开关遥信为双位置，只关联了开关的单位置遥信，遥控配置不全，导致后台界面无法遥控。

4）母分开关遥控属性设置时，遥控点关联为其他间隔遥控点，遥控点关联错误，导致后台界面无法遥控。

以上为变电站中几种常见的监控系统故障，在实际的运行情况中，会出现更复杂的故障情况，可能是以上几种故障的叠加或者更加复杂的故障。

2. CSC2000 V2 后台监控系统常见故障的分析处理方法

（1）光字牌信号误动作分析处理方法。光字牌信号误动作这类故障的分析，既然该信号为误动作信号，必定有另外一台装置或元件在同一时间有发出动作信号，只要确定同一时间段内变电站内有无其他人员工作，通过工作地点就能确定查找的方向，再查找光字牌属性设置，就能确定是否为属性设置错误导致，且错误的关联的间隔是否对应同一时间其他工作人员的操作的间隔。

以上故障确定后，只需将光字牌属性的遥信点关联至本间隔的遥信点，再试分合线路一间隔开关端子箱加热照明空气开关，确定该信号恢复正常。

（2）遥测信息未上送分析处理方法。在监控后台系统中打开图形编辑界面，打开未上送遥测间隔的间隔分图，将鼠标放在遥测图框，看是否关联的间隔有误，若关联错误，可以按照本部分模块三的方法重新创建遥测图框，若关联没有错误，在实时数据库组态工具中，查询该间隔的遥测门槛值是否为默认值（999），如果门槛值未修改，在遥测属性中将遥测门槛值设置为0.1，确定并保存后，与后台核对遥测的数据确认数据恢复正常。

（3）遥控失败分析处理方法。遥控失败的原因有很多，例如控制电源失电、控制回路断线、开关机构元件损坏、遥控压板退出、二次接线错误、遥控配置错误都会导致遥控失败。

我们这里只分析监控后台配置错误的情况，进入监控后台打开图形编辑界面，打开遥控有缺陷的间隔分图，双击不能遥控的开关或者刀闸，如果遥控属性中对应遥信是单点遥信，查看遥信是否关联正确，若遥信关联错误，将遥控点对应遥信关联正确即可，如果是双点遥信，查看遥控属性设置遥信是否关联完整，若关联不完整，只关联单点遥信，需将双点遥信都关联正确，还有遥控属性关联错误的遥控点，也会导致遥控失败，将遥控属性遥控点关联正确即可，设置完成后确认并保存，再在监控后台机重新对该间隔遥控确认遥控恢复正常。

本节主要介绍了 CSC2000 V2 后台监控系统几类常见的故障类型及相应的分析处理方法，重点掌握光字牌误报遥信信号和间隔遥控失败故障的种类及分析和处理方法。

本文介绍了 CSC2000 V2 后台监控系统的网络结构，介绍了 CSC2000 V2 后台监控系统的启停、数据库的备份恢复、数据库的维护，以及 CSC2000 V2 后台监控系统几类常见的故障类型及相应的分析处理方法，让读者对 CSC2000 V2 后台监控系统有了比较全面的了解，为变电站后台监控系统的运行维护提供了理论依据，为现场的消缺处理提供了分析思路，为电网监控系统的稳定保驾护航。

【练习题】

1. 若是间隔 1 开关保护跳闸而"事故总"信号光字牌信号未动作，可能是什么故障，如何分析处理？

2. 若是控合间隔 2 保护装置软压板时，开关误合，可能是什么故障，如何分析处理？

模块二　PCS9700 后台监控系统运维

【模块描述】

本模块主要介绍 PCS9700 后台监控系统运维，其中包括 PCS9700 后台监控系统的概况与启动关闭、PCS9700 后台监控系统数据的备份恢复、PCS9700 后台监控系统配置修改、检修工作实例、用户管理、PCS9700 后台监控系统常见的故障及分析处理方法六个方面。

【学习目标】

1. 了解 PCS9700 后台监控系统的启动关闭。

2. 掌握 PCS9700 后台监控系统数据的备份恢复。

3. 掌握 PCS9700 后台监控系统配置修改。

4. 掌握 PCS9700 简单后台监控系统故障的分析处理方法。

【正文】

一、PCS9700 后台监控系统的概况与启动关闭

1. PCS9700 后台监控系统概况

PCS9700 厂站监控系统支持 IEC 60870-5-103、IEC 61850 等通信协议，能够满足常规变电站、智能变电站等常见设备监控对后台监控系统的所有需求。

PCS9700 后台监控系统可以在多种计算机操作系统中安装运行，如 Windows、Linux 及 Unix 等操作系统，因网络安全防护需要，变电站等生产场所要求使用非 Windows 系统，变电

站现场多数用的是 Linux Red Hat 操作系统。本章以运行在 Linux Red Hat 6.5 操作系统下的 PCS9700 监控系统为例进行介绍。Red Hat 6.5 操作系统启动后显示页面如图 5-2-1 所示。

图 5-2-1　Red Hat 6.5 操作系统启动后显示页面

2. 启动与关闭监控系统

（1）启动监控系统控制台。

1）电脑操作系统的启动：按后台监控电脑机箱上的电键启动键，在操作系统自检后会出现操作系统的登录弹窗，输入相应的账号和密码即可登录电脑操作系统。

图 5-2-2　监控系统启动图标

2）后台监控系统的启动：在 PCS9700 后台监控系统单击桌面上的一个类似台式机（屏幕上写着 NR）的图标（本章以 PCSCON 版本为例，如图 5-2-2 所示）启动控制台，控制台位于屏幕的底部，和 Windows 操作系统中的任务栏类似，如图 5-2-3 所示。系统初始状态为"未登录"。需要注意的是，监控系统进程正常情况下是设置成开机自动启动，其在操作系统完全启动后才开始自动加载运行，一般需要数分钟的时间。

图 5-2-3　控制台

控制台左侧包含开始菜单及部分常用的快捷按钮。快捷按钮可以自主挑选设置，最多允许配置五个。点击相应按钮可以直接启动对应的程序。默认的快捷按钮包含开始菜单、图形浏览、实时告警窗口、五防系统、报表工具、历史事件检索窗口，默认快捷程序及功能如表 5-2-1 所示。

表 5-2-1   默 认 快 捷 程 序

程序图标	程序名	功能
	图形浏览	通过图形中的菜单索引可以进入四遥一览表、通信一览表、限值一览表等，也可通过左侧的画面导航窗格逐级选择需要浏览的画面
	实时告警窗口	实时告警窗口中会实时刷新变电站内的事件，在窗口的下方可以进行点击筛选，选择遥信、遥测、SOE、保护动作、保护告警、故障信息、操作记录、系统事件、检修态事件。同时在窗口上可以进行告警事项确认及设置过滤及屏蔽事项等
	五防系统	五防系统主要针对当地监控系统与五防系统一体式系统
	报表工具	报表功能主要为运维人员提供从历史事项等数据库中对数据进行一定的整理，以特定的格式进行展示，方便运维人员进行浏览和打印
	历史事件检索窗口	通过设置起始时间、结束时间、事件类型、间隔、装置等检索条件，实现对历史事件的快速检索，也可进行保存和打印

（2）用户登录与注销。

1）用户登录。在 PCS9700 后台监控系统单击控制台上的"系统未登录"，弹出用户登录对话框，如图 5-2-4 所示。选择用户名、输入密码、设置密码有效时间后，单击"确定"按钮，实现用户登录。值得注意的是，5min～24h 的选项表

图 5-2-4 用户登录对话框

示所登录账号在登录多长时间后自动退出，而选择 0min 表示选择登录的账号永不退出。使用用户账号登录后控制台上显示当前登录用户和有效时间。

2）用户注销。在 PCS9700 后台监控系统单击工具栏上的用户名，弹出用户注销确认对话框，确认后，系统进入"未登录"状态。

图 5-2-5 PCS9700 监控系统控制台开始菜单

（3）关闭监控系统控制台。

1）监控系统的关闭。单击 PCS 9700 控制台开始菜单（见图 5-2-5）中的"退出系统"，弹出密码输入对话框，选择用户名，输入密码，退出控制台。

2）关闭监控系统。在 PCS9700 后台监控系统桌面空白处上单击右键然后点击"Konsole"，在弹窗中输入"sophic_stop"命令，会弹出提示语句"You will stop sophic system on this node. Are you sure？（y/n））"询问是否对后台程序进程进行停止操作，在提示语句后输入"y"并回车。在完全关闭后，对话窗中会出现"sophic_stop OK."提示语句，如图 5-2-6 所示。

图 5-2-6　桌面右键菜单、输入关闭监控指令

3）关闭或重启计算机。PCS9700 后台监控系统关闭需注意，严禁按电源键重启或断电重启，建议按照以下步骤输入指令进行操作。在桌面上单击右键然后点击"Konsole"，先输入"su"进入"root"环境（类似 Windows 系统的管理员权限），输入 root 密码。值得注意的是，在 Linux Red Hat 6.5 操作系统中，输入密码时光标无移动，页面不显示输入信息，在页面上无法看见任何变化，正确输入密码后回车即可。之后输入"init 5"指令进行关机或"init 6"指令进行重启。本版本的系统还设置了类似 Windows 操作系统的重启或关机菜单，单击操作系统页面上小红帽图标进入操作系统开始菜单，选择"离开"模块中的"关机"或"重启"即可，如图 5-2-7 所示。

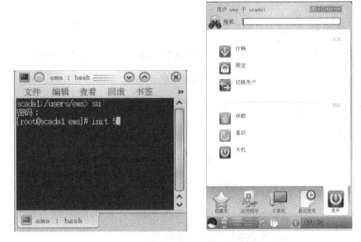

图 5-2-7　使用指令或菜单关闭或重启计算机

二、PCS9700 后台监控系统数据的备份恢复

在 PCS9700 后台监控系统对数据信息进行变更前应做好备份工作，当监控系统文件如果发现异常或损坏等情况无法对数据信息进行修复时，应使用备份的数据进行还原。PCS9700 厂站监控系统中有配置了数据信息进行备份和还原的相关模块，因此可以便捷地使用该工具实现数据的备份和还原。系统同样也可以使用指令的方式进行备份和恢复。注意：备份需要在监控系统进程运行时进行备份，还原则需要在监控系统进程关闭时进行还原。

（1）监控系统的备份的配置文件。监控系统备份主要是对主文件夹→pcs9700 下的配置文件进行备份，主要包含 deployment、dbsec、dbsectest、fservice 等文件进行备份，如图 5-2-8 所示。

PCS9700 后台监控系统可以通过使用工具模块及使用窗口输入指令两种方式进行备份。

1）监控系统的还原工具模块备份，如图 5-2-9 所示。在 PCS9700 后台监控系统桌面上单击右键然后点击"Konsole"，输入"backup"并回车，弹出备份还原工具弹窗。该工具共包含"备份工具""还原工具"及"历史备份还原工具"三个部分。选择上述工具时，在 Konsole 弹窗里会刷新正在执行的指令，实际上备份还原工具等同于一个批处理执行文件。单击"备份工具"，在进程完成后，会弹出备份工具弹窗。默认的文件备份路径就是"/users/ems/pcs9700backup"，点击确定，弹窗开始读备份进度条。备份结束后，会有"备份成功"的弹窗提示。在备份路径下可以看到备份成功的打包文件。

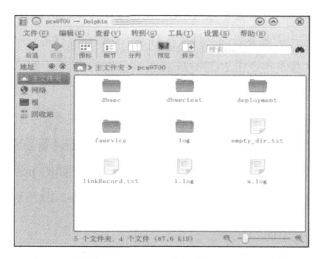

图 5-2-8　监控系统 pcs9700 文件夹下的主要配置文件

图 5-2-9　备份还原工具模块页面及进行备份操作界面 1

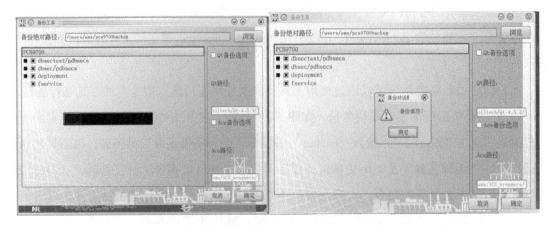

图 5-2-9　备份还原工具模块页面及进行备份操作界面 2

2）监控系统的操作指令备份。PCS9700 系统在桌面上单击右键然后点击"Konsole"，打开相关的终端操作指令窗。在弹窗中输入"tar cvf pcs9700-20220725.tar pcs9700"，输入完毕后回车，系统开始对整个需要备份的文件进行打包。一般在进行备份时，会以备份时的日期加入压缩包的命名中，像本指令中 20220725 就表示在 2022 年 7 月 25 日进行备份，方便后续工程人员对不同的备份文件进行查阅。

3）监控系统备份内容查看。在 PCS9700 后台监控系统主界面上打开主文件夹，在主文件夹→pcs9700backup 的文件夹路径下存有历史备份的文件。通过备份日期可以对相关文件进行查找，打开其中一个文件夹，可以看到，备份内容并非和原始的 pcs9700 的文件夹内容一一对应，而是对原有的内容进行了一定的拆分及合并，如图 5-2-10 所示。备份文件包含内容如表 5-2-2 所示。

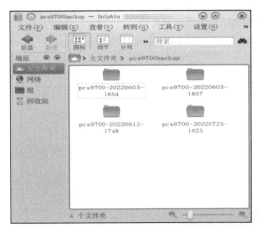
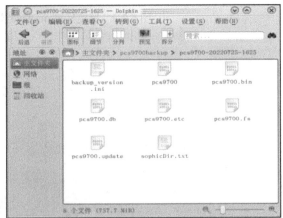

图 5-2-10　备份文件夹路径及备份文件夹下存储内容

表 5-2-2   备份文件包含内容

文件名	文件内容说明
pcs9700	备份文件的主体内容，包含了 deployment 下的绝大部分文件
pcs9700.bin	deployment 文件夹内的 bin 等文件夹的内容
pcs9700.etc	deployment 文件夹内的 etc 主要配置文件
pcs9700.update	deployment 下 update 文件夹部分内容
pcs9700.db	对 dbsec 和 dbsectest 文件夹内容进行合并备份
pcs9700.fs	fservice 文件夹
backup_version	版本信息

（2）监控系统的还原。PCS9700 后台监控系统的还原和备份过程类似，PCS9700 系统的还原也可以采用使用工具模块或者窗口输入指令两种方式进行还原。注意，在进行还原时，最好将当地后台监控设备置于离线状态，可通过拔除和站控层连接的网线方式实现。在还原操作完成后，并检查设备确实处于正常运行状态，再恢复当地后台机与站控层系统间的网络连接。

1）监控系统数据的还原操作步骤。

a．退出当前监控系统。PCS9700 后台监控系统还原前，需要先关闭当前的监控系统，在桌面上单击右键然后点击"Konsole"，输入"sophic_stop"操作，前文已经介绍。

b．启动备份还原工具。在 PCS9700 后台监控系统桌面上单击右键然后点击"Konsole"，输入"backup"并回车，弹出备份还原工具弹窗，单击"还原工具"，此时会弹出提示窗"请确认已经关闭 pcs9700 系统"。如此时尚未关闭 PCS9700 系统，仍可以在操作系统中进行"sophic_stop"命令对监控系统进行关闭。确认监控系统已关闭后，点击"确定"。

在弹出弹窗中点击"浏览"选择需要还原的数据。一般情况下选择"不带节点信息还原"后，单击"下一步"。

弹窗中开始显示正在还原的进度情况，还原操作结束后会有"还原结束！！！"的提示信息。备份还原工具模块进行还原操作的画面如图 5-2-11 所示。

c．重启或关闭计算机。还原后，必须关闭或重启计算机才能生效。

2）操作指令还原。

a．退出当前监控系统。PCS9700 后台监控系统还原前，需要先关闭当前的监控系统，在桌面上单击右键然后点击"Konsole"，输入"sophic_stop"操作。

b．还原相关配置。在 PCS9700 后台监控系统 Konsole 弹窗中输入"mv pcs9700 pcs9700-back"将现运行文件夹改名成带 back 后缀。

图 5-2-11　备份还原工具模块进行还原操作的画面

输入解压缩命令。如本次需要用 pcs9700-20220725.tar 的备份数据进行还原，则在弹窗中继续输入"tar cvf pcs9700-20220725.tar"命令后回车。

c．关闭或重启计算机。还原后，必须关闭或重启计算机才能生效。

三、PCS9700 后台监控系统配置修改

1．PCS9700 后台监控系统配置分类

PCS9700 后台监控系统常用的配置分类包括图形组态编辑及数据库组态编辑。

（1）图形组态工具。PCS9700 后台监控图形组态工具进入有两种方式，如图 5-2-12 所示。方法一是在控制台中点击"开始—维护程序—图形组态"。方法二是在 Konsole 弹窗中输入"drawgraph"指令。上述两种方法使用后，都会出现"输入密码"的弹窗页面。选择具备修改权限的账号，输入密码后进入图形编辑页面，如图 5-2-13 所示。

图 5-2-12　进入图形组态工具的方法

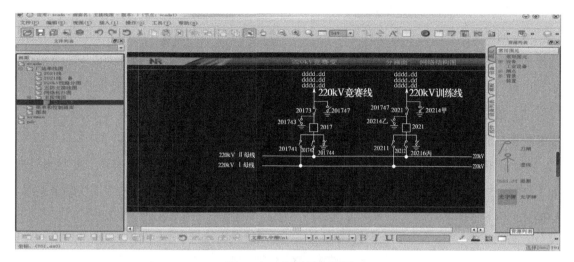

图 5-2-13 图形组态页面

PCS9700 后台监控图形组态页面主要包含菜单栏、工具栏、画面字典、绘图区以及图元设备区等。

（2）数据库组态工具。和进入图形组态工具方式类似，PCS9700 后台监控数据库组态工具进入也有两种方式。方法一是在控制台中点击"开始—维护程序—数据库组态"。方法二是在 Konsole 弹窗中输入"pcsdbdef"指令。默认进入数据库组态画面时为浏览状态，如需进行切换成编辑状态，需要点击上方的锁具标识"切换数据库浏览和编辑状态"操作，此时弹出"权限校验"对话框，选取可进行数据库修改的账号及输入密码进行权限验证。

PCS9700 后台监控数据库组态页面如图 5-2-14 所示，主要包含菜单栏、工具栏、数据编辑区、配置索引区等。

图 5-2-14 数据库组态工具界面

2. 间隔名称变更的配置修改

（1）间隔更名。间隔更名是日常运维时经常维护的事项，尤其在 10kV 备用线投运时，经常涉及名称的变更。PCS9700 监控系统提供了便捷的间隔更名操作，主要分为以下三个步骤。本次以将"220kV 竞赛线 2017"间隔更名为"220kV 试验线 2022"为例进行操作。

（2）数据备份。在做任何的数据修改前，一定要做好数据的备份工作，以防修改错误后能够将原有的数据还原。

（3）图形界面修改。进入图形组态工具，并选择具有修改权限的账号登录。在左侧"画面"窗口中双击"scada"页面，双击"主接线图—最新版本"，打开相应的主接线编辑画面，如图 5-2-15 所示。

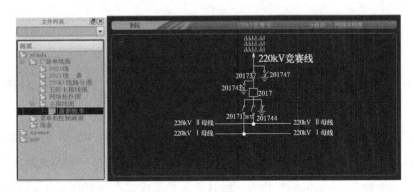

图 5-2-15　进入主接线画面进行编辑

1）设备编号修改。选中需要修改的间隔，可批量选择包含本间隔的开关，刀闸，接地刀闸等属于本间隔的全部一次元件，在选中框内鼠标右键，点击"字符串替换"弹出弹窗，如图 5-2-16 所示。本次将原"2017"间隔修改成"试验线 2022"，输入名称"试验线 2022"后，点击"确定"，如图 5-2-17 所示。主接线上完成更名画面如图 5-2-18 所示。

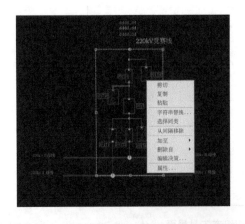

图 5-2-16　选择需要更名间隔进行字符串替换

图 5-2-17　字符串替换

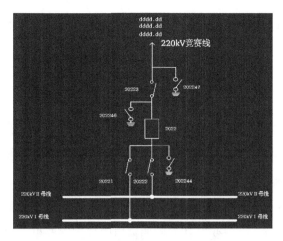

图 5-2-18　主接线上完成更名画面

2）间隔名称的文本修改。双击"220kV 竞赛线"文本，在"文字"栏中将相应文字替换成"220kV 试验线"后点击"确定"，点击左上角的保存图标对已修改完画面进行"保存"，此时修改完成的画面图形将自动保存在草稿箱中。

3）画面发布。注意，草稿箱内的文件只能理解成是另存的副本文件，只有在发布后，才会对原画面进行更新。发布的具体操作步骤是：在左侧的文件列表栏中，选中主接线图，右键点击"发布画面"。弹窗会询问"增加版本号？"，可以按需求选择"是"或"否"，通常可以选择"否"。发布成功后，会有"画面已成功发布"的弹窗提醒，如图 5-2-19 所示。发布完成后，可以看到主接线图文件列表下的草稿图成功替换了最新版本。

图 5-2-19　对修改后的草稿画面进行发布操作

4）填库。单击工具栏里的"填库"，弹出"确定填库？"的提示窗口，选择"是"，弹出"成功填库，是否要发布？"的提示，选择"是"，画面中将会出现正在发布的提示，如图 5-2-20 所示。发布成功后，会有"发布成功"的弹窗提醒。填库工作可以实现将已在画面修改的内容修改到数据库组态中。

图 5-2-20　对新画面进行填库操作

（4）数据库组态修改。进入"数据库组态工具"编辑页面，注意点击锁具标识切换至数据库编辑状态。

1）修改未体现在一次主接线图中的设备名称编号。先在左侧"系统配置——一次设备配置——一次设备分支"菜单下寻找在图形页面中已经变更的间隔，如在"电校变—电压等级—220：220kV—2022"间隔下检查，相应的一次设备均已完成了名称的变更。如在该相应菜单下存在如 TV 二次空气开关等未体现在一次主接线图里的信息，可以在该菜单下双击待修改部分进行进一步修改。

2）对组态中的设备名称进行修改。在左侧"系统配置—采集点配置—厂站分支"下双击变电站名称，如本例中双击"电校变"，在右侧的窗口中找到需要更改的设备"220kV 竞赛 2017 线测控"。双击装置名，并对名称进行编辑修改成"220kV 试验 2022 线测控"。修改完成后点击工具栏中的带回车符号的小圆柱图标，实现"将逻辑库数据发布到物理库中"的发布功能。在发布成功后，页面会有"发布完成"的提示框。

3. 间隔新增的配置修改

（1）通信规约导入方式。PCS9700 当地监控系统在添加新的设备时，可以使用通信规约文本导入的方式，确定所需通信设备的交互信息。PCS9700 当地监控系统能同时接入 IEC 61850 和 IEC 103 等不同通信规约通信方式。在实际工程应用中，在当地监控系统配置文件更新时，可以分成 103 规约接入变电站、未配置 SCD 的 61850 规约通信站及已配置 SCD 的 61850 规约通信站。

1）采用 103 通信规约新增装置。对于站内采用 103 规约方式进行通信的变电站，为建立监控后台和设备的通信连接，需要先收集需要接入设备的通信规约文本。

图 5-2-21 PCS9705A-H2 型号测控
103 通信规约文本

a. 接入 PCS9700 监控系统所需 103 通信规约文本结构。以 PCS9705A-H2 型号测控为例介绍与 PCS9700 监控系统进行通信所需通信规约文本的内容。该文本需要包含以下部分内容：[名称]、[类型]、[硬压板]、[遥信]、[遥测]、[遥控]、[档位]、[动作元件]、[运行告警]、[特殊遥信]等信息，如图 5-2-21 所示。若部分设备无上述信息，该模块可为空。

b. 103 通信规约文本导入。参照前面的方法打开数据库组态工具，并切换至编辑状态。在上方菜单栏中单击"文件"，点选"装置型号配置"，在弹出的"装置型号配置"弹窗中点击"从文件导入",在下拉类型菜单中选择"103 标准配置文件",如图 5-2-22 所示。

图 5-2-22 数据库组态工具中装置型号配置窗格

在弹出的"打开"中选择规约文本保存的文件夹位置,并点击选中后单击"打开"。上述操作完成后"装置型号配置"窗口中将显示已导入的规约文本的相关信息,包含区号值、条目号、原始名、描述名、单位等信息,此时单击右下角"关闭"即可,如图 5-2-23 所示。

图 5-2-23 装置型号配置文件导入

上述例子中,103 通信规约选择了一台测控装置的模型进行导入。对于保护装置的文本导入方法是一样的。通常来说,对于保护装置无法直接和当地监控后台机实现通信,该 103 规约文本表示经过了变电站内的规约转换器后,规约转发的报文情况。

c.增加设备。下面以增加一台"220kV 训练 2021 线测控"为例进行操作介绍。

单击"采集点配置—厂站分支"下的变电站名，选中后变电站名底色变成蓝色，此时右键选择"添加装置"或者单击工具栏内的"＋"号，如图 5-2-24 所示。

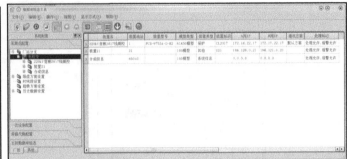

图 5-2-24　添加装置

在右侧编辑窗格中增加了一台"装置 21"的设备，双击"装置名栏"，将"装置 21"修改成"220kV 训练 2021 线测控"，装置地址为"21"，装置型号可对已导入工程配置中的设备型号进行选择，此处点选上一步骤中已经导入的"PCS9705A"型号装置，如图 5-2-25 所示。

	装置名	装置地址	装置型号	模型类型	装置类型	装置标识	A网IP	B网IP	通讯方案	处理标记
1	220kV竞赛2017线测控	1	PCS-9705A-D-H2	61850模型	保护	CL2017	172.16.22.17	172.17.22.17	默认方案	处理允许,报警允许
2	220kV训练2021线测控	21	131471_PCS-9…	103模型	测控	D21	198.120.0.21	198.121.0.21		处理允许,报警允…
3	合成信息	65040		103模型	系统信息		0.0.0.0	0.0.0.0		处理允许,报警允许

图 5-2-25　对新增的测控装置属性进行设置

"通信方案"格可单击该方格的浏览标识，弹出相应的"通信参数设置"弹窗，可以对"双网模式""故障序号描述""上送字节序""数据属性召唤层次""波形文件的命名规则""RptEna 缺省值""定制区号基值"及"波形文件目录"等进行设置。可以单击右上角"新建"，输入"方案名"，对上述参数进行选择，点击"确认"即可保存成一种通信参数设置方案，如图 5-2-26 所示。本次新增测控装置选择"默认方案"。

另外，也可以在左侧导航窗里，直接选择"采集点配置—厂站分支—电校变—220kV 训练 2021 线测控"并用鼠标左键双击，会显示出该设备的详细设置信息，如图 5-2-27 所示。重点是对装置名、装置地址、装置型号、装置类型和处理标记进行设置。在 103 规约类型下，通信参数重点关注装置地址。

图 5-2-26　测控装置设置的通信参数方案

图 5-2-27　装置的详细属性设置页面

2）采用未配置 SCD 的 61850 通信新增装置。对于未配置全站统一 SCD 文件，站控层采用 61850 通信规约进行通信的变电站，可以通过所需接入设备的 icd 文件进行导入，之后添加装置。

a．61850 通信规约文本的导入。操作方法和采用 103 规约文本导入的方法一致，在装置型号配置弹窗中点击"从文件导入"，在下拉类型菜单中选择"61850 配置文件"，如图 5-2-28 所示。

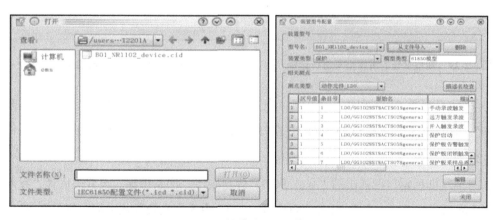

图 5-2-28　61850 规约模式下 icd 等配置文件导入

在弹出的打开浏览弹窗可以看到，支持导入的文件类型包含 icd 或 cid 文件。

上述操作完成后"装置型号配置"窗口中同样会显示已导入的规约文本的相关信息，单击右下角"关闭"即可。

上述例子中，61850 规约选择了一台保护装置的模型导入，对于测控、直流设备监控装置等，导入方法完全一致。

b. 新增设备。装置添加方法和采用 103 通信方式一致。主要差异在设备属性设置。

将"装置型号"改成上一步骤导入的 cid 文件类型，此时会显示"确认修改"弹窗，询问"确认要修改当前装置型号为：B01_NR1102……"，点击"是"，如图 5-2-29 所示。

对 61850 通信规约，重点是对装置名、装置型号、装置类型、装置标识、A 网 IP、B 网 IP、通信方案及处理标记进行设置。和 103 模型关注装置地址不同，61850 通信模式下设备通信需要核对设备的 IP 地址及装置标识。通常情况下装置标识设置成该设备的 IEDname。如本次增加的设备为 PCS978 型号的主变保护，设置装置名为"220kV #1 主变保护 A 套"，IEDname 为"PT2201A"，如图 5-2-30 所示。

图 5-2-29　新增设备的装置型号进行选择

图 5-2-30　新增设备的属性设置

3）采用已配置 SCD 文件新增装置。在左侧导航窗里，选择"采集点配置—厂站分支—电校变"，右键选择"导入 SCD 文件"。在打开的浏览文件中选中需要导入的 SCD 文件，如图 5-2-31 所示。

如图 5-2-32 所示，在弹出的"导入 SCD"弹窗中，二次系统导入设置中选择"导入二次系统"选项后点击"下一步"。注意慎重选择"SCD 中未定义装置从数据中删除"，该选项会导致 scd 文件中没有的装置会删掉，原监控系统中已添加的各类装置均被删除。

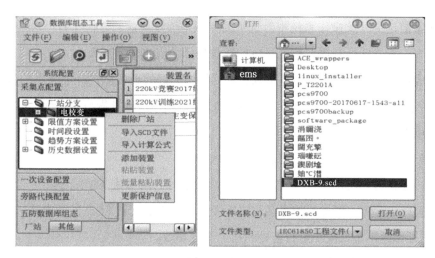

图 5-2-31 导入变电站 SCD 文件

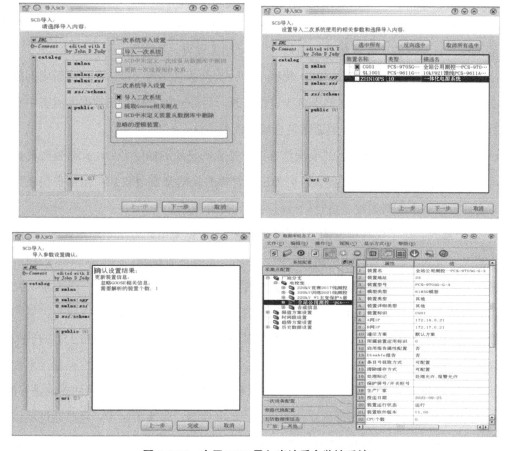

图 5-2-32 应用 SCD 导入当地后台监控系统

在下一步中，需要进行"设置导入二次系统使用的相关参数和选择导入内容"操作，如无需导入全部设备，可以在装置名称前进行勾选，例如本次操作仅导入"全站公用测控"则只需在该设备前选中（此操作系统中，选中的标识是该设备前的方框里有"×"）。选择完成后再点击"下一步"后会有需要解析设备的数量提示，点击"完成"。

导入完成后，在设备导航窗格里可以看到已经添加好的设备，SCD 配置里的 IEDname 及 MMS 层配置的 IP 地址信息会一起导入，若 SCD 里对站控层地址做好了分配，则在当地监控后台上无需重新配置。

（2）数据库组态工具中四遥信息新增及修改。

对于站内通信方式使用 103 规约或未配置 SCD 的 61850 通信规约形式，可以在当地监控后台机上对遥信、遥测、遥控等信息名称进行变更，对于已配置 SCD 的变电站，推荐从源端在 SCD 上进行修改，不直接在后台监控系统上进行修改。

1）遥信修改。本部分着重对采用 103 规约通信及未配置全站 SCD 的类型进行修改。以上一节中对已经增加的"220kV 训练 2021 线测控"遥信修改为例进行说明。

在"采集点配置—厂站分支—变电站名称"中（本例为"电校变"下）的"220kV 训练 2021 线测控"目录下的"装置测点—遥信"，进行相关设置。

a．遥信名称修改。注意原导入 txt 模板中的一次设备名称为 171，而本次新增间隔的编号为 2021。一种方式是在 txt 文档里直接进行修改，另外一种方式是在数据库组态中对每个遥信的描述名进行修改，这里介绍遥信名直接修改的方法。

a）采用字符串替换的方法。替换操作方法，先选取整列的描述名后，此时整列变成蓝色的底，再用鼠标左键点击一下蓝色区域，会弹出字符串替换的弹窗，将"171"全部替换成"2021"即可。这种方法对于在新增设备进行修改时能极大提升效率。

b）逐个修改。对于仅有少量的遥信名称变化的，可以采用此方法。通常要新增遥信时，可在此测控下找到相应需要接入的遥信开入，对名称直接进行编辑。

遥信可以设置非常多种的属性。默认展示的属性包含描述名、原始名、子类型、允许标记、相关控制点、双位置遥信点、动作处理方案、是否为五防点、相关一次设备类型和相关一次设备名，如图 5-2-33 所示。实际上还有很多隐藏的属性可供设置，点击上方的表头（如点击描述名、原始名等）再单击鼠标右键，可以展示出可供挑选展示的属性类型，未被选中的属性类型在当前画面中不展示。工程现场可以根据实际的需要展示，以供便捷地进行配置。

b．相关控制点设置。需要进行遥控的设备，如断路器、隔离刀闸等，需要通过遥信变位判断是否遥控成功，因此需做好遥信和遥控点的关联。如需要进行 2021 断路器遥控设置，在遥信列表中找到第 15 行"220kV 训练 2021 测控_2021 合位""相关控制点"列，点击空格，会弹出"遥控点选择"弹窗，在弹窗中选择"220kV 训练 2021 测控_2021 遥控"，点击"确认"，如图 5-2-34 所示。值得一提的是每个遥控点均只能进行一次关联，在进行其他遥信点关联时，会默认将已关联的遥控点不显示在选择窗中。对于 103 规约通信方式，只需要合位行进行相关控制点设置，分位行不需要进行设置。

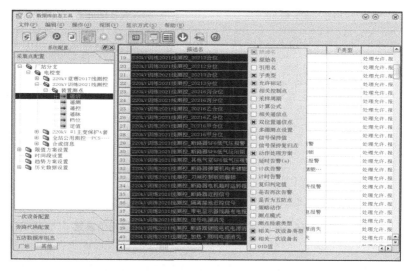

图 5-2-33　遥信名称等属性进行编辑

图 5-2-34　在数据库组态工具中对遥信点的相关控制点进行设置

　　c. 双位置遥信点设置。按照二次远控大修的要求，断路器位置、刀闸位置等类型的设备遥信，需要采用双位置遥信，由相关的合位开入和分位开入共同合成一个遥信位置信号。针对上述情况，需要对两个开入量对应的遥信量进行关联，用于形成双位置遥信信号，通常对于断路器和隔离开关需要进行双位置遥信点设置。如第 15 行"220kV 训练 2021 测控_2021合位""双位置遥信点"列，点击空格，会弹出"遥信点选择"弹窗。选择"220kV 训练 2021测控_2021 分位"，点击"确认"，如图 5-2-35 所示。

图 5-2-35　在数据库组态工具中进行双位置遥信设置

在"220kV 训练 2021 测控_2021 合位"行选择"220kV 训练 2021 测控_2021 分位"进行关联后，监控系统会自动在分位栏关联合位信息，从而实现双位置遥信点相互关联的功能，无需重复设置。显示结果如图 5-2-36 所示。

图 5-2-36　在数据库组态工具中进行双位置遥信设置后显示结果

d. 遥信的常用属性设置说明。

a）子类型：主要有断路器、隔离刀闸等，按照遥信点所描述的内容进行设置。

b）相关控制点：对于选择型的遥控，需要对遥控和遥信进行关联。关联好后，遥信会自动加上"遥控允许"的标志。另外遥信和遥控关联是相互的，也就是可以在遥控的设置页面添加相关的遥信点，实现两者的互关联关系。

c）双位置遥信点：对于采用双点开入形成双位置遥信时需要进行设置。

d）动作处理方案：通常设置好遥信的子类型后，会按照系统设置的默认处理方案。当然也可以自主进行修改。但要注意的是，每次修改设备类型，原设置好的方案会被该类型的自动关联方案覆盖。动作处理方案和告警的等级影响与告警窗的颜色有关。

e）是否五防点：当当地监控后台和五防机为一体化五防时必须勾上。

2）遥控修改。本部分依然侧重对采用 103 规约通信及未配置全站 SCD 的采用 61850 规约通信类型进行修改。依然以已经增加的"220kV 训练 2021 线测控"遥控修改为例进行说明。

在"采集点配置—厂站分支—变电站名称"中（本例为"电校变"下）的"220kV 训练 2021 线测控"目录下的"装置测点—遥控"，进行相关设置。

a．遥控名称修改。在遥信名称修改中已进行阐述，方法一致。

b．相关状态设置。如在"遥信"列表中进行了"相关控制点"设置，在遥控列表的"相关状态"列中会显示已经关联好的遥信点，对于双位置遥信，相关状态应显示合位信息。设置画面如图 5-2-37 所示。

图 5-2-37　数据库组态工具中设备遥控设置画面

同样的，如果在遥信表中未设置相关遥控点的情况下，直接在遥控点的"相关状态"列点击，在弹出的"遥信点选择"框中选择相应遥信点，点击"确认"完成关联。如图 5-2-38 所示。

c．调度编号设置及控制模式设置。在各遥控点的"调度编号"列按照当地运维人员的操作习惯输入相应的内容，用于在当地监控后台机上进行遥控操作时，需要操作人员输入相应的设备编号（或相关要求确认双重编号）进行确认，如本例中在断路器 2021 行中输入编号"2021"。

图 5-2-38　对遥控的相关状态进行设置

控制模式分成"直控""选择型控制""加强型直控""加强型选择控制"，在相应的单元格通过下拉菜单进行点选，如图 5-2-39 所示。对于断路器、隔离刀闸等设备，通常采用"加强型选择控制"模式。

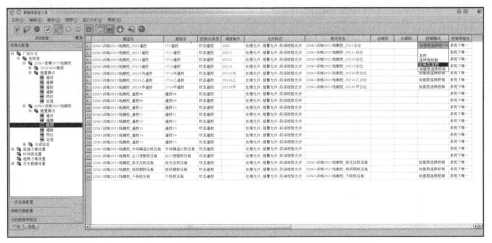

图 5-2-39　对遥控的调度编号及控制模式进行设置

d．遥控的常用属性设置说明。

a）调度编号：遥控操作时需要输入相应的设备编号进行确认。

b）控制点类型：提供了状态遥控、数值遥控、档位遥控、调档急停、程序化操作、风机遥控等模式进行选择。一般情况下，断路器、隔离刀闸及接地刀闸等设备选"状态遥控"，主变升降档位选"档位遥控"，主变调档急停选"调档急停"。

c）允许标记：提供了"处理允许""报警允许""防误校验允许""遥控闭锁忽略允许"等选项，可多选。其中，如不采用站控层五防时，可以勾选"遥控闭锁忽略允许"，表示该设备遥控不受变电站内的"遥控闭锁点"遥信闭锁。

d）相关状态：如在遥信页面关联相关控制点，则遥控列表中的相关状态会自动生成；反之，如在遥控列表中设置关联状态，对应遥信点的相关控制点也会自动生成。

e）合规则：遥控的合闸规则，可以编辑一些闭锁条件。

f）分规则：遥控的分闸规则，可以编辑一些闭锁条件。

g）控制模式：包含"直控""选择性控制""加强型控制"和"加强型选择控制"四种模式，根据实际需要进行选择。一般情况下，断路器和隔离开关的遥控选择"加强型选择控制"，保护复归遥控选择"直控"。

3）遥测修改。遥测的设置和传输数据的类型有关。在遥测菜单中主要进行系数的设置，最常见的需要设置的量有电流、电压和功率。

a. 采用整型码值进行上送。常用于使用 103 规约 RCS 装置，电流、电压和功率设置方法各不相同。

a）电流。电流量系数通常填写电流互感器（TA）一次电流的额定值，如 2021 线路 TA 测量组的变比为 1200/5，则系数栏填写 1200。

b）电压。电压量通常系数填写相应电压等级的线电压，如 2021 线路为 220kV 电压等级，系数填写 220。

c）功率。功率分为有功功率和无功功率，系数即为视在功率额定值，单位为 MW。可采用以下公式计算：视在功率额定值=1.732×电流一次额定值（单位 A）×电压一次额定值（单位 kV）÷1000，如本例中设置的有功功率和无功功率的系数为 457.25。

采用 103 规约通信的设备遥测系数设置如图 5-2-40 所示。

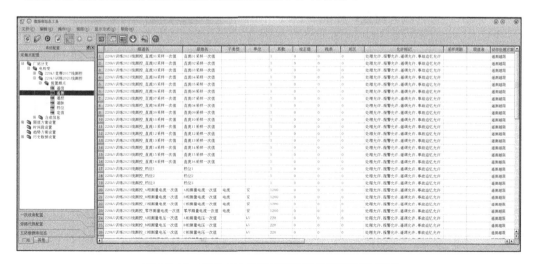

图 5-2-40　采用 103 规约通信的设备遥测系数设置

b. 采用浮点数上送的遥测系数设置。对于采用 61850 通信的变电站，遥测上送方式均采用浮点数，此时不管电流、电压或功率，系数统一设置成1。

c．遥测的常用属性设置说明。

a）子类型：主要设置本条遥测代表类型，可以设置成"电压""电流""有功""无功""保护电流""保护电压"等类型。频率的类型可以选择"周波"。子类型的设置在生成历史统计模型时有用。历史统计模型会将所有未设置子类型的条目全部归类为其他类型。

b）单位：按实际情况设置，常用设置有"A""kV""Hz""MW""MVA""Mvar"等。

c）系数：前文已经对于采用整型或浮点型上送方式的系数设置进行了详细的介绍。

d）校正值：用来设置偏移量。

e）采样周期：表示历史存储的周期，通常在实际工程中会设置成15min。

f）限值表：对于需要设置遥测越限报警的遥测量可关联限值表。

四、检修工作实例

1．间隔TA更换

随着经济社会的迅速发展，电网的负荷也急剧增大，这就导致变电站内间隔所监测的负荷电流的增大，为了匹配增大的负荷，需要将在运行的电流互感器进行更换，增大电流互感器的变比，来适应电网的发展。

以电校变电站10kV备用线912间隔更换TA工作为例，将10kV备用线912间隔的电流互感器变比由300/5更换为600/5，需要将数据库组态中的遥测变比系数进行相应的修改，本文以某变电站10kV备用线912电流互感器变比修改为例，对数据库的使用进行讲解。

在"采集点配置—厂站分支—电校变"中的"10kV备用线912保护测控"目录下的"装置测点—遥测"，进行相关设置，如图5-2-41所示。

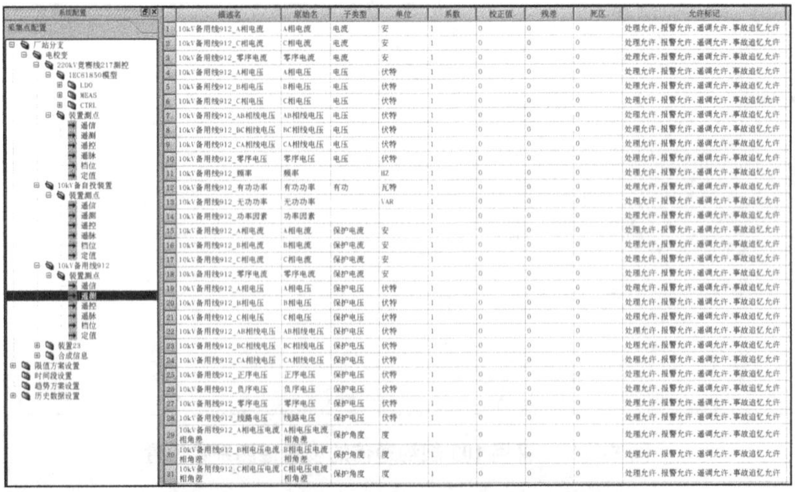

图 5-2-41　10kV 备用线 912 间隔数据库界面

（1）电流量系数。电流量系数通常填写电流互感器（TA）一次电流的额定值，如 10kV 备用线 912TA 测量组的变比为 300/5，则系数栏填写 300。

（2）电压量系数。电压量系数通常填写相应电压等级的线电压，如 10kV 备用线 912 线路为 10kV 电压等级，系数填写 10。

（3）功率量系数。功率分为有功功率和无功功率，系数即为视在功率额定值，单位为 MW。可采用以下公式计算：视在功率额定值=1.732×电流一次额定值（单位 A）×电压一次额定值（单位 kV）÷1000，如本例中设置的有功功率和无功功率的系数为 5.196，如图 5-2-42 所示。

如果将 10kV 备用线 912 的电流互感器变比由 300/5 改为 600/5，则需要将以上电流量系数由 300 改为 600，电压量不变，功率量系数由 5.196 改为 10.392。如图 5-2-43 所示。

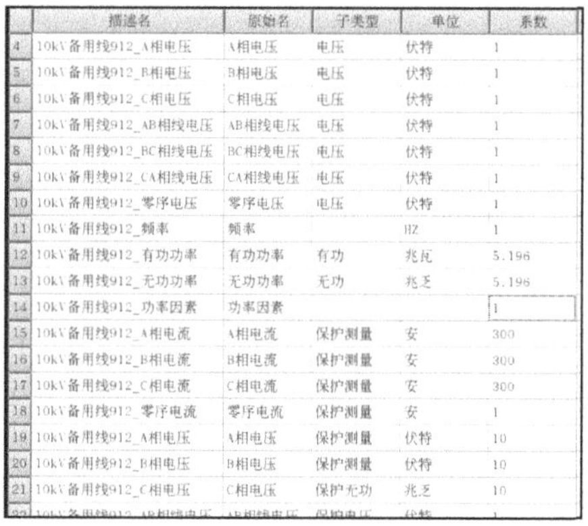

	描述名	原始名	子类型	单位	系数
4	10kV备用线912_A相电压	A相电压	电压	伏特	1
5	10kV备用线912_B相电压	B相电压	电压	伏特	1
6	10kV备用线912_C相电压	C相电压	电压	伏特	1
7	10kV备用线912_AB相线电压	AB相线电压	电压	伏特	1
8	10kV备用线912_BC相线电压	BC相线电压	电压	伏特	1
9	10kV备用线912_CA相线电压	CA相线电压	电压	伏特	1
10	10kV备用线912_零序电压	零序电压	电压	伏特	1
11	10kV备用线912_频率	频率		HZ	1
12	10kV备用线912_有功功率	有功功率	有功	兆瓦	5.196
13	10kV备用线912_无功功率	无功功率	无功	兆乏	5.196
14	10kV备用线912_功率因素	功率因素			1
15	10kV备用线912_A相电流	A相电流	保护测量	安	300
16	10kV备用线912_B相电流	B相电流	保护测量	安	300
17	10kV备用线912_C相电流	C相电流	保护测量	安	300
18	10kV备用线912_零序电流	零序电流	保护测量	安	
19	10kV备用线912_A相电压	A相电压	保护测量	伏特	10
20	10kV备用线912_B相电压	B相电压	保护测量	伏特	10
21	10kV备用线912_AB相线电压	AB相线电压	保护无功	兆乏	10

图 5-2-42 10kV 备用线 912 间隔遥测数据设置

	描述名	原始名	子类型	单位	系数
4	10kV备用线912_A相电压	A相电压	电压	伏特	1
5	10kV备用线912_B相电压	B相电压	电压	伏特	1
6	10kV备用线912_C相电压	C相电压	电压	伏特	1
7	10kV备用线912_AB相线电压	AB相线电压	电压	伏特	1
8	10kV备用线912_BC相线电压	BC相线电压	电压	伏特	1
9	10kV备用线912_CA相线电压	CA相线电压	电压	伏特	1
10	10kV备用线912_零序电压	零序电压	电压	伏特	1
11	10kV备用线912_频率	频率		HZ	1
12	10kV备用线912_有功功率	有功功率	有功	兆瓦	10.392
13	10kV备用线912_无功功率	无功功率	无功	兆乏	10.392
14	10kV备用线912_功率因素	功率因素			1
15	10kV备用线912_A相电流	A相电流	保护测量	安	600
16	10kV备用线912_B相电流	B相电流	保护测量	安	600
17	10kV备用线912_C相电流	C相电流	保护测量	安	600
18	10kV备用线912_零序电流	零序电流	保护测量	安	
19	10kV备用线912_A相电压	A相电压	保护测量	伏特	10
20	10kV备用线912_B相电压	B相电压	保护测量	伏特	10
21	10kV备用线912_C相电压	C相电压	保护无功	兆乏	10

图 5-2-43 10kV 备用线 912 间隔遥测修改后数据设置

最后在工具栏确认并发布数据后，即完成了监控系统遥测数据的修改，再通过电流互感器通流试验确认遥测的正确性。

2. 间隔名称变更

由于运行方式需要，有新投产的用户会在变电站内用某条备用线作为其电源，需要把备用线路间隔名称更改，涉及一次电缆的变更，以及在运行的间隔名称更名。

以"10kV 备用线 912"间隔更名为"10kV 洛江线 922"为例，在 PCS9700 监控系统的操作步骤如下：

（1）数据库组态变更。在"采集点配置—厂站分支—电校变"中的"10kV 备用线 912 保护测控"目录下的"装置测点—遥信"，进行相关设置。

先选取电校变描述名后，此时电校变整行变成蓝色的底，在右侧装置列表中会出现电校变所有配置的保护装置、测控装置、安全自动装置等。然后用鼠标切换至"编辑状态"，将装置名"10kV 备用线 912"更改为"10kV 洛江线 922",点击"将逻辑数据库发布到物理库中",再"确认验证并发布数据库",发布完成后即完成了数据库中"10kV 备用线 912"更名为"10kV 洛江线 922"。可检查"采集点配置—厂站分支—电校变"中的"10kV 洛江线 922 保护测控"目录下的"装置测点—遥信""装置测点—遥测""装置测点—遥控"的名称均已修改完成。

（2）图形组态变更。在图形组态中的"10kV 备用线 912 保护测控间隔分图"中,将图元的名称由"10kV 备用线 912"更改为"10kV 洛江线 922",发布完成后即完成了图形组态变更,如图 5-2-44 所示。

图 5-2-44　数据库组态修改间隔名称

3. 新增遥信遥测点

在实际变电站运行中,由于继电保护反事故措施需要,将在运行的间隔需增加遥信监控信号,完善监控系统的功能及避免保护测控装置的缺陷。

以 10kV 洛江线 922 间隔为例,由一次设备新增加线路 TV,将线路 TV 的线路二次电压及线路 TV 二次空气开关断开信号接入 10kV 洛江线 922 保护测控装置,对后台监控系统进行设置。

在"采集点配置—厂站分支—电校变"中的"10kV 洛江线 922 保护测控"目录下的"装置测点—遥信",进行设置。找到遥信中的"10kV 洛江线 922_开入 1"的开入点,将该点描述名改为"10kV 洛江线 922_线路 TV 二次空开断开",原始名保持"开入 1"不变,点击"将逻辑数据库发布到物理库中",再"确认验证并发布数据库",发布完成后即完成数据库遥信的增加。在保护测控装置上找出开入 1 对应的开入接线,将线路 TV 二次空气开关断开信号接入开入 1，最后实际分合线路 TV 二次空气开关，核对该信号的正确性，如图 5-2-45 所示。

57	10kV洛江线922_软压板_重合闸投入	软压板_重合闸投入	软压板	处理允许.报警允许.事故追忆允许	
58	10kV洛江线922_断路器位置	断路器位置		处理允许.报警允许.遥控允许.事故追忆允许	10kV洛江线922_遥控
59	10kV洛江线922_线路PT二次空开断开	开入1		处理允许.报警允许.事故追忆允许	
60	10kV洛江线922_开入2	开入2		处理允许.报警允许.事故追忆允许	
61	10kV洛江线922_开入3	开入3		处理允许.报警允许.事故追忆允许	

图 5-2-45　新增遥信开入

在"采集点配置—厂站分支—电校变"中的"10kV 洛江线 922 保护测控"目录下的"装置测点—遥测"，进行设置。找到"10kV 洛江线 922_线路电压"的遥测点，只需要将遥测电压系数由原始值改为 10，如图 5-2-46 所示。点击"将逻辑数据库发布到物理库中"，再"确认验证并发布数据库"，发布完成后即完成数据库遥测的增加。在保护测控装置上找到线路电压模拟量采集的接线位置并接入，最后通过继电保护仪器加模拟量的方式，核对遥测的正确性。

24	10kV洛江线922_CN相线电压	CN相线电压	保护电压	伏特	1	0	0	0	处
25	10kV洛江线922_正序电压	正序电压	保护电压	伏特	1	0	0	0	处
26	10kV洛江线922_负序电压	负序电压	保护电压	伏特	1	0	0	0	处
27	10kV洛江线922_零序电压	零序电压	保护电压	伏特	1	0	0	0	处
28	10kV洛江线922_线路电压	线路电压	保护测量	伏特	10	0	0	0	处
29	10kV洛江线922_A相电压电流相角差	A相电压电流相角差	保护角度	度	1	0	0	0	处
30	10kV洛江线922_B相电压电流相角差	B相电压电流相角差	保护角度	度	1	0	0	0	处
31	10kV洛江线922_C相电压电流相角差	C相电压电流相角差	保护角度	度	1	0	0	0	处

图 5-2-46　修改新增遥测系数

最后在图形组态中的"10kV 洛江线 922 分图"中增加"模拟量列表"中的线路电压 Ux 遥测光字牌来检测线路电压的实时数据。操作则可以将模拟量列表中 Ua 的电压图形复制，再把文字部分修改为 Ux，在"数值类前景设备设置""查询设置"中，装置选择"10kV 洛江线 922"，测点选择"10kV 洛江线 922_线路电压"点击确定后设置完成。

同样增加光字牌"10kV 洛江线 922_线路 TV 二次空开断开"，在 10kV 洛江线 922 间隔分图中复制一光字牌，并在"数值类前景设备设置""查询设置"中，装置选择"10kV 洛江线 922"，测点选择"10kV 洛江线 922_线路 TV 二次空开断开"点击确定后设置完成，如图 5-2-47 所示。

在完成了数据库组态的遥信设置和遥测设置及图形数据库组态的设置后，就完成了增加线路 TV 的所有新增的设置,可在 10kV 洛江线 922 间隔分图检测 10kV 洛江线 922 线路电压实时数据及在线路电压空气开关跳开后监测"10kV 洛江线 922_线路 TV 二次空开断开"信号。

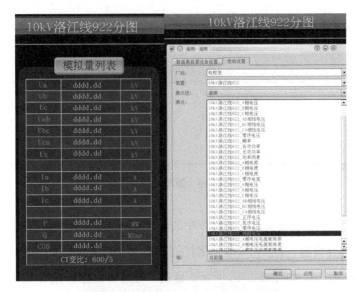

图 5-2-47　修改新增遥测遥信光字牌

五、用户管理

当地监控后台机需要给不同用户设置相应的账号，通过对不同账号提供不同的权限，实现对访问的用户分配最小化的应用权限。

（1）用户的添加。在 PCS9700 后台监控系统界面单击控制台左下角的"开始"菜单，选择"维护程序"—"用户管理"。弹出"人员权限维护"弹窗，输入正确的密码后点击"确认"，可进入"人员权限维护"页面，如图 5-2-48 所示。

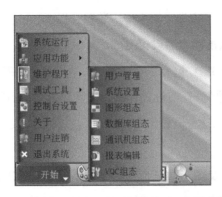

图 5-2-48　用户管理机人员权限维护页面

进入"人员权限维护"页面后，在"人员权限维护"—"系统管理"中，单击"用户"，

"用户"栏颜色变成蓝底，表示已经选中，点击上方的"+"号，或右键点击"增加用户"，在"增加用户对话框"中输入需要的"用户名""密码"及"再次输入密码"，再单击"确认"即可完成用户的创建。如本次创建了"技培账号1"的用户，如图5-2-49所示。

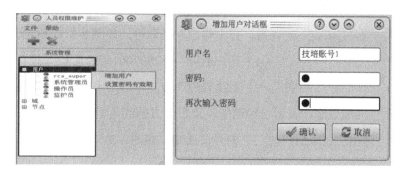

图 5-2-49　增加用户操作及增加用户对话框

（2）用户权限配置。PCS9700 后台监控系统每个账号均可按照实际需求分配相应的权限，可以分别进行编辑。如图 5-2-50 所示，在左侧"用户"展开菜单中，单击新创建的"技培账号 1"的用户，在右侧中点击"角色"窗口，对所创建的账号进行角色权限分配，在各个功能模块下的相应权限上单击，对于已分配权限，在前方的方框里会填入"×"符号，同时原本文字前的红色"×"符号会变化成绿色的"√"符号。编辑完无需保存，重启画面和控制台生效。

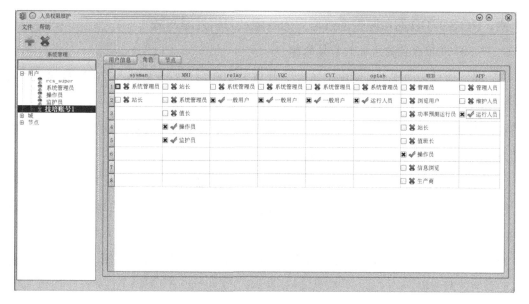

图 5-2-50　账号权限配置

（3）密码修改。PCS9700 后台监控系统界面单击控制台左下角的"开始"菜单，选择"维护程序"—"用户管理"。弹出"人员权限维护"弹窗，在弹窗中从"检查"模块切换至"修改密码"模块。在"用户名"选择需要修改的人员名字后，输入旧密码、新密码以及确认新密码后，点击修改密码即可，如图 5-2-51 所示。

图 5-2-51　修改密码

（4）用户删除。PCS9700 后台监控系统在"人员权限维护"—"系统管理"中，单击"用户"下的指定用户，如"技培账号 1"栏颜色变成蓝底，表示已经选中，点击上方的红色"×"号，或右键点击"删除用户"，点击后会弹出"删除用户成功"的弹窗通知，如图 5-2-52 所示。

图 5-2-52　删除用户

六、PCS9700 后台监控系统常见的故障及分析处理方法

1. PCS9700 后台监控系统的常见故障

（1）遥信信号未动作。某变电站站内采用 PCS9700 后台监控系统，220kV 技培 1 路 211 线路送电以后，其中 1 套 PCS-931 线路保护装置在后台监控系统未报"重合闸充电满"信号，现场检查 PCS-931 线路保护装置重合闸充电灯有亮，后台信号与装置现象不统一。此类故障通常为数据库组态中遥信配置错误导致。

（2）遥测信息上送错误。在某变电站试验线 2021 送电之后，保护装置和测控装置均能采到正常电流值，站内 PCS9700 后台监控系统监控试验线 2021 间隔分图的遥测采样数值错误。此类故障的原因可能有：

1）试验线 2021 的遥测属性关联错误，关联至另一条正在运行的间隔，遥测采样不是实际本间隔的遥测数据。

2）遥测属性设置中，遥测的变比系数未按变比设置，使遥测值上送数据错误。

（3）遥控失败。在某变电站 110kV 试验线 110 线路开关遥控时，遥控操作预制失败，现场检查在测控装置处就地分合开关正常，测控装置把手和压板正确投入，满足同期条件并已投入同期功能软压板。此类故障的原因可能有：

1）110kV 试验线 110 开关遥控属性设置时，未关联遥信点，遥控配置不全，导致后台界面无法遥控。

2）110kV 试验线 110 开关遥控属性设置时，该站的开关遥信为双位置，只关联了开关的单位置遥信，遥控配置不全，导致后台界面无法遥控。

3）110kV 试验线 110 开关遥控属性设置时，遥控点关联为其他间隔遥控点，遥控点关联错误，导致后台界面无法遥控。

2．PCS9700 后台监控系统故障的分析处理方法

（1）光字牌信号未动作分析处理方法。PCS-931 线路保护装置重合闸充电灯有亮，后台信号与装置充电现象不统一。

先检查光字牌遥信配置中，数据库组态是否将"重合闸充电满"信号取反，如果取反，则 PCS-931 线路保护充电满后，在后台监控系统无法收到"重合闸充电满"信号。处理方法是在后台监控系统数据库组态中，将"重合闸充电满"信号取反取消，再与监控后台核对该信号是否恢复。

如果检查数据库组态中"重合闸充电满"信号未取反，再检查 PCS-931 线路保护"重合闸充电满"信号光字牌是否关联其他装置的遥信。处理方法是将关联错误的遥信设置关联"PCS-931 线路保护装置重合闸充电满"信号即可。

（2）遥测信息上送错误分析处理方法。在 PCS9700 监控后台系统中打开某变电站试验线 2021 分图图形编辑界面，将鼠标放在遥测图框，看是否关联的间隔有误，若关联错误，可以按照上文的方法重新关联正确的遥测信息，若关联没有错误，在实时数据库组态工具中，查看上送遥测的系数是否有误，处理方法是将该系数调整正确后，与后台核对遥测数据正常。

（3）遥控失败分析处理方法。遥控失败的原因有多种，如控制电源失电、控制回路断线、开关机构元件损坏、遥控压板退出、二次接线错误、遥控配置错误都会导致遥控失败。

本文只分析监控后台配置错误的情况，进入监控后台打开图形编辑界面，打开 110kV 试验线 110 间隔的间隔分图，双击不能遥控的开关或者刀闸，查看遥控属性设置是否关联错误或者配置不全，若关联错误，将遥控关联至对应的正确的间隔遥控点，若关联不全，除了关联遥控点外，还要关联双位置的遥信点，确认并保存后即可。

本节主要介绍了 PCS9700 后台监控系统几类常见的故障类型及分析处理方法，重点掌握遥信信号误动作信号和遥控失败故障。

【练习题】

1. 若是间隔 1 未投运，但能监测到遥测数据，会是什么故障，如何分析处理？

2. 若是#1 主变调档时，无法调档，可能是什么故障，如何分析处理？

模块三　CSC-1321 远动系统运维

【模块描述】

本模块主要完成 CSC-1321 远动系统硬件、人机交互界面及插件功能分配介绍，通过工程制作实例讲解如何利用配置文件进行新建工程及插件分配。

【学习目标】

1. 了解 CSC-1321 装置功能及软硬件结构。

2. 了解 CSC-1321 远动系统菜单。

3. 能够进行 CSC-1321 简单工程配置制作。

【正文】

一、CSC-1321 远动系统硬件介绍

CSC-1320 系列站控级通信装置是基于 32 位微处理器芯片的通信产品，采用领先的嵌入式操作系统，灵活的插件设计，主要用于变电站自动化系统的站控级通信设备，适用于各种电压等级的变电站的监控系统信息接入和转出、远动系统、故障信息系统的子站设备等。

CSC-1320 系列装置的每种型号都包括很多不同的配置，取决于应用的需要。具体配置方式请参考后续的装置功能组件概述。

CSC-1320 系列装置包括的具体型号、名称及适用范围如表 5-3-1 所示。

表 5-3-1　　　　　　　　　CSC-1320 系列型号、名称及适用范围

型号	名称	适用范围
CSC-1321	远动装置	接入各厂家装置的信息，与多调度进行通信
CSC-1322	通信管理机	接入各厂家装置信息与四方监控系统通信，将四方装置信息转出给其他厂家的监控系统
CSC-1326	保护及故障信息管理装置	接入各厂家装置的信息，与故障信息系统主站通信
CSC-1328	变电站通信一体化装置	接入各厂家装置的信息，与调度和故障信息系统一体化主站通信

1. 装置主要特点

采用插件式结构，后插拔式，单台装置最多支持十二个插件，即除必需的主 CPU 插件和

电源插件外最多还可以配置十个插件，各插件宽度相同，真正实现灵活配置，每一种插件均可安装在任意插槽（为方便维护，要求主 CPU 插件和电源插件分别固定在后视最左侧和最右侧的插槽），系统给予充分支持。

插件之间采用内部网络通信，内部网络使用 10M 以太网为主、CAN 总线为辅的形式，这两种通信方式都经过各领域的长期检验证明是成熟稳定的，保证了内部通信的快速性和可靠性。

内部以太网以交换机方式连接，支持级联至其他装置（注：CSC-1321 远动装置不采用级联）。

2. 装置主要功能

装置具有以下功能：

（1）以 CSC2000、IEC 61850 等规约与保护、测控装置等进行站内通信。

（2）以各种调度规约与各级调度通信。

（3）远动遥测数据 8×24h 断面存储。

3. 装置主要技术参数

（1）直流电压：220V 或 110V（按订货要求）。

（2）交流电压：220V/50Hz。

（3）遥信反应时间：≤1s。

（4）遥测反应时间：≤3s。

4. 装置结构

装置采用符合 IEC 60297-3 标准的高度为 4U、宽度为 19 英寸（或 19/2 英寸，按配置和订货要求）的铝合金机箱，整体面板，带有锁紧的插拔式功能组件，如图 5-3-1 所示。除 MMI 插件安装在前面板内，其余插件均为后插拔方式，装置的安装方式为整体嵌入式水平安装，后接线方式，安装开孔尺寸如图 5-3-2 所示，图中标注的尺寸数据单位均为 mm。

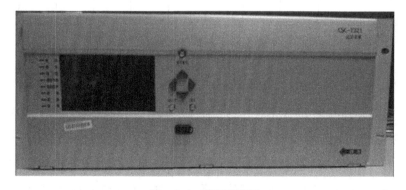

图 5-3-1　装置前视图

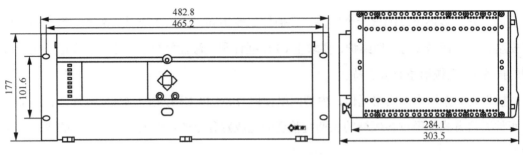

图 5-3-2　19 英寸装置正视图

5. 装置功能介绍

装置采用功能模块化设计思想，系列中不同的产品由相同的各功能组件按需要组合配置，实现了功能模块的标准化。单装置最多支持十二个插件，可由主 CPU 插件、以太网插件、串口插件、现场总线插件、开入开出插件、对时插件、级联插件、电源插件和人机接口组件（MMI 插件）构成。

装置插槽后视示意图如图 5-3-3 所示，从左至右编号为 1 到 12。各插件可以安装在任意插槽，但为使用方便，统一要求主 CPU 插件插在 1 号插槽，电源插件插在 12 号插槽，其余插件可选择任意位置。主 CPU 插件、以太网插件、串口插件、现场总线插件、开入开出插件、对时插件的硬件上都配备有 8 位拨码开关，在使用时必须将插件上的拨码低四位拨为该插件所在插槽位置编号减 1。正常应用状态下，高四位保持为 0。例如，某插件插在 6 号插槽，拨码应拨为 5，即 00000101。级联插件、电源插件和人机接口组件（MMI 插件）无拨码开关，无需进行设置。

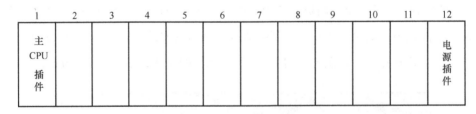

图 5-3-3　装置插件布置

（1）主 CPU 插件。主 CPU 插件使用嵌入式 32 位 CPU 处理器，具有很强的通信能力。插件本身具备 8M 或 16M 的 FLASH，作为程序和配置存储介质，可以满足一般的应用需要。主 CPU 插件在系统中承担着信息存储的作用，因此很多时候较大容量的存储介质就是必须的配置。插件上具备 DOC 电子盘或 CF 卡插槽或 DOM 盘，可根据需要选用容量不等的电子盘或 CF 卡或 DOM 盘作为存储介质。插件型号有主 CPU-D（使用 DOC 电子盘）、主 CPU-C（使用 CF 卡）、主 CPU-M（使用 DOM 盘）、主 CPU-N（使用 CF 卡）。

现在升级后主 CPU 只有主 CPU-N 型插件。

主 CPU-N 插件具备以下对外通信端口：四个 10M/100M 自适应的电以太网；一个标准的 RS232 串行口；插件上具备一路 CAN 总线与 MMI 插件通信；插件上具备一路 CAN 总线与开入开出卡或对时插件等通信。

（2）以太网插件。以太网插件与主 CPU 插件具有同样的硬件配置，但作为扩展的通信插件，配置更为灵活，一般可以不使用 DOC 电子盘等存储介质。对外的四个 10M/100M 以太网可以根据需要选择电口或者光口，由于存储介质的不同，电以太网插件有如表 5-3-2 所列的各种型号。

表 5-3-2 　　　　　　　　　　　以 太 网 插 件 列 表

以太网	背板印字
-F 型	电以太网-F 或电以太网
-D 型	电以太网-D 或电以太网
-C 型	电以太网-C
-N 型	电以太网-N
-F 型	光以太网-F 或光以太网
-D 型	光以太网-D 或光以太网
-C 型	光以太网-C
-N 型	光以太网-N

（3）串口插件。串口插件使用嵌入式 32 位 CPU 处理器，具有很强的通信能力。串口插件用来进行串口远动规约通信。插件上具备六个标准 RS232/RS485 串口，每个串口的两种工作模式共用端子，通过对应的跳线进行选择，默认为 RS232 方式。每个串口对应一组（3 个）跳线，串口 n 标识为"JMPnA、JMPnB、JMPnC"，如都跳到右侧为 RS232 方式、都跳到左侧为 RS485 方式。插件上有 JMP 示意图指示跳线方法。每个串口都有 2 个收发指示灯，如图 5-3-4 所示。

（4）开入开出插件。开入开出插件的开入主要用于接入非微机保护的硬节点状态，或者在远动应用中连接远方/就地把手，开出主要用于辅助双机切换，有时需要驱

图 5-3-4　拨码位置示意图

动电铃电笛。开入开出插件使用专为工业应用设计的 16 位 CPU 处理器。插件上具备 10 路开入，2 路开出。

（5）现场总线插件。现场总线插件使用嵌入式 32 位 CPU 处理器，具有很强的通信能力。插件上具备以下对外通信端口：两路 Lonworks，两路 CAN 总线。

（6）对时插件。对时插件使用专为工业应用设计的 16 位 CPU 处理器。插件上具备 GPS 串口对时、串口＋秒脉冲对时、IRIG-B 脉冲对时、IRIG-B 电平对时方式，可通过跳线选择。

（7）人机接口（MMI）插件。MMI 插件使用专为工业应用设计的 16 位 CPU 处理器。

MMI 插件具备 128×240 点阵（或 8 行×15 列）蓝屏液晶，使用四方键盘，在三个功能按键和 8 个指示灯的配合下进行工作。

（8）电源插件。电源插件分成两种，一种支持 220V 交直流输入，另一种支持 110V 直流输入。电源插件均带有电源消失信号。

6. 装置软件

（1）软件结构。软件采用分层模块化结构，应用层和硬件驱动分开，使得主 CPU 插件、以太网插件、串口插件、现场总线插件都能使用相同的软件程序，仅需将针对硬件的驱动配置成不同类型即可支持同样的应用在不同类型插件上的使用。

层次结构和各类模块的相互关系如图 5-3-5 所示。

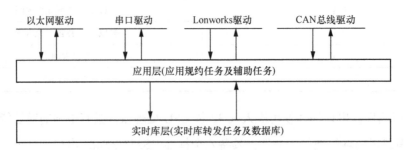

图 5-3-5　程序整体结构

程序基本结构分成三层：实时库层、应用层和硬件驱动层。实时库层是所有信息的枢纽，承担着信息转发和存储的作用。应用层是真正对信息进行分析处理的部分，承担着上、下行的传递作用。硬件驱动层直接面向硬件，以不同的驱动任务分别实现对不同的通信通道的收发驱动，将信息与应用层直接进行交互，使应用层完全不必关心实际的通信介质种类。

实时库层的必要功能是信息转发，因为所有的应用规约任务彼此之间都是相互独立的，不进行直接的通信，完全依靠实时库层进行信息转发来互相沟通。在主 CPU 插件和其他扩展的通信插件（以太网插件、串口插件、现场总线插件等）中的实时库层还是有所差异的。在扩展插件中的实时库层只要实现转发功能即可，而在主 CPU 插件中的实时库层，不仅要完成转发功能，还要存储整个装置的所有数据，包括实时数据和部分历史录波和保护事件等。

应用层的最主要部分是应用规约，用于进行信息的转换与传递。为了配合应用规约的需要，在应用层还有一些辅助的任务，用于实现信息在插件上和插件间的存储、存取和转发等。

（2）软件功能。由于软件采用分层模块化结构，使软件成为一个通用性很强的平台，具有以下功能：

1）支持以任意规约接入信息。

2）支持以任意规约转出信息。

3）支持常见远动规约和接入规约。

4）支持单、双机配置。

5）支持从调度端的程序化控制功能。

作为站控级的通信装置，CSC-1321 作为远动装置使用，软件支持的规约：DL/T 634.5101－2002（IEC 60870-5-101）规约、DL/T 634.5104－2002（IEC 60870-5-104）规约、部颁 CDT 规约、DNP3.0 规约、SC1801 规约、DISA 规约等。保护及测控接入：CSC2000 规约、DL/T 667－1999(IEC 60870-5-103）规约、IEC 61850 规约等。RTU 类接入：IEC 101 规约、IEC 104 规约、MODBUS 规约等；转出至监控：CSC2000 规约、DL/T 667－1999（IEC 60870-5-103）规约等。

7. 装置端子说明

CSC-1321 装置各插件后视图端子定义如图 5-3-6 所示，各类型的主 CPU 插件和对应的电以太网插件的后视端子相同。以太网口从上往下依次是以太网口 1、以太网口 2 等；串口插件是每三个端子为一路串口，共六路，工作方式是 232 还是 485 由插件内部的跳线方式决定，且收发都有对应的指示灯。各插件的超级终端调试口如图 5-3-6 所示，串口的超级终端调试口是和电以太网-C 的相同，需要使用 M16C 的下载线，只是端子在插件的内部，向下靠近凤凰端子处。

图 5-3-6　各类插件后视图

二、CSC-1321 远动系统菜单介绍

1. 装置正面布置图

面板上各元件说明：

如图 5-3-7 所示，面板最左侧为一列 8 个指示灯，其中前 5 个有明确定义，后 3 个为预留。5 个指示灯的定义分别为：电源、告警、事故、通信中断、远程维护（和配置工具相连时会亮红灯）。

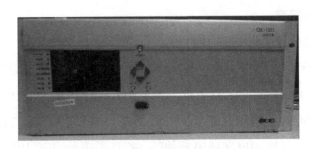

图 5-3-7 CSC-1320 系列装置正面布置图

前面板带有一个 128×240 点阵（或 8 行×15 列）蓝屏液晶，并带有四方按键和三个功能键，可显示一定的本地信息，并提供部分信息的修改手段。三个功能键分布在四方按键的上下，上面一个为信号复归键，下面两个分别为 "QUIT" 和 "SET" 键。

2. 正常运行显示

开机后，液晶屏会停留在欢迎使用界面或者是请等待状态，如图 5-3-8 所示。

开机正常启动后，如果装置下装有工程的配置，并且镜像已经更新不是出厂时自带的测试镜像，就会进入循环显示，否则停留在欢迎使用或者请等待界面。循环显示的内容为当前配置的各个插件及调度通道的通信状态，如图 5-3-9 所示。

图 5-3-8 开机界面

图 5-3-9 CSC-1321 正常循环显示界面

界面最上方一行为时间显示，显示当地的年月日时分秒，最右侧为当前显示内容的页数，例如 "1/2" 标示所显示的内容共有 2 页，当前显示的是第 1 页。在整个菜单的各项显示中行

首右侧均带有类似的页数提示。当装置接受到 GPS 对时时，右方会有"*"符号的提示，表示装置已经对上时。

当发生插件通信状态改变时，由循环显示改为显示提示信息，如图 5-3-10 所示，这时按 QUIT 键恢复循环显示。

图 5-3-10 突发通信事件

在循环显示状态下按上、下键可以翻页，长按上、下键可启动快速翻页。循环显示状态下按 QUIT 键可锁定屏幕，并在第一行显示一个字母"L"表示处于锁定态。再次按 QUIT 键解除锁定，"L"符号消失。

在各个菜单项下均有统一的操作：按上、下键可以翻页，长按上、下键可启动快速翻页，按 QUIT 键退出，按 SET 键进入下级菜单。

循环显示状态下按 SET 键进入主菜单，如图 5-3-11 所示。

在主菜单界面，"运行工况"处按 SET 键，进入装置运行工况界面，如图 5-3-12 所示。

图 5-3-11 主菜单

图 5-3-12 运行工况界面

在运行工况界面，主要有通信状态、重启插件、版本信息三部分。

首先是通信状态，按 SET 键进入通信状态界面，如图 5-3-13 所示。

选择查看方式后，按 SET 键进入，将按排序方式显示各个插件的通信状态，以及所配置的各个设备的通信状态。例如选择默认按配置排序，则显示界面如图 5-3-14 所示。

图 5-3-13 通信状态菜单

图 5-3-14 默认配置界面

其次是重启插件，按上下键到重启插件后按 SET 键，进入重启插件界面，如图 5-3-15 所示。

选择需要重启的插件或所有插件后按 SET 键，然后会出现如图 5-3-16 所示界面。

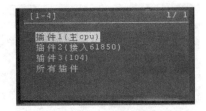

图 5-3-15　重启插件　　　　　　　　　　　　　　图 5-3-16　重启

最后是版本信息，在运行工况菜单下，将光标移动到"版本信息"菜单项，按 SET 键进入显示当前软件版本号，如图 5-3-17 所示。

在主菜单界面，移动光标到时间设置菜单，并按 SET 键进入，此处用于设置系统时钟和设置自动对时功能，界面如图 5-3-18 所示。

图 5-3-17　版本信息　　　　　　　　　　　　　　图 5-3-18　时间设置

移动光标选择时钟整定菜单并按 SET 键进入，看到如图 5-3-19 所示界面。

进入界面后，当前时间按秒不断跳动，修改时间停留在进入界面的时刻，等待修改。在整定时间处移动光标，移动到需要调整的数字时，使用上下键更改数字，长按可以实现数字的快速变化。更改后按 SET 键确认。按 QUIT 键则取消更改。

移动光标选择"自动对时"菜单并按 SET 键进入，如图 5-3-20 所示。

图 5-3-19　时钟整定　　　　　　　　　　　　　　图 5-3-20　自动对时

"自动对时　停用"表示自动对时功能停用，如需启用，通过左右键选择"停用"菜单，按上下键更改使能状态，然后会自动回到如图 5-3-20 所示界面。

"对时时间 16"表示如果自动对时功能启用，系统将在 16 点整对各接入装置进行自动对时，通过左右键选择到 16，按上下键修改时间，时间范围（0～23）。

以上修改，按 SET 键后将启用，如需退出或取消修改按 QUIT 键。

在主菜单界面移动光标到本地设置菜单，按 SET 键进入，如图 5-3-21 所示。

移动光标到"主 CPU 插件外网 IP1/IP2"，可以对主 CPU 插件的外网口 1、2 进行设置，按 SET 键进入，如图 5-3-22 所示。

图 5-3-21　本地设置菜单

图 5-3-22　主 CPU 插件外网 IP 地址修改

移动光标在需要修改的图标上进行修改值，然后按 SET 键确认或者按 QUIT 键退出，然后界面会进入到设定界面，如图 5-3-23 所示。设置完毕后会自动回到图 5-3-21 所示界面。

然后将光标移动到"清除历史记录"，按 SET 键进入后出现如图 5-3-24 所示界面。

图 5-3-23　操作等待界面

图 5-3-24　清除历史记录

移动光标到"指示灯控制"，按 SET 键进入菜单，主要用来设置面板上的指示灯是否启用，如图 5-3-25 所示。

将光标移动到事故指示灯菜单，按 SET 键进入，如图 5-3-26 所示。

图 5-3-25　指示灯控制菜单

图 5-3-26　当前状态

按四方的上下键进行状态的更改，然后按 SET 进行保存，按 QUIT 键退出。之后会自动回到指示灯控制菜单，其他指示灯设置方法同上。

移动光标到"信息显示控制"，按 SET 键进入菜单，如图 5-3-27 所示。

该菜单用来设置哪些信息在装置的面板上显示，即后面介绍的在主菜单页面里的事件信息菜单，稍后介绍。光标移动到保护事件使能菜单上，出现如图 5-3-28 所示界面，用来启用或停止该信息的显示。

图 5-3-27　信息显示控制菜单

图 5-3-28　当前状态

同上按四方的上下键进行状态的更改，按 SET 键进行确认，按 QUIT 键退出，其他信息的设置同上。

在主菜单移动光标，选择语言菜单，按 SET 键进入，如图 5-3-29 所示。

移动光标，在需要的语言上按 SET 键进行选择的确认。

在主菜单页面移动光标，选择事件信息菜单，按 SET 键进入，事件信息包括实时信息、历史信息以及事故报告。在事件信息菜单里只显示实时信息，其他的是以文本格式保存在插件的运行目录下，如图 5-3-30 所示。

图 5-3-29　语言菜单

图 5-3-30　实时信息

实时信息是装置上电后循环保存的信息，掉电后会丢失；历史信息是查询保存的历史文件中的相关信息，不会掉电后丢失。实时信息和历史信息都包括保护事件、告警事件、遥信事件和通信事件，四类信息根据其投退功能选择是否有效。若四种信息显示功能都使用，实时信息和历史信息菜单进入后出现菜单如图 5-3-31 所示。

在实时信息下移动光标选择通信事件菜单并按 SET 键进入，如图 5-3-32 所示。

图 5-3-31　实时信息

图 5-3-32　CSC-1320 事件信息显示界面

界面中可以显示按时间排列的事件信息，包括时间、通道、插件、设备及事件类型。查看时使用上下键翻页，长按上键或下键可快速翻页。QUIT 键退出。其他信息查看方法同上。

在主菜单页面移动光标，选择液晶调节菜单，如图 5-3-33 所示。

液晶调节用于调节液晶显示效果，包括显示对比度和背光时间。在液晶调节菜单的对比度处按 SET 键，进入对比度设置界面，如图 5-3-34 所示。在界面中按上下键调节液晶对比度，同时直接查看显示效果。

图 5-3-33　液晶调节

图 5-3-34　液晶对比度

在液晶调节菜单的背光时间处按 SET 键，进入背光时间设置界面，如图 5-3-35 所示。

图 5-3-35　背景时间设置

在界面中按上下键调节背光时间，调节范围为 00～99，其中 1 到 99 表示有效背光时间，例如设置为 15，则表示背光点亮后无操作 15min 自动熄灭。设置为 0 表示背光长亮，不熄灭。设置后按 SET 确认，或按 QUIT 取消。

三、CSC-1321 的插件功能分配

根据站内装置的个数等实际信息进行插件分配。当站内采用 61850 规约接入的时候，单独的一块-N 插件能够最多接入 60 台装置，因此需要根据实际站内装置的个数决定几块插件

做接入。我们以两块插件做接入、一块 104 插件和 1 块 101 插件为例进行工程制作。假设现在的 CSC-1321 插件分配图如图 5-3-36 所示，则 1 默认为主 CPU，插件 2、3 可分配为 61850 接入插件，插件 4 可分配为 104 远动插件，插件 5 为串口 101 远动。

图 5-3-36　CSC-1321 插件背板图

四、CSC-1321 的工程配置制作

新建工程提供了两种方式，一种是点击"新建工程"，在树状结构下进行新建工程及插件分配，对初学者不推荐该种方式，我们采用"新工程向导"的方式为例进行。

图 5-3-37　新工程向导

1. 插件功能分配

在工程菜单选择"新工程向导"，如图 5-3-37 所示。

在弹出的向导对话框中输入工程名称，工程路径默认即可，如图 5-3-38 所示。

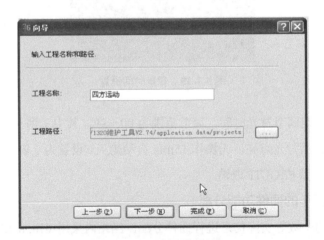

图 5-3-38　工程名称及路径

选择"下一步"，将出现插件分配的对话框，如图 5-3-39 所示。该对话框是 CSC-1321 硬件结构的后视示意图，最左侧固定为主 CPU，最右侧为电源，中间 10 个插槽位置根据实际的硬件配置进行设置。

点击每个插件，将弹出插件属性的对话框，如图 5-3-40 所示。

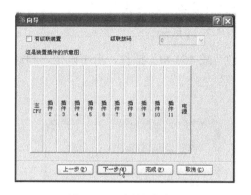

图 5-3-39　插件功能分配

图 5-3-40　插件属性

其中，级联拨码在远动应用中固定为 0；"位置""拨码"是互相关联的，位置值-1=拨码位置。该设置在"工程向导"模式下是不能修改的，因为我们点击"插件"时相当于做了位置设定，在树状结构"增加插件"里这两个属性是可以选择修改的；类型是指插件的类型，主要包括电以太、串口插件等；镜像类型是指不同的插件类型由于存储介质的不同又分多种镜像类型，主要针对以太网插件，串口插件目前只有一种镜像类型；描述是指对这块插件属性的文字说明，可根据个人习惯或者地区规范进行修改。

对于主 CPU 来说，插件"类型"固定为电以太网插件，在该处不能选择，如图 5-3-41 所示。

而且主 CPU 的镜像类型也只有三种，包括-C，-D，-N，如图 5-3-42 所示。

图 5-3-41　主 CPU 插件类型

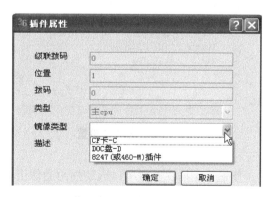

图 5-3-42　主 CPU 镜像

目前新站主 CPU 及电以太网全部用-N 插件，对应维护工具选择 8247（或 460-M）插件，主 CPU 设置完成，点击确定，如图 5-3-43 所示。

图 5-3-43 主 CPU 镜像类型

预先已经分配好插件 2 和 3 做 61850 接入用，点击插件 2，弹出属性对话框，选择电以太插件，描述改为 61850 接入 1。电以太网插件分多种镜像类型，需要根据实际设备进行选择，如图 5-3-44 所示。

目前新站全部用-N 插件，对应维护工具选择 8247（或 460-M）插件，点击确定，和站内通信的 61850 规约插件的设置完成，如图 5-3-45 所示。

图 5-3-44 电以太插件镜像类型

图 5-3-45 61850 接入 1 插件配置

插件 3 的配置同插件 2，根据实际插件类型选择相应的镜像类型，最终插件 3 配置如图 5-3-46 所示。

预先分配插件 4 做 104 远动通信用，点击插件 4，弹出属性对话框，选择电以太插件，描述改为"104 通信"，如图 5-3-47 所示。点击确定完成 104 插件分配。

图 5-3-46 插件 3 设置

图 5-3-47 104 插件配置

预先分配插件 5 做串口远动规约通信用，点击插件 5，弹出属性对话框，选择串口插件，镜像类型只有一种"串口及其他"，描述未作修改默认为"串口插件 5"，点击确定完成串口插件分配，如图 5-3-48 所示。

其他辅助功能插件（对时、开入开出等）不需要配置，至此装置的各插件功能分配完成了，如图 5-3-49 所示。

图 5-3-48　串口插件配置

图 5-3-49　插件功能分配图

点击"完成"，进入树状结构界面，如图 5-3-50 所示，开始对每个插件进行具体的功能设置。

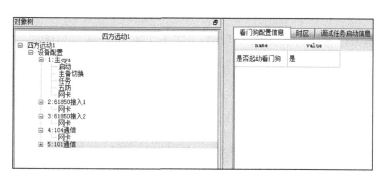

图 5-3-50　配置的树状结构图

在树状结构中，点击"设备配置"，工具右侧将出现插件列表，检查插件位置和拨码以及功能分配是否和实际硬件配置一致。

如果需要继续增加新的插件，只能在树状结构下进行，右键点击"设备配置"，然后左键点击增加插件，如图 5-3-51 所示，即可弹出插件属性的对话框，根据硬件配置进行相关设置即可。需要注意的是备用插件不要添加到配置中。

图 5-3-51　新增插件

2. 插件具体功能设置

（1）主 CPU 插件的设置。主 CPU 主要对各分插件进行管理，并实现一些特殊功能，如果只是常规制作的话，需要设置的地方很少，大多采用默认设置即可。

图 5-3-52　主 CPU 插件修改项

右键单击"主 CPU"，如图 5-3-52 所示，可以更改镜像类型，修改插件描述，但是不可以修改插件的位置拨码。

左键单击"主 CPU"，如图 5-3-53 所示，对插件属性进行设置，可进行"IP 地址""路由配置""看门狗""时区""调试任务启动"等五项设置，由于常规应用不使用主 CPU 的网卡，所以 IP 及路由都不需要设置，其他三项采用默认设置即可。

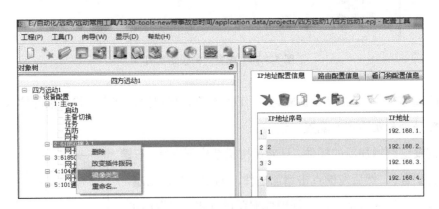

图 5-3-53　主 CPU 插件属性设置

主 CPU 下有几个特殊功能设置："启动""主备切换""任务""五防"，采用默认即可。具体功能以后再做讲解。但是"启动"中有一项"DOC 使能"，无特殊要求时必须设置为"否"。

（2）61850 接入插件的设置。右键单击"61850 接入 1"插件，可进行删除插件、修改拨码、更改镜像类型、修改插件描述的操作，如图 5-3-54 所示。

图 5-3-54　61850 通信插件修改项

实际运行中，可能会出现插件损坏的情况，如果需要换到备用插件上或者更换插件，就需要修改拨码位置和镜像类型，保证配置的拨码位置与实际的插件位置一致，保证配置与更换插件后镜像类型一致。

左键单击 61850 接入 1 插件，如图 5-3-55 所示对插件属性进行设置，可进行"IP 地址""路由配置""看门狗""时区""调试任务启动"等五项设置，IP 地址设置为综自系统统一分配的地址，子网掩码固定为 255.255.255.0；综自网络不需要路由设置；其他三项采用默认设置即可。

图 5-3-55 通信插件属性设置

右键单击"网卡"，选择"增加通道"，如图 5-3-56 所示。

弹出"通道名称"对话框，通道命名为 61850 通信 1，如图 5-3-57 所示。

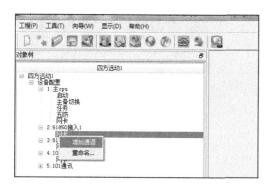

图 5-3-56 增加规约通道

图 5-3-57 通道命名

点击确定，出现如图 5-3-58 所示界面，给通道关联规约。监控通信属于接入功能，在接入规约里选择 61850 接入规约，左键双击即可。

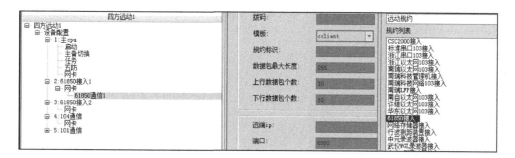

图 5-3-58 通道关联规约

然后是通道设置，通道设置内容基本可以采用默认设置，如图 5-3-59 所示。

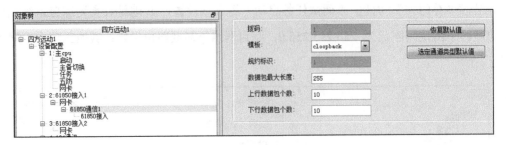

图 5-3-59　61850 通道设置

主要是关注右侧的模板项，必须选择 cloopback 项，若由于手误改成了别的模板类型，会导致 61850 进程无法启动的现象。

右键单击通道 61850 通信 1 能进行"删除""复制通道""粘贴通道""重命名"等操作，如图 5-3-60 所示。

接下来是将该插件上的装置导进来，右键单击 61850 接入，出现如图 5-3-61 所示界面。

图 5-3-60　通道删除

图 5-3-61　61850 接入

选择从监控导入，出现 61850 数据源路径，选择相应的目录文件，如图 5-3-62 所示。

选择 61850CPU1，单击确定后将导入插件 1 的装置，导入过程会有几个提示，如图 5-3-63 所示。

图 5-3-62　61850 数据

图 5-3-63　数据错误

这里是正常的提示，单击确定即可，然后会出现导入装置模板的提示，如图 5-3-64 所示，继续单击确定即可。

导入过程中会提示修改某些属性，如图 5-3-65 所示，目前强制修改的项目有地区属性，可以根据所在地进行添加，其他项采用默认即可。装置排列顺序为监控输出时的顺序，无法修改，根据该顺序生成内部规约地址。

图 5-3-64　模板导入

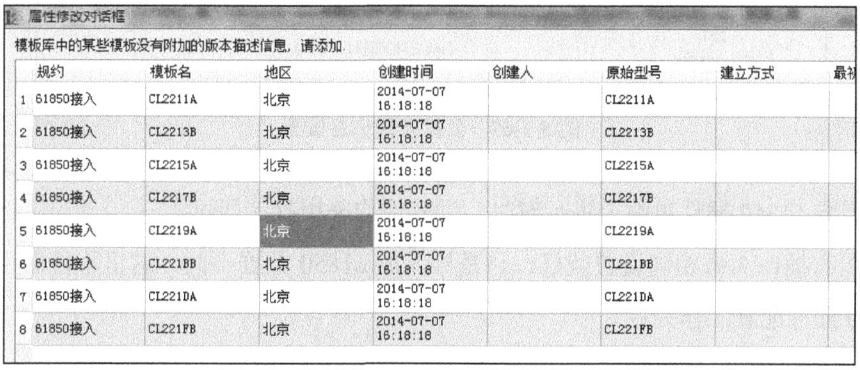

图 5-3-65　属性修改

	规约	模板名	地区	创建时间	创建人	原始型号	建立方式	最初
1	61850接入	CL2211A	北京	2014-07-07 16:18:18		CL2211A		
2	61850接入	CL2213B	北京	2014-07-07 16:18:18		CL2213B		
3	61850接入	CL2215A	北京	2014-07-07 16:18:18		CL2215A		
4	61850接入	CL2217B	北京	2014-07-07 16:18:18		CL2217B		
5	61850接入	CL2219A	北京	2014-07-07 16:18:18		CL2219A		
6	61850接入	CL221BB	北京	2014-07-07 16:18:18		CL221BB		
7	61850接入	CL221DA	北京	2014-07-07 16:18:18		CL221DA		
8	61850接入	CL221FB	北京	2014-07-07 16:18:18		CL221FB		

设备导入成功后如图 5-3-66 所示，模板名称即装置实例化名称，服务器号即 IED 文件编号（十进制的），内部规约地址即远动点表中五字节 ID 的设备号，装置地址 1、2 即接入的各个装置的实际 IP 地址。

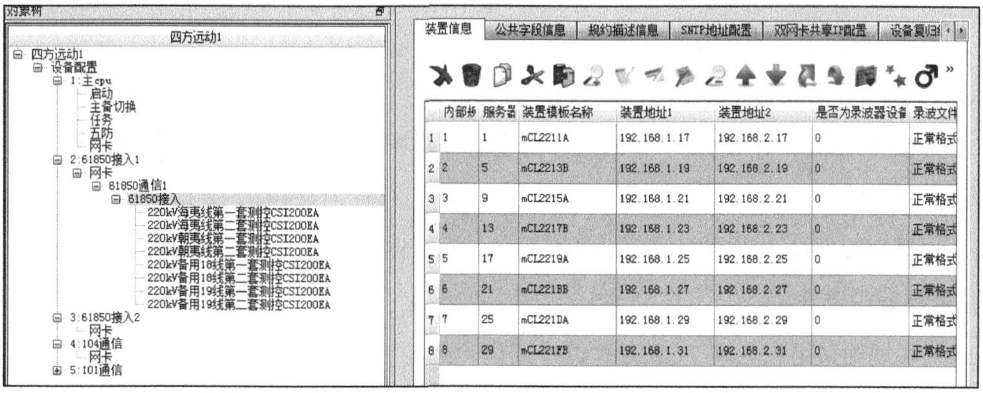

	内部标	服务器	装置模板名称	装置地址1	装置地址2	是否为录波器设备	录波文件
1	1	1	mCL2211A	192.168.1.17	192.168.2.17	0	正常格式
2	2	5	mCL2213B	192.168.1.19	192.168.2.19	0	正常格式
3	3	9	mCL2215A	192.168.1.21	192.168.2.21	0	正常格式
4	4	13	mCL2217B	192.168.1.23	192.168.2.23	0	正常格式
5	5	17	mCL2219A	192.168.1.25	192.168.2.25	0	正常格式
6	6	21	mCL221BB	192.168.1.27	192.168.2.27	0	正常格式
7	7	25	mCL221DA	192.168.1.29	192.168.2.29	0	正常格式
8	8	29	mCL221FB	192.168.1.31	192.168.2.31	0	正常格式

图 5-3-66　61850 接入 1 装置信息

"公共字段信息"里有三处设置需要注意："调试状态"不需启用，以免浪费系统资源，目前可以通过命令行启用或停止调试状态；如果站内设备需要网络对时，要把"是否需要对时"选项选"是";如果需要对时，又双机冗余，需要把"SYN_OFFSET"一台远动机设置为"奇数分对时"，另外一台远动机设置为"偶数分对时"，如图 5-3-67 所示。

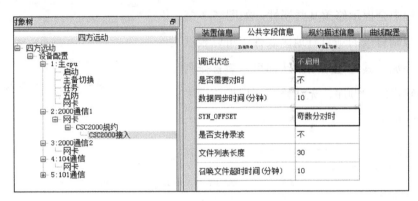

图 5-3-67 公共字段信息设置

若不需要 61850 插件对站内进行对时，则其他均采用默认即可。

插件 2 和插件 3 做相同设置就好，只是导入的 61850 数据不同，这里不再做说明，至此接入 61850 插件配置工作完成。

（3）远动 104 插件的设置。

1）明确与主站通信的相关参数。

a. 现行与各调度主站之间采用标准 2002 版 104 规约，和配置工具里的信息体起始地址等相符，故规约参数部分无需改动。

b. 根据调度给定的通信参数进行设置，并且咨询主站，确认调度主站的两台前置机是主备模式，集控的两台主机也是主备模式；分析远动机和调度主站之间的数据流向，如图 5-3-68所示，并应注意以下 4 点。

a）远动机不需要配置调度端的网关和子网掩码。

b）如果主站和厂站 IP 在一个网段，且没有提供网关，则不需要在配置工具的路由配置信息里进行配置。

c）如果实际的站内没有网关而主站有网关，这个时候需要和主站确认网关的设置，确定站内是否需要配置网关。

d）104 规约采用以太网 TCP 方式进行通信，远动机作 server 端，主站作 client 端，由主站发起建立连接。只要能进行 TCP 连接，就能完成通信，不需强制指定网卡，需要主站提供主备运行方式、远动机在 104 通信中的 IP 地址、子网掩码、端口号（默认 964H）、应用层地址（即链路地址，16 进制）、主站 IP 地址，如果经网关路由需要提供网关 IP 地址。

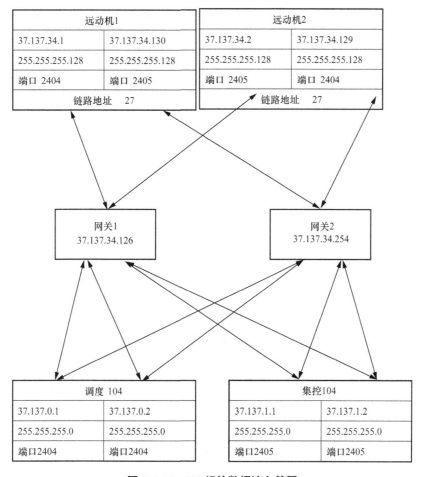

图 5-3-68　104 规约数据流向简图

2）在配置工具里对 104 插件进行设置。

a. 鼠标单击 104 通信插件，在右侧的 IP 地址配置信息处修改远动机和调度通信的本机 IP，如图 5-3-69 所示。

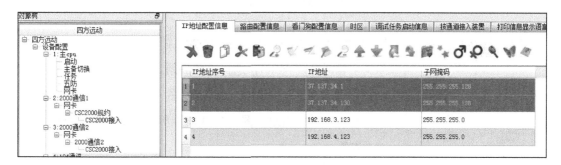

图 5-3-69　远动机 104 插件 IP

b. 路由设置，路由编号从 1 开始，顺序排列。如果需要增加多个路由设置，在该界面右键单击，增加一行或多行，如图 5-3-70 所示。

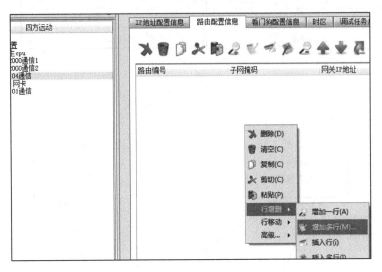

图 5-3-70　路由设置

　　在经过 104 参数分析后，每台远动机均需和 4 台调度主机通信，故需添加 4 行路由，分别找到对应的主站 IP，针对刚才配置的插件的 IP 地址，需要配置的路由信息如图 5-3-71 所示。

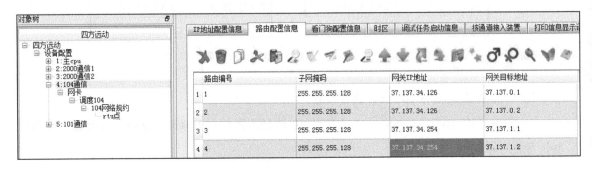

图 5-3-71　路由配置信息

　　需要说明的是，路由配置信息里的网关目标地址是指的调度主站的 IP。

图 5-3-72　增加通道

　　右键单击"网卡"，选择"增加通道"，弹出"通道名称"对话框，通道命名为"调度 104"，如图 5-3-72 所示。

　　单击确定，出现如图 5-3-73 所示界面，此时需要给通道关联 104 规约。

　　在界面的最右端，规约类型下拉菜单处选择远动规约，然后在下面的规约列表处左键双击"104 网络规约"如图 5-3-74 所示。

图 5-3-73 远动通道关联规约

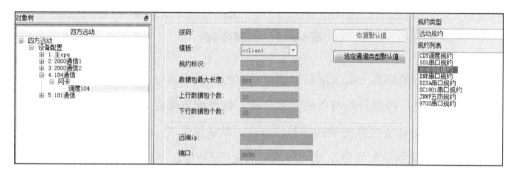

图 5-3-74 104 网络规约

关联 104 规约后出现的界面如图 5-3-75 所示。

通道设置有三个地方，模板必须保证为"cserver"，"远端 ip"为允许与远动机进行 TCP 连接的调度主站 IP 地址，端口号 104 规约里定义为 2404，但有时也需要根据主站网络的要求修改。由于已先添加了路由配置信息，故会自动关联第一个主站 IP，查看端口号和给定的 2404 一致，故通道参数到此不需修改。

图 5-3-75 通道设置

单击"104 网络规约"，在右面的窗口可以看到公共字段信息、规约字段信息和 RTU 字段信息等，如图 5-3-76 所示。

图 5-3-76　104 网络规约

公共字段信息处的信息一般采用默认即可，有特殊要求的可做修改。

规约字段信息处，根据开始时做的参数分析，这里无需修改，也采用默认的即可。

RTU 字段信息处需要根据提供的参数做修改，默认值是 1，调度给定的是 27，转换为 16 进制是 1b。需要注意的是如果链路地址与调度约定的不一致，将导致不响应总召及遥控。修改后如图 5-3-77 所示。

图 5-3-77　RTU 字段信息

c. 104 四遥点表配置。

61850 规约由于是面向对象的，每一个设备都对应唯一的模板，所以添加 61850 规约时已经将数据添加进来了，只需要在已添加的数据库（右边的设备列表）里挑选相应装置的四遥点然后单击即可，如图 5-3-78 所示。

左键单击"RTU 点"，出现四遥配置界面，接下来进行具体的配置。

远动的四遥点表配置，本质上是调度点号与装置的相应控点名通过点描述进行关联映射的过程，我们采用导入监控数据的方式，已经保证了装置的控点名与点描述的对应关系，所以配置里隐藏了监控点名，只需保证调度点号与点描述的对应关系正确即可，即保证配置里"点号"与"点描述"的对应关系与调度提供的点表一致。这层对应关系错误，是远动四遥最常见的故障点。处理远动四遥故障的第一步，是检查该对应关系是否正确。

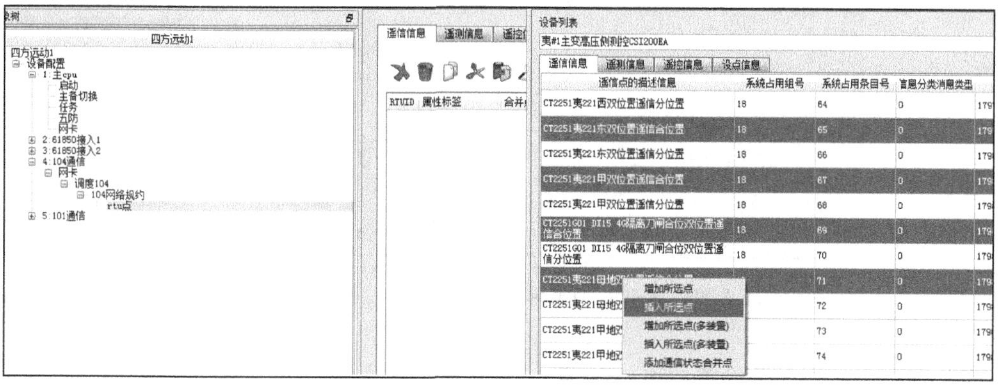

图 5-3-78　四遥点表的挑选

a）首先进行遥信的配置，如图 5-3-79 所示，遥信点表里有三处配置需要注意。

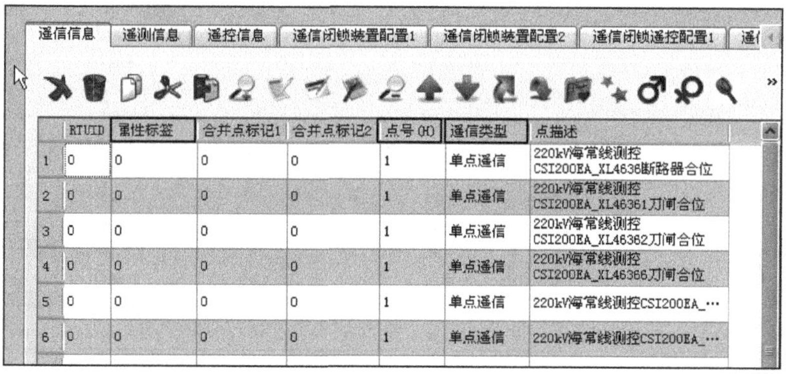

图 5-3-79　遥信点表

第一处是遥信类型配置，104 规约支持单点遥信、双点遥信两种类型，通常选用单点遥信，由于双点遥信的实现方式与主站要求有关，这里不做讲解。

第二处是点号配置，是配置的重点，按照与调度约定的点表，对刚才导入的遥信点设置点号。在导入监控数据时尽量按调度点表的顺序，这样在设置点表的时候可以维护工具的高级功能设置点号。

在遥信配置界面，右键单击"点号"表格列要设置点号的第一个点，出现如图 5-3-80 所示界面，选择"高级"—"格式化列"，出现"插入行号"对话框，如图 5-3-81 所示。"起始数"填起始遥信点的点号，"跳跃数"填 1 表示后面的点号顺序排列，该列属性默认为 16 进制。

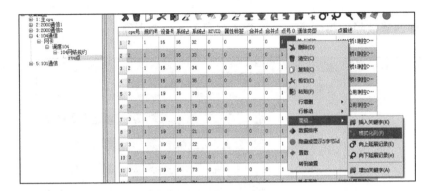

图 5-3-80 格式化列菜单

图 5-3-81 点号设置

点击确定，遥信点号设置完毕，如图 5-3-82 所示。

图 5-3-82 遥信点表

第三处是"属性标签"设置，左键双击所要设置表格，出现如图 5-3-83 所示界面，共有如下设置：

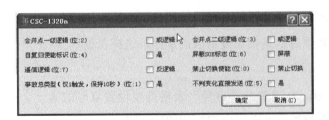

图 5-3-83 属性标签

① 合并点一、二级逻辑用来设定合并点的逻辑序号；

② 自复归使能用来自动复归一些自保持信号，系统内有自保持信号且调度要求自动复归

时，配置为 1，则表示该遥信点状态突变为合位后，如果在指定的时间内没有恢复为分位，则由规约层自动将其状态复归为分状态，时间周期为10s；

③ 事故总类型配合自复归使能一起使用，配置事故总合并点时，这两处均需选中；

④ 屏蔽 SOE 标志用来屏蔽装置的 SOE，在装置上送 SOE 而调度禁止上送 SOE 时选中；

⑤ 遥信逻辑用来对遥信状态取反，遇到需要遥信状态取反的情况，建议在间隔层设备或者调度主站等终端设备进行设置；

⑥ 禁止切换为特殊功能使用，后续讲解；

⑦ 不判断变化直接发送是为了应对遥信、SOE 不一致情况增加的测试功能，在指导下使用。本部分内容不配置合并点，需要了解的可以参考智能站远动机调试手册。

b）其次进行遥测的配置，如图 5-3-84 所示，共有四处需要配置。

	RTUID	死区值(百分比)	转换系数	偏移	总加遥测组号	总加遥测系数	点号(H)	报文ASDU类型	点描述
1	0	0	1	0	0	0	4001	带品质描述的短浮点数	220kV海常线测控CSI200EA_XL 第一组第4路IA1
2	0	0	1	0	0	0	4001	带品质描述的短浮点数	220kV海常线测控CSI200EA_XL 第一组第16路P1
3	0	0	1	0	0	0	4001	带品质描述的短浮点数	220kV海常线测控CSI200EA_XL 第一组第17路Q1
4	0	0	1	0	0	0	4001	带品质描述的短浮点数	1#主变高测控CSI200EA_BG 第一组第4路IA1
5	0	0	1	0	0	0	4001	带品质描述的短浮点数	1#主变高测控CSI200EA_BG 第一组第16路P1
6	0	0	1	0	0	0	4001	带品质描述的短浮点数	1#主变高测控CSI200EA_BG 第一组第17路Q1
7	0	0	1	0	0	0	4001	带品质描述的短浮点数	1#主变高测控CSI200EA_BG 第一组第13路UAB1
8	0	0	1	0	0	0	4001	带品质描述的短浮点数	1#主变低测控CSI200EA_BD 第一组第4路IA1

图 5-3-84　遥测相关配置界面

104 规约支持多种报文类型，如图 5-3-85 所示。

最常用的是归一化值（分带品质与不带品质两种）和带品质的浮点数，类型的选择需要和调度协商。转换系数的配置与报文类型相关，浮点数的转换系数与后台一致，直接上送一次值，调度系数为1；归一化值的转换系数为"32767/二次额定值"，调度系数为"一次额定值/32767"。

点号(H)	报文ASDU类型	点描述
4001	带品质描述的短浮点数	220kV海常线 第一组第4路
4001	带品质描述的步位置信息 带品质描述的归一化值 带品质描述的标度化值	220kV海常线 第一组第16
4001	带品质描述的短浮点数 不带品质描述的归一化值	220kV海常线 第一组第17
4001	带品质描述的短浮点数	1#主变高 第一组第

图 5-3-85　遥测数据类型

考虑到现场遥测可能超越额定值，造成大于额定值的数据不能正常上送，可以将额定值放大一个系数，如 1.2 倍，这样归一化值的转换系数为"32767/（二次额定值×1.2）"，调度系数为"一次额定值×1.2/32767"。二者在日常维护中有所区别，如果更改 TA 变比，上送浮点数需要修改远动转换系数，上送归一化值需要调度修改系数。

死区值及变化遥测的限制，遥测变化超过该值才上送变化遥测，如果数据量比较大，应该把一些精度要求不高的遥测设置死区值，以保证重要遥测的及时上送，该值大小由调度根

图 5-3-86 遥测点号设置

据实际运行情况设定。

点号的设置与遥信相同，注意起始点号，如图 5-3-86 所示。

如果主站遥测数据异常，需检查遥测点号是否错误、检查系数配置是否符合要求、检查类型是否与调度主站要求一致、检查死区设置是否过大，是否越限等。

c) 最后是进行遥控或遥调的设置。若无特殊要求，只需按照上述方法设置点号即可，如图 5-3-87 所示。

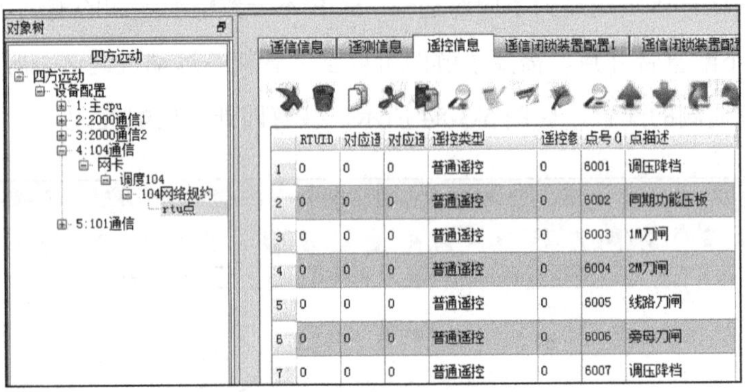

图 5-3-87 遥控设置

至此，四遥信息配置完成了。

d. 调度主站通常为两台前置机，并且是主备模式，故点表信息相同，因此可以采用关联通道的方式进行配置，无需重新挑点。具体操作是，在 104 网络规约处右键单击，选择增加关联通道，如图 5-3-88 所示。

图 5-3-88 增加关联通道

如图 5-3-89 所示在出现的界面只需修改远端 ip 和端口号即可，即将出现的远端 ip 修改为 37.137.0.2，端口号是 2404 不用修改。

图 5-3-89　关联通道

可以修改调度备机的名称，即在新建关联通道上单击右键，选择重命名，如图 5-3-90 所示。

图 5-3-90　重命名

然后在出现的界面填写需要的名称即可，如图 5-3-91 所示。

至此，调度 104 通道配置完成。

e. 104 通信配置还有集控的 104，这个时候需要和调度端确认点表信息情况，如果信息点表和调度的数据一致或者基本一致，则可以直接采用复制通道的方式，然后修改相关的参数即可，具体方法如下。

图 5-3-91　备机命名

在 104 插件的网卡上单击右键，选择增加通道，如图 5-3-92 所示。

在新出现的通道名称上填写集控 104，如图 5-3-93 所示。

图 5-3-92　增加通道

图 5-3-93　集控 104

然后单击确定即可。在调度 104 通道上单击右键，选择复制通道，如图 5-3-94 所示。

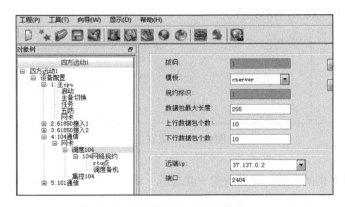

图 5-3-94　复制通道

然后在集控通道右键选择粘贴通道，如图 5-3-95 所示。

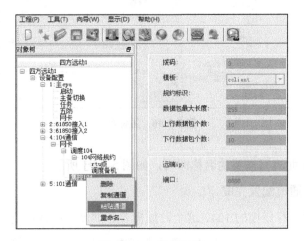

图 5-3-95　粘贴通道

单击"确定"即可粘贴通道的信息及点表。首先检查通道参数及远端 ip，若出现如图 5-3-96 所示界面需要选一下恢复默认值，因为模板应该是 cserver。

图 5-3-96　集控通道

单击"恢复默认值"后出现如图 5-3-97 所示界面。

图 5-3-97 集控默认通道参数

此时需要修改的参数是远端 ip 和端口号，修改为 37.137.1.1，端口号相应的修改为 2405，如图 5-3-98 所示。

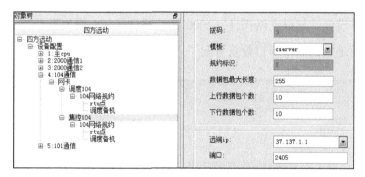

图 5-3-98 集控 104 通道设置

然后检查下 104 规约里的 rtu 字段信息，查看链路地址是不是 1b，如图 5-3-99 所示。

图 5-3-99 RTU 字段信息

核对集控和调度的点表信息是否一致，可按照要求修改点号和信息点即可，这里以两个调度主站需要的点表一致，就不做修改。修改集控备机的 ip，右键单击集控的关联通道调度备机，重命名称为"集控备机"，如图 5-3-100 所示。

图 5-3-100 集控备机重命名

修改远端 ip 和端口号，修改后如图 5-3-101 所示。

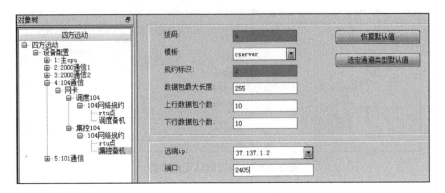

图 5-3-101 集控备通道

至此，远端 104 通信设置全部完成。

（4）串口插件设置。与以太网插件（2000 通信插件、104 通信插件）不同，串口插件不需要添加通道，而是根据插件串口数量分配了六个通道，如图 5-3-102 所示。

图 5-3-102 串口插件配置

根据主站所给通信信息，左键单击通道 1，在右侧的规约类型里选择"远动规约"，在规约列表里选择"101 串口规约"，如图 5-3-103 所示。双击"101 串口规约"，即把通道 1 关联为 101 规约。

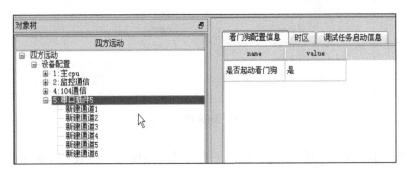

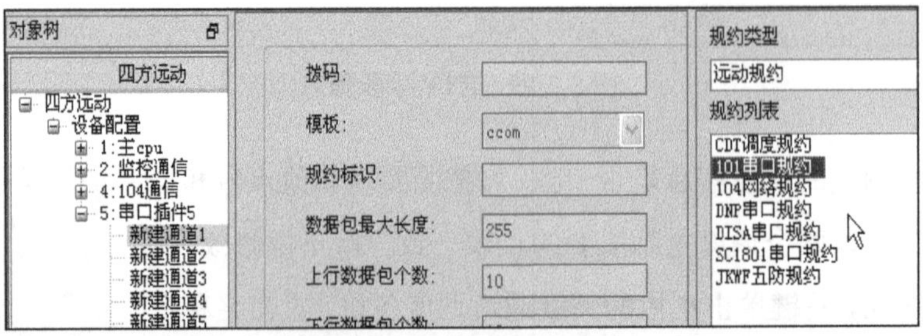

图 5-3-103 通道规约关联

通道设置界面如图 5-3-104 所示，此处需要选择插件的物理串口端口，默认通道号与串口号是关联的，但是也可人为设置对应关系，比如默认通道 1 对应串口 1，即 tyCo1，如果串口 1 损坏，需要改用串口 2，可以在此选择"/tyCo/2"修改对应关系（建议不修改，而改用通道 2）。

图 5-3-104 通道设置界面

波特率、校验根据调度提供的参数设置，这里修改波特率为 4800，波特率在下拉对话框选择相应的值即可，其他采用默认设置，如图 5-3-105 所示。

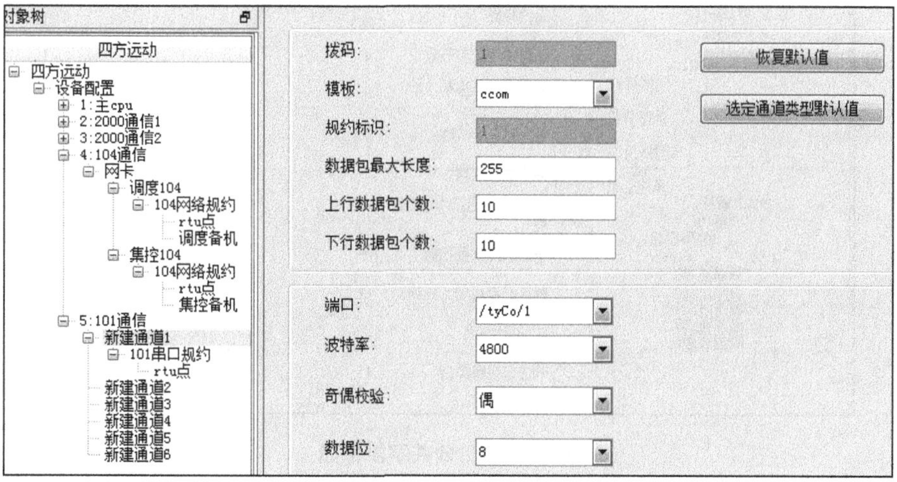

图 5-3-105 波特率设置

这时也可以修改通道的名称，方法同前述，右键单击新建通道 1，选择重命名，如图 5-3-106 所示。

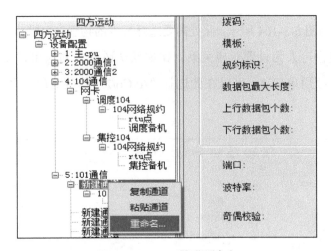

图 5-3-106　101 通道重命名

修改名称为调度 101，然后单击确定即可。

101 和 104 规约设置基本类似，有一点需要注意，101 规约比 104 多 1 处"公共链路地址"设置，即在"101 串口规约/规约字段信息"处，需要根据调度信息填写公共链路地址，如图 5-3-107 所示。

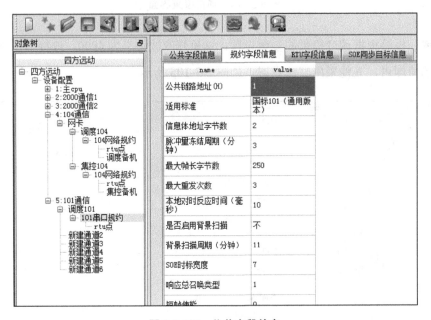

图 5-3-107　公共字段信息

该地址一般与 RTU 字段信息中的链路地址保持一致，该地址应由调度提供，如果调度不对该地址做要求，需要从报文中获知该地址。这里我们填写 1b，和 104 规约的链路地址一致。

同时修改 RTU 字段信息里的 RTU 链路地址（H）为 1b，如图 5-3-108 所示。

图 5-3-108 101 链路地址

配置完成后，检查通道与串口对应关系是否正确、通信参数是否正确，以及在通道里设置的波特率、校验方式和 101 串口规约/公共字段信息里的是否一致，如图 5-3-109 所示。

图 5-3-109 101 公共字段信息

通信参数配置完成后，需要挑选 101 的四遥信息点，四遥信息的配置过程与 104 规约完全相同，由于这里的调度信息点和 104 规约里的信息点一致，因此可以采用复制远动点表的方法，具体方法如下。

首先在调度 104 的 RTU 点上右键选择"复制远动点"，如图 5-3-110 所示。

然后在 101 串口规约的 rtu 点上右键选择"粘贴远动点"，如图 5-3-111 所示。

由于通道关联的规约不同，会提示是否继续复制，如图 5-3-112 所示，101、104 的四遥内容基本一致，选择确定，再根据该通道的要求（点号、四遥属性等内容）对导入的四遥点做一些修改即可。

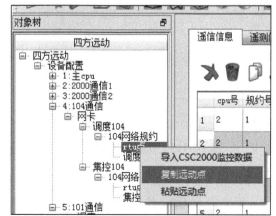

图 5-3-110 复制远动点

图 5-3-111 粘贴远动点

图 5-3-112 规约不一致

其他串口规约制作方法相同，只需要按照规约要求进行相应设置即可。

调度 101 通信参数设置完毕，集控 101 的设置同上，在此不做讲述。

到此，远动的配置工作全部完成。

五、CSC-1321 的工程调试

1. 镜像文件升级

新站调试，需要使用最新归档的镜像文件，从前面所述，这次下装的镜像文件类型有-N
和串口插件，方法如下。

（1）在装置液晶面板上核对现有程序的版本，如果是新装置，装置停留在欢迎使用或者
请等待界面的话，用笔记本电脑 ping 下装置，能 ping 通并且 telnet 能够登录插件，则可判
定装置是运行在测试镜像版本或者还未下装配置，需要升级镜像文件。若是显示了些插件
运行状态信息，则需要核对版本，如下所述，按
SET 键/运行工况/版本信息下查看，如图 5-3-113
所示。

图 5-3-113 镜像版本信息

了解当前的最新版本的镜像文件，若不是最新
版本，则需要升级程序，升级步骤如下：

ftp 登录各以太网插件，以主 CPU 为例，登陆
192.188.234.1，用户名为 target，密码是 8888，如
图 5-3-114 所示。

回车进入插件，然后选择/ata0a，在左面的对话框里选择归档的镜像文件夹，找到-N 插件，
右键选择上传（upload），如图 5-3-115 所示。

图 5-3-114　ftp 上传镜像文件

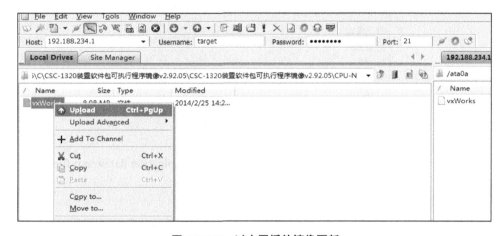

图 5-3-115　以太网插件镜像更新

等待文件上传完毕后即可进行下一块插件镜像的更新，方法相同，只是修改 ip 即可，在这里不做讲述。

（2）串口插件镜像文件的更新。ftp 登录串口插件，本次工程里，串口插件内部 ip 为 192.188.234.5，用户名、密码同以太网插件。不同的是串口插件的镜像文件是压缩格式的，我们不需要解压缩。同时串口插件里，根目录下就只有 1 个 tffs0a 文件夹，我们将串口镜像文件上传到 tffs0a 里即可，如图 5-3-116 所示。

图 5-3-116　串口插件镜像文件更新

2. 工程配置下装

（1）装置配置下装。配置完成后，需要"输出打包"生成远动装置所需配置文件，如

图 5-3-117 所示。

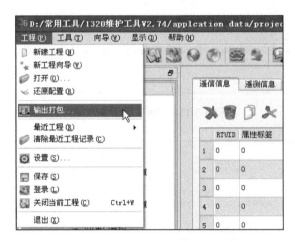

图 5-3-117 输出打包

输出打包后生成的文件存放在维护工具所在路径的"\applcation data\temp files\四方远动"目录下，如图 5-3-118 所示，备份时备份四方文件夹即可。

图 5-3-118 远动工程备份文件

将笔记本的网线插到前面的调试口，本机设为 192.188.234.xx 网段。把输出打包的数据下装到装置里，如图 5-3-119 所示。

为防止没有输出打包就下装，会出现如图 5-3-120 所示的提示框，如果确定已完成输出打包，选择"取消"则可继续下装。

图 5-3-119 下装配置到装置

图 5-3-120 输出提示

维护工具有权限管理，下装时会要求登录，如图 5-3-121 所示，用户名"sifang"，密码"8888"，选择"超级用户"。

配置工具登录完成后会提示 FTP 登录，如图 5-3-122 所示，即通过 FTP 方式下装配置，远方调试地址即主 CPU 的调试地址"192.188.234.1"，用户名"target"，密码"12345678"，路径根据镜像类型不同自动生成，不需修改。

图 5-3-121　配置工具登录

图 5-3-122　FTP 登录

下装过程中会出现信息提示，下装成功后会出现是否重启以及重启的方式，如图 5-3-123 所示。

图 5-3-123　信息提示

选择自动重启，可以查看插件重启的过程，手工重启就是人为地去断电源开关。

（2）61850 数据下装。61850 通信还有两步设置，首先是将和 61850 通信有关的文件夹 61850cfg 下装到接入插件的 tffs0a/下，如图 5-3-124 所示。

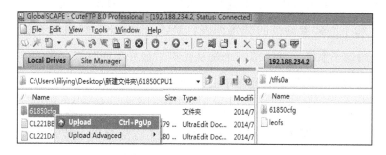

图 5-3-124　61850cfg 文件夹

检查 61850cfg 文件是否上传完整，然后就是生成通信子系统文件。需要 telnet 登录插件，使用 cssGenfiles 命令输出 csssys.ini 文件，修改其实例号（fstInst）为 3 或 5（双机时分别为 3、5，不能重复），管理任务数（mgrNum）为 1（-N 插件可适当放大，建议不超过 5），文件生成后存在/tffs0a 目录下，需要将其 FTP 至/tffs0a/61850cfg 下。在 2.53 版本之后，支持使用 cssCfg 或 C 命令来简化配置工作，可使用 cssHelp 来查看具体用法，如图 5-3-125 所示。

```
target
Password: gin:
-> cssHelp 此处回车
========================================
子系统命令说明
命令              说明              示例
cssHelp或H      查看帮助
cssCfg或C       生成子系统配置    cssCfg f,n
cssLink或I      查看连接状态
cssLinkLog或L   查看连接历史
生成子系统配置命令 cssCfg f,n 说明:
    f 为应用系统, 0-默认; 1-监控; 2-远动; 3-子站
    n 为指定的报告实例号, 在1-99。建议: 1-监控; 3-远动; 7-子站

示例命令行     说明

cssCfg 0,0     生成默认配置
cssCfg 1,1     生成监控默认配置
cssCfg 2,3     生成 远动默认配置
cssCfg 3,7     生成子站默认配置
========================================
value = 50 = 0x32 = '2'
->
-> C 2,3 此处回车
生成配置文件: csssys.ini
value = 0 = 0x0
->
```

图 5-3-125 生成 csssys.ini 文件

所有数据上传完毕后的文件目录如图 5-3-126 所示。

C:\Users\liliying\Desktop\新建文件夹\61850CPU1\61850 ▾			
Name	Size	Type	Modifi
csscfg.ini	671 by...	Configuration...	2014/7
IED1.ini	56.16 ...	Configuration...	2014/7
IED5.ini	58.91 ...	Configuration...	2014/7
IED9.ini	59.14 ...	Configuration...	2014/7
IED13.ini	59.14 ...	Configuration...	2014/7
IED17.ini	59.14 ...	Configuration...	2014/7
IED21.ini	59.14 ...	Configuration...	2014/7
IED25.ini	59.14 ...	Configuration...	2014/7
IED29.ini	60.19 ...	Configuration...	2014/7
osicfg.xml	7.50 KB	Extensible M...	2014/7

/tffs0a/61850cfg			
Name	Size	Type	Mod
csscfg.ini	671 bytes	Configuration...	2014
csssys.ini	7.59 KB	Configuration...	2014
IED1.ini	56.16 KB	Configuration...	2014
IED5.ini	58.91 KB	Configuration...	2014
IED9.ini	59.14 KB	Configuration...	2014
IED13.ini	58.44 KB	Configuration...	2014
IED17.ini	59.14 KB	Configuration...	2014
IED21.ini	59.14 KB	Configuration...	2014
IED25.ini	59.14 KB	Configuration...	2014
IED29.ini	60.19 KB	Configuration...	2014
osicfg.xml	7.50 KB	Extensible M...	2014

图 5-3-126 61850cfg 文件夹

61850cfg 里主要包括四类和 61850 通信相关的文件，IEDxx.ini 文件是装置的 IED 文件，csscfg.ini 文件是和下面装置通信的装置列表目录，osicfg.xml 是通信子系统相关的文件，csssys.ini 文件是通信子系统文件，前三个是从监控后台导出的时候自带的，以监控输出的为准，后者 csssys.ini 文件在之后的新建站中必须使用自己手动生成。

61850 接入 2 插件和 61850 接入 1 插件设置相同，在此不再重复。

当 CSC-1321 远动装置更新完毕镜像文件，且工程配置也下装到装置了，断电重启后 CSC-1321 远动的主 CPU 会根据配置自动分发配置到各个插件。

【练习题】

1. CSC-1321 远动系统的遥测功能需要完成哪几处配置？

2. 若主站发生遥测数据异常，该如何进行配置检查？

3. 串口 101 规约和 104 规约在配置过程中有何区别？

4. 若远动系统 m61850_1 进程无法启动，如何分析处理？

附录　练习题参考答案

第一部分练习题参考答案

模块一

1. 什么是变电站综合自动化系统？

答：变电站综合自动化系统是将变电站的二次设备（包括测控装置、继电保护装置、自动装置及远动装置等）经过功能组合和优化设计，利用计算机技术、通信技术、数据库信号处理技术等，实现对变电站自动监控，测量和协调，以及与调度通信等综合性的自动化功能。

2. 变电站综合自动化系统有哪些特点？

答：变电站综合自动化系统的主要特点有：功能实现综合化、系统构成模块化、操作监视屏幕化、运行管理智能化、测量显示数字化。

模块二

变电站综合自动化系统有些什么功能？

答：变电站综合自动化系统基本功能主要有：①数据采集功能；②数据处理、控制功能；③继电保护功能；④自动控制智能装置的功能；⑤远动及数据通信功能；⑥自诊断、自恢复和自动切换功能。

模块三

1. 现阶段变电站综自系统的结构模式是什么样的？

答：现阶段变电站综自系统的结构模式是分层分布式结构，按照继电保护与测量、控制装置安装的位置不同，可分为集中组屏、分散安装、分散安装与集中组屏相结合等几种类型。

2. 分层分布式自动化系统的不同组屏方式各有何优缺点？

答：集中组屏的安装方式的优点是便于设计、安装、调试和管理，可靠性较高。不足之处是需要的控制电缆较多，增加了电缆的投资。分散与集中组屏相结合的安装方式的优点是重要的保护装置处于比较好的工作环境下，可靠性较为有利，且相较于集中组屏，节约了大量的二次电缆。全分散式组屏安装方式的优点是简化了变电站二次部分的配置及二次设备之间的互连线，节省了大量连接电缆，缩小了控制室的面积，减少了施工和设备安装工程量。缺点是设备受恶劣环境（如高温或低温、潮湿、强电磁场干扰、有害气体、灰尘、震动等）影响，对硬件设备、通信技术等要求较高。

第二部分练习题参考答案

模块一

1. 远动技术四遥分别是什么？

答：遥测、遥信、遥调、遥控。

2. 远动规约有哪几种类型？

答：远动规约分为循环式远动规约和问答式远动规约。

3. 为达到遥控动作准确无误，遥控过程通常采取哪种模式？

答：选择—返送校验—执行。

4. CSC-1321 远动系统生成配置文件通常有哪几种方式？

答：生成配置文件一般有两种方式：新建配置、在近似的配置基础上修改生成新配置。

5. 简述 CSC-1321 远动系统配置文件制作原则。

答：配置的原则应该是先配接入部分，再配转出或者远动部分，否则可能会导致转出或者远动部分配置不完整。

模块二

1. 变电站后台监控系统有哪些主要功能？

答：变电站后台监控系统的主要功能主要包含数据采集、数据分类及处理、安全监控、操作与控制、人机联系、运行记录等。

2. 变电站后台监控电脑操作系统有哪些？各自的优缺点是什么？

答：Windows 操作系统，优点是经济性较高、操作性易懂、易重装，缺点是配置较多、安全性较差、容易中病毒、稳定性较差、长时间运行容易死机；Linux 操作系统，优点是安全性、稳定性、高效性好，操作桌面简洁，每个厂家桌面都能打开终端输入对应开启监控代码、不容易卡死，缺点是经济性较差，要求服务器配置较高，服务器重装麻烦；Linux 操作系统，

代表系统为凝思系统、麒麟系统，优点重点突出安全，国产自主可控。

3. 变电站后台监控系统采集的数据分为哪几类？

答：变电站后台监控系统需采集的数据包含三部分内容，分别为模拟量、开关量、事件顺序记录。

模块三

1. 对时钟同步要求较高的变电站采用主从配置模式还是主备配置模式？其时间同步系统应如何配置？

答：对时钟同步要求较高的变电站采用主备配置模式。全站配置 1 套全站公用的时间同步系统，主时钟应双重化配置，支持北斗系统和 GPS 系统单向标准授时信号，优先采用北斗系统，时钟同步精度和守时精度满足站内所有设备的对时精度要求。各二次设备小室应配置独立的时钟扩展装置。

2. 变电站内时钟同步装置常用输出信号有哪些类型？（至少说明 4 种）

答：时间同步输出信号有秒脉冲信号、分脉冲信号、IRIG-B 码、串行口时间报文、网络时间报文、IEEE 1588（PTP）等。

3. 根据下列 B 码波形，解释 P0Pr 到 P6，并计算出对时的时间。

答：P0Pr 到 P1：表示秒，图中表示的是 0000 011，0000（1，2，4，8 秒）表示 0 秒，011（分别是 10，20，40 秒）表示 60 秒，因此为 60 秒。

P1 到 P2：表示分，图中表示的是 1001 101，1001（1，2，4，8 分）表示 9 分，101（分别是 10，20，40 分）表示 50 分，因此为 59 分。

P2 到 P3：表示时，图中表示的是 1110 00，1110（1，2，4，8 时）表示 7 时，00（分别是 10，20 时）表示 0 时，因此为 7 时。

P3 到 P5：表示日，图中表示的是 1000 0000 00，1000（1，2，4，8 日）表示 1 日，0000（10，20，40，80 日）表示 0 日，P4 开始的 00（100，200 日）为 0 日，因此为 1 月 1 日。

P5 到 P6：表示世纪年，图中标示的是 0110 0000，0110（1，2，4，8 年）表示 6 年，0000（10，20，40，80 年）表示 0 年，因此为 06 年。

综合以上的分析，可以得出对时间为：06 年 1 月 1 日 7 时 59 分 60 秒。

模块四

1. 交换机的工作模式有哪几种?

答:交换机的工作模式一共有 3 种:直通方式、只检验包前端 64 个字节、存储转发方式。

2. 什么是交换机延迟?

答:交换机延迟是指交换机在一个端口接收信息包的时间到在另一个端口发送这个信息包的时间差。

3. 划分 VLAN 方式有哪些?

答:划分 VLAN 方式有基于端口、MAC 地址、第 3 层协议、子网等。

4. 一帧长度为 768 字节的 GOOSE 报文,经过一台过程层百兆交换机后,延迟时间约为多少?

答:768×8/100=62μm

5. 智能终端 A 在交换机端口 1 的收发 GOOSE 报文流量都为 10Mbit。1 台合并单元向交换机端口 2 注入流量为 8Mbit 的 SV 报文。将端口 3 设置为镜像端口,数据流设置为:端口 1 的进出口、端口 2 的进口。请计算端口 3 向外发送数据的流量?

答:端口 3=端口 1 进口+端口 1 出口+端口 2 进口=10+10+8=28Mbit。

模块五

1. 规约转换器的作用是什么?

答:规约转换器的作用是与不同接口形式的设备进行交互,实现与变电站内各种智能设备以不同通信规约进行通信,并根据信息的特征进行处理,形成新的标准信息,上送至相应的信息系统,最终实现各测控装置、后台系统、远动装置和多种智能设备之间的数据交换。

2. 国内变电站内比较常见的智能设备通信方式可分为哪几类?

答:国内变电站内比较常见的智能设备通信方式分为三大类:串口通信方式,现场总线方式和网络(一般为以太网)方式。

3. 规约转换器检修时需要检查哪些内容?

答:规约转换器检修时需要检查以下内容:

(1)接线检查:包括接线是否有接地、接线中是否有短路回路、接线是否有开路、接地线是否可靠连接、通信屏蔽线是否可靠连接、屏蔽线是否单点接地、通信电缆是否有断线、接线端子是否有松动、接线头是否有氧化、电缆外皮是否破损等。

(2)指示灯检查:包括电源指示灯是否正常、运行指示灯是否正常、串口收发指示灯是否正常、网卡连接指示灯是否正常、网卡收发指示灯是否正常、网卡冲突检测指示灯是否不闪、是否有异常的指示灯常亮或闪烁。

（3）通信检查：包括通信参数是否正确、通信板件是否正常、通信电缆是否可靠连接、通信设备（如交换机）是否正常、是否有通信报文交互等。

（4）数据报文检查：包括数据报文过程是否正常、数据报文是否完整、数据报文中的数据是否正常、数据报文中的数据是否刷新、数据报文中有无陷入死循环的报文过程、数据报文中有无停顿、数据报文中有无某个设备不上送数据或不查询某个设备的数据、数据报文中有无误码、数据报文中有无不可识别类型的报文、数据报文中有无跳变的异常数据。

4．简述规约转换器通信数据时断时续的异常及处理原则。

答：规约转换器通信数据时断时续的主要原因是双方（规约转换器与规约转换器所接设备或者规约转换器所接入的系统与规约转换器）之间的通信受到干扰，或者是单方面（规约转换器所接设备、规约转换器所接入的系统、规约转换器）运行不稳定。通过分析，可逐一检查排除通信介质或设备硬件的问题。

模块六

1．简述变电站测控装置主要功能。

答：①交直流电气量采集功能；②状态量采集功能；③控制功能；（以上三条必须包括）④同期功能；⑤防误逻辑闭锁功能；⑥记录存储功能；⑦通信功能；⑧对时功能；⑨运行状态监测管理功能。

2．简述四统一测控装置按照应用情况的分类及适用场合。

答：（1）间隔测控。主要应用于线路、断路器、母联开关、高压电抗器、主变各侧及本体等间隔。

（2）3/2 接线测控，主要应用于 500kV 以上电压等级线路加边断路器间隔。

（3）主变低压双分支测控。主要应用于 110kV 及以下电压等级主变低压侧双分支间隔。

（4）母线测控，主要应用于母线分段或低压母线加公用测控间隔。

（5）公用测控，主要应用于站用变及公用测控间隔。

3．简述测控装置测量变化死区和零值死区的含义、同期合闸的分类。

答：（1）变化死区：当测量值变化超过该死区值时主动上送测量值；零值死区：当测量值在该死区范围内时强迫将测量值归零。

（2）按照合闸方式可以分为强合、检无压合闸和检同期合闸；按照控制级别可以分为调度主站下发的遥合同期、手合同期和装置面板的就地同期合闸。

第三部分练习题参考答案

模块一

1. 二次回路图可以分成哪几类？

答：归总式原理接线图、展开式原理接线图、屏面布置图、屏背面接线图。

2. 二次回路标号规则有哪些？

答：回路编号法、相对编号法、二次电缆编号。

3. 二次回路图识图的步骤有哪些？

答：（1）"先一次，后二次"。在看二次图前，应先看系统一次接线图，熟悉一次接线结构，建立一个整体概念。

（2）"先交流、后直流"。从一个回路的互感器二次绕组极性端输出开始，按照电流的流动方向，回到互感器中性线（N极）。

（3）"交流看电源，直流找线圈""见接点找线圈，见线圈找接点"。

（4）"先看展开图，后看端子排图"。展开图是对回路的接线、工作原理的描述，首先看懂展开图，能帮助建立完整回路概念，端子图仅能说明线的去向，很难从端子图上看清工作原理。

（5）"多张图纸结合看，看完所有支路"。一个间隔的二次展开图往往由多张图组成，按功能分页，有控制回路图、信号回路图、保护回路图等。

模块二

1. 电压切换回路的作用？

答：在双母线系统中电压切换的作用：对于双母线系统上所连接的电气元件，在两组母线分开运行时（例如母线联络断路器断开），为了保证其一次系统和二次系统在电压上保持对应，以免发生保护或自动装置误动、拒动，要求保护及自动装置的二次电压回路随同主接线一起进行切换。用隔离开关两个辅助触点并联后去启动电压切换中间继电器，利用其触点实现电压回路的自动切换。

2. 遥控操作可以分为几个主要步骤？

答：（1）首先监控后台向测控装置发送遥控命令。遥控命令包括遥控操作性质（分/合）和遥控对象号。

（2）测控装置收到遥控命令后不急于执行，而是先驱动返校继电器，并根据继电器动作判断遥控性质和对象是否正确。

（3）测控将判断结果回复给后台校核。

（4）监控后台在规定时间内，如果判断收到的遥控返校报文与原来发的遥控命令完全一致，就发送遥控执行命令。

（5）规定时间内，测控装置收到遥控执行命令后，遥控接点闭合。

（6）如果二次回路与开关操作机构正确连接，则完成遥控操作。

模块三

1. 智能站采用了哪些新技术？

答：数字采样技术、智能传感技术、信息共享技术、同步技术、网络传输技术等。

2. 合并单元的功能有哪些？

答：（1）接收、合并本间隔的电流和/或电压采样值；具备 GOOSE 网接口，接收开关量数据；同步站端传来的数据；规约转换；实现电压并列与切换的功能。

（2）母线合并单元：用于母线间隔。接收来自电压互感器二次转换器的母线电压，根据采集到的电压互感器刀闸、母联开关、屏柜上把手的位置，完成电压并列的逻辑。

（3）本间隔合并单元：用于线路间隔、主变间隔和母联间隔。接收来自电流互感器二次转换器的三相保护电流、三相测量电流，220kV 线路抽压电压互感器电压，同时接收来自母线合并单元的母线电压，根据采集到的母线刀闸位置完成电压切换的逻辑。

3. 智能终端的功能有哪些？

答：（1）接收保护跳合闸命令、测控的手合/手分断路器命令及隔离刀闸、接地刀闸等 GOOSE 命令；输入断路器位置、隔离刀闸及接地刀闸位置、断路器本体信号（含压力低闭锁重合闸等）；跳合闸自保持功能；控制回路断线监视、跳合闸压力监视与闭锁功能等。

（2）智能终端应具备三跳硬接点输入接口，可灵活配置的保护点对点接口（最大考虑 10 个）和 GOOSE 网络接口。

（3）至少提供两组分相跳闸接点和一组合闸接点。

（4）具备对时功能、事件报文记录功能。

（5）跳、合闸命令需可靠校验。

（6）智能终端的动作时间不应大于 7ms。

（7）智能终端具备跳/合闸命令输出的监测功能。当智能终端接收到跳闸命令后，应通过 GOOSE 网发出收到跳令的报文。

（8）智能终端的告警信息通过 GOOSE 上送。

模块四

综合自动化系统应该检验哪些回路？

答：开关量输入、输出回路，交流电压回路，交流电流回路，断路器、隔离开关的控制回路等。

第四部分练习题参考答案

模块一

1. 何为智能变电站"三层两网"？

答：智能变电站的三层是站控层、间隔层、过程层，两网是站控层网络和过程层网络。

2. 智能变电站中"直采直跳""网采网跳"是指什么？

答："直采"就是智能电子设备不经过以太网交换机而以点对点光纤直联方式进行采样传输；"直跳"是指智能电子设备间不经过以太网交换机而以点对点光纤直联方式用 GOOSE 进行跳合闸信号传输；"网采"是指智能电子设备之间的 SV 采样值传输需要通过过程层交换机传输；"网跳"是指智能电子设备之间的 GOOSE 跳合闸信号的发出与接收也要通过过程层交换机传输。

3. 什么是 VLAN？其作用是什么？

答：VLAN 是通过交换机的 VLAN 功能将局域网设备从逻辑上划分成一个个网段（或者说是更小的局域网），从而实现虚拟工作组的数据交换技术。通过 VLAN 可以防止局域网产生广播效应，加强网段之间的管理和安全性。

模块二

1. 解析以下 GOOSE 报文，分别指出该报文的目的 MAC 地址、APPID、StNum、SqNum 和 TEST 标志位。

01 0C CD 01 00 51 00 1E 4F D3 AE 41 81 00 80 42 88 B8 00 33 00 90 00 00 00 00 61 81 85 80 08 67 6F 63 62 52 65 66 31 81 05 00 00 00 27 10 82 07 64 61 74 53 65 74 31 83 05 67 6F 49 44 31 84 08 4E F2 85 E1 F7 CE D9 00 85 05 00 00 00 00 01 86 05 00 00 00 00 01 87 01 00 88 05 00 00 00 00 01 89 01 00 8A 05 00 00 00 00 09 AB 36 83 01 00 84 03 03 00 00 91 08 00 00 00 00 00 00 00 00 83 01 00 84 03 03 00 00 91 08 00 00 00 00 00 00 00 83 01 00 84 03 03 00 00 91 08 00 00 00 00 00 00 00 00

答：目的 MAC 地址：01 0C CD 01 00 51。

APPID：00 33。

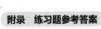

StNum：85 05 00 00 00 00 01，值为1。

SqNum：86 05 00 00 00 00 01，值为1。

TEST标志位：87 01 00，值为0，检修压板退出。

2. 变电站现场有遥信变位，获取智能终端报文，如图4-2-30所示，试分析问题与原因。

答：第23帧报文中GOOSE StNum=2，SqNum=43，数据集中第一个成员值为TRUE，帧间隔为5000ms；

第24帧报文中GOOSE StNum=2，SqNum=44，数据集中第一个成员值为FALSE；

第25帧报文与第24帧报文帧间隔为2ms。

分析得出第24帧时GOOSE数据集数据条目发生改变，此时智能终端按照2ms、2ms、4ms、8ms时间间隔连发变位报文，正常情况下报文的StNum和SqNum应该StNum+1，SqNum=0；判断该智能终端程序可能存在故障。

3. 监控主机修改定值失败，分析图4-2-31中四帧报文，指出可能出现的原因。

答：分析：定值第一帧：客户端选择编辑定值区3；

第二帧：服务器端回复肯定响应报文；

第三帧：客户端设置定SE3503PROT/GGIO4.SE.BlkValV2.setMag.f为5.500000；

第四帧：服务器端肯定响应。

按照定值修改流程，定值下装成功后，客户端会通过确认编辑定值区报文通知服务器可以用新定值覆盖旧定值，服务器返回肯定相应报文，然后修改后的定值才会生效。由于超时时间内未发现确认编辑定值区操作，所以修改定值操作失败。

可能原因：

（1）操作过程过长导致超时。

（2）修改定值过程中通信中断，导致未收到后续报文。

（3）监控主机通信程序出错。

4. 变电站现场捕捉到一帧MMS报文，如图4-2-32所示，试分析该报文中的下列内容：

（1）该报告对应的控制块和数据集。

（2）该报告的数据集中的成员个数，发送的是数据集的第几个信息。

（3）该报告所带数据的品质类型。

（4）请写出该报告所带数据的产生时间和时间品质。

（5）上送此报告的触发条件。

答：（1）该报告对应的控制块：urcbAin；数据集：E1Q1SB10MEAS/LLN0.dsAin；

（2）该报告的数据集中的成员个数有9个；发送的是数据集的第1个信息；

（3）该报告所带数据的品质类型为：Test（或测试）；

（4）该报告所带数据的产生时间：2013-11-17 11：39.23.077148；时间品质：时钟故障（或 ClockFailure）和 1 位精度（或 1 bit of accuracy）；

（5）上送此报告的触发条件是数据变化（或 dchg）。

5. 变电站现场捕捉到一帧 SV 报文，如图 4-2-33 所示，结合该 SV 的配置信息，试求出该帧报文中"计量/测量 A 相电流 IA"的瞬时值。

答：从通道配置信息图 4-2-33 中可以看出"计量/测量 A 相电流 IA"为第 8 个通道，从 SV 报文中可以看出第 8 个通道的报文为：00 0D C1 32 00 00 00 00，前四个字节为数值，后四个字节为品质，SV 报文的电流值得 LSB 为 1mA，可计算得到"计量/测量 A 相电流 IA"值为：901.426A。

6. 变电站现场捕捉到一帧 GOOSE 报文，如图 4-2-34 和图 4-2-35 所示，结合该 GOOSE 的配置，试分析报文包含哪些主要信息并判定线路刀闸位置。

答：图 4-2-34 获取信息如下：

组播地址：01-0C-CD-01-01-07 与图 4-2-35 一致；

APPID：0107 与图 4-2-35 一致；

数据集应用：IL2201ARPIT/LLN0GOGocb_In 与图 4-2-35 一致；

数据集名称：IL2201ARPIT/LLN0$dsGOOSE2 与图 4-2-35 一致；

timeAllowedtoLive：10000 ，等于图 4-2-35 中 MaxTime 的 2 倍；

Test 位：false；

数据集条目总数：162；

stNum=1，sqNum=1；表明该 GOOSE 控制块重启；

数据集条目 1 类型为 Dbpos（双点），值为 01，表明线路刀闸位置状态为分位。

第五部分练习题参考答案

模块一

1. 若是间隔 1 开关保护跳闸而"事故总"信号光字牌信号未动作，可能是什么故障，如何分析处理？

答：间隔 1 开关保护跳闸而"事故总"信号未动作，首先检查间隔 1 分图中光字牌设置中关联的遥信点是否错误，如果关联为其他间隔的"事故总"信号，处理方法将光字牌关联至"间隔 1 开关事故总"即可，再核对该信号是否正确。如果数据库组态关联正确，则就是

该开入未动作，则是二次回路的问题，可能的原因有：测控装置开入接线错误，测控装置开入模块损坏，保护装置操作箱信号接点损坏等。

2. 若是控合间隔 2 保护装置软压板时，开关误合，可能是什么故障，如何分析处理？

答：控合间隔 2 保护装置软压板时，开关误合，这种情况为间隔 2 保护软压板遥控设置关联错误，错误关联至间隔 2 开关遥控，处理方法为将间隔 2 保护软压板遥控设置关联正确，再核对遥控间隔 2 软压板是否正确。

模块二

1. 若是间隔 1 未投运，但能监测到遥测数据，会是什么故障，如何分析处理？

答：间隔 1 未投运，但能监测到遥测数据，首先检查间隔 1 的测控装置是否有模拟量采集，确定无模拟量之后，后台有遥测数据，则是遥测设置关联至在运行间隔，关联错误，处理方法将间隔 1 遥测设置关联正确即可，再核对遥测数据是否正常。

2. 若是#1 主变调档时，无法调档，可能是什么故障，如何分析处理？

答：#1 主变调档时，无法调档，首先在后台监控系统检查#1 主变调档遥控设置，是否关联正确，若关联至其他间隔，处理方法将#1 主变遥控设置正确以后，再核对遥控功能是否正常。若调档遥控设置正确，则是调档控制回路不通或者电机回路失电的问题。

模块三

1. CSC-1321 远动系统的遥测功能需要完成哪几处配置？

答：死区值、转换系数、点号、报文 ASDU 类型。

2. 若主站发生遥测数据异常，该如何进行配置检查？

答：检查遥测点号是否错误、检查系数配置是否符合要求、检查类型是否与调度主站要求一致、检查死区设置是否过大，是否越限等。

3. 串口 101 规约和 104 规约在配置过程中有何区别？

答：101 规约比 104 多 1 处"公共链路地址"设置，即在 101 串口规约/规约字段信息处，需要根据调度信息填写公共链路地址。该地址一般与 RTU 字段信息中的链路地址保持一致，该地址应由调度提供，如果调度不对该地址做要求，需要从报文中获知该地址。

4. 若远动系统 m61850_1 进程无法启动，如何分析处理？

答：如果 m61850_1 进程无法启动，是因为程序检查接入配置信息发现错误，一般是装置地址重复、模板名称有汉字或者超过 80 字节、模板中四遥描述有无法识别字符、读取其他配置错误等。这些错误可通过分析根目录下的 err、log 文件来确认。